冶金矿山地质
技术管理手册

中国冶金矿山企业协会编

北 京
冶 金 工 业 出 版 社
2008

图书在版编目(CIP)数据

冶金矿山地质技术管理手册/中国冶金矿山企业协会编
—北京：冶金工业出版社，2003.1（2008.1 重印）
ISBN 978-7-5024-3095-5

Ⅰ.冶…　Ⅱ.中…　Ⅲ.矿山地质—技术管理—手册
Ⅳ.TD1-62

中国版本图书馆 CIP 数据核字（2002）第 068259 号

出 版 人　曹胜利
地　　址　北京北河沿大街嵩祝院北巷 39 号，邮编 100009
电　　话　(010)64027926　电子信箱　postmaster@cnmip.com.cn
责任编辑　章秀珍　美术编辑　李　心　版式设计　张　青
责任校对　王贺兰　责任印制　丁小晶
ISBN 978-7-5024-3095-5
北京兴华印刷厂印刷；冶金工业出版社发行；各地新华书店经销
2003 年 1 月第 1 版；2008 年 1 月第 3 次印刷
787mm×1092mm　1/16；24 印张；580 千字；367 页；3501-5500 册
58.00 元
冶金工业出版社发行部　电话：(010)64044283　传真：(010)64027893
冶金书店　地址：北京东四西大街 46 号(100711)　电话：(010)65289081
（本书如有印装质量问题，本社发行部负责退换）

《冶金矿山地质技术管理手册》编写委员会

各章执笔人：

1	曹正心			
2	韩忠照	回　春		
3	邹益林	吴明望		
4	胡凌蔚	曹正心		
5	陈希廉	张永恒		
6	苏显亮	曹正心		
7	苏显亮	回　春		
8	张和应	曹正心	苏显亮	
9	王东昌	张永恒	梅松柏	王百春
10	邹益林	崔景青	林文治	
11	陈希廉	曹正心	邹益林	
12	邹益林			

前　言

矿山地质工作是矿山开采中的基础技术工作。新中国成立50年来，随着采矿工业的发展，矿山地质工作有了很大的发展。自1949年至80年代初期，从开展矿区地质调查，收集矿产资源资料为迅速恢复矿山生产提供条件起，到学习推广原苏联经验，建立组织机构，开展业务建设，建立健全相应的规章制度，形成了比较完整的在计划经济条件下的矿山地质工作体系，为矿山采矿工业的发展起到了应有的作用。

改革开放以来，随着经济体制改革和现代科学技术的发展，矿山地质工作出现了新的发展前景，同时也面临着新的课题。由于国家经济体制由计划经济向社会主义市场经济体制转变，以往在学习及沿用原苏联计划经济模式下制订和形成的矿山地质技术规程及某些工作方式方法，已不能适应新的经济体制下的矿山地质工作的要求，必须随着体制的变化以及新的技术理论、方法的引进而加以修订，以便能够反映和适应矿山地质工作新的发展和进步的需要。为此，原冶金工业部矿山办委托中国冶金矿山企业协会筹划编制新的矿山地质技术管理规范，并责由地测专业委员会组织实施。随后，于1996年在大连召开的地测专业委员会一届二次常委扩大会议上，与会代表一致拥护、赞同应尽早组织编制一部全国统一的“冶金矿山地质技术规程”。会议对此形成了纪要，并上报冶金矿山企业协会及冶金部矿山办。此后，地测专业委员会组织进行了规程编写提纲的起草、讨论及章节编写的起草分工等工作。1998年，地测专业委员会第二届委员会改选后，主任委员单位鞍钢弓长岭矿业公司继续承办此项工作，重新改组了编委会及编辑部。本届编委会在上届编委会工作的基础上，积极组织编写工作，于2002年5月全部完成编纂工作，书名定为《冶金矿山地质技术管理手册》。

本手册本着总结建国以来我国黑色冶金矿山地质工作的技术成就和经验，主要根据各黑色冶金矿山企业现有的矿山地质技术规程，参考《矿山地质手册》(冶金工业出版社，1995年)、《采矿手册》(冶金工业出版社，1991年)，并依据国家有关法规与规范，按照社会主义市场经济要求及矿山地质科技发展现状编写而成。本手册比较充分地体现了以下四个特点：一是实用性，其各项规定具有较好的可操作性和可行性；二是统一性，在技术工作要求、精度要求和名词、术语等方面力求做到统一；三是先进性，对当前国内外先进的技术、理论、方法、手段在矿山地质工作中已成功应用的，本手册均充分予以采用；四是科学性，在总结实践经验的基础上，对其内容进行了较系统的理论概括，较好地做到了理论与实践的结合，科研与科技进步的结合和地质科学与其相关科学的结合。

本手册可作为矿山地质工作者技术管理的向导，亦可供有关设计、科研及教学单位参考。

由于委托单位原冶金工业部矿办、原国家冶金工业局行业司已经撤消，改由中国冶金矿山企业协会签署发行。

手册编写的整个过程得到了原冶金工业部矿办、原国家冶金工业局行业司领导的亲切关怀，专业委员会成员单位的领导及地质工作者的大力支持；特别是在审定稿时，陈希廉教授、李鸿业教授级高工都提出了宝贵的修改意见。在此，我们一并致以衷心的感谢。

由于编写人员的技术水平有限，经验不足，不足之处敬请各单位在使用过程中提出意见，以便修订。

《冶金矿山地质技术管理手册》编委会

2002年6月10日

部分条款编写说明

一、对"生产勘探"与"准确探明"的说明

目前,我国正处于从计划经济向社会主义市场经济转变的过程,现有矿山体制尚未完全到位,因此管理方面的规定不得不考虑现有矿山体制及其延续很长一段时间的可能情况,也不得不考虑现有体制对矿山地质技术工作的约束情况。这种情况反映在各项指标上不可能完全放开。

按国家新的《固体矿产资源/储量分类》(GB/T 17766—1999)的规定,已无地质勘探与生产勘探的阶段划分,地质可靠程度最高的确定为"探明的",其具体条件相当于1998年以前分类分级方案中的B级。而冶金矿山多年的生产实践与实际情况是:生产准备的回采矿量对应的块段地质可靠程度应达到A级。因此,经研究确定:第一,保留"生产勘探"这一名称及其全部内容,没有以"生产探矿"替代"生产勘探",因为"生产探矿"的涵义范围较窄。第二,在第5章中将块段的地质可靠程度划分为五分(GB 17766—1999为四分),即在"探明的"资源储量中将那些经生产勘探加密工程的块段的地质可靠程度达到相当于老分类中的A级并确定为"准确探明的"。

"准确探明的"是"探明的"一部分,仅作为一个地质可靠程度的"标准"用于矿山衡量块段勘探程度,计算的储量数据可参加矿山储量台账的统计分析。在"固体矿产资源/储量"报表中,应合并在"探明的"之中。

二、对"勘探类型"的说明

根据国家《固体矿产资源/储量分类》(GB/T 17766—1999)与勘探规范总则的说明,不再使用"勘探类型"作为评价矿床勘探程度的依据。但考虑到以下两点:第一,冶金矿山矿床成因类型、工业类型多种,构造复杂程度相差悬殊,抛开勘探类型一时尚难以确定工程间距;第二,国内主要矿山均为国有企业,已经有过多次勘探,多年开采,几十年的实践证明勘探类型是勘探工程间距确定的重要依据。矿床勘探程度评价方法的改变需要一个过渡时间。所以,我们在生产勘探中仍保留了这一内容(淡化),所提供的"类型"仅供参考。

三、对"贫化(贫化率)与废石混入率"的说明

本手册使用了贫化(率)与废石混入(率)两个术语,贫化(率)指的是矿石中由于废石混入导致的有用组分降低(率),在这个意义上二者涵义相同,但在质量管理中"废石混入"的概念更清晰和明确,因此,我们在讲"贫化"和"贫化量"时使用的是"废石混入"和"废石混入量";在讲管理和"率"时仍然使用"贫化管理"和"贫化率"。

四、对“矿山工程地质监测”的说明

在第 9 章“矿山工程地质工作”中增加一节“监测”，包括边坡监测、井下地压监测、尾矿坝安全监测，这三个监测是根据矿山实际监测情况并参考了《GPS 测量规范》、《尾矿坝变形观测》、《边坡勘察规范》、《采矿手册》、《岩土工程实验监测手册》、《地压监测报告》、《尾矿坝位移观测报告》等编写而成的。这三项工作的测量变形观测内容属于工程测量，一部分是工程地质工作，考虑到工程测量是作为工程地质工作的一个手段，观测最终的物理解释应由工程地质作出，所以还是把它们编入本规范内。有些数据是引用其他规范的，有些数据是凭经验得出的，比如“尾矿坝监测点移动达 30mm 需作出物理解释”的 30mm。

目 录

1 总　　则

1.1 主题内容与适用范围

1.1.1 主题内容

本手册规定了冶金矿山地质工作的基本内容及工作方法。

基本内容包括:矿山地质工作性质、任务;生产勘探;矿山地质取样;矿山地质编录;矿产资源储量计算与管理;矿石质量管理;矿石损失贫化管理与监督;矿山水文地质工作;矿山工程地质工作;探采对比与闭坑地质工作;矿山综合地质研究与计算机应用;矿山地质资料管理。

1.1.2 适用范围

本手册适用于冶金矿山地质工作部门,作为规范矿山地质工作行为的依据。

1.2 矿山地质工作机构

矿山地质工作是矿山开采中不可缺少的基础技术工作,在开采的矿山企业中必须建立专门的工作机构,配备与采掘活动相适应的专业队伍与装备,以便开展正常的业务工作。

1.3 矿山地质工作的性质及职能

1.3.1 矿山地质工作性质

矿山地质工作就广义而言是前期矿床勘查工作(找矿评价,地质勘探)的继续、深化、验证与补充。是指矿山从基建、生产直至开采结束所进行的一系列地质工作。

矿山地质是以地质学为基础,以矿山采掘活动为对象,具有现实性、长远性、阶段性和探索性,工作精度要求高,综合实用性强的技术工作。是矿山采掘生产经营活动的技术基础与依据。

1.3.2 矿山地质工作的主要职能

矿山地质工作服务于生产,管理和指导生产,以及对矿产资源充分合理开发利用的监督。

1.4 矿山地质工作的任务

1.4.1 矿山地质工作的基本任务

在矿山建设和生产的全过程中,进行深入细致的地质工作,保证生产、掘进(剥离)的正常进行,保证和监督矿产资源的合理开发利用,进行地质科学研究,尽可能地延长矿山寿命。

1.4.2 矿山地质工作的具体任务

1.4.2.1 经常性的生产地质工作

矿山开采过程中,为了保证矿山生产、掘进(剥离)的正常进行,每个矿山都要经常进行的工作。其内容主要包括:生产勘探工作;探采工程中及时进行的地质调查、取样及原始地质编录工作;综合地质编录工作;资源储量计算及管理工作;矿石质量均衡及损失贫化管理与监督工作。

1.4.2.2 专门性的生产地质工作

为解决某些与地质因素有关的特殊问题,由矿山地质部门单独或配合其他部门进行的地质调查和研究工作。其内容主要包括:为评价岩体稳定所进行的工程地质调查研究工作;为解决矿坑防排水所进行的水文地质调查研究工作;为改变或改进矿石加工工艺所进行的工艺矿物调查研究工作,以及爆破地质、环境地质、灾害地质调查研究工作等。

1.4.2.3 矿山地质技术管理和监督工作

矿山地质技术管理和监督工作主要包括:矿产资源储量管理;矿石质量管理及质量均衡;开采中矿石损失和贫化的管理与监督;生产准备矿量的管理与监督;参与采剥(掘)计划的编制工作和采掘工程施工的生产管理与监督;闭坑与采掘单元停采、报废的管理与监督。

1.4.2.4 综合地质研究及地质技术经济研究工作

综合地质研究及地质技术经济研究工作主要包括:矿体形态、矿床物质成分、矿床构造、控制因素及成矿规律的综合研究工作。矿床工业品位指标、出矿截止品位、矿石入选品位、生产勘探工程间距、损失与贫化合理指标等技术经济参数的优化分析研究工作。

1.4.2.5 矿区深部及外围找矿勘探和综合利用工作

在综合地质研究的基础上,开展矿区深部及矿床周围的找矿勘探工作,包括寻找新矿种和盲矿体,扩大矿产资源储量和综合利用,延长矿山服务年限。

1.4.2.6 推进计算机在矿山地质工作中的应用

矿山地质工作是矿山涉及数据量最多的专业之一,应用计算机处理大量的数据,进行地测图纸的绘制,已成为矿山地质工作现代化的标志之一,并为采矿技术工作的计算机化提供必要的基础。

2 生产勘探

2.1 概述

2.1.1 定义与适用范围

生产勘探定义：

生产勘探，是指矿山开采时期所开展的地质勘探工作，是矿床地质勘探的延续和补充，是紧密结合采矿工程并超前于开采的和保证矿产资源储量可靠程度达到开采要求的生产探矿工作。

生产勘探规定的内容：

本章对冶金矿山生产勘探的勘探原则、类型、程度、工程量、勘探技术要求和勘探报告的编制作出基本规定。

适用范围：

本章规定适用于冶金矿山生产的地质探矿工作，是编制生产勘探设计、工程质量检查、工程验收以及报告编写、审查、批准的依据。

2.1.2 生产勘探的目的与任务

2.1.2.1 生产勘探的目的

(1) 在前期地质勘探基础上，进一步查明采区范围内影响开采的地质构造，水文地质、工程地质条件；确定矿石类型、工业品级、矿体的连续性，提高资源储量的可靠程度。

(2) 保证矿山正常生产，满足采掘(剥)设计近期工程(开拓、采准、回采)所需的准确地质资料；为编制矿山生产计划进行资源储量平衡，为采矿生产地质管理提供依据。

(3) 合理利用矿产资源，保证矿山持续生产。

2.1.2.2 生产勘探的任务

(1) 查明开采范围内的地质构造、矿体形态、产状、规模，对影响生产较大的断层、褶曲、夹层(石)及岩脉进行相应资源储量类型的可靠程度的控制。

(2) 进一步查明矿石资源储量，提高近期开采范围内的资源储量可靠程度，保证可供开采的经济基础储量达到保有指标。

(3) 详细查明矿石类型、品级、质量的空间分布特征及其规律；准确控制矿石有用、有害、主要伴生、共生组分含量；准确划分矿石工业类型及品级。

(4) 对前期地质勘探未探明的或生产掘进中发现的主矿体边缘、延深和附近可回收的小矿体、盲矿体和老窿残矿进行工程控制。

(5) 进一步查明近期开采地段的水文地质条件、工程地质条件和开采技术条件，以及其他生产要求的特殊地质问题。

(6) 对可供综合利用的新矿种及伴生矿产进行工程揭露与地质评价。

(7) 当查证矿体出现较大变化和资源储量较大增减时,对前期地质勘探资料进行修改,并提供调整和修改开采设计、计划有关地质资料。

2.1.3 生产勘探分类

2.1.3.1 生产勘探分类依据

(1) 依据前期矿床地质勘探对近期开采块段的探明程度及边部深部的控制程度。

(2) 依据生产勘探的目的与任务。

2.1.3.2 生产勘探分类

(1) 资源储量可靠程度勘探:将控制的经济基础储量通过加密工程达到探明的经济基础储量;将探明的经济基础储量通过加密工程达到准确探明的经济基础储量。

(2) 补充勘探:对前期地质勘探控制程度较低,尚未达到开采要求的地段(块段)进行的提高地质可靠程度的勘探。

(3) 矿石类型勘探:根据选、冶生产要求,以查明矿石工艺类型及其分布为主要目的进行的勘探。

(4) 综合利用勘探:对同一矿种不同用途或对伴生矿产综合利用进行的勘探。

(5) 找矿勘探:在矿区范围内,依据成矿规律,预测可能赋存矿体地段和开采发现新矿体地段的勘探。

2.2 勘探工程布设

2.2.1 总体布设的原则

总体布设的原则如下:

(1) 生产勘探总体布设应保持工程空间位置的系统性及对不同地质条件的适应性。

(2) 对前期矿床地质勘探工程的有序继承和与采矿工程的系统结合。

(3) 生产勘探工程布设应以前期矿床地质勘探工程间距为基础,在其工程之间进行加密。工程加密应“先疏后密”。

2.2.2 勘探工程布设

勘探工程可按勘探网、勘探线、水平勘探式、棋盘格式、格架式布设。

2.2.2.1 勘探线布设要求

(1) 勘探线布设应延续利用前期矿床地质勘探的勘探线。加密工程勘探线应布设在前者之间。根据不同目的和条件可设置辅助勘探线。

(2) 勘探线布设须垂直于矿体走向。勘探工程系统总方向须与矿体变化最大的方向一致。当矿体延长较大且沿走向产状变化较大时,可布设几组不同方向的勘探线。

矿体走向与总体勘探线方向不垂直,夹角小于75°(层状与脉状矿体)或夹角小于60°(其他类型矿体)可改变局部地段的勘探线方向。

(3) 勘探线编号应有序排列,勘探线方向应采用方位角表示。

(4) 勘探线布设前应在其垂直方向设置1~2条基线,基线间距不大于500m。同时计算勘探线与基线交点的平面坐标及各勘探线端点坐标。按计算结果将勘探线展绘在地质平面图上，并对照现场与地质条件加以检查。

2.2.2.2 勘探工程布设要求

(1) 勘探工程应位于勘探线上，因故偏离勘探线距离不宜超过相邻二线间距的5%。

(2) 勘探工程布设应点面结合，保证重点。

(3) 勘探工程布设应考虑精度较高的资源储量计算方法。

(4) 对零星小矿体、构造及矿体边缘的控制性工程布设，可不受勘探线及其方向的限制。

2.2.3 采矿工程中的勘探工程布设

2.2.3.1 勘探工程与开采顺序

(1) 生产勘探应随矿山生产的开拓、采准、回采顺序分阶段进行。

(2) 勘探范围和勘探深度应满足矿山不同时期的生产规模和近期开采设计的需要。

(3) 根据矿山开采顺序与生产需要，生产勘探应做到近期与长远相结合，由上而下，从疏到密。

2.2.3.2 探采结合的一般要求

(1) 生产勘探应与采矿工程结合进行，利用开拓、采准等工程先期施工进行探矿，可降低生产成本，缩短矿量升级周期。

(2) 探采结合应使探采工程统一设计，实施合理的平行交叉作业，做到一次出图分期施工，保证生产勘探的探矿目的。

(3) 探采结合应系统、全面地贯穿于采矿生产的全过程。

(4) 大而简单的矿床，当采矿工程可以充分利用于探矿时，可不再单独布设生产勘探工程。

(5) 探矿钻孔同时应作为水文地质孔、放水孔、工程地质孔使用。

(6) 探矿工程为采矿利用时，其位置、规格、技术参数等的设计应符合采矿要求；采矿工程应穿透矿体或至少进入矿体的一盘，达到探矿的目的。

2.2.3.3 露天开采的探采结合

(1) 阶段开拓前，应根据前期矿床地质勘探资料绘制设计开采阶段(平台)地质平面图及勘探线剖面图，提供开拓设计。

(2) 阶段开沟及剥离工程，应进行地质编录，布置平台槽探，查清矿体边界及矿石质量，绘制实测地质平面图及品位分布图。

(3) 随开采阶段的推进，槽探工程应继续延长；台阶边坡应进行编录、取样。勘探工程取得的地质资料应满足回采设计需要。

(4) 采矿爆破孔应作为生产勘探工程利用并进行编录和取样。

2.2.3.4 地下开采的探采结合

(1) 开拓阶段，生产勘探应与中段开拓同步进行，确定探采结合工程，并优先施工探矿。当发现矿体变化较大，控制程度不足时，应补充勘探工程，为划分块段和采准设计提供依据。

(2) 采准阶段，探采结合工程随采矿方法和块段的构成而有所不同。探采双方共同确定探采结合工程、编制施工顺序方案，并予以优先施工，为回采设计提供资料。

(3) 回采阶段，在矿体复杂多变的矿床，应利用切割、回采工程布置坑道钻探或延长坑道探矿，对于采用深孔凿岩的采矿方法，可利用部分穿透矿体的深孔(取样)探矿，查明矿体边界,准确控制矿体、夹石以及构造。

2.2.4 勘探深度

2.2.4.1 勘探深度的一般要求

(1) 勘探深度应依据勘查目的、开采规模和方式、矿体的大小与延深、生产接续情况确定。

(2) 对小而薄的矿体,勘探工程应一次穿透矿体,厚大矿体可采用多年分段接力方式勘探。

(3) 一次生产勘探深度:露天开采应控制生产台阶以下3~4个阶段;地下开采应控制1~2个中段;露天转地下开采可适当增加勘探深度。

2.2.4.2 岩心钻探

(1) 露天开采矿山应选用机动性强的中小型钻机,孔深50~100m,控制3~4个阶段。上下层钻孔应有20~30m的重复。接力分段包括的阶段数以2~3个阶段为宜。

(2) 地下开采矿山宜采用小型金刚石岩心钻机,可进行束形、扇形排孔探矿,控制深度为60~100m。

(3) 生产勘探控制深度应符合表2-1中的规定。

表2-1 生产勘探控制深度参考表

勘探目的	矿床规模	开采方式	控制深度	勘探类型	资源储量可靠程度
近期开采需要	大中型	露天开采	3~4个阶段	Ⅰ	准确探明的+探明的+控制的 以准确探明的为主
				Ⅱ~Ⅲ	准确探明的+探明的+控制的 以准确探明的+探明的为主
		地下开采	1~2个中段	Ⅰ	准确探明的+探明的+控制的 以准确探明的为主
				Ⅱ~Ⅲ	准确探明的+探明的+控制的 以准确探明的+探明的为主
开拓工程接替需要	小型	不限	穿透矿体		探明的以上
	大中型	露天开采	6~8个阶段	Ⅰ	探明的+控制的 以探明的为主
				Ⅱ~Ⅲ	探明的+控制的 以控制的为主
		地下开采	2~4个中段	Ⅰ	探明的+控制的 以探明的为主
				Ⅱ~Ⅲ	探明的+控制的 以控制的为主
远期规划需要	大中型	露天开采	满足二期开采设计要求	Ⅰ	探明的+控制的 以控制的为主
		地下开采	满足二期开采设计要求	Ⅱ~Ⅲ	探明的+控制的 以控制的为主

2.3 生产勘探工程间距

2.3.1 工程间距确定的基本原则

工程间距确定的基本原则如下：

(1) 依据矿体规模、矿体形态的复杂程度、矿体的连续性、构造复杂程度和矿石类型、质量分布状况确定工程间距。

(2) 必须同时考虑开采条件，满足采矿工程对矿体的控制程度要求，同一块段工程间距可不相同。

(3) 根据勘探方法和手段，保证有效地控制和圈定矿体。同一矿床(矿体)不同块段可确定不同的工程间距。

(4) 当地质变量的变化沿走向和倾向不一致时，工程间距应适应其变化。

(5) 风化壳类型的矿床应结合地形地貌特征合理确定。

2.3.2 勘探工程间距确定的主要因素

2.3.2.1 *矿体规模*

(1) 根据矿体空间展布可能出现的最大范围，铁、锰、铬矿等金属矿床可分为大、中、小 3 个等级。划分标准可参考附表 2-1 的规定。

(2) 根据矿床矿产资源储量的多少，冶金辅料矿产矿床可分为大、中、小 3 个等级，划分标准可参考附表 2-2 的规定。

2.3.2.2 *矿体形态*

(1) 根据矿体形状、厚度变化、产状及其变化等空间展布的几何特征，以及构造影响可将其分为简单、中等、复杂 3 个等级。

(2) 简单：矿体以层状或似层状产出；呈现为单斜或宽缓褶皱，产状稳定；分支复合少，厚度变化小(厚度变化系数 $V_m<50\%$)，基本未遭受构造或岩脉破坏。

(3) 中等：矿体多成脉状和大型透镜状，间有夹石产出；常呈现为波状褶皱，产状基本稳定，膨胀收缩和分支复合常见，厚度变化中等($V_m=50\%\sim100\%$)；多数未遭受构造或岩脉破坏。

(4) 复杂：矿体以透镜状、扁豆状、脉状、囊状、筒柱状或羽毛状以及其他不规则形状断续产出；褶皱发育，断层多，产状不稳定；膨胀收缩和分支复合多且复杂，厚度变化大($V_m>100\%$)；断层或岩脉破坏严重，常出现几米、几十米，甚至百米以上的错动。

2.3.2.3 *有用组分分布的均匀程度*

根据有用组分含量分布特征将其分为均匀、较均匀、不均匀 3 个等级：

(1) 均匀：矿化连续，品位分布均匀(品位变化系数 $V_c<50\%$)，品位变化曲线为平滑型(相邻品位绝对差值≤5%)。

(2) 较均匀：矿化基本连续，品位分布较均匀($V_c=50\%\sim150\%$)品位变化曲线以波型(相邻品位绝对差值＝5%～7%)为主。兼有尖峰型(相邻品位绝对差值＝7%～11%)。

(3) 不均匀：矿化不连续或很不连续，品位分布不均匀或很不均匀($V_c>150\%$)，品位变化曲线为尖峰型或多峰型(相邻品位绝对差值>11%)。

矿体内部结构的复杂程度：根据矿体内部矿石类型分布、矿石的结构构造、夹层(夹石)

存在情况可将其分为简单、中等、复杂3个等级。

2.3.2.4 其他因素

(1) 工程技术因素:勘探手段的可靠程度是影响勘探工程间距确定的因素之一,选择不同勘探手段,应采用不同的工程间距。

(2) 矿山生产因素:矿床开采方式、开拓方案、采矿方法及采、选生产管理要求均可影响生产勘探工程间距的确定。

条件相同,露天开采勘探工程间距可比地下开采勘探工程间距放宽;地下开采中脉内开拓可比脉外开拓工程间距放宽。当进行选别开采时,勘探工程应相应加密。

(3) 矿床地质规律的研究程度:生产勘探工程间距决定于对地质规律的认识程度,应通过计算机地质统计学方法对地质变量进行分析,充分掌握地质规律。

2.3.3 工程间距的确定

2.3.3.1 勘探工程间距的确定方法

(1) 经验法(类比法):根据地质条件相似的矿床勘探工程布设,参照有关规范的规定确定勘探工程间距。该方法主要用于矿山的补充勘探。

(2) 验证法(试验法):

1) 工程密度抽稀验证:选择试验地段并确定探求的资源储量类型,以最密网度进行勘探,然后依次抽稀工程,以最密网度的成果作为标准进行对比,选择不超出确定的资源储量类型允许误差规定的抽稀工程密度作为生产勘探采用的工程间距。抽稀对比应避免奇、偶工程位置可能引起的误差,选择具有最大权数的数据。

2) 探采资料对比验证:选定对比地段,以一定的工程间距进行勘探,将取得的资料与实际开采获得的资料进行对比。以开采资料作为标准,选定不超出规定的资源储量类型允许误差的最稀密度作为生产勘探采用的工程间距。

3) 验证法应符合下列要求:选定的对比地段应具有代表性;确定参与对比的基本工程间距及其在空间上的构成合理;选定对比的内容与参数正确;确定的误差指标合理;验证结果可靠。

(3) 计算方法:对主要地质变量用数理统计方法、地质统计学方法计算。

(4) 采用计算机以矿床地质规律为基础,以矿体的准确控制为目标,对生产勘探工程间距进行优化确定。

2.3.3.2 勘探工程间距合理性的检验

(1) 通过生产实际,检验矿体控制程度是否满足采掘(剥)生产要求。

(2) 当矿山开采具备探采验证条件时,应进行探采资料对比,验证勘探工程间距的合理性。验证内容与方法可按第10章的有关规定执行。

确定生产勘探工程间距可参考表2-2。

表2-2 生产勘探工程间距参考表

矿种	勘探类型	资源储量可靠程度	勘探工程间距/m		
			平台槽探	钻探	坑探
铁矿	I	准确探明 探明的 控制的	$h\times50$ $h\times50$	$(50\sim100)\times(50\sim100)$ $(100\sim200)\times(100\sim200)$	$h\times60$

续表 2-2

矿种	勘探类型	资源储量可靠程度	勘探工程间距/m		
			平台槽探	钻探	坑探
铁矿	Ⅱ	准确探明 探明的 控制的	$h\times25\sim50$	$50\times(50\sim100)$ $(100\sim200)\times(50\sim100)$	$h\times(40\sim60)$
	Ⅲ	准确探明 探明的 控制的	$h\times25$ $h\times50$	$(20\sim30)\times(20\sim30)$ $50\times(25\sim50)$ $(100\sim50)\times100$	$h\times(30\sim40)$
	Ⅳ	准确探明 探明的 控制的	$h\times25$	$(25\sim40)\times25$ $(50\sim80)\times50$	$h\times(25\sim30)$
锰矿	Ⅰ	准确探明 探明的 控制的		100×50 200×100	$h\times50$
	Ⅱ	准确探明 探明的 控制的		50×50 $(100\sim150)\times(50\sim100)$	$h\times(40\sim50)$
	Ⅲ	准确探明 探明的 控制的		75×75 150×75	$h\times(30\sim40)$
	Ⅳ	准确探明 探明的 控制的		25×25	$h\times(20\sim30)$
粘土矿	Ⅰ	准确探明 探明的 控制的		50×50 100×100 200×200	$h\times50$
	Ⅱ	准确探明 探明的 控制的		100×50 100×100	$h\times(25\sim50)$
	Ⅲ	准确探明 探明的 控制的		50×50 100×50	$h\times(30\sim50)$
	Ⅳ	准确探明 探明的 控制的		25×25	
石灰石	Ⅰ	准确探明 探明的 控制的	$h\times50$	50×50 $100\times(100\sim50)$ $(100\sim150)\times(100\sim200)$	
	Ⅱ	准确探明 探明的 控制的	$h\times50$	50×50 100×50	
	Ⅲ	准确探明 探明的 控制的	$h\times25$	50×50 100×100	

续表 2-2

矿 种	勘探类型	资源储量可靠程度	勘 探 工 程 间 距 /m		
			平台槽探	钻 探	坑 探
菱镁矿	Ⅰ	准确探明 探明的 控制的	h×(25~30)	(60~75)×(60~75) 120×(60~75)	
	Ⅱ	准确探明 探明的 控制的	h×25	50×50 100×50	
	Ⅲ	准确探明 探明的 控制的		(25~50)×(25~50) 50×50	

注：1. h 为阶段(中段)段高(m)；2. 钻孔栏数据：(矿体)走向工程距×倾斜工程距。

2.4 生产勘探手段

2.4.1 生产勘探手段的选择

生产勘探手段的选择

(1) 生产勘探手段须依据矿床地质条件、矿山开采技术条件与市场经济条件等综合考虑确定。

(2) 应充分利用矿山现有的设备和采掘(剥)工程。

2.4.2 主要勘探手段

2.4.2.1 露天开采矿山勘探手段

(1) 露天开采宜采用地表岩心钻探、生产凿岩用牙轮钻、潜孔钻、平台槽探与井探。

(2) 平台槽探适用于倾角大于45°的陡倾斜矿体。矿体倾角小于45°时，宜选用岩心钻探。

(3) 牙轮钻、潜孔钻可用于生产勘探，其矿岩粉取样与编录见第3章与第4章的有关规定。

(4) 根据矿床地质条件，勘探手段可采用一种或多种组合方式。

2.4.2.2 地下开采矿山勘探手段

(1) 地下开采应以坑探及坑道钻探为主。

(2) 采用专门探矿坑道时，应在设计阶段进行地质效果与经济效果论证。

(3) 在陡倾斜矿床坑道中，可采用岩心钻探，并以多方向钻孔进行探矿。

(4) 可利用生产中深孔或部分爆破孔，作为辅助探矿手段。

(5) 勘探手段可采用一种或多种组合方式。

2.5 生产勘探主要技术要求

2.5.1 生产勘探的一般要求

生产勘探的一般要求如下：

(1) 所有勘探工程应按种类和位置分别进行系统编号，不得重复。

(2) 施工前应检查工程位置、方位和钻孔倾角,符合设计要求方可施工。

(3) 施工前应向施工人员交代设计目的、任务、要求及地质情况、施工中可能遇到的问题。

(4) 当工程达到目的时即可停止施工;未达到目的时应及时提出调整施工方案。

(5) 工程竣工后,地质、测量人员须进行工程测量验收,提供实测坐标及相关图纸资料。

2.5.2 槽探与井探技术要求

2.5.2.1 槽探技术要求

(1) 探槽走向应垂直矿体或矿化带布置。槽深应达矿体和基岩新鲜面。

(2) 大型简单矿床探槽可按上、下平台勘探线相间交错布置;复杂矿床各平台勘探线上均应布置探槽。

(3) 工程施工前应将设计探槽端点坐标测设到现场;中间每 20m(±)测设一个标志点。工程结束后,应实测验收探槽端点坐标。

(4) 采样探槽槽底宽度不宜小于 0.6m。

(5) 应按规定对探槽进行素描与编录,参见第 4 章。

2.5.2.2 井探技术要求

(1) 探井定位:应测量实测放点与验收探井坐标。

(2) 浅井底部断面为 1m×1m,开口宽度可据探井深度和掩盖层的稳定情况确定。

(3) 井探应穿过矿渣层、风化带,揭露到矿体和基岩新鲜面。

(4) 应按规定对探井进行素描与编录,参见第 4 章。

2.5.3 岩心钻探技术要求

2.5.3.1 开孔准备

(1) 钻孔孔位应按设计实地测设到现场。

(2) 孔口位置应与设计坐标相符,实际偏差不得超过 1m;孔口标高应以地基平整后的标高为准。钻孔测设后未经地质总负责人批准不得任意移动。

(3) 斜孔钻进方位与设计方位之间偏差不得超过 5°/100m。

(4) 钻探施工前地质人员应向钻机人员提供钻孔设计柱状图,并说明钻孔设计目的、任务及施工中可能发生的地质问题与施工质量要求。

(5) 开钻前地质人员应到现场核查开孔方位角、倾角,符合设计要求时,允许开钻。

(6) 由地质专责工程师填写施工技术任务书,由地质负责人签署后通知钻探负责人。通知书一式两份,格式见附表 2-3。

(7) 钻探开工前地质、测量、钻探、动力、安全等有关人员共同到机场进行检查,达到要求时方可开钻。

2.5.3.2 钻探施工中的一般要求

(1) 钻进过程中,遇到标志层或其他矿化特征,机场人员应填写记录,并采取提高岩心采取率的措施。当矿心采取率达不到规定标准时,地质人员应向负责人报告,研究解决方法和措施。同时保留矿岩碎块与矿岩粉。

(2) 岩(矿)心由岩心管取出后即应编号,并以箭头表示井下方向,保持矿岩心顺序。

(3) 岩心箱内岩(矿)心放置:一律自左至右按同方向排列。箱外应标明孔号、箱号、岩

(矿)心起止深度。机场无岩心箱应停止钻进。

2.5.3.3　钻探施工中的工程质量要求

(1) 矿心采取率,应满足下列要求:

1) 探矿孔的矿心采取率(包括顶、底板 5m 范围内的岩石)不低于 80%。岩心的分层采取率不低于 65%。当矿心采取率连续 5m,低于 80%时,应查明原因并采取补救措施。钻进可采的薄层矿时应提前采取矿心采取率达标措施。

2) 使用的钻探工艺应能保持矿石原有结构特点和完整性,避免矿心粉碎贫化。严格控制钻进回次长度及回次采取率。穿矿孔孔径须满足取样要求。

(2) 钻孔弯曲度与测量间距,应满足下列要求:

1) 一般钻孔不同孔深的各测点的实测顶角与开孔设计顶角之差不得超过表 2-3 规定的范围。

表 2-3　钻孔弯曲度允许顶角差

测定孔深 /m		100	200	300
允许顶角差/(°)	直　孔	2	4	6
	斜　孔	3	6	9

2) 顶角及方位角测定间距:斜孔每 50m 测定 1 次,直孔每 100m 测定 1 次,终孔测定 1 次。

3) 方位角 100m 内偏差不大于 5°,终孔位偏离所在勘探线的距离不得大于两勘探线间距的 1/5。

(3) 孔深误差的测量与校正:

1) 下列部位须进行孔深测量:①每钻进 50m,进出矿层;②地质人员确认的重要构造部位;③事故处理后,下套管前;④终孔。

2) 误差大于千分之一时应对孔深加以改正。

(4) 孔深检查与钻孔弯曲度测量结果应记入登记表。登记表格式,见第 4 章附录。

2.5.3.4　钻探施工过程的地质工作

(1) 地质人员每日应到机场检查机场日报与岩心隔板,核实进尺与矿(岩)心长度等。

(2) 机场鉴定矿(岩)心并按规定格式进行编录。记录表格式,见第 4 章附录。

(3) 计算矿(岩)心采取率,应满足下列要求:

1) 采取率一律计算到小数点后第一位;

2) 逐日按回次计算。经孔深验证或岩(矿)心调整,可改正采取率;

3) 采取率的复算与调整:当回次岩(矿)心长度大于进尺时应进行调整,即以本间隔的采取率为 100%,依次上推至消失为止。

(4) 钻孔深度验证误差分配如下:

1) 系统误差,应按间隔或进尺平均分配;

2) 偶然误差,应 1 次改正;

3) 绝对误差,小于 0.3m 时可不改正。

(5) 经矿、岩心调整及孔深验证误差分配后,应进行换层深度(地质界线)计算,计算方法及计算式见第 4 章。

2.5.3.5　钻孔竣工前后的地质工作

(1) 钻探工程进行中因故变更设计时,地质工程师应及时向钻机发出变更通知书,说明变更原因。通知书格式见附表 2-4。

(2) 决定终止钻进,应填写钻孔终止通知书。当终止的工程未达到设计要求或其成果不符合设计目的时,地质人员须在通知书上申述原因,经地质专责工程师批准并附于原始记录内存查。钻孔终止通知书格式,见附表 2-5。

(3) 钻孔竣工后的地质工作:

1) 依据野外记录编制钻孔柱状图,比例尺不宜小于 1∶200;

2) 对可能导致地表水及地下水渗入地下采坑的钻孔应予封孔,其他钻孔可根据设计要求处理;

3) 全部原始资料应进行检查、整理,验收后存档。

2.5.3.6 矿(岩)心的管理

(1) 机场矿(岩)心管理:

1) 提取矿(岩)心时,岩心管不得提离地面超过 0.2m,保证断裂矿(岩)心顺序。提取的矿(岩)心须立即放入岩心箱。

2) 松软和易碎矿(岩)心应仔细分拣、装袋并按顺序装箱。当矿(岩)心上有黏着物时,应加以清洗。

3) 每次提取矿(岩)心后应放置一块隔板,并以铅笔按隔板上的栏目内容填记。无矿(岩)心的间隔仍须填写隔板,注明提升深度、进尺并标明无矿心(岩心)。隔板(岩心牌)格式,见第 4 章。

(2) 终孔矿(岩)心管理:

1) 经编录、取样、复查的矿(岩)心须保留至该块段开采结束。

2) 生产勘探矿心一律不得缩减,岩心经编录无保留价值的可进行缩减,缩减的岩心应保留 0.1m/回次。

3) 缩减废除的矿(岩)心应集中掩埋。

4) 矿心与缩减保留的岩心应集中存放于岩心库并妥善保管。

2.5.4 坑探技术要求

2.5.4.1 坑探一般要求

(1) 坑探工程定位:根据批准的设计图,由测量与地质部门共同到现场实测定位。

(2) 设计在勘探线上的探矿坑道,其中心线偏离勘探线不得超过掌子面宽度的 1/2。

(3) 探矿坑道的断面规格(m):宽 1.5~2.2×高 1.8~2.2。

(4) 探矿坑道和可作为探矿的生产坑道应进行地质调查、编录及取样。

2.5.4.2 工程施工要求

(1) 穿脉探矿工程须在穿过矿体后停止掘进。

(2) 探矿坑道在预计有突水、涌水地段施工时,应制定探水防水措施。

(3) 探矿坑道终止掘进,由地质部门决定;探采结合坑道终止掘进,由地质与采矿部门共同商定。

(4) 施工期间应定期对工程质量与工程量进行阶段验收,全部完成后进行竣工验收。

(5) 施工期间变更设计,应下达变更设计通知书与变更设计图纸。

2.5.5 探矿用采矿爆破孔的技术要求

2.5.5.1 露天矿山采矿爆破孔要求

(1) 确定用于探矿的爆破孔宜位于勘探线上。

(2) 用于探矿的爆破孔应进行地质编录与取样。

2.5.5.2 地下矿山采矿爆破孔要求

(1) 探矿深孔应垂直矿体和岩层走向布置。

(2) 根据探矿作用的中、深孔,须作单体设计。

(3) 探矿深孔应进行编录并按规定取样长度采集岩泥,根据掘进进尺和岩泥颜色变化计算换层深度。

2.6 生产勘探程度

2.6.1 生产勘探程度的基本要求

2.6.1.1 资源储量的可靠程度

(1) 生产勘探的控制程度以其查明的资源储量类型误差确定,各资源储量类型允许的误差标准可参考表2-4。

表2-4 资源储量允许误差标准

资源储量类型	准确探明的	探明的	控制的
资源储量误差/%	<8	<15	<30
计算范围	回采	采准(回采)	开拓

(2) 生产勘探的控制程度应满足矿山生产准备矿量的要求:

1) 开拓范围内,经生产勘探,控制程度应达到探明的加控制的资源储量。其中,大型简单矿床探明的资源储量应占60%~80%,控制的资源储量可占20%~40%;小型复杂矿床控制的资源储量可占60%~100%;特别复杂的矿床以控制的资源储量为主,可有部分推测的资源储量。

2) 采准范围内,经生产勘探,控制程度应达到探明的资源储量。其中,大型简单矿床准确探明的应达到80%以上;特别复杂的矿床以探明的为主,可有部分控制的资源储量。

2.6.1.2 矿体形态的控制要求

(1) 矿体位移误差:生产勘探控制的矿体边界与实际的矿体边界的位移允许误差标准见表2-5。

表2-5 矿体边界允许误差标准

资源储量类型	准确探明的	探明的	控制的
矿体重合率/%	≥90	≥80	≥70
底板位移/m	2~5	5~8	8~15
计算范围	回采	采准(回采)	开拓

(2) 矿体产状变化：达到准确探明的块段，矿体沿走向方位角的变化应控制在3°之内；达到控制的块段，矿体沿走向方位角的变化不大于10°。

矿石类型及矿石质量控制要求：

(1) 矿石品种的控制要求：需进行选别开采的矿床，生产勘探应对矿石工业类型（工艺类型）、技术品级及其所占比例、分布的控制程度达到相应资源储量类型可靠程度的要求。

(2) 矿石有用与有害，主要与伴生共生组分含量和质量分布的控制程度和对以矿石技术性质作为质量指标的矿产，其影响质量的各种技术指标的控制程度应达到相应资源储量类型可靠程度的要求。

2.6.1.3 夹层（夹石）控制要求

(1) 开拓范围内，夹石剔除厚度以上的夹石（夹层），生产勘探应予查清。

(2) 回采矿块中大于1m的夹石（夹层），生产勘探应予查清。

2.6.2 生产勘探程度与矿量保有

生产勘探程度与资源储量的保有：

以探明的基础储量保有要求为标准：大型矿山3～5年，中型矿山2～3年，小型矿山应在1年以上。

生产勘探程度与生产准备矿量的保有：

(1) 生产准备矿量的保有对生产勘探程度的要求以相应查明的各类型资源储量为准，可参照表2-6的比例要求确定。

表2-6 生产准备矿量对各类型资源储量的比例要求

勘探类型	开拓矿量/%				采准矿量/%				回采矿量/%			
	准确	探明	控制	推测	准确	探明	控制	推测	准确	探明	控制	推测
Ⅰ	>25	>65	<10		>80	>15	<5		>95	<5		
Ⅱ	>20	>60	<20		>70	>25	<5		>95	<5		
Ⅲ	>15	>55	<30		>60	>30	<10		>85	<15		
Ⅳ		>30	>50	<20		>60	<40			>70	<30	

(2) 露天开采矿山经济的基础储量保有应与生产准备矿量相协调。不应受阶段（台阶）掌子长度及生产勘探手段的影响。

2.6.3 生产勘探超前期与超前范围

生产勘探超前期的确定原则：

(1) 矿床地质条件的复杂程度，条件复杂的，生产勘探超前期限可略低。

(2) 多品种生产矿山，根据主要矿种所能达到的保有期为准。

(3) 坑道维护难易程度，在保证生产需要的前提下，坑道不易维护的可略低。

超前期与超前范围的要求：

(1) 生产勘探应与采掘工程保持一定的超前距离，超前期应以生产准备矿量保有年限为准确定。

(2) 超前范围：应根据采矿生产计划确定。露天开采矿山1～3个平台，地下开采矿山

1～2个中段。

2.7 生产勘探设计与审批

2.7.1 生产勘探设计的编制

2.7.1.1 设计编制的时间

生产勘探作为生产经营计划组成部分之一,勘探设计须每年编制1次。

2.7.1.2 设计编制原则

(1) 根据采掘任务和长远规划,确定年度勘探地段和工程量。

(2) 根据矿床地质条件、采矿方法和开拓工程接替等确定勘探工程间距和勘探手段。

(3) 根据探明的基础储量保有程度,确定拟获得准确探明的基础储量的地段及其数量。

(4) 根据矿山年度采掘计划,在设计专项探矿工程的同时应充分利用采掘工程。

(5) 对矿床有益伴生组分施行综合勘探。

2.7.1.3 设计编制程序

(1) 收集资料:收集前期矿床地质勘探资料,前期生产勘探与生产地质资料,采掘等开采资料并加以分析综合。

(2) 编制设计图:

1) 露天开采矿山:须编制采场综合地质平面图、勘探工程布置图、勘探线地质剖面图、陡倾斜矿体纵投影图。

2) 地下开采矿山:须编制中段地质平面图、工程布置图、勘探线地质剖面图、陡倾斜矿体垂直纵投影图,缓倾斜矿体顶(底)板等高线图。

3) 生产勘探设计图比例尺:应与矿山生产用地质图比例尺一致,图中须标示矿体边界、采空区域、采掘现状,设计的槽、井、坑探及钻孔工程位置。

(3) 根据矿山技术条件,确定勘探手段及工程布置方式。

(4) 确定设计的技术参数。

(5) 确定生产勘探施工顺序和方法,制定预期进度表和保证措施,确定勘探工程顺序。

2.7.1.4 设计编制的内容

生产勘探设计编制的内容可参照附录2-1确定。

2.7.2 生产勘探设计的审批

2.7.2.1 生产勘探设计编制及审批程序

(1) 矿山地质部门负责编制生产勘探设计与工程进度计划并列入矿山年度采掘计划。

(2) 审查年度采掘计划前,矿山须对生产勘探设计进行充分论证。

(3) 矿山总工程师,组织矿山有关职能部门进行审查并上报主管部门。

(4) 主管部门审查批准。

2.7.2.2 设计变更

(1) 由于地质条件变化或其他原因需要修改勘探设计时,坑探与钻探设计的全面修改,应提出变更原因及变更后的设计方案并上报审批。

(2) 槽、井探工程变更设计,可由矿山自行更改后上报主管部门备案。

(3) 不影响整体勘探设计的局部勘探工程变更,可由矿山自行调整后上报主管部门备案。

2.8 生产勘探总结报告的编制与审批

2.8.1 生产勘探总结报告的编制

2.8.1.1 总结报告编制的基本要求

(1) 按阶段进行的生产勘探,以及找矿勘探、补充勘探、综合勘探等结束后均应提交总结报告。

(2) 勘探工程施工中即应进行原始资料的收集与整理;编写报告时应按生产勘探设计及有关规定要求进行,保证报告质量。

(3) 勘探工程应按规定全面系统地进行地质编录、取样化验,绘制相关的图件。

2.8.1.2 总结报告编制的内容

(1) 生产勘探总结报告的内容可参考附录 2-2 确定。

(2) 大型或重要生产勘探报告应附有水文地质、工程地质、环境地质以及矿山经营参数评价的相关内容;小型或简单的年度勘探报告可简化报告内容。

2.8.2 总结报告的审批

总结报告的审批有以下两种:

(1) 生产勘探总结报告须经主管部门审批,其成果方可用于修改前期矿床地质勘查的有关资料,提供矿山生产使用。

(2) 生产勘探引起的各类型资源储量变动、增减,矿石类型、品级分布与数量的变动经矿山核准,填入年度"固体矿产资源/储量报表"报当地地矿部门。

附录

附录 2-1 生产勘探设计编写提纲

生产勘探设计书

序言 生产勘探目的和任务

a. 上年生产勘探完成情况

b. 本年生产勘探任务及其依据

c. 整体设计(部分设计)

d. 与开拓、采准的关系

1 矿床地质简述

1.1 地层及岩石

岩浆岩与近矿围岩蚀变、构造等。

1.2 矿体描述

矿体形态、厚度、变化,矿体的连续性。

1.3 矿石类型及品级

包括物质组成、结构构造。

2 生产勘探工程布置

2.1 工程布置原则

2.2 工程布置依据

2.3 生产勘探手段的选择及勘探工程间距的确定

2.4 探矿工程及施工顺序

单体工程名称、位置等。

3 生产勘探工程设计

3.1 探矿工程量

包括地质素描工作量。单体设计规格、结构。

3.2 地质取样

样品加工、化学分析、内外验证及其数量等。

3.3 工程测量

3.4 水文地质与工程地质工作

3.5 其他

施工中可能发生的问题,对勘探效果影响的预计及避免措施。

4 生产勘探工程技术要求

4.1 钻探技术要求

开孔与终孔孔径,钻孔弯曲、方位及测斜,孔深验证,岩心采取率,样长与原始重量,见矿点,偏离勘探线情况等。

4.2 槽、井探技术要求

规格、位置、方位、基岩揭露等。

4.3 坑探技术要求

规格、位置、方位、坡度等。

4.4 采样

方法、规格、原始重量和试样加工、分析项目等。

4.5 水文、工程、环境地质工作技术要求

4.6 新技术应用的技术要求

4.7 地质技术管理技术要求

其中包括资料收集与技术指导等。

5 设备、材料及人员、工本费用

6 预期成果

6.1 资源储量的获得与资源储量类型的变动

6.2 矿体、夹层(石)、构造及岩浆岩的控制

6.3 水文、工程、环境地质效果

6.4 预计完成的各项经济技术指标

6.5 采掘工程的辅助勘探效果及其他

附图:

1. 开采平台(中段)勘探工程设计地质平面图
2. 勘探工程设计地质剖面图
3. 矿体纵投影图
4. 矿层顶(底)板等高线图

附录 2-2 生产勘探总结报告编写提纲

生产勘探总结报告

前言
本次勘探投入的工程量,历时时间,取得的主要成果,工本费用及总的经济技术指标
1 矿床地质简述
1.1 矿床地质构造
1.1.1 地层及岩石
1.1.2 构造
1.2 矿体描述
1.2.1 矿体形态、规模
1.2.2 矿体的连续性
1.3 矿石及围岩特征
1.3.1 矿石类型
1.3.2 矿石成分与结构构造
1.3.3 矿石及围岩的次生变化
1.3.4 矿石有益有害组分的含量
1.4 矿产取样
1.4.1 化学取样
1.4.2 样品加工、分析
2 矿床水文地质条件
3 勘探工程量及其质量评述
3.1 勘探工程及地质素描工程量
3.2 取样及化学分析工程量
4 勘探成果
4.1 资源储量的获得与资源储量类型的变动
4.2 水文、工程、环境地质成果
5 地质工作的新认识
5.1 矿体与资源储量同前期勘探的比较
5.2 矿床构造
5.3 新矿产及其综合利用前景
6 经济技术评价
6.1 工业指标评价

6.2 勘探经济效益评价
6.3 新理论、新技术、新方法的应用
7 施工管理及勘探问题的处理
8 经验与教训
附图：
1. 生产勘探地质平面图
2. 生产勘探地质剖面图
3. 矿体纵投影图
4. 矿层顶(底)板等高线图
5. 资源储量计算图
附表：
1. 试样分析结果登记表
2. 资源储量计算表
3. 品位计算表
4. 勘探费用/工程单位成本/经济技术指标一览表

附表 2-1 铁、锰、铬矿矿床规模划分参考表

矿床名称	矿体规模	矿床规模		
		大型	中型	小型
铁、锰原生矿床	沿走向延长/m	>1000	1000～500	<500
	沿倾向延深/m	>500	500～200	<200
铁、锰表生矿床	连续展布面积/km²	>1.0	1.0～0.1	
铬原生矿床	沿走向延长/m	>500	500～200	<200
	沿倾向延深/m	>200	200～100	<100

附表 2-2 冶金辅料矿矿床规模划分参考表

矿床名称	矿床规模		
	大型	中型	小型
熔剂石灰石/kt	>50000	50000～10000	<10000
水泥石灰石/kt	>80000	80000～15000	<15000
白云石/kt	>20000	20000～2000	<2000
耐火黏土/kt	>10000	10000～2000	<2000
菱镁矿/kt	>50000	50000～10000	<10000

附表 2-3 探矿工程施工通知书格式

单位：

探矿工程施工通知书

№________

________批准(技术负责、　　　长签字)

按照地质设计于________勘探线________布置了________,现已安装(准备)完毕。设计深度(长度)________m,开孔直径________mm、终孔直径________mm(掘进断面________m^3),方位角________,倾角(坡度)________

其他要求：

以上各项经检验符合要求,同意即行施工。

地质负责人________　探矿负责人________

水文地质负责人________　测量负责人________

年　月　日

附表 2-4 探矿工程变更任务通知书格式

单位：

探矿工程变更任务通知书

№............

于　　年　　月　　日施工的工程名称及编号............

....

原设计............m，现需增加/减少............m

变更原因

工程负责人............

地质负责人............　探矿负责人............

水文地质负责人............　技术负责人............

年　　月　　日

附表 2-5 探矿工程终止通知书格式

单位：

探矿工程终止通知书

№..............

..............批准(技术负责、 长签字)

经研究决定..............于深(长)度.............. m 停止钻(掘)进。

终止原因：

终止后的要求(存在的问题及处理意见)：

工程负责人.............. 探矿负责人..............

地质负责人.............. 水文地质负责人..............

年 月 日

3 矿山地质取样

3.1 概述

3.1.1 定义

矿山地质取样是按照一定要求,从矿石、岩石或其他地质体以及矿产品中采取一定数量的代表性样品,并通过对所取样品的分析、测试、试验、鉴定和研究,从而确定矿石及矿产品的组成、矿石质量(矿石中有益有害组分含量)、物理力学性质、矿石技术加工性能以及矿床开采技术条件的矿山地质工作。

3.1.2 矿山地质取样的目的与任务

矿山地质取样的目的与任务:

(1) 在各种生产勘探工程中进行生产勘探取样,确定矿石质量及其变化,详细地圈定工业矿体,并按采矿和选矿工业要求,圈定矿体内不同矿石类型和工业品级的矿石界线,计算资源储量及生产准备储量;

(2) 在矿山开采过程中进行生产地质取样,掌握生产矿石质量,均衡出矿品位,达到产品质量要求,控制并计算开采过程中的矿石损失与贫化,检查和监督矿产资源的利用程度,减少矿产资源损失;

(3) 进行水文地质、工程地质取样,掌握矿山水文地质、工程地质条件及其变化,为采取措施,防治由此造成的地质灾害提供依据;

(4) 进行矿石、岩石物理力学性质测试取样,掌握矿石、岩石物理力学性质,为计算资源储量和确定开采技术条件提供资料;

(5) 根据矿石选、冶技术加工试验的要求,采集矿石选、冶试验样品;

(6) 采集矿石、岩石鉴定样品及标本,研究矿石和岩石的结构构造、矿物成分及共生组合等,确定矿物、岩石名称,划分矿石类型,为确定矿石技术加工和矿产资源综合利用提供依据。

3.1.3 矿山地质取样的种类

矿山地质取样,按取样检测内容要求的不同,可分为:化学取样、水文地质取样、工程地质取样、矿石(岩石)物理力学性质测试取样、矿石(岩石)测试鉴定取样、矿石技术加工试验取样等。

3.1.3.1 化学取样

化学取样的用途:

(1) 确定矿石中有益及有害组分含量,确定矿石地质品位,圈定矿体,以便计算资源储量;

(2) 查明矿体内夹石空间赋存状态；

(3) 划分矿石的类型、品级，圈定其分布地段；

(4) 在开采过程中进一步圈定矿岩界线，指导掘进(剥离)、采矿和计算矿石损失率与贫化率；

(5) 确定采出矿石或输出矿石质量是否达到均衡稳定，达到质量指标要求；

(6) 查明选矿尾矿中有益组分含量，检查综合回收及选矿作业质量。

化学取样种类：

(1) 在矿山基建和矿山生产勘探阶段，按探矿工程手段可分为钻探取样、槽探取样、井探取样、坑探取样等；

(2) 在采矿生产过程中，按取样地点可分为爆堆取样、采矿掌子面取样、矿车取样、贮矿取样、皮带取样；

(3) 按采矿穿凿设备不同，可分为潜孔钻与牙轮钻矿粉取样、凿岩机或凿岩台车深孔与浅孔矿浆取样；

(4) 按物理法测定品位的仪器，可分为磁化率仪应用与X射线荧光分析仪应用的取样等。

3.1.3.2 水文地质取样

为确定地下水的化学特征，为地下水的综合利用和环境保护的需要，定期采取水样，对地下水的水质进行检测；为判定新出现的地下水涌水点的补给源与补给方向，及时采取水样检测出水点的水质。

3.1.3.3 工程地质取样

为测定岩土的物理力学性质所进行的室内试验，现场测试与原位测试的需要，为岩(土)体稳定评价提供依据，而采集足够数量与有代表性的岩土样品。

3.1.3.4 矿石、岩石物理力学性质测试取样

(1) 为测定矿石、岩石的物理、力学性质所进行的取样。

(2) 物理取样包括体重、湿度、块度、孔隙度、松散系数、矿岩硬度、抗压(拉)强度、抗剪切强度、抗剪断强度及变形模量等试样的采集。

3.1.3.5 矿岩测试(鉴定)取样

通过矿相、岩相显微镜鉴定等方法确定矿石、岩石的矿物成分、结构构造、物理力学特征及矿物、岩石定名等而采集的矿石、岩石或自然产物的块状样品。

3.1.3.6 矿石的技术加工、试验取样

为研究矿石的技术加工性能，确定合理的选、冶技术加工方法、工艺流程及技术经济指标等试验而进行的样品采集。

3.2 基建和生产勘探地质取样

3.2.1 钻探取样方法和技术要求

3.2.1.1 钻探取样方法

将钻探提取的矿心，沿矿心长轴方向、垂直于圆断面劈开，一半矿心作为化学分析样品，另一半留存。可采用岩心劈开器或金刚石切割机取样。

3.2.1.2 钻探取样的技术要求

钻探取样的技术要求如下：

(1) 凡用岩心钻探所获得的矿心均应采用劈分法连续采取化学分析试样。在生产勘探加密钻孔、矿(岩)心无存放价值的钻孔、采用小口径金刚石钻头钻进的钻孔，经矿山企业主管部门审查同意后，可将全部矿心作为样品采集。

(2) 劈分矿心取样时，应沿主要标志面(矿脉、层理、片理等)的倾斜方向。还应考虑矿化强弱分布情况，要求劈开面必须通过矿心的中心线，以免两半矿心含量不均匀引起品位误差。加工过程中掉下的碎块与矿粉混匀后亦分成两份，分别加入化验和保留样品中。每劈完一个样后应即清扫，避免将遗留矿粉混入下一样品中。

(3) 矿心须经地质编录，划分矿样长度与编写样号以后，方准采取试样。取样前，必须用水将矿心上的泥浆冲洗干净。

(4) 矿心取样应按矿石类型或不同品级分段划样，不准跨层采取。

(5) 取样矿心长度应是矿心采取率换算后的长度。且与本矿山槽探、坑探等探矿工程采用的取样长度相同。样长不应大于矿体的最小可采厚度。样品长度可试验确定或参照表3-1的有关参数确定。

表 3-1 各类型矿石试样长度表

矿石类型	矿化性质	样品长度/m	备注
贫铁矿石	极均匀和均匀的	2～4	
	不均匀的	1～2	
富铁矿石	极均匀的	2～3	
	均匀的	2	
	不均匀的	0.5～1	
锰矿石	均匀的	1～2	薄矿层全层厚
	不均匀的	0.5～1	
熔剂石灰石	极均匀和均匀的	2～5	
白云石		2～5	
菱镁石	极均匀和均匀的	2	
	不均匀的	1	
耐火黏土	均匀的	1～2	
	不均匀的	0.2～0.7	
铝土矿		0.5～1	
萤石		0.5～2	
硅石		2～3	

(6) 在厚大矿体中取样时，最后一个分段长度超出规定长度的半数时，可单独取一个样；如不足半数时，可并入前一个矿样中。

(7) 当矿心采取率达不到规定要求，影响矿样代表性时应设法补救。取粉管和沉淀槽的矿粉不能代替矿心用做试样分析。

(8) 夹层处理应按3.3.9之规定处理。

(9) 样品装入样袋后要及时填写试样卡片并放入袋内，随同试样委托单送往加工化验。

3.2.2　槽探取样方法和技术要求

3.2.2.1　槽探取样方法

(1) 刻槽法如下：

1) 刻槽法是在探槽规定的位置，按一定的规格、取样长度用取样钎、锤或取样机开凿槽子，将槽子中凿取下来的全部矿石作为样品的取样方法；

2) 刻槽的位置，应在探槽的底部或一帮采集；

3) 样槽断面的形状及规格，样槽断面的形状分为矩形和三角形两种。其断面规格取决于矿石有用组分矿化均匀程度、矿体厚度、矿物粒度以及取样目的、要求。一般样槽断面规格(宽×深)为(3×2)～(10×5)cm。不同类型矿石样槽断面形状与规格可经试验或参照表3-2确定；

表 3-2　刻槽法取样的样槽断面规格表

矿石类型	矿体厚度/m	矿化性质	断面形状	断面规格/cm (宽×深)
铁矿石(贫)	>2.5	极均匀和均匀的	三角形	3×2
铁矿石(贫)	2.5～0.5			5×3
铁矿石(贫)	<0.5			5×3
铁矿石(富)	>2.5		矩形	10×3
铁矿石(富)	2.5～0.5			10×3
铁矿石(富)	<0.5			10×3
铁矿石(富)	>2.5	不均匀		10×5
铁矿石(富)	2.5～0.5			10×5
铁矿石(富)	<0.5			10×5
熔剂石灰石、白云石	>10	极均匀和均匀的	矩形	3×2
	10～2			5×3
	<2			10×5
菱镁矿			矩形	10×5
锰矿石				7×3～10×5
耐火黏土				10×5
铝土矿				10×5
萤石				5×2～10×3
硅石				10×5

4) 样品的长度应按矿石类型、矿体厚度与矿石质量变化程度可经试验或参照表3-1确定。

(2) 连续线采法如下：

1) 连续线采法(刻线法或连续打块法),是刻槽取样法的一种简化方法,适用于矿化均匀的矿床;

2) 连续线采法是采用样锤、钢钎(取样机)沿取样线按划样长度、要求规格、取样位置连续敲打下的全部矿石作为试样的采样方法;

3) 连续线采法断面为近似三角形,宽 2～4cm,深 1～2cm。样品重量铁矿石不应小于 2.5kg。锰矿石(采场)按取样长为 0.4m 时,不少于 1kg。

3.2.2.2 槽探取样的技术要求

槽探取样的技术要求如下:

(1) 取样线布设均应垂直于矿体走向,并布置在勘探线上。如因有障碍物而须平移时,相应层位平移距离不应超过两勘探线间距的百分之五,且不准漏层、不准重复。

(2) 探槽内取样位置的布置,必须在原岩露出部分的一帮或槽底,厚矿体可在探槽槽底的中心线上取样。

(3) 在采用刻槽法取样之前,应对槽底不平坦之面进行整平,将浮石或粉末清扫干净。刻槽取样应在地质素描后按标注的位置、样长及编号进行。

(4) 采用连续线采法取样时,必须连续采集,块度应均匀,不宜大于 4cm×2cm×3cm。

(5) 在采用刻槽法取样时,需保证样槽的长度、深度与宽度。对软硬相间的矿石,防止软的多采,硬的少采。

(6) 划分样段时,应区分矿石类型和品级;相同类型、品级的矿石中的矿物成分、结构构造、破碎程度和风化程度有显著不同时,可分别划样;在确定试样的分样长度时,应考虑夹石剔除厚度与矿石可采厚度,以及矿石质量变化程度,并按规定长度分段。当样长不足分样长度的二分之一时,可以并入上一个试样中,如超过试样长度二分之一时,则须单独采取一个试样。

(7) 当矿体和围岩呈渐变接触关系界线不明时,则需连续采取样品,至能确定矿体界线时为止。

(8) 取样时,应防止试样外的矿石、废石混入。采下样品的原始重量必须为理论重量的 ±10%之间。

(9) 采下样品经质量检查后方可包装,并填写取样卡。取样卡应写明:试样号、取样日期、取样地点、取样人。样品应及时送检。

(10) 矿层中的岩石夹层处理方法,可参照 3.3.9 的有关规定处理。

3.2.3 井探取样方法和技术要求

3.2.3.1 井探取样位置

浅井、竖井、斜井等探矿工程中可在一壁(对壁或四壁,视矿化均匀程度而定)上取样,样槽应布置在接近矿体的真厚度方向上。

3.2.3.2 井探取样方法

根据矿种、矿石类型、矿化均匀程度、矿物颗粒粗细、矿床规模大小等不同,可分别采用刻槽法、连续线采法。

3.2.3.3 井探取样技术要求

井探取样技术要求可参照 3.2.2 与 3.2.4 槽探取样与坑探取样技术要求的有关规定执

行。

3.2.4 坑探取样方法和技术要求

3.2.4.1 坑探取样的基本要求

在矿山基建勘探与生产勘探中所有探矿坑道的见矿部位，以及对开拓、采准、切割、回采坑道、凿岩硐室的见矿部位均应进行地质取样。

3.2.4.2 坑探取样方法

(1) 坑探取样方法的选择：

1) 坑探的取样方法主要有刻槽法、连续线采法两种；

2) 当矿石、岩石硬度较大，矿岩粉尘中含有较多的游离二氧化硅时，有条件的矿山可选用网格法与打眼法取样；

3) 为验证刻槽法、连续线采法等取样方法的质量，或采集数量较大的矿石技术加工试验样品及物理力学性质测试样品时，可选用全巷法或剥层法取样。

(2) 网格法：

1) 在矿体出露部位拟定正方形或长方形或菱形等网格，在其结点上凿取大致相等的矿石、岩石碎块(粉)，按 $1m^2$ 网格组成一个样品，总重量为 2～10kg，单个网格边长为 10～25cm。

2) 该方法可代替刻槽法。采用网格法，对矿化不均匀的矿体、厚度较薄的矿体，应进行试验确定。

各类型矿石样品间距见表 3-3。

表 3-3 各类型矿石样品间距

矿石类型	矿石性质	样品间距/m	备注
贫铁矿石	极均匀的	30～60	
	均匀的	15～30	
	不均匀的	10～15	
富铁矿石	极均匀的	10～15	
	均匀的	10～15	
	不均匀的	5～10	
锰矿石	均匀的	10～15	
	不均匀的	5～10	
耐火黏土	均匀的	15～20	
	不均匀的	10～15	
铝土矿	均匀的	5～10	
	不均匀的	5	
铬矿		5	
萤石	均匀的	5～10	
	不均匀的	5	

(3) 剥层法：

1) 在矿体出露部位用分段剥落薄层矿石作为样品。适用于采用其他取样方法得不到需要样品重量的厚度较薄的矿体(厚度约小于 20cm)或有用组分分布极不均匀的矿床。剥层深度为 5～15cm。

2) 该方法还可用于验证除全巷法外的取样方法的质量。

(4) 全巷法:

1) 当坑道在矿体内掘进时,可按一定长度在坑道内爆落矿石作为样品。

2) 采用该方法采集的样品代表性强,可用于矿石大体重、松散系数、块度测定样品或矿石技术加工试验样品的取样。亦可用于检验其他取样方法的质量。

(5) 打眼法:

1) 使用普通凿岩机以湿式钻凿方式收集矿(岩)泥作为样品,代替在坑道壁上的刻槽取样;

2) 取样孔眼的布置:取样孔应沿穿脉坑道一壁向外斜打,孔深孔间距应以保证控制矿层不间断为原则,并按控制采样长度内采集矿泥组成样品;

3) 打眼法取样的代表性,须与刻槽法进行对比试验后确定。

3.2.4.3 坑探取样的技术要求

坑探取样的技术要求:

(1) 执行 3.2.2 槽探取样技术要求的有关规定;

(2) 沿脉坑道揭露的厚度不大的急倾斜矿体,在前进的掌子面上按矿体的垂直厚度取样或在坑道的顶板取样;

(3) 沿脉坑道中揭露的厚度不大的缓倾斜矿体,在前进掌子面上按矿体的垂直厚度进行取样,或在沿脉坑道的一壁上取样;

(4) 沿脉探矿坑道取样间距,应根据有用组分均匀程度,矿体厚度变化等因素综合考虑。不同类型矿石取样间距可参照表 3-3 确定;

(5) 穿脉坑道中揭露矿体时,应贯穿矿体的全部厚度,按规定样长,在坑道的一壁距底板高 1m 处的水平线上取样,当矿体较薄时,可在坑道一壁按矿体垂直厚度方向取样;

(6) 坑道取样,如有障碍物影响时,可按走向或倾斜投到顶板或其他地方取样。

3.3 矿山生产取样

3.3.1 生产地质取样及其方法

3.3.1.1 生产地质取样

在矿山采矿生产过程中,为掌握矿石质量、均衡出矿品位、计算矿石损失率贫化率、计算采出矿石、商品矿石质量合格率所进行的取样工作。

3.3.1.2 生产地质取样方法归类

生产地质取样方法归类:

(1) 一般取样:矿石爆堆取样、掌子面取样、牙轮钻、潜孔钻矿粉取样、凿岩台车或凿岩机矿粉取样、坑内开采矿山的深孔、中深孔矿浆取样、皮带取样、矿车取样、贮矿取样等。

(2) 特殊取样:应用磁化率仪、X 射线荧光分析仪品位测定取样。

3.3.2 爆堆取样方法和技术要求

3.3.2.1 爆堆取样方法

爆堆取样方法如下：

(1) 爆堆取样：露天矿山爆破后，在矿石堆上的取样与坑下开采矿山崩落法采矿的在每个进路出矿掌子面矿堆上的取样。

(2) 爆堆取样应采用网格拣块法：

1) 在采下的矿石堆上，按一定的网格（正方形、长方形或菱形网）在结点上拣取重量或规格大致相等的矿石碎块（矿粉），合并作为一个或几个样品。

2) 网格拣块法采集样品的原始重量与矿石的矿化均匀程度和取样点的个数有关，可按下式计算确定：

$$Q = q \cdot n \tag{3-1}$$

式中，Q 为采集样品的原始重量，kg；q 为每点所取样品的重量，kg；n 为取样点个数。

3) 取样点个数、每点采集样品的重量及样品总重量可见表 3-4。

表 3-4 取样点个数与样品重量表

矿化均匀程度	取样点数	每点取样重量/kg	样品原始重量/kg
极均匀和均匀	12～16	0.2	2.4～3.2
不均匀	20～25	0.3	6～7.5
很不均匀或极不均匀	36～50	0.5	18～25

3.3.2.2 爆堆取样的技术要求

爆堆取样的技术要求：

(1) 在露天开采大型爆堆上，应布置多条取样线，线距为 5～10m，沿线按点距 0.5～1m，用锤敲打一小块矿石作为样品。并根据矿石类型、品级决定按线或几条线组合为一个试样。线距与点距的大小应根据矿石品位变化程度大小确定。每点敲打的矿石块度为(3～5)cm×(3～5)cm×(3～5)cm。样品重量不少于表 3-4 的规定。

(2) 爆堆取样点的布置，必须严格按规定的线距与点距采集，块度应均匀。避免挑富或挑贫，保证试样的代表性。

(3) 样品编号应与爆次编号统一，与其他地质取样有所区别，便于生产利用。

(4) 坑内矿山采用无底柱崩落采矿法等开采时，应在每个进路出矿掌子面矿堆上取样，其线距可定 0.5m，点距可定 0.2m。每点采集的样品重量不得低于表 3-4 的规定。每个进路按班或按日组合为 1 个样。样品编号要与采场号进路号统一。并应严格执行上述(2)之规定，保证样品的可靠性与代表性。

3.3.3 采矿掌子面取样方法和技术要求

3.3.3.1 采矿掌子面取样

采矿掌子面取样：

在各种采矿方法，包括充填采矿法、壁式采矿法、浅孔留矿法、中深孔有底柱崩落法、无底柱分段崩落法等。在采矿工作面出露的矿体上采集样品。

3.3.3.2 水平分层充填采矿法掌子面取样

水平分层充填采矿法掌子面取样：

(1) 可采用连续线采法取样，样线须垂直矿体走向布置，取样线间距为5～15m，样长可参照槽探、坑探取样规定的长度确定。

(2) 每开采4个分层应采1次试样。根据矿床地质条件，经试验对比，可减少取样次数。

3.3.3.3 壁式(全面)采矿法掌子面取样

壁式(全面)采矿法掌子面取样：

(1) 采用刻槽法，样槽规格可参照坑探取样规格确定。当难以采用刻槽法时，须经试验，在误差不超过允许范围时，可采用连续线采法。

(2) 样长为全矿层垂直厚度(若矿体倾角较缓时，可统一采用铅垂厚度)。取样线间距为5～15m。每推进5～15m采集1次试样。当品位变化均匀时，经试验对比后可适当放宽。

3.3.3.4 浅孔留矿采矿法掌子面取样

浅孔留矿采矿法掌子面取样：

(1) 各留矿法均有采准工程与切割回采工程揭露矿体，这些工程内均应布置矿石化学分析试样的采集。

(2) 可采用连续线采法，取样线间距为5～15m，样长可参照坑探取样确定。当矿石品位变化均匀，经试验对比后可适当放宽。

(3) 铁矿山每采高5～6m(或3个回次)采1次试样。

3.3.3.5 中深孔有底柱崩落法采场内的取样

中深孔有底柱崩落法采场内的取样：

(1) 在第一层切割巷道顶板用连续线采法进行取样。

(2) 利用中深孔凿岩时留取矿粉(矿浆)作为试样，并满足下列要求：

1) 取样孔的选择应能控制矿体厚度与品位变化，并能满足生产要求。规定每隔10m选取1排孔中2个水平孔为取样孔；

2) 根据矿床地质条件与采矿方法，配合采矿的深孔穿凿设计，选择取样孔的位置，在设计图上用明显的颜色或符号予以标明，并通知凿岩、测量与取样人员；

3) 配备凿岩台车的中、深孔钻进应及时取样，不准漏取；

4) 矿粉必须全孔接取，当发现矿粉(或矿浆)颜色改变时，应立即改换矿粉样盒接样。可另编一个样号；

5) 接取的矿粉(矿浆)，可在现场充分混匀进行缩分。送检样品重量不低于2kg。

(3) 采用有底柱水平深孔落矿的阶段强制崩落法采矿中，当矿房中有1条或几条贯穿矿体厚度的坑道时，应在该坑道的一壁上取样，代替部分中深孔矿粉取样。无巷道控制的矿体可采集中、深孔矿粉样。

3.3.3.6 无底柱分层崩落法掌子面取样

无底柱分层崩落法掌子面取样：

(1) 在厚矿体中，当进路巷道按垂直矿体走向布设时，应在每条进路巷道(运矿巷道)的一壁用连续线采法按规定样长分别采取试样。

(2) 在中厚矿体中,当其进路巷道按平行矿体走向布设时,应在进路的每隔一排深孔的指定取样孔中采取全孔矿粉作为试样。

3.3.4 矿车取样方法和技术要求

3.3.4.1 大型运矿汽车上的取样

大型运矿汽车上的取样:

(1) 采用3点拣块法(20~50t矿车)和5点拣块法(50~150t矿车)采取试样。3点法取样,应由堆锥中心向后侧中间按上、中、下3个点铲取矿石试料。最下点取样点位置距车端帮为0.5m。当采用5点法时其4个角的取样点,按距矿车侧帮与端帮各为0.5m确定。如取样点系大块矿石,应敲打与其他样点相同数量与相近重量的矿石碎块。每点样重为0.5~1.5kg。每车样品重量为2.5~7.5kg。

(2) 根据采样目的确定样品组合车数。可1车为1个试样,或以数车或1个班内车数组合为1个试样。组合样可在现场破碎、拌匀、缩分。

3.3.4.2 铁运自卸矿车取样

铁运自卸矿车取样:

(1) 采用5点拣块法。其4个角的取样点位置应严格按距侧帮0.5m,距端帮1.0m确定,并按点采集。取样点若为大块矿石,应敲打与其他样点相近重量的矿石碎块。每点样品重量为1.5~3.0kg,每辆矿车采取试样原始重量为7.5~15kg。每列矿车可随机选取1~2辆车取样,或间隔1~2辆多车取样。

(2) 1辆车可为1个试样;或1列车组合为1个试样。

(3) 试样可在现场破碎、拌匀、缩分。

3.3.4.3 坑内矿山小矿车取样

坑内矿山小矿车取样:

(1) 在出矿地点运出的矿车上,5辆矿车(或1组列车),随机选取1车进行取样,采用5点法,或1车1点法采取。每点样品重量0.4~0.5kg。

(2) 每个班或每日组合成1个或2个试样。

3.3.4.4 铁路货运车取样

铁路货运车取样:

(1) 采用拣块法或折线法采取试样,拣块法可按8点、10点或12点的点位采集。

(2) 利用贮矿槽漏斗向货运车卸矿时接取矿样,或以自动取样机在运矿皮带上取样。

(3) 铁路货运车取样即商品矿石取样,其他要求可执行矿山质量监督部门的有关规定。

3.3.5 贮矿堆取样方法和技术要求

3.3.5.1 贮矿堆取样方法和技术要求

贮矿堆取样方法和技术要求:

(1) 贮矿堆:多指矿山建设初期由开拓所堆存的矿石,堆内矿石质量不清。块度与矿石品位分布随机性较大。

(2) 规模不大、堆层较薄的贮矿堆的取样：

1) 在贮矿堆表面以网格拣块法取样。

2) 采样线的方向必须沿坡面角与贮矿堆底线直交的方向布置，取样线与取样点的间距，须依据矿石堆规模大小、矿石品位分布情况与取样目的确定。参考线距为5～10m。小矿堆最少应设取样线3条，大矿堆为5条以上。样点间距为1～2m，每点样品重量为1～2kg。

3) 根据需要与品位变化可以1条线或几条线组合为1个试样，或在1条线上划分出几个试样。

(3) 规模较大、堆层较厚的贮矿堆的取样：

1) 参照成堆时的堆放顺序，并依据贮矿堆品位变化大小确定采样方法。当认定在贮矿堆表面取样不能代表整个贮矿堆矿石质量时，须专门开凿取样小井。

2) 小井的排列与数量应根据贮矿堆规模，矿石品位变化情况、取样目的与取样费用及小井的可能控制范围等条件确定。参考的线距与井间距为10～20m。当相邻两井品位变化大时，可适当加密。

3) 1个小井作为1个试样，将掘出的全部块矿与粉矿，采用四分法缩分至10～20kg。

4) 当矿石品位变化大时，可在1个井内分段采取几个试样，样长可按1～2m确定。

5) 当采用小井取样时，须编制取样设计，取样结束获得的成果应编制质量分布图等有关资料。

6) 贮矿堆的形状及取样点、取样小井的位置均应实测。

3.3.5.2 贮矿场取样方法和技术要求

贮矿场取样方法和技术要求：

(1) 贮矿场取样目的：确定贮矿场内矿石品位，为使用场内的矿石及计算损失贫化提供资料。

(2) 对采大于销而暂时贮存的贮矿场的取样方法与技术要求参照上述贮矿堆取样规定执行。

(3) 对采出的边际经济、次边际经济的矿石，应随贮存定期进行取样。并编制取样分布图。其他要求按上述规定执行。

3.3.5.3 贮矿仓(贮矿槽)取样方法和技术要求

贮矿仓(贮矿槽)取样方法和技术要求：

(1) 贮矿仓取样：是指经破碎可以输出利用而贮存于矿仓或矿槽内的商品矿石，在其贮矿堆上的取样。作为输出矿石的质量控制及均衡输出品位的依据。

(2) 取样方法：

1) 贮矿槽矿石堆表面采用网格拣块法取样。在线间距为5m、点间距为1m的长方形网的结点上采集近似等量的矿石碎块作为试料。按矿槽划分范围或编号分别组合成1个试样或几个试样；

2) 在矿仓(矿槽)顶部的卸矿皮带上定时取样，或安装自动取样机取样，按卸入该矿仓(矿槽)矿石一定时间内采取的样品作为1个试样。可在现场破碎、混匀、缩分。

3.3.5.4 成品矿石贮矿堆取样方法和技术要求

成品矿石贮矿堆取样方法和技术要求：

(1) 成品矿石贮矿堆:是指加工已完成直接输出的矿石堆。对该矿石堆的取样可用长方形网格拣块法。其线间距为3～5m,点间距为1m。

(2) 技术要求可参照前述相关方法的规定执行。

3.3.6 磁化率仪应用取样方法和技术要求

3.3.6.1 磁化率仪及其测定的矿样

磁化率仪及其测定的矿样:

(1) 磁化率仪应用:磁化率仪是用物理方法测定矿石品位的仪器。生产矿山可应用磁化率仪测定磁铁矿石品位,作为生产中鉴定矿石质量的辅助手段,为均衡配矿与质量控制快速提供品位、反馈信息。磁化率仪的测试原理与测定方法见附录3-1。

(2) 磁化率仪应用的基样与待测样:

1) 基准矿样(基样):用来建立以视磁化率值为自变量求矿石品位回归方程,并根据其计算结果绘制视磁化率值与铁品位相关图或对照表的样品。

2) 待测矿样(待测样):生产中需要测定品位的矿样。

3.3.6.2 基样的取样方法和技术要求

基样的取样方法和技术要求:

(1) 基样的取样可采用打块法,采集块状矿样。

(2) 采集的基样必须保证相对于待测样(应用范围内)有代表性与一致性。并应满足下列要求:

1) 来源于同一地质体(同一矿区或矿体);

2) 应用范围内的各矿石类型样品及其品位区间比例和物理状态大致相当;

3) 基样的线性相关关系密切。

(3) 按矿石一定品位区间划分品位段,每个品位段采集3～4块矿样。矿样总数不少于50件。

(4) 矿样规格,必须是块状,块度适当,保证每块矿样至少有1个相对较平整的矿石新鲜面,其面积应大于或等于仪器探头面积,重量应满足化学分析要求,一般以0.5kg为宜。

3.3.6.3 待测样的取样方法和技术要求

待测样的取样方法和技术要求:

(1) 待测样的取样地点、根据生产需要确定;

(2) 待测样的块度、重量大小不限,但必须有1个较平整、能满足仪器探头测面大小的新鲜面。

(3) 待测样在现场即采即测,不须搬离现场。对大块矿石可进行多点测定。

(4) 待测样点的确定方法:

1) 测定矿车中矿石品位:以矿车内矿石堆的峰脊线为对称线,布置两条测线,沿测线每10cm左右设一测点。一辆矿车(60t)可设100个测点。一列矿车可随机选择其中2～3辆车进行测定。

2) 测定电铲作业点的矿石品位:采用点线法布置测点,可沿电铲工作面的中、下方布置两条测线,沿测线按间距20cm左右布置1测点。1条测线为1个样,或两条测线合并为1个样。

3.3.7 X射线荧光分析仪应用取样方法和技术要求

3.3.7.1 X射线荧光分析仪应用

X射线荧光分析仪是运用物理方法测定矿石中元素(原子序数大于20的元素)含量的仪器。生产矿山可用于生产中测量铁矿石或选矿原、精、尾中间产品中的铁含量,取代部分矿石样品的化学分析。有关X射线荧光分析仪的原理、测定方法、影响X射线荧光分析仪测试精度的因素和处理方法见附录3-2。

3.3.7.2 X射线荧光分析仪应用测量方法种类

X射线荧光分析仪应用测量方法种类如下:

(1) 块状矿样测量法:可采用便携式X射线荧光分析仪直接测量块状矿石中的铁的特征X射线强度值,计算(查图、查表)出矿样中铁的品位。

(2) 粉状矿样测量法:应将矿样经破碎加工成粉状,搅拌均匀、缩分至20～30g,放入样模,压实成样饼,采用台式X射线荧光分析仪测量矿样中铁的特征X射线强度值,求出铁的品位。

3.3.7.3 块状矿样测量法的基样和待测样的取样方法和技术要求

取样方法和技术要求如下:

(1) 基样的取样采用打块法取样。采集的基样应满足以下条件:

1) 代表性强。可代表全矿区(或矿体)各矿石类型、品级的矿石。即按一定的品位区间划分品位段进行系统取样,每个品位段采3～4块矿样。当夹石和围岩含铁时,应按品位高低采取一定数量的岩石样。基样总件数须达到50件以上。

2) 基样为一定块度的矿石,须保证至少有1个平整度较好的新鲜面,其面积大于或等于仪器探头面积;矿样大小和重量,须保证X射线荧光分析仪测量和化学分析时对矿样加工的要求,以0.5kg左右为宜。

(2) 待测样的取样方法为拣块法。采集的待测样应满足以下条件:

1) 待测样可在现场即采即测,无块度要求,仅需大于或等于仪器探头面积的新鲜面,且相对较平整。

2) 待测样点的确定方法。与3.3.6磁化率仪应用取样方法和技术要求的待测样点的确定方法相同,可参照执行。

3.3.7.4 粉状矿样测量法的基样和待测样的取样方法和技术要求

取样方法和技术要求:

(1) 粉状矿样测量法的基样和待测样的取样方法和技术要求,与化学分析试样的取样方法与技术要求基本相同,可以参照3.2基建和生产勘探地质取样与3.3矿山生产地质取样的规定执行。破碎加工程序可参照3.8规定执行。

(2) 粉状矿样的取样尚须满足以下要求:

1) 基样代表性,可参照3.3.7.3的规定执行。

2) 基样与待测样的试样破碎、筛分、拌匀、缩分的加工程序,应采用同一加工技术规程,加工的细度保持一致。

3) 基样与待测样的矿样饼的大小、厚度、密度、湿度要求一致,温度应相同或接近。

3.3.8　潜孔钻及牙轮钻矿粉(矿浆)取样方法和技术要求

3.3.8.1　*牙轮钻矿粉取样方法和技术要求*

取样方法和技术要求：

(1) 牙轮钻矿粉取样：牙轮钻机钻进中，钻孔穿过的矿岩层位，在粉堆中均可得到相应的似层状反应。可在粉堆上采集试样，用于矿石质量控制，并可作为生产勘探的补充手段。

(2) 牙轮钻矿粉取样方法：

1) 1条铲沟法取样：选择粉堆保持原状较好的部位，铲开1条贯通粉堆半径的槽沟，使其剖面完整暴露，在1侧沟壁上截取中间1段垂直"沉积层"贯穿全层采集1个样品。其截取的厚度为2～3cm，样品重量不小于2kg。

2) 多点法取样：采用探管取样器在矿粉堆上进行多点法取样。取样点布置，应均匀、等距。距孔口边缘10～15cm(须视矿粉堆完好程度确定)。可取8～12个点，合成一个样品。样品原始重量不小于2～3kg。此法适用于无岩石夹层的矿粉堆取样。

(3) 牙轮钻矿粉取样的技术要求：为保证样品的可靠性、代表性，应满足以下要求：

1) 矿山应配备专职取样工；

2) 取样应及时，在钻孔完成之后，火药装填之前单独进行；

3) 矿化不均匀、矿石类型复杂的地段，必须每孔取样；倾角大于60°的陡倾斜矿层，沿矿层倾斜方向必须每孔取样；反之，可间隔1孔取样。多排孔地段的取样，应按上述原则执行。在间隔1孔取样地段，前后排孔应交错取样；

4) 处于矿岩接触部位或穿过含有岩石夹层的矿层的爆破孔及大于可采厚度的矿石爆破孔，均须按规定取样。岩石夹层(即夹层岩粉)小于规定的夹层剔除厚度指标时可以混采，大于夹层剔除厚度指标时应分采。具体要求可参照3.3.9的取样中夹石夹层处理的规定执行；

5) 1个炮孔最终采集1个样品，其原始重量应在2kg以上。样品重量较大时，可在现场采用4分法缩分，缩分后的重量不低于1kg；

6) 取样时，应做好记录和绘制草图，注明试样编号；对矿岩界线和有岩石夹层时，应说明夹层剔除情况、岩粉在粉堆中出现的部位等；

7) 取样孔的超深部分，一般可不取样。根据需要，经试验，认定可代替下一平台槽探取样时，可单独取样。矿山应制定相应规程。

3.3.8.2　*潜孔钻矿粉取样方法和技术要求*

取样方法和技术要求：

(1) 潜孔钻矿粉取样：潜孔钻机钻进中钻孔穿过的矿层与岩层，在矿粉堆中可得到似层状的、相应层位的反应。在其矿粉堆上采集试样，可用于矿石质量控制，并可作为生产勘探的补充手段。

(2) 潜孔钻矿粉取样方法：

1) 掏沟法取样：选择矿粉堆保存原状较好的部位，铲开贯通矿粉堆半径的槽沟，使其剖面完整暴露，然后在沟槽的一侧壁上，截取整个沟壁上厚度为2～3cm，重量大于2kg的矿粉为试样。当矿石品位变化大时，可沿矿粉堆直径铲开相对的两条槽沟分别采样。

2) 探管多线法取样：在矿粉堆上，布设4条放射状取样线，在每条线上离孔口10～15cm以点距为10cm多点取样。每点均需用取样器贯穿整个矿粉堆厚度。1个孔组合为1

个样。本法适用于无矿岩接触部位或岩石夹层的矿粉堆上取样。

(3) 潜孔钻矿粉取样的技术要求：

1) 潜孔钻机所钻凿的爆破孔，多为大于60°的斜孔，当矿体倾斜方向与倾角和爆破孔的倾向、倾角一致时，可不进行矿粉堆取样。

2) 其他要求可参照3.3.8.1之(3)牙轮钻矿粉取样的技术要求的规定执行。

3.3.8.3 凿岩台车或凿岩机矿浆(粉)取样方法与技术要求

取样方法和技术要求：

(1) 采用凿岩台车或凿岩机穿凿爆破孔时，可收集全孔矿粉(矿浆)作为试样。取样孔的选定原则及技术要求，可参照3.3.8.1牙轮钻矿粉取样方法与技术要求的规定执行。

(2) 中深孔有底柱崩落法与无底柱分层崩落法的深孔取样方法与技术要求可参照3.3.3.5与3.3.3.6中深孔有底柱崩落法与无底柱分层崩落法采场内取样方法的有关规定执行。

3.3.9 取样中夹石夹层的处理

3.3.9.1 处理依据

在化学取样中对矿层中出现的夹石、夹层的处理，须依据矿床类型、规模、开采技术条件，矿石损失贫化管理与计算方法，以及围岩的最小剔除厚度与矿体中夹层分布规律确定。

3.3.9.2 处理方法

处理方法如下：

(1) 在厚矿层(体)中，单一夹石(夹层)的厚度大于0.5m时可单独取样或不取样(剔除)；小于0.5m可合并在相邻的矿样中；

(2) 自然分层的独立矿层，其间夹层厚度不论大小，夹层、矿层均须分别取样；

(3) 当矿层薄，且与岩石夹层多层互层，应按规定样长分段取样；当有人工手选方法选矿时，可将全部夹层剔除仅采集矿石样品；

(4) 当不同矿石类型、矿石品级交替出现，超过现实样长时，应单独取样。否则可合同在其他类型或品级中，且其样长不得超过分样长度；

(5) 近矿边缘的样品，凡厚度大于规定样长一半时，应单独取样，小于一半时可合并到前一个样品中。

3.4 水文地质取样

采集水样的目的、方法、分析项目及其技术要求等，详见本手册第8章水文地质工作。

3.5 工程地质取样

工程地质的取样方法及技术要求，详见本手册第9章工程地质工作。

3.6 矿石、岩石物理力学性质测定取样

3.6.1 矿石、岩石物理力学性质测定取样

3.6.1.1 取样目的与测定项目

(1) 矿石、岩石物理力学性质测定取样(物理取样或技术取样)，包括矿石、岩石物理力

学性质测定样品的取样，矿石、岩石命名鉴定样品的取样以及矿石、岩石标本的取样，其目的是测定矿石、岩石的物理力学性质，为储量计算和开采技术条件提供资料和依据。

(2) 矿石、岩石物理力学性质测定项目应根据生产需要确定。其主要包括矿石、岩石的体重、湿度、块度、孔隙度、松散系数、硬度及抗压强度、抗拉强度、抗剪切强度、抗剪断强度与弹性模量、泊松比等。耐火黏土的可塑性与耐火度等。

3.6.1.2 取样原则与基本方法

(1) 矿石、岩石物理力学性质测定样品的取样，应区别矿石的工业类型、自然类型、品级和岩石的种类。

(2) 矿石、岩石物理力学性质测定样品的取样方法：多为刻槽法、打块法、拣块法、全巷法、剥层法等。

3.6.1.3 矿石、岩石体重测定样品的取样方法与要求

(1) 矿石、岩石体重是指在自然状态下单位体积矿石、岩石的重量，以 t/m^3 表示。体重样分大体重和小体重两种。应按矿石类型或岩种、矿石品级与品位间隔划组分别取样。

(2) 取样应按开采深度和季节，选择在空间分布上有代表性的地段。

露天矿山每下降垂深 50～100m 或 4～8 个开采阶段采集一次样品。大型坑下开采矿山每开拓 1～2 个中段测定 1 次。中小坑下开采矿山可参照执行。矿石类型、品位变化大的矿山应适当加密取样次数。

(3) 大体重样品每一类型矿石采集 1～3 个。当矿石、岩石的裂隙发育、松散多孔，需用大体重值校正小体重值时应增加大体重样件数；当矿石、岩石物质成分均匀、结构致密时，大体重样可减少。

(4) 大体重试样的取样方法：可在露天开采平台及坑下坑道、采场采集，取样方法有两种：

1) 采用人工刻凿法：在矿体(岩体)上，凿出一个正立方体或长方体形状的浅坑或空洞：即标准规格 1.0m×1.0m×1.0m、1.0m×1.0m×0.5m、2.0m×1.0m×0.5m、1.0m×0.5m×0.5m、0.5m×0.5m×0.5m。应准确地测量其体积，并称出其全部凿出矿石、岩石的重量。采样时，应先将采样处矿体(岩体)表面铲平。

2) 采用全巷法：在确定取样的坑道两壁上准确标定掘进的起始位置，然后进行掘凿，掘进长度可为 2～30m，将爆下的全部矿石、岩石过秤，称其重量。同时每隔 0.5～1m 测定 1 次坑道断面面积，依此计算掘凿部分的坑道体积。

(5) 大体重值，可根据下式确定：

$$D=\frac{P}{V} \tag{3-2}$$

式中，D 为矿石、岩石体重值，t/m^3；P 为体重样重量，t；V 为体重样体积，m^3。

(6) 采取大体重试样时，尚应满足下列要求：

1) 采用人工刻凿法采集大体重试样时，应防止样品碎块飞散遗失和外部矿岩混入；

2) 须将凿取或爆下的矿石全部称量，不允许漏掉细小碎块和粉末；

3) 当矿体较薄无法满足上述标准规格要求时，可改变其三维尺寸，但体积不应缩小。采用全巷法采集大体重样时，坑道四壁应最大平整，保证其断面面积测量的准确性。

4) 刻凿大体重样时，应作素描图及文字描述，其体积可根据素描图采用平均法计算。

5）在选择大体重样的位置时，应先采集化学分析试样，确定其品位、品级与矿石类型。

6）在采取大体重试样时，应在其中采集5～10块标本进行小体重试验，小体重试样可在大体重试样的四角与中间部位分别采集。并测定其小体重、湿度及孔隙度。同时采集2～4个化学试样，分析矿石中主要成分，以确定大体重试样的品位。

(7) 小体重试样的取样方法：小体重试样可在探槽、浅井、坑道或钻探的矿（岩）心中以打块法采集。或在采场矿石、岩石爆堆上采集。样品规格为4cm×5cm×6cm或5cm×5cm×5cm；钻孔矿（岩）心5～6cm（体积不小于120cm^3）。

(8) 小体重试样取样测定应满足以下要求：

1）试样应按矿石类型、工业品级、含有有用组分的夹层（夹石）以及围岩种类分别选择有代表性的地段进行采集。当品位变化大时，应按品位划组取样。同一类型、同一品级、同一岩种结构均匀的，应不少于20件，结构复杂的不少于30件。

2）整块小体重试样经破碎缩分之后进行化验分析确定其品位及品位与体重的回归方程及其相关系数。

3）试样应进行样品登记、取样编录、试样测试记录。

(9)小体重试样的测定方法：采用涂蜡排水法。即在室内先称其重量，然后将试样投入熔融的石蜡液中，用石蜡液密封试样表面，再称其重量。然后将试样投入水中并按下述方法进行测定：

1）采用量杯测定试样体积，按下式计算试样的体重：

$$d=\frac{P_1}{(V_2-V_1)-\frac{P_2-P_1}{d_n}} \tag{3-3}$$

式中，d 为试样体重值，g/cm^3；P_1 为封蜡前试样重量，g；P_2 为封蜡后试样重量，g；V_1 为投封蜡试样前量杯读数，cm^3；V_2 为投封蜡试样后量杯读数，cm^3；d_n 为石蜡相对密度，0.93g/cm^3。

2）将试样投入水中测定其重量，并按下式计算试样体重：

$$d=\frac{P_1}{V-\frac{P_2-P_1}{d_n}} \tag{3-4}$$

$$V=(P_2-P_3)d_3 \tag{3-5}$$

式中，d 为试样体重值，g/cm^3；P_1 为干矿石封蜡前试样重量，g；P_2 为干矿石封蜡后试样重量，g；P_3 为干矿石封蜡后试样在水中的重量，g；V 为干矿石封蜡后试样的体积，cm^3；d_n 为石蜡相对密度，g/cm^3；d_3 为水的密度，g/cm^3。

(10) 当矿石的裂隙发育松散多孔时，应以大体重值校正小体重值。并按下式计算其修正系数：

$$k=\frac{D}{d} \tag{3-6}$$

式中，k 为小体重值修正系数；D 为大体重值，g/cm^3；d 为小体重值，g/cm^3。

修正后的（矿岩石）体重值：

$$d_1 = k \cdot d \tag{3-7}$$

式中，d_1 为修正后的(矿岩石)体重值；k、d 为同前。

3.6.1.4 *矿石湿度测定样品的取样与要求*

(1) 矿石、岩石湿度：

1) 在自然状态下的矿石、岩石裂隙中和孔隙中含水分的重量与湿矿石、岩石重量之比以百分率表示。

2) 对松散多孔、裂隙发育的矿石、岩石或降雨量多、地下水丰富含水量高的矿石、岩石，应进行湿度测定样的采集。

(2) 湿度测定样品的取样方法与要求：

1) 应与小体重测定样品在同一地点，同一时间内采集。可根据生产需要，适当加密测定周期。

2) 同一取样点的同一矿石类型、工业品级所采集的湿度测定样品应不少于3个。且按不同季节分别取样。样品的规格为4cm×5cm×6cm或5cm×5cm×5cm(重量为0.3～1.0kg)。全矿区测定一次湿度的样品不少于40～60个。

3) 样品采集后，应即刻密封并送室内测定其湿重(P_1)，破碎至1～2cm在105～110℃恒温下烘干，测定其干重。须测定3次以上，直至恒重，取其平均值(P_2)，并按下式计算湿度(W)：

$$W = \frac{P_1 - P_2}{P_1} \times 100\% \tag{3-8}$$

式中，W 为矿石、岩石湿度，%；P_1 为湿矿石、岩石重量，g；P_2 为干矿石、岩石重量，g。

4) 当湿度大于1%时，可按下式对矿石、岩石体重加以校正，(耐火黏土除外)。

$$D_1 = \frac{D(100 - W)}{100} \tag{3-9}$$

或

$$D_1 = D(1 - W) \tag{3-10}$$

式中，D_1 为湿度校正后的矿石、岩石体重值，g/cm^3；D 为湿矿石、岩石体重值，g/cm^3；W 为湿矿石、岩石的湿度，%。

5) 对湿度测定样品的采集方法、时间、地点、编号及测试的方法、数据等，应进行系统的登记与记录。

3.6.1.5 *矿石、岩石孔隙度测定试样的取样与要求*

(1) 矿石、岩石孔隙度：矿石中有效孔隙体积(总孔隙容积)与矿石、岩石总体积的比，以百分率表示。

(2) 矿石、岩石孔隙度测定样品的采集：

1) 应与体重样品同时采集。采集方法、时间(周期)、地点、规格、数量与小体重测定试样采集的要求相同。

2) 应根据不同矿块、不同矿石类型、工业品级与孔隙发育程度，分别在水平方向或垂直方向上采集。

3) 采样时，应保持矿石、岩石样品的原始状态。并在测定前吸干其水分。

(3) 矿石孔隙度的测定方法：

1) 计算方法:测定样品在自然状态下体重(D)与相对密度(d),或大体重(D_1)与小体重(d_1),按下式计算其孔隙度:

$$K_n=\left(1-\frac{D}{d}\right)\times 100\% \tag{3-11}$$

或

$$K_n=\left(1-\frac{D_1}{d_1}\right)\times 100\% \tag{3-12}$$

式中,K_n 为矿石、岩石孔隙度,%;D 为干矿石、岩石体重值,g/cm^3;d 为矿石、岩石相对密度值,g/cm^3;D_1 为同一地点大体重值,g/cm^3;d_1 为同一地点小体重值,g/cm^3。

2) 实验室煤油饱和法:

① 将保持原始状态的干燥样品,切成规则的形状,测量其体积(V_1),用蜡封好,留出一缺口,缓缓注入煤油,待样品内空气排完为止。所用煤油的体积,即为孔隙体积(V_2),并按下式计算孔隙度(K_n):

$$K_n=\frac{V_2}{V_1}\times 100\% \tag{3-13}$$

式中,K_n 为矿石孔隙度,%;V_1 为原始状态干矿石体积,cm^3;V_2 为干矿石中孔隙体积❶,cm^3。

② 将保持原始状态的干燥的已测得体积为 V_1 的样品,经破碎成细块,全部放入装有煤油的量桶内浸泡,量桶内增长的体积,即为矿石的实体体积(V_3),可按下式计算孔隙度(K_n):

$$K_n=\frac{V_1-V_3}{V_1}\times 100\% \tag{3-14}$$

式中,K_n 为矿石、岩石孔隙度,%;V_1 为原始状态下干矿石原始体积值,cm^3;V_3 为干矿石实体体积值,cm^3。

(4) 注意事项:做矿石、岩石孔隙度测定时,不得使用水。

3.6.1.6 矿(岩)松散系数测定试样的确定与测定要求

(1) 矿(岩)松散系数:

1) 松散系数是指矿石或岩石自然状态的体积与爆破后松散状态体积的比值。

2) 松散系数可通过对圈定的试样实体体积和爆破后的空区体积以及爆下松散堆积体体积的测量确定。

3) 松散系数是确定矿山装矿容器(矿车)、提升容器(箕斗)、贮矿仓容积、运输能力和爆破补偿空间的技术参数。当采掘(剥)量以测量验收为准时,松散系数是影响采掘(剥)量计算的参数之一。

(2) 松散系数测定试样的确定:

1) 每一类型矿石与每一岩性岩石均应采集 1~3 个试样;露天矿山可将 1 个单一岩性的爆破块段的矿石、岩石确定为 1 个试样;坑内矿山可凿取 3~30m 单一岩性坑道的矿石、岩石确定为 1 个试样。

❶ 孔隙体积 V_2 由煤油重量被煤油相对密度除之即得。$V_2=P_{煤}/d_{煤}$。

2) 当影响松散系数的地质因素改变时,需重新测定。露天开采每降深 50~100m,大型地下开采每下降 1~2 个中段,应测定 1 次松散系数;中小矿山可根据下降速度,参照以上规定确定测定时间。

(3) 松散系数测定应符合以下要求:

1) 爆破后对运矿车、标准木箱中松散矿石、岩石堆积测量:车、箱临空面应达到平整;

2) 井下采空场体积测量:坑道掘凿应采取光面爆破,使巷道四壁平直,便于提高测量精度;

3) 露天爆破块段体积测量:爆破前掌子面应平整,无根底,平台无浮渣;爆破应采取控制爆破,使爆堆规整;

4) 测量精度:①采用钢尺量距或红外测距;②比照验收测量测点密度加密 1 倍;

5) 应与采矿共同编制设计。

(4) 按实测松散体积与实体体积之比计算松散系数。露天矿山应计算 1、2 次采掘带及总的松散系数。

(5) 松散系数可按下式计算:

$$k_n = \frac{V_2}{V_1} \tag{3-15}$$

式中,k_n 为矿石、岩石松散系数;V_1 为试样爆破前实体体积,m^3;V_2 为试样爆破后松散体积,m^3。

3.6.1.7 *矿石块度测定试样的采集与要求*

(1) 矿石块度是指爆破崩落下的不同块径的矿石所占重量的百分比。它是确定采矿出矿、选矿破碎设备的参考数据之一。

(2) 块度级别,应根据不同矿种及矿石的不同工业用途确定。

(3) 块度测定可与松散系数测定同时进行。可在巷道掘进、采矿掌子面,露天开采的阶段、平台爆堆上选取有代表性的地段进行测定。

(4) 测定方法:将爆破后的矿石碎块中,大于 50mm 的经手选分级;块度小于 50mm 的经筛选分级并分别称其重量,计算各级块度的百分含量。

(5) 按块度直径分为七级;Ⅰ级<5mm,Ⅱ级 5~10mm,Ⅲ级 10~25mm,Ⅳ级 25~50mm,Ⅴ级 50~100mm,Ⅵ级 100~200mm,Ⅶ级>200mm。

3.6.1.8 *矿石可塑性测定试样的取样与要求*

(1) 耐火黏土的可塑性,应随开采深度进行测定。每降深 30~50m(或延深开采 3 个段)应采集 1 次可塑性的测定试样。

(2) 黏土矿石的可塑性测定试样的采集:

1) 应按矿石类型分别采集,每一类型样品不少于 3 个。

2) 选择有代表性的地段采用刻槽法取样,试样重量不少于 10kg。

(3) 黏土矿石的可塑性根据测试方法,可分别用塑性指数、塑性指标、可塑性指数来表示。

(4) 耐火黏土矿石的可塑性测定,需委托试验部门进行。

3.6.1.9 *矿石耐火度测定试样的取样与要求*

(1) 耐火度，是耐火黏土、菱镁矿、白云石、硅石等矿石试样在高温下开始熔融的临界温度。是划分其品级、衡量其作为耐火材料原料的指标。矿山基建勘探、生产勘探中采集化学分析样品的同时，均须采集耐火度测定的试样。

(2) 耐火度测定样品的采集方法与要求：

1) 同化学分析试样采取的方法与要求。

2) 送实验室的样品重量，应满足试验要求。

(3) 耐火黏土矿石的耐火度与矿石中 Al_2O_3 的含量成正相关关系，生产试样可不测定，其耐火度可依据 Al_2O_3 含量计算。商品矿石试样是否测定耐火度，可根据用户要求确定。

3.6.1.10 *矿石、岩石力学强度测定试样的取样与要求*

(1) 矿石、岩石的力学强度：

1) 力学强度是指在外力作用下，矿石、岩石抵抗破碎的能力，是确定采矿方法、采场要素、井巷断面、支护方式和凿岩爆破参数的资料之一。

2) 矿石、岩石的力学强度，包括矿石、岩石的极限抗压强度、抗拉强度、抗剪切强度、抗剪断强度、弹性模量及泊松比等。

(2) 试样的采集：

1) 应按不同矿、岩石特征（矿物成分、粒度、结构、裂隙的发育程度及风化程度），按不同深度分别采集，重点放在矿体的顶、底板围岩。

2) 矿石、岩石样品应保持原状结构。每个样品要标明产状和定向构造方向，注明受力的方向或层面上下方向。

3) 采集的试样，应有编号，妥善包装。

(3) 矿(岩)石物理力学性质试验样品的数量、规格和要求可参照表 3-5。

表 3-5 室内岩石力学试验试件的规格和数量

<table>
<tr><th rowspan="2">试验项目</th><th rowspan="2">试验方法</th><th colspan="2">试验条件</th><th colspan="3">试验技术条件</th></tr>
<tr><th>受力方向</th><th>试验时状态</th><th>形状示意图</th><th>试件尺寸要求</th><th>数量</th></tr>
<tr><td rowspan="6">极限抗压强度</td><td rowspan="6">单向</td><td rowspan="3">压力⊥于层(片)理面或天然水平面(即平行于岩心轴向)</td><td>风干</td><td rowspan="3">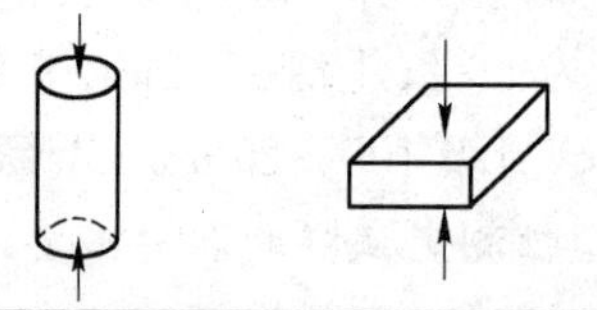</td><td rowspan="3">立方体：
边长为 5～7cm</td><td>3</td></tr>
<tr><td>干燥</td><td>3</td></tr>
<tr><td>饱和</td><td>3</td></tr>
<tr><td rowspan="3">压力平行于层(片)理面或天然水平面(即⊥岩心轴向)</td><td>风干</td><td rowspan="3">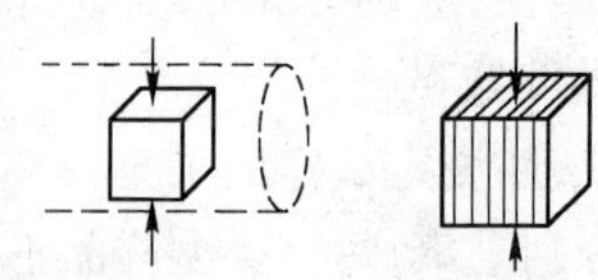</td><td rowspan="3">圆柱体：
直径等于高且大于 5cm</td><td>3</td></tr>
<tr><td>干燥</td><td>3</td></tr>
<tr><td>饱和</td><td>3</td></tr>
<tr><td rowspan="3">抗拉强度</td><td rowspan="3">劈裂法</td><td rowspan="3">拉力平行于层(片)理面或天然水平面(即垂直于岩心轴向)</td><td>风干</td><td rowspan="3">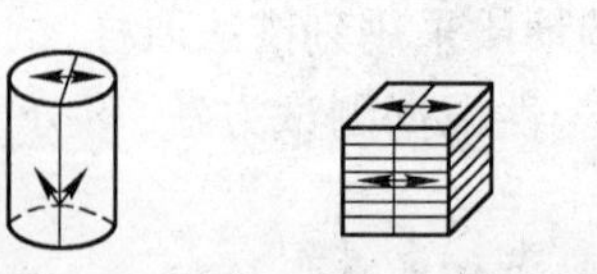</td><td rowspan="3">立方体：
边长为 5～7cm</td><td>3</td></tr>
<tr><td>干燥</td><td>3</td></tr>
<tr><td>饱和</td><td>3</td></tr>
</table>

续表 3-5

试验项目	试验方法	试验条件		试验技术条件		
		受力方向	试验时状态	形状示意图	试件尺寸要求	数量
抗拉强度	劈裂法	拉力⊥于层(片)理面或天然水平面(即平行于岩心轴向)	风干	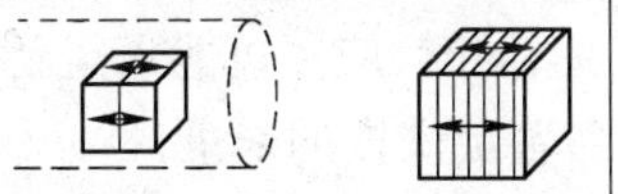	圆柱体：直径等于高，且大于5cm	3
			干燥			3
			饱和			3
抗剪切强度	单力法	剪切力垂直层(片)理面或天然水平面	风干	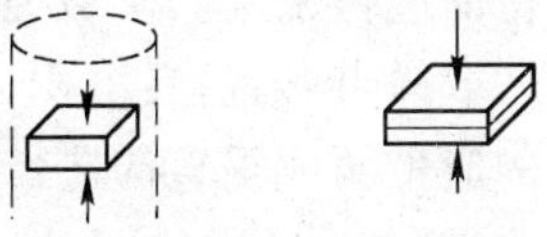	长方体：3cm × 1.5cm × 6cm	3
			干燥			3
			饱和			3
		剪切力平行层(片)理面或天然水平面	风干	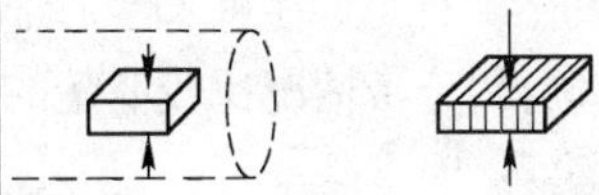		3
			干燥			3
			饱和			3
抗剪断强度	变角板法	剪应力垂直层(片)理	风干	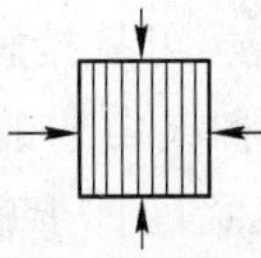	立方体：5cm×5cm×5cm	12
			干燥			12
			饱和			12
		剪应力平行层(片)理	风干	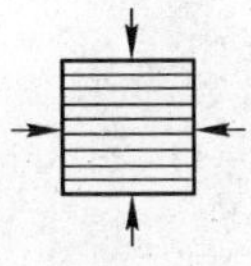	立方体：5cm×5cm×5cm	12
			干燥			12
			饱和			12
弹性模量及泊松比		压、应力垂直于层(片)理面或天然水平面	风干	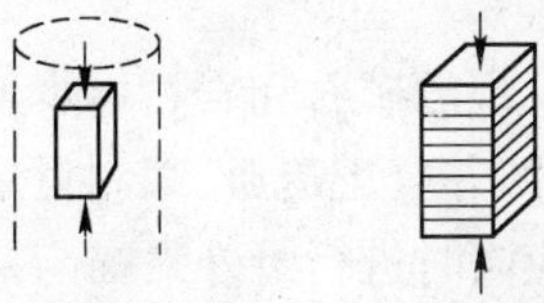	长方体：5cm×5cm×10cm	3
			干燥			3
		压、应力平行于层(片)理面或天然水平面	风干			3
			干燥			3

注：关于矿石、岩石物理力学性质样品的规格、数量及要求，应根据有关实验单位的要求和具体设备情况而定。

3.6.2 矿石、岩石测试(鉴定)试样及矿石、岩石标本的取样与要求

3.6.2.1 取样目的

(1) 采集矿石、岩石测试(鉴定)试样，是研究矿石和岩石的结构、构造、矿物成分及其共生组合，研究岩石矿物的变质、蚀变现象，确定岩石矿物的名称，确定矿石氧化程度、划分矿石类型、进行分带，配合矿石技术加工试验，为矿石加工和矿产资源综合利用提供资料。

(2) 采集1套完整的矿石、矿物、地层,岩石标准标本,为全矿区的地质编录的统一提供依据。

3.6.2.2 *矿石、岩石测试(鉴定)试样采集的技术要求*

(1) 采集的试样应有充分的代表性。根据矿石、岩石变化应系统地采集;对某些有特殊意义的试样,应注意采集;同时,应尽可能采集新鲜标本。

(2) 矿石、岩石命名鉴定试样的采集:

1) 按矿石的自然类型、工业类型、工艺类型、矿物组分、结构构造、蚀变深浅或变质程度及矿石和围岩的关系等特征进行采集。矿石类型复杂,矿物组分变化大的矿床,还应选择有代表性的剖面系统采集。取样点布置在:沉积岩沿厚度方向;岩浆岩垂直接触带方向;变质岩,按变质带;构造岩按构造带两侧垂直构造带方向;矿石沿矿体厚度方向及倾斜延深方向。

2) 在采集选冶技术加工试验试样的同时,采集有代表性的矿石、岩石鉴定试样。

3) 对氧化矿石、半氧化矿石与原生矿石要由浅而深的采集物相鉴定和物相分析试样;对已有系统的矿石、岩石鉴定资料,分带情况比较清楚的矿床,专门的物相鉴定试样可以少采或不采。

(3) 标准标本的采集:

1) 岩石标本的采集:① 沉积岩、火山沉积岩应按地层的层序岩相及不同岩性逐一采集。② 对火成岩(侵入岩和熔岩)可从接触带至岩体中心或由内向外,根据岩相变化系统采集。并应采集可代表岩浆分异和火山岩的包体同化以及接触变质作用的标本。③ 变质岩应按变质带采集。④ 构造岩及定向标本的采集:当小标本不能反映岩矿的特殊构造时,可根据需要采集大型标本;在采集定向标本时,需注明产状和方位。⑤ 对能判别、划分地层时代的动物、植物化石的标本应予以采集。

2) 矿石标本的采集:参照矿石、岩石命名鉴定试样采集的规定执行。

3) 所有的标准标本都应该经过镜下准确鉴定,作出正确命名和岩性描述,并列为矿山地质技术标准。

4) 应随时采集新发现的矿石和岩石标本,补充到标准标本中去。

5) 应编号和附卡片,并登记造册、编制目录。

(4) 采集标本时,应同时进行野外素描与描述,并注明取样位置和编号。必要时可编制专门性图件。

(5) 标本规格:

1) 矿石、岩石测试鉴定试样,以满足光片,薄片的切磨及手标本的观察为准;

2) 矿石、岩石标准标本,一般规格可按3cm×6cm×9cm。表示特殊内容的标本,如矿物晶体及动物、植物化石的标本,应根据需要确定。

(6) 标本采集后,应填写标签和登记,对于特殊岩矿标本或易损的标本,应妥善包装。对于易脱水、易潮解或易氧化的特殊标本应密封包装。

3.7 矿石选、冶试验取样

3.7.1 矿石选、冶试验取样的目的及种类

3.7.1.1 *矿石选、冶试验取样的目的*

矿石选、冶试验取样(矿石技术加工取样),是为研究矿石的选、冶技术加工性能,确定合

理的选、冶方法和工艺流程,提供有代表性的足够数量的试验样品的取样工作。

3.7.1.2 矿石选冶试验取样的种类:

根据选冶试验的目的与要求,矿石选、冶试验取样分为:可选性试验取样,实验室流程试验取样,实验室扩大连续试验取样,半工业试验取样,工业试验取样。

3.7.2 矿石选、冶试验试样的采集

3.7.2.1 取样的原则要求

(1) 采集的矿石选、冶试验试样,必须具有代表性。试样的主要组分及伴生的有益、有害组分的含量,矿物组合、矿石结构、构造、矿物粒度及嵌布特征、矿石蚀变及泥化程度、炭质物含量等应与其所代表的范围内的矿石性质相一致。

(2) 不同矿体、不同矿石类型和品级,须单独采取试样。

(3) 当选、冶试验要求对矿区内的各种类型或某几种类型的矿石采取混合试样时,应按照各种类型或某几种类型矿石所占储量比例、开采年限,合理分配试样取样点的数量、重量及取样位置。

(4) 当矿体中存在有可供利用的伴生组分时,则采样时应考虑其含量与分布情况,合理确定试样的取样点的数量、重量与位置。

(5) 根据开采设计的矿石贫化率,应按比例采集相应数量具有代表性的夹石和近矿围岩混入矿石试样。

(6) 根据试验目的、种类及对试样的要求,应编制采样设计,确定采样点的数量、具体位置、采样方法、试样重量。

3.7.2.2 取样方法的选定

矿石选、冶试验试样的取样方法,应依据试验的种类与所需要的试样重量而选择不同的取样方法:

(1) 小型实验室可选性试验试样可采用刻槽法取样。

(2) 当试验研究深部矿石可选性时,可采用劈取钻孔矿心法取样。

(3) 当矿石品位分布均匀、矿体规模大、矿石类型单一、夹层少时,可采用连续打块法取样。

(4) 实验室流程试验与实验室扩大连续试验的试样可采用网格拣块法取样。

(5) 半工业试验与工业试验需用的试样可采用块段法、剥层法或全巷法取样。

3.7.2.3 试验样品重量的确定

(1) 试样重量的确定:应依据矿石性质、试验目的、选冶方法、工艺流程和试验设备能力,试验时间等因素来确定。

(2) 选矿试样重量:

1) 可选性试验为50～500kg;

2) 实验室流程试验为300～1000kg;

3) 实验室扩大连续试验为1000～5000kg或更多;

4) 半工业试验试样采集重量应根据试验单位的设备规格,处理能力及必须试验的时间确定。其重量为几十吨至几百吨;

5) 工业试验,试验的重量应根据工厂生产规模、设备能力及需要试验的时间长短确定。

试样重量几百吨至几千吨。

(3) 冶炼试验矿石试样的重量:根据矿石性质,不能采用选矿方法评价矿石的工业利用性能,需要进行冶炼试验时,其试样的采集量,由工业部门及试验单位确定。

3.7.2.4 试样的破碎与缩分

(1) 为了保证试样的代表性,试样的原始采集量比需要量加大几倍。

(2) 在运送试验前,试样必须按本手册3.8.2节与3.8.4节规定之 $Q=kd^2$ 的加工程序进行破碎加工、混匀和缩分,达到实验室提出的试样需用重量和粒度的要求。

3.7.2.5 试样的包装与运输

(1) 可选性试验与实验室流程试验试样,须运送较远的试验单位时,应对试样加装防潮袋,箱内箱外应附有标签。在标签上应注明取样单位、矿区、矿种、采样号、采样地点。同时注明总箱数及本箱顺序号。

(2) 半工业试验或工业试验试样,在运往试验单位时须有专人押运,执行交接手续。试验单位有关负责人应进行验收,并在送样单上签字。

3.7.3 矿石选、冶试验试样取样工作中的地质工作

3.7.3.1 地质部门的任务

(1) 负责编制试验样品的取样设计;

(2) 在取样过程中指导与监督施工,解决取样工作中出现的各种问题,保证采样工作的顺利进行与试样的代表性、可靠性;

(3) 负责编制试样的取样总结报告;

(4) 负责编制与发送采样说明书与送样单。

3.7.3.2 取样设计说明书的编制与内容要求

(1) 取样设计说明书是采集矿石选冶试验样品的主要依据,是保证试验样品的代表性,试验要求,达到试验目的的基础资料;

(2) 地质部门应与生产设计部门、试验单位和矿山有关部门共同商定取样的原则、要求、试样重量以及有关施工事宜;

(3) 取样设计说明书由地质部门技术负责人负责编制;

(4) 取样设计说明书的主要内容与要求,可参照附录3-3。

3.7.3.3 取样总结报告书的编制与内容要求

(1) 在矿石选冶试验试样采集完成之后,需编制"矿石选冶试验试样的取样总结报告书",对整个试样的取样工作应进行全面的详细的总结;

(2) 总结报告书由地质部门取样技术负责人负责编制;

(3) 总结报告书的主要内容及要求,可参照附录3-4。

3.7.3.4 送样单与采样说明书的编制与发送

(1) 委托试验单位(采样单位)在运送矿石选、冶试验试样至实验室时,必须附有送样单及采样说明书,一并交送实验单位。送样单一式两份,经试验单位负责人验收签字后,返还矿山1份留存。

(2) 采样说明书的内容可参照附录3-5。

3.8 化学分析试样加工

3.8.1 试样加工的目的和任务

试样加工的目的和任务：

(1) 目的：是为了满足化学分析对试样最终重量和粒度的要求。

(2) 任务：对采集量较大的原始样品进行破碎、过筛、拌匀和缩分。缩减到最小量，并使其能代表原始样品的质量。

3.8.2 试样加工程序

试样加工程序：

(1) 试样加工应按破碎、过筛、拌匀、缩分 4 步程序进行。

(2) 试样加工须依据切乔特公式计算各阶段的试样重量、样品粒度与缩分次数。切乔特公式如下：

$$Q = Kd^2 \tag{3-16}$$

式中，Q 为试样的最小可靠重量（缩分后试样的重量），kg；d 为试样中最大颗粒直径，mm；K 为试样加工系数。

(3) 试样加工，每个程序应反复循环进行，至满足粒度和重量的要求。当设备条件固定时，根据破碎后的试样粒径，决定缩分后的试样重量。

(4) 通过试验确定合理加工系数（K 值）。各矿山据此确定的 K 值，制订试样加工流程图，如图 3-1 所示。关于编制试样加工流程图的方法见附录 3-6。

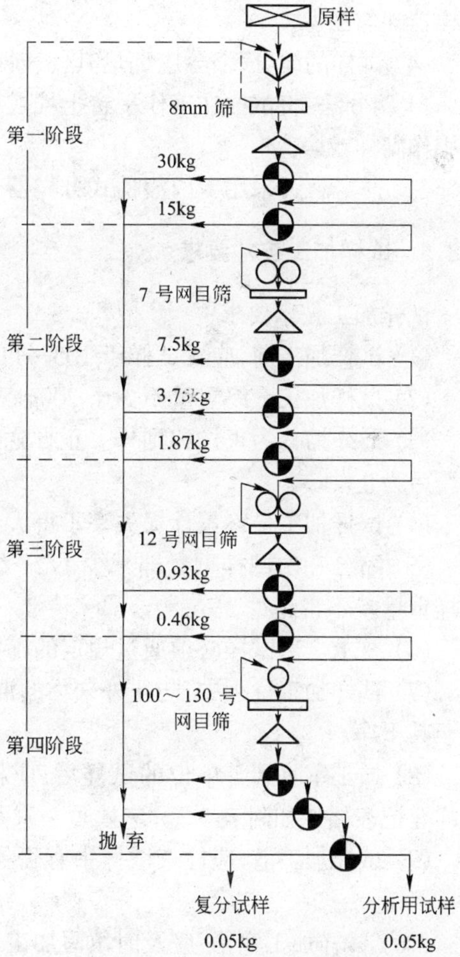

图 3-1 试样加工流程图

3.8.3 K 值的确定方法

(1) 采用类比法确定。K 值大小，取决于矿石性质和矿化均匀程度。采用类型类比法确定的 K 值的参考值见附表 3-1。

(2) 采用试验法确定。试验方法是：在同一地点以同一规格，采集一组对比试样，按初步选定的不同 K 值（0.05～1.5），分别制定加工程序，并将不同 K 值的试样的分析结果，与 K 值为 1.5 的试样的分析结果进行比对，选择其相对误差值最小且分析误差在允许相对误差范围以内的最小的 K 值，作为使用的 K 值。

3.8.4 试样的加工方法

试样的加工方法:

(1) 试样的破碎,分若干阶段进行:

1) 粗破碎至25～20mm;

2) 中破碎至10～5mm;

3) 细破碎至2～1mm;

4) 粉碎或研磨至0.1mm以下。

(2) 试样的筛分,试样在破碎前过筛(辅助过筛),将已达到粒度要求的试样筛下,减少破碎的工作量。破碎后过筛(检查过筛),用于确定试样是否达到所要求的粒度。筛上试样须再经破碎到合格。筛分必须使用金属标准筛,以保证过筛质量。常用标准筛以网目表示。标准筛网目与筛孔孔径的关系见附表3-2。

(3) 试样的拌匀,试样在缩分之前,应经充分地搅拌,达到各种矿物均匀分布。要防止因试样在破碎分堆时产生团聚现象。拌匀方法有:铁铲拌匀法、滚动拌匀法及试样多次槽形分样器拌匀法。

(4) 试样的缩分,缩分应满足其代表性的要求。可按下列方法进行:

1) 四分法:将试样在工作平台上堆成截锥形,均匀分成4份,取对顶角的两份。余下两份用作副样或舍弃。

2) 分样器法:采用专门溜槽式分样器,试样倒入后,自动一分为二,留一弃一。

3.8.5 试样加工技术要求

试样加工技术要求:

(1) 试样加工前,应置试样于105～110℃温度下烘干,再进行破碎加工。

(2) 试样加工最终重量不少于200g。其粒度以满足化验要求为准。

(3) 最终缩分为正样和副样。正样送往化验室,副样由加工室保存。保管时限至矿石使用后为止。

(4) 试样加工最终累计损失率不得大于5%。

(5) 缩分一次试样重量即减少1/2,缩分 n 次试样重量可减少到 $1/2^n$,每次缩分两份试样重量差不得超过3%。

(6) 要求全部试样必须通过规定的筛网,筛上试样不得舍弃。

(7) 试样加工过程中,防止外来物的混入,每加工1个试样应对机械设备和器具加以清扫至其干净。

(8) 加工室收到各单位的试样后,应检查试样。收样人应在送样登记簿上签字盖章。送样登记表格式如附表3-3。应填写一式两份。送样单位与加工室各1份。

(9) 试样加工前,应检查试样中有否异物,并应对原始试样进行称重,确定试样加工程序。

(10) 试样加工完毕,应及时填写加工号并进行登记,登记簿格式见附表3-4。

(11) 送往化验室的试样,加工室要填好送、收样登记表,其格式见附表3-5。应填一式两份,加工室与化验室各1份。

3.8.6 试样加工质量检查

矿山地质人员，负责按月检查试样加工质量，对加工程序、粒度、加工损失率等进行检查。发现问题应予以纠正。

3.9 化学分析试样的化验与检验

3.9.1 化学分析的任务和分类

化学分析的任务和分类：

(1) 任务：通过化学分析，测定矿石、岩石及矿山生产产品的化学成分及其含量。

(2) 分类：

1) 基本分析(普通分析)：主要用于查实矿石中主要的与工业利用有关的有益和有害组分的含量。基本分析结果，是划分矿石类型、工业品级、圈定矿体、进行储量计算的主要依据。

2) 组合分析：用于查实矿体内具有综合回收价值的伴生有益组分和影响选、冶性能的有害组分(包括造渣组分)的含量，是综合评价矿床、计算伴生有益组分资源储量的依据。

3) 化学全分析：用于查实矿石和岩石的化学组成及其含量。全分析应在光谱分析和岩矿鉴定的基础上进行。

4) 光谱分析：半定量测定矿石和围岩的有益、有害元素，是确定组合分析及化学全分析项目的依据。

5) 物相分析：是为了划分矿石自然类型和品级，确定氧化矿、混合矿和原生矿的分界标准，是采矿和选、冶生产的依据。

6) 单矿物分析，是为了查明矿石中矿物化学成分，主要伴生有用组分的赋存状态和含量，为工业利用确定选、冶流程及研究矿床成因提供资料。

3.9.2 化学分析项目的确定

3.9.2.1 基本分析项目的确定

(1) 依据矿床地质条件及用户的要求而定；

(2) 根据各类型矿石中的元素及其含量和工业指标要求确定；

(3) 矿石中的共生矿产，也应列入基本分析。

3.9.2.2 组合分析项目的确定

(1) 根据光谱全分析和化学全分析的结果确定；

(2) 直接入炉铁矿石的造渣组分应列入组合分析；

(3) 矿石矿物成分复杂的矿床，用全铁品位圈定矿体时，组合分析还应做磁性铁、硅酸铁、碳酸铁与硫化铁的分析；

(4) 使用部门的特殊要求可增加分析项目。

基本分析与组合分析项目，可参照表 3-6 确定。

表 3-6 各类型矿石基本分析、组合分析项目表

矿床类型	矿石类型	基本分析项目	组合分析项目
鞍山式铁矿床	磁、赤贫铁矿	TFe(mFe)、FeO	SiO_2、S、P、Mn 硅酸铁、碳酸铁
鞍山式铁矿床	磁、赤富铁矿	TFe(mFe)、FeO、SiO_2、S、P	TFe、FeO、SiO_2、S、P
变质碳酸盐型铁矿床	磁、赤、菱铁矿	TFe、SiO_2	TFe、FeO、SiO_2、S、P、CaO、MgO、Al_2O_3
浅海相沉积铁矿床	赤、菱铁矿	TFe、SiO_2、FeO	S、P
岩浆晚期(分异、贯入)铁矿床	钒钛磁铁矿	TFe、TiO_2、V_2O_5	TFe、TiO_2、V_2O_5、Cu、Cr、Co、Ni、Mn、Te、Se、Sc、S、P
接触交代—热液铁矿床	磁、赤、菱铁矿	TFe(mFe)、(FeO)、S、Cu、(SiO_2)	TFe(mFe)、Cu、Co、Ni、Al_2O_3、SiO_2、CaO、MgO、S、P、Pb、Zn、Au、Ag、Sn
与火山—侵入活动有关的铁矿床	磁、赤、菱铁矿	TFe(mFe)、FeO、(Cu、Co)、S	TFe、FeO、Cu、Co、S、P、V_2O_5
风化淋滤型铁矿	褐铁矿	TFe、S、P	TFe、FeO、Pb、Zn、Cu、As、Co、Ni、S、Mn、W、Bi
石碌式铁矿	赤、磁铁矿	TFe、(FeO)、SiO_2、S、P	TFe、FeO、SiO_2、S、P、Cu、Co、Al_2O_3、MgO、CaO
白云鄂博式铁矿	磁、赤、菱铁矿	TFe(mFe)、P、F、SiO_2、TR_2O_3、Nb_2O_5、原+FeO、硅+SFe	S、Mn、Al_2O_3、CaO、MgO
	熔剂石灰石	CaO、MgO、SiO_2	S、P 烧失量(Al_2O_3、Fe_2O_3、酸不溶物)
	优质石灰石	CaO、SiO_2、Al_2O_3、Fe_2O_3、S、P、烧失量	Al_2O_3、Fe_2O_3、S、P、烧失量、酸不溶物
	耐火半软质黏土	Al_2O_3、TiO_2、Fe_2O_3、烧失量、耐火度	SiO_2、CaO、MgO、SO_3、K_2O、Na_2O
	耐火软质黏土	Al_2O_3、TiO_2、Fe_2O_3、烧失量、耐火度	SiO_2、CaO、MgO、SO_3、K_2O、Na_2O、P、烧失量、可塑性
	耐火硬质黏土	Al_2O_3、TiO_2、Fe_2O_3、烧失量、耐火度	Al_2O_3、TiO_2、CaO、MgO、烧失量、耐火度、S、P、SiO_2
	菱镁矿	MgO、CaO、SiO_2	MgO、CaO、SiO_2、Al_2O_3、Fe_2O_3、烧失量、耐火度
	白云石	MgO、CaO、SiO_2	MgO、CaO、SiO_2、Al_2O_3、Fe_2O_3、S、P、烧失量
	锰矿石	Mn、TFe、P	Al_2O_3、CaO、MgO、S、P、Co
	铝土矿	Al_2O_3、TiO_2、CaO、Fe_2O_3、S	Al_2O_3、TiO_2、SiO_2、Fe_2O_3、CaO、MgO、S、P_2O_5、烧失量
	萤石	CaF_2、SiO_2、S	CaF_2、SiO_2、CaO、Fe_2O_3、MgO、Pb、Zn、Sb、S
	石英(熔剂、耐火)	SiO_2、Fe_2O_3、CaO	SiO_2、Fe_2O_3、CaO、Al_2O_3、P_2O_5、耐火度

3.9.3 组合分析、化学全分析、光谱分析、物相分析试样的取样方法与要求

3.9.3.1 组合分析试样的采集方法与要求

(1) 采集组合分析试样的方法：

1) 组合试样是从基本分析的副样中采集的；

2) 组合试样的重量应按各单个试样(基本分析试样)长度比例来采集并汇总。单个试样中应采集的试样重量可按下式计算：

$$q = \frac{Q \cdot l}{L} \tag{3-17}$$

式中，q 为从单个试样中应采集的重量，g；Q 为组合试样的重量，g；l 为单个试样长度，m；L 为参加组合试样的总长度，m。

(2) 采取组合分析试样的要求：

1) 按矿体(矿层和资源储量计算块段)、矿石类型、品级进行组合，不能跨层；

2) 由几个或十几个基本分析试样进行组合而成。一般为 10 个，最多不超过 20 个；

3) 必须是相同采样方法采集的样品；

4) 矿体边缘部分和中央若有低于最低品位(边界品位)的试样，不参加组合。若低于最低品位试样分布于矿体中央，则其上、下样品可组合在一起；

5) 组合分析试样的重量为 100～200g；

6) 采取组合试样时，必须填写组合试样记录表，其格式见附表 3-6。

3.9.3.2 化学全分析试样的采集与要求

(1) 依据不同矿体(矿层)、不同深度、不同矿石类型、品级各采集 1～3 个；

(2) 可利用有代表性的组合分析试样的副样，或单独采集有代表性的试样；

(3) 围岩可根据需要采集少量的化学全分析试样；

(4) 试样重量为 200～400g。

3.9.3.3 光谱全分析试样的采集与要求

(1) 可采自同一矿体(矿层)的不同部位、不同矿体(矿层)、不同矿石类型与品级；

(2) 可利用有代表性地段的基本分析副样或组合分析副样。

3.9.3.4 物相分析试样的采集与要求

(1) 根据手标本和镜下鉴定按一定间距采集试样；

(2) 可专门采集具有代表性的试样；

(3) 可以在基本分析样品的副样中采集；

(4) 当利用基本分析副样作为物相分析试样时，必须及时进行分析。防止试样氧化影响分析结果；

(5) 试样件数应依据矿床规模和物质成分复杂程度确定；

(6) 关于在物相分析中对铁矿物的分类与铁矿石工业类型的划分标准，参照附录 3-7 规定。

3.9.3.5 单矿物分析试样的采集方法与要求

(1) 单矿物试样应力求纯净，具有代表性；

(2) 试样可以从工程揭露的矿体或矿体天然露头上采取；

(3) 送交实验室的单矿物样品重量可根据分析项目和实验室要求确定。对易分选的单矿物其送样重量约2～20g。

3.9.4 化学分析结果的检查

3.9.4.1 内部检查分析

(1) 内部检查的目的是查明和消除基本分析中可能产生的偶然误差；

(2) 应每月检查一次。按批、按矿石类型和品级随机从副样中抽取。密码编号后，送原化验单位重新分析相同的分析项目；

(3) 内检试样的数量为参加资源储量计算的基本分析试样的10%。从矿车、矿堆、出矿掌子面等采集的生产试样的抽查率为3%～5%；

(4) 组合分析作内检，可抽查原组合分析试样的3%～5%，但抽查的总数量不应少于10件。

3.9.4.2 外部检查分析

(1) 外检的目的是检查原化验单位化验分析的系统误差；

(2) 外部检查工作，应每年进行1次；

(3) 外部检查的试样，应从已做内检分析试样的副样中抽取一部分试样(抽取方法同内检)，送往上一级或化验水平较高的单位进行；

(4) 外检试样的数量为基本分析试样的3%～5%。1年的总数不应少于30件。

3.9.4.3 仲裁分析

(1) 当内外检查试样的检查分析结果超过允许误差，且检查与被检查双方均未找出超差的原因时，应在全部外检试样副样中采集仲裁分析试样，送往权威化验室做仲裁分析，以判定双方的分析误差；

(2) 应将外检与基本分析的化验分析方法通知仲裁单位；

(3) 仲裁分析，应报请矿山上级有关主管部门审查批准。

3.9.5 检查分析结果的处理

3.9.5.1 检查资料的整理

(1) 内外检查分析结果返回后，应及时进行整理，填写检查分析记录表(其格式见附表3-7)，计算内外检查分析结果与基本分析结果的单个试样的误差值。

(2) 编制内外检查分析误差分析综合表，计算平均绝对偶然误差与平均相对偶然误差、系统误差、修正系数等。

3.9.5.2 误差性质的判别

(1) 将检查分析结果与基本分析结果比较，有70%以上的试样的绝对误差偏高(正)或偏低(负)，即认为有系统误差，否则为偶然误差。

(2) 当用上述方法判别有系统误差时，应采用数理统计方法计算概率系数，进一步判别有无系统误差及其值的大小，决定能否采用修正系数进行改正等处理方法。

3.9.5.3 误差的计算方法与计算式

(1) 单样绝对误差的计算式：

$$m_c = C_2 - C_1 \tag{3-18}$$

式中，m_c 为单样绝对误差值，%；C_1 为原分析结果，%；C_2 为检查试样分析结果，%。

(2) 平均绝对误差的计算式：

$$m_{cp}=\frac{\left|\sum_{i=1}^{n}m_{ci}\right|}{n} \tag{3-19}$$

式中，m_{cp}为平均绝对误差值，%；m_{ci}为单样绝对误差值，%；n 为检查试样个数。

(3) 单样相对误差的计算式：

$$M_c=\frac{C_2-C_1}{C_2}\times 100\% \tag{3-20}$$

式中，M_c 为单样相对误差，%；其他符号同前。

(4) 平均相对误差的计算式：

$$M_{cp}=\frac{\frac{\sum_{i=1}^{n}m_{ci}}{n}}{\frac{\sum_{i=1}^{n}Ci}{n}}\times 100\% = \frac{m_{cp}}{\frac{\sum_{i=1}^{n}Ci}{n}}\times 100\% \tag{3-21}$$

式中，M_{cp}为平均相对误差值，%；C 为检查试样分析结果，%；其他符号同前。

(5) 样品超差率及合格率的计算式：

$$P=\frac{N}{n}\times 100\% \tag{3-22}$$

$$Q=\frac{n-N}{n}\times 100\% \tag{3-23}$$

式中，P 为超差率，%；Q 为合格率，%；N 为超差试样个数(单个试样的绝对误差或相对误差超过规定允许误差范围的试样个数)；n 为检查试样个数。

(6) 矿石品级变动率的计算式：

$$P_1=\frac{n_1}{n}\times 100\% \tag{3-24}$$

式中，P_1 为矿石品级变动率，%；n_1 为矿石品级变动的试样个数；n 为检查试样个数。

(7) 系统误差率的计算式：

$$P_2=\frac{n_2}{n}\times 100\% \tag{3-25}$$

式中，P_2 为系统误差率，%；n_2 为单样之绝对误差为正号(+)或负号(−)试样的个数；n 为检查试样的个数。

当系统误差率 $P_2>70\%$时，为系统误差。反之，则为偶然误差。

(8) 采用数理统计方法计算概率系数用于判别系统误差是否存在。并通过以下运算，计算概率系数：

$$\gamma=\frac{\Sigma\alpha_x\cdot\alpha_y}{\sqrt{\Sigma\alpha_x^2\Sigma\alpha_y^2}}=\frac{\Sigma(X-M_x)\cdot(Y-M_y)}{\sqrt{\Sigma(X-M_x)^2\Sigma(Y-M_y)^2}} \tag{3-26}$$

式中，γ 为检查分析结果与原分析结果的相关系数；X 为单个检查分析试样中的组分含量，%；Y 为单个原分析试样中的组分含量，%；M_x 为检查分析试样中的组分平均含量，%；M_y 为原分析试样中的组分平均含量，%；α_x 为检查试样中某组分含量与平均含量之差，%；α_y 为原分析试样中某组分含量与平均含量之差，%。

$$t=\frac{|M_x-M_y|}{\sqrt{m_x^2+m_y^2-2\cdot m_x\cdot m_y\cdot\gamma}} \tag{3-27}$$

式中，t 为概率系数；m_x 为检查分析结果平均值的均方差$\left(m_x=\frac{\delta_x}{\sqrt{n}}\right)$；$m_y$ 为原分析结果平均值的均方差$\left(m_y=\frac{\delta_y}{\sqrt{n}}\right)$；$\delta_x$ 为检查分析结果的均方根偏差$\left(\delta_x=\sqrt{\frac{\Sigma\alpha_x^2}{n}}\right)$；$\delta_y$ 为原分析结果的均方根偏差$\left(\delta_y=\sqrt{\frac{\Sigma\alpha_y^2}{n}}\right)$；$n$ 为检查试样数；其他符号同前。

(9) 用下式计算 f 值，判断原分析值是高还是低。当 $f>1$ 时，说明原分析组分含量偏低，当 $f<1$ 时，说明原分析组分含量偏高。

$$f=\frac{M_x}{M_y} \tag{3-28}$$

式中，f 为系统误差的绝对平均值，%；其他符号同前 。

3.9.5.4 内部检查结果的处理

(1) 平均相对偶然误差未超过允许范围，检查试样超差率不足 30%（合格率大于 70%）时，应认定全部基本分析试样为合格。其中超差大的试样须进行复检。当复检证明原分析存在错误时，应进行更正。

(2) 平均相对偶然误差未超过允许范围，但检查试样超差率大于 30% 时，须将全部超差试样进行复检，同时再需抽取与超差试样相同数量的未检查试样进行检查：

1) 再检结果证明，原基本分析平均相对偶然误差未超过允许范围，且超差率小于 30%，应认定原分析全部分析结果为合格；

2) 原基本分析平均相对偶然误差未超过允许范围，但超差率仍大于 30% 时，须查清产生误差的原因，由原分析单位对原分析全部返工。

(3) 当平均相对偶然误差超过允许范围时，需将全部检查试样进行复检：

1) 复检结果证明平均相对偶然误差超过允许误差范围，原基本分析全部返工；

2) 如复检结果证明平均相对偶然误差未超过允许范围，超差率又小于 30% 时，应认定原基本分析全部合格，原检查分析结果作废。

3.9.5.5 外部检查结果的处理

(1) 平均相对偶然误差不超过允许范围，超差试样数在 30% 以内，应认定原分析全部试样为合格。个别超差大的试样应予以更正。

(2) 平均相对偶然误差不超过允许范围，超差率大于 30%，或平均相对偶然误差超过允许范围时，被检查单位应与检查单位协商，分析产生超差的原因。当查不清原因时，可组织仲裁分析。

(3) 当仲裁分析结果证明原分析结果的平均相对偶然误差不超过允许范围，应认定全部原分析结果为合格。

(4) 仲裁分析结果介于原分析结果与外部检查分析结果之间,且与两者均不超过相对允许误差范围时,可认定原分析结果为合格。

(5) 当仲裁分析结果证明,原分析结果存在差错,外部检查分析结果正确时,须查明原因,并根据具体情况将原分析全部或部分进行返工。

3.9.5.6 系统误差的处理

外部检查分析结果证明存在系统误差,或仲裁分析后,计算结果证明原分析存在系统误差时,可按下述方法处理:

(1) 当 $t<2$ 时,存在系统误差的整批分析试样中有70%以上的试样分析结果与仲裁分析结果比较,未超过允许偶然误差的二分之一时视为正确,不进行处理。

(2) 经外检与仲裁分析结果证明,当 $t>2$ 时,原分析有错,并存在系统误差,原分析化验单位应查明原因,采取措施,在消除产生系统误差的原因后,才可进行分析工作。对原分析试样全部或部分进行返工。按具体情况慎重处理。

(3) 当矿石品位较高、矿化均匀、系统误差影响不大、且外检试样中有少于25%的试样超过允许误差范围的系统误差、其复检结果不变时,可以用校正原分析品位的方法处理,用仲裁分析结果求出校正系数。以加倍补验分析数量的仲裁分析取得充分可靠的根据。校正系数可按下式计算:

$$f_1=\frac{M_{x_1}}{M_{y_1}} \tag{3-29}$$

式中,f_1 为校正系数;M_{x_1} 为仲裁分析试样中的组分平均含量,%;M_{y_1} 为原(基本)分析试样中的组分平均含量,%。

原分析试样的品位的校正公式如下:

$$y_1=y\cdot f_1 \tag{3-30}$$

式中,y_1 为原(基本)分析试样校正后的品位,%;y 为原(基本)分析试样的品位,%;f_1 为校正系数。

当校正系数大于1.4时,原(基本)分析成果不能利用。

3.9.6 矿石化学分析允许偶然误差的规定

矿石化学分析允许偶然误差的规定:

(1) 依据中华人民共和国行业标准DZ0130—94《地质矿产实验室测试质量管理规范》的规定,采用经验计算式,代替表列分档次的方式。

(2) 矿(岩)石化学分析相对双差可按下式计算:

$$Y=C\times 20w^{-0.60} \quad 当\ w\geqslant 3.08\% \tag{3-31}$$

$$Y=C\times 12.5w^{-0.182} \quad 当\ w<3.08\% \tag{3-32}$$

式中,Y 为计算相对双差值,%;C 为修正系数;w 为测定结果(元素的质量分数),%。

(3) 在实际应用中,可以编程自动判断双差(可参照DZ0130.3—94附录3-8《岩矿分析误差统计数据处理程序》使用说明—补充件),也可利用计算表进行人工查询。

(4) 矿(岩)石分析各矿种项目相对双差系数表见附表3-8规定。

(5) 矿(岩)石分析允许相对误差(Y 值)计算表见附表 3-9。

(6) 物相分析(除铁矿外)各项允许相对双差可按该元素化学分析允许差放宽 50%,当该元素物相分析总量分别大于 3%、0.2%~3%和小于 0.2%时,其分量总和与单独测定的总量的允许相对双差分别不得超过 10%、20%和 30%。

(7) 矿石、岩石、矿物全分析各组分含量除按允许误差检查外,各项组分含量的总和可分为两级检查。Ⅰ级:99.30%~100.70%,Ⅱ级:99.00%~101.0%。检查的级别主要根据送样单位的需要和实验室的分析方法、仪器设备等情况来确定。

(8) 所有化验结果有效数字不超过 4 位,除特别规定外,只取小数点后两位。

附录

附录 3-1　磁化率仪的测试原理与测量方法

磁化率仪的测试原理与测量方法:

(1) 磁化率仪的测试原理:磁化率仪是用物理方法测定矿石品位的仪器,其原理是:磁铁矿具有良好的导磁性能,当给仪器的铁磁体一个外加磁场时,磁铁矿的导磁强度与其铁品位高低成正相关关系。即

$$L = Gw + b \tag{附 3-1}$$

式中,L 为矿石的视磁化率值;G 为与仪器及被测物体导磁性能有关的常数;b 为与仪器参数有关的常数;w 为矿石中铁的质量分数。

将仪器测出的视磁化率值,代入上式(附 3-1),即得出矿石的铁品位:

$$w = \frac{1}{G}L - \frac{b}{G} \tag{附 3-2}$$

式中符号同上。

(2) 建立视磁化率值与铁品位回归方程的方法与步骤:

以视磁化率值与铁品位的回归方程,确定其相关程度,相关程度越高,测量的品位精度越高。相关程度越低,则测量精度越低,误差越大。是应用磁化率仪测定铁矿石中铁品位的前提条件。其具体方法和步骤如下:

1) 采集全矿区或矿体各品级矿石具有代表性的矿样,按 3.3.6.2 基样的取样方法与技术要求规定执行。

2) 矿样规格,按 3.3.6.2 规定执行。

3) 对所有矿样进行视磁化率值测定,同时进行化学分析。

4) 以矿样的视磁化率值和铁品位为基本参数,建立视磁化率值与铁品位的回归方程。

5) 进行回归检验,计算相关系数。当相关系数大于 0.9 时,表明视磁化率值和铁品位存在密切的相关性,测试结果可以应用。

6) 根据式附 3-1、附 3-2 的计算结果,绘制视磁化率值与铁品位相关图和品位对照表。

7) 相关系数可用下式计算:

$$\gamma = \frac{\sum_{i=1}^{n}(x_i - \overline{x})(y_i - \overline{y})}{\sqrt{\sum_{i=1}^{n}(x_i - \overline{x})^2 \cdot \sum_{i=1}^{n}(y_i - \overline{y})^2}} \quad (附 3\text{-}3)$$

式中，x 为自变量；y 为因变量。

(3) 测定方法与要求：

1) 对单个矿样，磁化率仪测定铁品位的随机偶然误差较大，最大可达 3 个百分点。对测定矿石集合体，大量测点的算术平均品位，其误差接近化验允许误差标准。因此，须有足够数量的测点。可采用点线法布置样点(测点)。

2) 测定矿车的平均品位，以矿车矿石堆的峰脊线为对称线，布置两条测线。沿测线间距 10cm 左右布置 1 测点。在测点上找出 1 个较平整的新鲜矿石面，测出视磁化率值，按计算式(附 3-2)计算(查图、查表)出铁的品位值。再将所有测点的品位值进行算术平均，即获得矿车的平均品位。60t 1 辆矿车宜测 100 个测点。1 列 10～12 辆矿车抽测 2～3 辆矿车。

电铲作业点的品位测量，也是采用点线法布置测点。一般沿电铲工作面的中、下方布置两条测线，沿测线间距 20cm 左右布置测点。测出每 1 侧点的铁品位值，可以 1 条线为 1 个样，求出 1 条测线上全部测点的平均品位；也可以两条线为 1 个样，求其全部测点的平均品位。

(4) 适用范围：

1) 适用于具有强磁性的磁铁矿的品位测试；

2) 用于生产中需要快速测定品位的地方。如输出矿车中的矿石品位、电铲工作面的矿石品位、某一出矿点的矿石品位。

(5) 优点：仪器价格便宜、体重轻、携带方便、操作简单、测试速度快，成本很低，精度基本满足生产要求。

附录 3-2 X 射线荧光分析仪的测试原理与测量方法

(1) X 射线荧光分析仪是运用物理方法测定矿石中元素(原子序数大于 20 的元素)含量的仪器。应用 X 射线荧光分析仪测量铁矿石或选矿厂原、精、尾中间产品中的铁含量，测量速度快，成本较低、操作方便，精度基本能满足生产要求，在矿山生产中可部分取代化验工作。

目前，X 射线荧光分析仪测量矿石中铁的含量主要有块状矿样测量法与粉状矿样测量法两种。

(2) 荧光分析仪测量矿石中铁品位的基本原理：当矿石中的铁原子受到仪器内激发源放出的射线照射时，铁原子的内层电子被激发，在内层电子轨道上留下 1 个空位，当外层电子填充该空位时，铁原子就放出铁的特征 X 射线，这一过程大约经历 10^{-3}s。理论研究表明，矿石中由此放出的铁的特征 X 射线强度与矿石中铁的含量成正比，即

$$I = Kw + a \quad (附 3\text{-}4)$$

式中，I 为矿石中铁的特征 X 射线强度；w 为矿石中铁的质量分数；K 为与仪器参数、激发源活度、矿石对 X 射线吸收特性有关的常数；a 为与仪器参数有关的常数。

当仪器检测出矿石中铁的特征 X 射线强度值时，根据式(附 3-4)，就可以计算出矿石中

铁的含量：

$$w = \frac{I - a}{K} = \frac{1}{K}I - \frac{a}{K} \quad \text{(附 3-5)}$$

式中，w、I、K、a 符号同上。

(3) 应用 X 射线荧光分析仪测定铁品位的步骤：

1) 采取基样：对被测对象(即地质体)各品级矿石各品位段进行系统取样；

2) 对每件样品同时进行铁的特征 X 射线强度值测定和化学分析；

3) 以基样的铁的特征 X 射线强度值和化学分析铁含量为基数，建立回归方程；

4) 进行回归检验，计算相关系数。当相关系数 γ 大于 0.9 时，表明二者之间有密切的相关性，可以应用 X 射线荧光分析仪测定铁矿石中的铁品位。相关系数 γ 小于 0.9，表明相关程度较低，铁矿石中铁的品位测量误差较大，其结果不能使用；

5) 根据基样测定结果，确定相关系数大于 0.9 时，可绘制铁的特征 X 射线强度值与铁品位的相关图和对照表，以备测定待测样品时使用。

6) 将待测样品中测定的铁的特征 X 射线强度值代入式(附 3-5)计算、或查图、或查表，求出该矿样的铁的含量。

7) 相关系数 γ 的计算式见附录 3-1。

(4) 块状矿样测量方法及技术要求：

1) 块状矿样测试方法：用仪器直接测量块状矿石的铁的特征 X 射线强度值，计算(查图或查表)出矿样中铁的品位的方法；

2) 块状矿样测量法的基样和待测样的采样方法和技术要求按 3.3.7.3 规定执行；

3) 块状矿样测量方法，采用便携式 X 射线荧光分析仪，直接测量矿石表面，样品无须加工，甚至不要搬动。由于矿石自然面极少既平整又新鲜。所以测量的精度相对较低。单个基样的最大偶然误差可达 3 个百分点，但全部基样算术平均品位误差不超过化验允许误差的范围。

在矿车、电铲工作面出矿点测定平均品位上应用。其测量品位的方法和采样点的确定方法可参照附录 3-1 磁化率仪的测量品位的方法和采样点的确定方法进行。即测电铲工作面出矿点的矿石平均品位，按点线法布置待测点。沿工作面的中、下方布置两条测线，沿测线间距 20cm 布置一测点。在测点上只要找出一个较平整的矿石新鲜面，用仪器探头紧贴该矿石面，测出铁的特征 X 射线强度值，按公式(附 3-5)计算(查图或查表)出矿石中铁的品位值。再将所有测点的品位进行算术平均，即获得该电铲工作面(或出矿点)的矿石平均品位。

4) 不同品位矿石的块状矿石铁品位的回归方程是不同的。一般可分为 3 个品位段，须根据试验资料确定。朱家包包铁矿经试验确定其 3 个品位段的品位回归方程如下：

① TFe≤22.22%　　　$I \leqslant 3.311$ 时

$$\text{TFe} = 8.5833I - 6.199 \quad \text{(附 3-6)}$$

式中，TFe 为测定样品中铁的含量；I 为矿石中实测的铁的特征 X 射线强度值；

8.5833 为$\frac{1}{K}$，是与仪器参数、激发源活度、矿石对 X 射线吸收特性有关的常数的倒数；

6.199 即为$\frac{a}{K}$，是与仪器参数有关的常数与 K 的比值。

② 22.22%＜TFe＜42.71%　　3.311＜I＜8.5868 时

$$TFe = 3.8846I + 9.3578 \qquad (附 3\text{-}7)$$

式中符号同前。

③ TFe≥42.71%　　I≥8.5868 时

$$TFe = 2.7500I + 9.100 \qquad (附 3\text{-}8)$$

式中符号同前。

5）不同矿区的矿石，不同的荧光分析仪，其品位回归方程也不同。所以每个矿山在应用 X 射线荧光分析仪时，都要采取基样进行试验。求出本矿的品位回归方程，而不能借用其他矿山的品位回归方程。

(5) 粉状矿样测量法及技术要求：

1）粉状矿样测量法：矿样经过加工破碎至一定的粒度、拌匀、压制成与基样同样大小、厚度一致与密度相同的模饼，以高精度的台式 X 射线荧光分析仪测定铁品位。

此法比块状测量法精度要高，但速度要慢一些，成本要高一些。可以测定矿山生产地质样和选矿厂原、精、尾生产样的铁品位。

2）粉状矿样测量法的基样与待测样的采样方法和技术要求，按 3.3.7.4 规定执行。

3）矿粉的粒度要适当，宜为 120～160 目。待测样与基样应采用同一加工技术规程，加工的粒度应保持一致。

4）待测样对模饼的密度、厚度、湿度等也要求与基样一致。温度也要求相同或接近，不要波动太大。

5）不同矿区不同仪器都有它特殊的品位回归方程。同一矿区、同一仪器，不同品位段的品位回归方程也不同。朱家包包铁矿经试验确定其品位段的品位回归方程如下：

① TFe＜17.25%　　I＜3.4743 时

$$TFe = 7.3872I - 8.4149 \qquad (附 3\text{-}9)$$

式中，TFe 为测定矿石样品中铁的含量；I 为矿石样品中实测的铁的特征 X 射线强度值；

7.3872 为$\frac{1}{K}$，是与仪器参数、激发源活度、矿石对 X 射线吸收特性有关的常数的倒数；

8.4149 即为$\frac{a}{K}$，是与仪器参数有关的常数与 K 的比值。

② 17.25%≤TFe≤40.33%　　3.4743≤I≤8.2537 时

$$TFe = 4.8286I + 0.4744 \qquad (附 3\text{-}10)$$

式中符号同前。

③ TFe＞40.33　I＞8.2537 时

$$TFe = 3.8342I + 8.6819 \qquad (附 3\text{-}11)$$

式中符号同前。

(6) 影响 X 射线荧光分析仪使用精度的因素及解决方法：

影响 X 射线荧光分析仪使用精度的因素和解决的方法有以下几个方面：

1）基体效应。随着矿石中铁品位增大，矿石中铁原子对铁的特征 X 射线的吸收作用也增加，导致 X 射线荧光分析仪的灵敏度发生变化，对铁的含量大于 40% 的矿石，分析灵敏度明显降低。矿石中铁含量为50%～70%时,其分析精度已无法满足要求。

解决方法有以下两种:

① 以铁的特征X射线强度与激发源在矿石中产生的散射射线强度之比值(即特散比)为基本参量建立特散比与铁品位的回归方程;

② 按不同品位段建立特散比与铁品位的回归方程。块状法或是粉状法,朱家包包铁矿的铁的品位回归方程都是3个,这是解决基体效应的结果。

2) 矿石表面不平的影响。在块状矿样测量时,矿石表面的不平度变化可等效于测量面与激发源之间的距离变化,在5mm时可引起铁的特征X射线强度变化20%～30%。

解决方法如下:

① 以视特散比为基本参量,建立特散比与铁品位的回归方程。既兼顾了基体效应的校正,又可有效地消除矿石表面不平度的干扰;

② 采用最佳源样距。采样和测量时,寻找较平整的矿石表面。

在这两项措施下,当源样距变化在5mm时,引起TFe品位变化不到0.2%(绝对误差)。

3) 矿石表面污染物与覆盖物的影响。在块状矿样测量法中,由于铁的特征X射线的能量很小(6.4keV),极易被矿石表面的物质吸收,造成测量误差。

解决方法:要求测定的矿石必须具有新鲜面。

4) 矿石湿度变化的影响。矿石湿度的变化对测量的影响,主要是水对铁的特征X射线的吸收,使测量结果偏低。

解决方法如下:

① 在块状矿样湿度不大时,可以忽略不计;当湿度很大时,(如雨后测量,或洒水后测量),可以采用系数来加以校正。校正系数是以一组样品采用干、湿两种状态分别测量求得的。

② 粉状矿样可以将样品烘干,消除湿度变化的干扰。

5) 工作温度的影响。温度的变化,影响仪器测量效果。

解决的方法如下:

① 选择适应温差变化较大的仪器;

② 定时测量标准片,并由程序自动完成温标校正;

③ 选择温差变化较小的工作环境。

6) 粉样粒度的影响。粉状矿样测量效果取决于:

① 样品加工细度,颗粒越细(-120～-200目)搅拌越均匀,测量精度越好。但也没有必要过细。

② 要求待测样和基样的加工设备、方法必须相同。并遵守同一加工技术操作规程,保证加工程序和矿样的粒度一致。

7) 样模中矿粉紧密程度和厚度的影响。粉状矿样加工磨细、混匀缩分,称出一定的重量,放在样模中加压,成饼形。样饼的紧密程度和厚度的变化,均可影响测量效果。

解决的方法:

① 保证粉矿样的重量一致;

② 使用固定的大小一致的样模;

③ 加压时的压强和加压的时间相等;

④ 使所有压制的样饼矿粉紧密程度与厚度相等。

(7) 关于资料的积累有以下两点:

1) 操作方法的改进和提高,在于不断积累和分析资料。用数理统计方法,分析资料,处理数据,为提高 X 射线荧光分析技术提供有效途径。

2) 原始资料包括生产测报及仪器性能信息,应绘制成两个图册。生产测报统计基本内容有:测报数、合格率、精度(均方根差)、抽查数(包括占率)、各类样品测报数(占率)等。仪器性能主要内容有:分辨率变化、谱峰漂移情况、单道漂移情况、温度变化影响、实测高压漂移等。

附录 3-3 编制矿石选、冶试验试样取样设计书的内容与要求

取样设计书是采集矿石选、冶试验试样的主要依据,是保证试验样品具有代表性,满足试验要求,达到试验目的的基础资料。因此,要求矿山的地质部门,在接到采集矿石选冶试验试样的任务以后,应立即指定专人负责与生产设计部门、试验单位与生产矿山的有关部门,共同商议采集试样的原则,重量及要求等,由矿山的地质部门负责编制"矿石选、冶试验试样取样设计书",一式 6 份,呈报上级主管部门审查批准后再行施工。

取样设计书应包括的主要内容:

(1) 编制取样设计书的依据;

(2) 试验的目的、任务、要求及预期达到的效果;

(3) 矿区地质概况、矿石类型、矿石结构构造、矿物组成(包括伴生有益有害组分)、品位等分布特征及含泥状态、各类型矿石的各类型资源储量的比例与分布特征等;

(4) 取样工作的具体要求:取样方法,各类型、各品级矿石在试样中所占的比例,取样点的位置,以及每个取样点应采集的试样重量。化学分析项目、岩矿鉴定项目及标本、小体重、大体重、矿石松散系数、孔隙度、块度测定等样品的数量、地点、规格、采样方法以及为保证所取试样代表性的其他要求;

(5) 施工安排:取样时间、工作量,负责取样工作的组织领导与施工队伍,装、运试样的方式与设备,需要的材料与工具等;

(6) 保安措施,组织措施与技术措施;

(7) 取样费用预算;

(8) 附取样点位置设计图(一般为平面图,必要时应附剖面图)。

附录 3-4 编制矿石选、冶试验试样取样总结报告书的内容与要求

在矿石选、冶试验试样采集完成之后,须编制取样总结报告书,对取样工作进行全面的总结,总结报告书一式 6 份,发送试验单位、生产设计部门及本部门的上级主管单位,本部门 3 份,与采样设计书一起存档。取样总结报告书的主要内容:

(1) 取样工作的依据。

(2) 完成的工作量,包括完成的试样数量、重量与质量。取样开始与完成日期等。

(3) 完成取样点的数量,地点、取样重量与取样方法等。采集的化学分析样品、小体重样品、大体重样品、岩矿鉴定标本、矿石松散系数、孔隙度、块度测定等样品的地点、数量及其

测定与分析结果。

(4) 取样点的地质情况:矿石类型与品级、矿物组成、矿石品位、伴生有用组分及其有害组分等空间分布,各类型资源储量的分布,各点所取的各类型矿石的比例是否符合各类型资源储量的比例。

(5) 施工中对取样设计有否修改,说明修改的内容与理由。

(6) 施工中的组织工作,施工队伍负责人、地质负责人、取样地质专职工程师等人员名单,取样工人的数量与名单等,参加取样设备(电铲、汽车)的序号型号。

(7) 为完成取样工作采取了哪些技术措施、组织措施与保安措施。

(8) 试样的破碎与缩分。

(9) 试样的包装与运输情况。

(10) 实际费用。

(11) 送样单及采样说明书的具体内容。

(12) 实际取样点位置分布图。

(13) 体会与今后改进意见。

附录 3-5 矿石选、冶试验试样采样说明书内容

矿石选、冶试验试样采样说明书内容:

(1) 试验的目的和要求。

(2) 矿区地理位置,水、电、交通及当地经济简况:矿床地质特征,矿区地质构造;矿体产状、规模、形态及埋藏条件;矿床赋存条件及成因类型;矿石的矿物组分和粒度、结构构造、嵌布特性、主要有益有害组分的平均含量及其分布变化特征;矿石氧化程度及氧化带范围;各类型、品级的资源储量;矿体围岩、夹石的性质、种类、空间分布及其与矿体的相互接触的关系等。

(3) 矿床开采技术条件。

(4) 取样设计和取样方法。取样点位置选择,取样点矿样种类、品位、重量一览表,取样点分布位置图。

(5) 矿样代表性的论证。

(6) 矿样包装说明。

附录 3-6 编制试样加工流程图的方法

(1) 编制试样加工流程图的方法:

1) 试样加工流程图以图形表示;

2) 试样加工的每一步骤都用公用的图例表示,见图 3-1,试样加工流程图。原矿样原始重量为 60kg,K 值选 0.2,第一阶段将试样破碎到 8mm 时,过筛、拌匀、缩分 2 次;第二阶段将试样破碎到 2.4mm 时,过筛、拌匀、缩分 3 次;第三阶段试样破碎到 1.4mm 时,过筛、拌匀、缩分 2 次;第四阶段可缩分 3 次。如选 K 值为 0.1 时,则四个阶段的缩分次数可以改为 3.3.2.2 次。

(2) 各矿山可根据本矿具体情况,所采取的试样的原始重量不同,试样的颗粒直径大小不同,也可以编制试样加工流程表,见附表 3-10。

附录 3-7 关于在物相分析中对铁矿物的分类与铁矿石工业类型的划分标准

物相分析一般将铁矿石中铁矿物分为5个类别，即磁性铁、硅酸铁、碳酸铁、硫化铁及赤(褐)铁。磁性铁的测定方法按原冶金工业部关于《磁性铁(mFe)分析方法》的规定进行。

铁矿石的原生矿与氧化矿的划分，一般可按磁性率指标来划分，即以 TFe/FeO(或FeO/TFe)的不同比值来衡量。当铁矿床中含铁矿物主要是磁铁矿，后经氧化成赤铁矿褐铁矿时：

原生矿	TFe/FeO<2.7
混合矿	TFe/FeO 2.7～3.5
氧化矿	TFe/FeO>3.5

或者

原生矿	FeO/TFe	>37%
混合矿	FeO/TFe	28%～37%
氧化矿	FeO/TFe	<28%

目前，铁矿石工业类型应按磁性铁占有率确定，并应符合下列标准：

矿石类型	磁性铁占有率 (mFe/TFe)/%
磁铁矿	>85
混合矿	85～15
赤铁矿	<15

当矿石成分复杂，矿石中硅酸铁(SiFe)或硫化铁(SfFe)的铁含量大于3%或二者之和大于3%时，磁铁矿石应符合以下要求：mFe/(TFe-SiFe)≥85%、mFe/(TFe-SfFe)≥85%或mFe/(TFe-SiFe-SfFe)≥85%。磁性铁占有率小于85%者为弱磁性铁矿石。

附录 3-8 对附表 3-9 岩矿分析允许相对误差(y 值)计算表的使用说明

在《地质矿产实验室测试质量管理规范》中规定：对矿岩化学分析的样品双份分析的相对双差的允许限的修订，是在原《暂行规定》中所列各矿种各项目在不同含量范围的允许相对双差基础上，以 $y=ax^{-b}$ 方程拟合得到的经验计算式，分别乘以0.67、1.00、1.50等系数，形成了不同矿种不同项目的两段计算式。采用经验计算式，代替表列分档次的方式，不仅解决了台阶式不合理现象，而且还可以用计算机进行管理。

附表3-9中的(y 值)均系按式(3-31)与式(3-32)计算得出的值。当 $w \geqslant 3.08\%$ 时，应用式(3-31)，即 $y=c\times 20\times w^{-0.6}$ 计算；当 $w<3.08\%$ 时，则应用式(3-32)，即：$y=c\times 12.5\times w^{-0.182}$ 计算。

举例1：计算铁矿石中 TFe 含量25.8%的允许双差值(y)：

1) 查附表3-2，铁矿石中项目 TFe 的系数 c 为1.0。

2) 查附表3-3，$c=1.0$，

表中：$w=25\%$　　$y=2.90$

　　　$w=26\%$　　$y=2.83$

因为 $w=25.8\%$与26%相近,所以取 y 值2.83作为衡量标准。

3) 用公式计算:

$$y=c\times 20\times w^{-0.6}$$
$$=1.0\times 20\times 25.8^{-0.6}$$
$$=2.84$$

与查表2.83接近。

举例2:计算铁矿石中含Co为2.08%的允许双差值(y):

1) 查附表3-8,铁矿石中项目Co的系数 c 为0.67。

2) 查附表3-9 $c=0.67$

表中:$w=2.0\%$ $y=7.38$

$w=3.0\%$ $y=6.86$

因为 $w=2.08\%$与2.00%相接近,所以取 y 值7.38作为衡量标准。

3) 用公式:$y=c\times 12.5\times w^{-0.182}$计算($w<3.08\%$)

$$y=0.67\times 12.5\times 2.08^{-0.182}$$
$$=7.33$$

与查表7.38接近。

新标准与原标准比较,新标准更合理、严格。见附表3-11。

附表3-1 样品加工系数 K 值参考表

矿种	K 值	矿种	K 值
铁矿石	0.1~0.2	硬质	0.2
均匀的	0.1	软质	0.1~0.2
不均匀的	0.2	锰矿	0.1~0.2
菱镁矿	0.1~0.2	萤石	0.1~0.2
石灰石、白云石	0.05~0.1	硅石	0.1~0.2
极均匀的	0.05	铝土矿	0.1~0.5
均匀的	0.1	均匀的	0.1~0.3
黏土矿	0.1~0.2	不均匀的	0.3~0.5

注:如黄铁矿化铝土矿、钙质铝土矿。

附表3-2 金属筛孔径与网目关系对比表

筛孔规格/mm	网目	筛孔规格/mm	网目
2.36	8	0.15	100
1.40	12	0.125	115
0.83	20	0.105	140
0.70	24	0.100	150
0.50	32	0.097	160
0.25	60	0.090	170
0.18	80	0.074	200

附表 3-3 送样登记表

矿山名称：

编号	送样日期	送样单位	采样地点	试样名称	试样编号	委托分析项目				送样人		试样加工编号	加工单位	收样人	备注

附表 3-4 试样加工登记表

矿山名称：

加工编号	原试样号	试样名称	试样收到日期	试样加工日期	试样原始重量/kg	试样加工过程								送化验室最终重量/g	送化验室名称	送化验室日期	副样箱号码	加工负责人	送样单号码	备注
						第一阶段		第二阶段		第三阶段		第四阶段								
						过筛粒度	缩分次数	过筛粒度	缩分次数	过筛粒度	缩分次数	过筛粒度	缩分次数							

附表 3-5 收、送样登记表

矿山名称：

送样日期	送样单位	试样名称	试样编号	加工编号	试样重量/g	加工室送样人	化验单位	化验室编号	化验室收样人	委托分析项目			

附表 3-6 组合试样记录表

编号	组合试样编号	采样地点工程编号	组合试样类型		组合试样内容			组合试样总长度	组合试样总重量	分析结果				组合日期	组合人姓名	送样日期	送样地点	送样单号码	化验室编号	取回化验单日期
			矿体名称	矿石类型及品位等级	普通试样编号	普通试样长度	由其中所取分量/g													

附表 3-7　检查分析记录表

编号	原试样编号	原化验单收到日期	原化验单试样编号	原分析试样各组分的质量分数/%				检查分析结果																		备注
								检查试样密码号	送样日期	化验室名称	分析结果单编号	收到分析结果单日期	检查性质(内、外)	分析结果/%				绝对误差/±%				相对误差/%				

地测科长　　　　地质工程师　　　　填表人　　　　年　月　日

附表 3-8　矿(岩)石分析各矿种项目允许相对双差系数(%)

矿性代码	矿　性	系数	项　目	备　注
4110	铁　矿	0.67	FeO、S、P、Co、Mn、TiO_2	
		1.00	Fe(T)、Fe(m)、Cu、Pb、Zn、As、Sn、Ni、Mo 烧失量、H_2O、F、Cr_2O_3、V_2O_5	
		1.50	SiO_2、Al_2O_3、CaO、MgO、CO_2	
4111	铁矿物相	2.00	磁性铁、硅酸铁、碳酸铁、黄铁矿、赤褐铁矿	
4120	锰　矿	0.67	Mn	
		1.00	P	
		1.50	Fe(T)	
4121	化工用放电锰	0.67	MnO_2	
		1.00	Fe(T)	
413	金红石	1.00	TiO_2、TiO_2(砂矿)	
414	钛铁矿	0.67	TiO_2	
		1.00	TiO_2(砂矿)	
415	铬铁矿	0.67	Cr_2O_3	
		1.00	Fe(T)、FeO、SiO_2、Al_2O_3、CaO、MgO、S、P	
416	钒　矿	0.67	V_2O_5	
42	有色金属	0.67	Ni、Co、Cr_2O_3、V_2O_5、S、As、TiO_2	
	矿　石	1.00	Cu、Pb、Sn(砂矿)、WO_3、Mo、Sb、Bi、Hg、Cd、Fe(T)、Fe(S)、$BaSO_4$、P、SiO_2、Al_2O_3、CaO、MgO	
		1.50	Zn、Sn、WO_3(砂矿)	
		2.00	CaF_2	
43	贵金属矿石/$\mu g \cdot g^{-1}$	0.29	Au、Ir、Rh、Os、Ru	÷10000
		0.40	Ag、Pt、Pd	
44	放射性、稀有分散元素	0.67	Ra、Th、Nb_2O_5、Ta_2O_5、BeO、ZrO_2、HfO_2、Ce_2O_3、La_2O_3、Se、Te、In、Ge、Ga、Ti、Re、U	

续附表 3-8

矿性代码	矿　性	系数	项　目	备　注
		1.00	Li_2O、ZrO_2（砂矿）、Rb_2O、Cs_2O、Re_2O_3、Y_2O_3、Yb_2O_3、SrO、Sc_2O_3	
451	磷　矿	0.4	I	
		1.00	P_2O_5、Re_2O_3、MgO、CaO、CO_2、SiO_2、F、Cl	
452	硫铁矿或自然硫	0.67	S、As	
		1.00	S(S)、Fe、F、Pb、Zn、C(有机)	
454	重晶石、毒重石	1.00	BaO、SiO_2、Fe_2O_3、Al_2O_3、CaO、可溶盐、SO_3、CO_2、Cu、Pb、Mn、Re_2O_3	
		1.50	$BaSO_4$	
		2.00	CaF_2	
456	石　膏	1.00	CaO、SiO_2、Fe_2O_3、Al_2O_3、MgO、K_2O、Na_2O、SO_3、Cl、酸不溶物、H_2O	
4511	萤　石	1.00	SiO_2、Fe_2O_3、Pb、Zn、MgO、Sb、S	
		1.50	$CaCO_3$、$BaSO_4$	
		2.00	CaF_2	
4512	滑石、叶蜡石	0.67	SiO_2、As	
		1.00	MgO、CaO、Fe_2O_3、TiO_2、Al_2O_3、烧失量、H_2O	
4514	高铝黏土矿	0.67	SiO_2	
		1.00	Al_2O_3、TiO_2、Fe_2O_3、CaO、MgO、K_2O、Na_2O、Re_2O_3、S、CO_2、P_2O_5、烧失量	
45150	高岭土	1.00	Al_2O_3、SiO_2、Fe_2O_3、TiO_2、CaO、MgO、MnO、(Mn)SO_3、(S)、SO_3 硫酸盐	
45160	黏土(陶瓷原料用)	1.00	Al_2O_3、SiO_2、Fe_2O_3、TiO_2、CaO、MgO、K_2O、Na_2O、SO_3、烧失量	
45161	黏土(包括水泥用)	1.00	Al_2O_3、SiO_2、Fe_2O_3、TiO_2、CaO、MgO、K_2O、Na_2O、SO_3、烧失量	
45162	黏　土（冶金辅助原料用）	1.00	Al_2O_3、SiO_2、Fe_2O_3、TiO_2、CaO、MgO、K_2O、Na_2O、SO_3、烧失量	
45170	冶金耐火材料用石英砂	0.67	SiO_2、Fe_2O_3、Al_2O_3	
		1.00	CaO、P_2O_5	
45171	铸造型用石英砂	0.40	SiO_2	
		1.00	Fe_2O_3、Al_2O_3、CaO、MgO、K_2O、Na_2O、S、烧失量	
45172	玻璃原料用石英砂	0.40	SiO_2	
		0.67	Cr_2O_3	
		1.00	Fe_2O_3、Al_2O_3、TiO_2	
45173	陶瓷原料用石英砂	1.00	TiO_2、CaO、MgO、K_2O、Na_2O、烧失量	
45180	熔剂用灰岩	0.67	CaO	
		1.00	MgO、SiO_2、酸不溶物、Re_2O_3、P_2O_5、SO_3(S)、CO_2、烧失量	

续附表 3-8

矿性代码	矿 性	系 数	项 目	备 注
45181	化工、玻璃	0.67	CaO	
	原料用灰岩	1.00	MgO、SiO_2、酸不溶物、Re_2O_3、Fe_2O_3、P、S、As、CO_2 烧失量、H_2O	
45182	制电石(维	0.67	CaO	
	尼龙)用灰岩	1.00	MgO、SiO_2、Re_2O_3、S、P	
		1.00	CaO	
45190	水泥用石灰	1.00	SiO_2、SiO_2(f)、Al_2O_3、Fe_2O_3、TiO_2、K_2O、Na_2O	
	质原料	0.67	Mn_3O_4(Mn)、P_2O_5、SO_3(S)、Cl、烧失量	
		1.50	MgO	
45191	水泥用黏土	0.67	SiO_2	
	质原料，硅质原料	1.00	Al_2O_3、Fe_2O_3、CaO、MgO、TiO_2、K_2O、Na_2O Mn_3O_4(Mn)、P_2O_5、SO_3、烧失量	
4520	泥灰岩(天然水泥)	0.67	CaO	$CaSiO_3$
		1.00	SiO_2、Al_2O_3、Fe_2O_3、MgO、SO_3(S)、烧失量	
4521	硅灰石	0.67	SiO_2、CaO	$CaCO_3$ 按
		1.00	MgO、Al_2O_3、Fe_2O_3、烧失量、CO_2	CaO 允许
45220	冶金、化工	0.67	MgO、CaO	双差放宽
	用白云石	1.00	SiO_2、Al_2O_3、Fe_2O_3、TiO_2、Mn_3O_4、酸不溶物、P	50%
45221	玻璃原料用	0.67	MgO、CaO	
	白云石	1.00	Fe_2O_3、Al_2O_3	
4523	菱镁矿	0.67	MgO	
		1.00	CaO、SiO_2、Al_2O_3、Fe_2O_3、烧失量	
4524	菱镁矿	1.00	CO_2	
4526	固体硼矿	1.00	B_2O_3、SiO_2、酸不溶物、Al_2O_3、Fe_2O_3、CaO、MgO CO_2、H_2O	
48	选冶样品	0.67	铬矿中 Co、Cr_2O_3，钒矿中 V_2O_5、S、P，铅锌矿中 Cu，镍矿中 Ni，钴矿中 Co，锡矿中 Sn、Bi，钨矿中 WO_3、Mn、S，钼矿中 Mo、Sn、P，铋矿中 Bi，汞矿中 Hg、Se，铀矿中 U，铌钽矿中 Nb_2O_5、Ta_2O_5、P、S，锂铍矿中 BeO、Li_2O，锆矿中 ZrO_2+HfO_2，硫铁矿中 S，冶金样品高中低含量各组分	

注：选冶样品常见的 23 个矿种中，除上述各矿种组分的系数为 0.67 和萤石中 CaF_2 的系数为 1.50 之外，其余的各矿种组分的系数均为 1.00。

附表 3-9 岩矿分析允许相对误差(*Y* 值)计算表(补充件)

系数 $c=0.25$　　$Y=c\times12.5\times w^{-0.182}$　　当 $w\leqslant3.08$

$Y=c\times20.0\times w^{-0.600}$　　当 $w>3.08$

质量分数(w)	0.0	1.0	2.0	3.0	4.0	5.0	6.0	7.0	8.0	9.0
90.0	0.34	0.33	0.33	0.33	0.33	0.33	0.32	0.32	0.32	0.32
80.0	0.36	0.36	0.36	0.35	0.35	0.35	0.35	0.34	0.34	0.34
70.0	0.39	0.39	0.38	0.38	0.38	0.37	0.37	0.37	0.37	0.36
60.0	0.43	0.42	0.42	0.42	0.41	0.41	0.40	0.40	0.40	0.39
50.0	0.48	0.47	0.47	0.46	0.46	0.45	0.45	0.44	0.44	0.43
40.0	0.55	0.54	0.53	0.52	0.52	0.51	0.50	0.50	0.49	0.48
30.0	0.65	0.64	0.62	0.61	0.60	0.59	0.58	0.57	0.56	0.56
20.0	0.83	0.80	0.78	0.76	0.74	0.72	0.71	0.69	0.68	0.66
10.0	1.26	1.19	1.13	1.07	1.03	0.98	0.95	0.91	0.88	0.85
0.0		3.13	2.75	2.56	2.18	1.90	1.71	1.56	1.44	1.34

质量分数(w)	0.00	0.01	0.02	0.03	0.04	0.05	0.06	0.07	0.08	0.09
0.90	3.19	3.18	3.17	3.17	3.16	3.15	3.15	3.14	3.14	3.13
0.80	3.25	3.25	3.24	3.23	3.23	3.22	3.21	3.21	3.20	3.19
0.70	3.33	3.33	3.32	3.31	3.30	3.29	3.29	3.28	3.27	3.26
0.60	3.43	3.42	3.41	3.40	3.39	3.38	3.37	3.36	3.35	3.34
0.50	3.55	3.53	3.52	3.51	3.50	3.48	3.47	3.46	3.45	3.44
0.40	3.69	3.68	3.66	3.64	3.63	3.61	3.60	3.59	3.57	3.56
0.30	3.89	3.87	3.85	3.82	3.80	3.78	3.76	3.74	3.73	3.71
0.20	4.19	4.15	4.12	4.08	4.05	4.02	3.99	3.97	3.94	3.91
0.10	4.75	4.67	4.60	4.53	4.47	4.41	4.36	4.31	4.27	4.23
0.00		7.23	6.37	5.92	5.61	5.39	5.21	5.07	4.95	4.84

质量分数(w)	0.0000	0.0001	0.0002	0.0003	0.0004	0.0005	0.0006	0.0007	0.0008	0.0009
0.0090	7.37	7.35	7.34	7.32	7.31	7.29	7.28	7.27	7.25	7.24
0.0080	7.52	7.51	7.49	7.47	7.46	7.44	7.43	7.41	7.40	7.38
0.0070	7.71	7.69	7.67	7.65	7.63	7.61	7.60	7.58	7.56	7.54
0.0060	7.93	7.91	7.88	7.86	7.84	7.81	7.79	7.77	7.75	7.73
0.0050	8.20	8.17	8.14	8.11	8.08	8.06	8.03	8.00	7.98	7.95
0.0040	8.54	8.50	8.46	8.42	8.39	8.36	8.32	8.29	8.26	8.23
0.0030	9.00	8.94	8.89	8.84	8.79	8.75	8.70	8.66	8.62	8.58
0.0020	9.68	9.60	9.52	9.44	9.37	9.30	9.23	9.17	9.11	9.05
0.0010	10.99	10.80	10.63	10.47	10.33	10.20	10.09	9.97	9.87	9.78
0.0000		16.71	14.73	13.68	12.98	12.46	12.06	11.72	11.44	11.20

系数 $c=0.40$ 续附表 3-9

质量分数(w)	0.0	1.0	2.0	3.0	4.0	5.0	6.0	7.0	8.0	9.0
90.0	0.54	0.53	0.53	0.53	0.52	0.52	0.52	0.51	0.51	0.51
80.0	0.58	0.57	0.57	0.56	0.56	0.56	0.55	0.55	0.55	0.54
70.0	0.63	0.62	0.61	0.61	0.60	0.60	0.60	0.59	0.59	0.58
60.0	0.69	0.68	0.67	0.67	0.66	0.65	0.65	0.64	0.64	0.63
50.0	0.77	0.76	0.75	0.74	0.73	0.72	0.71	0.71	0.70	0.69
40.0	0.87	0.86	0.85	0.84	0.83	0.82	0.80	0.79	0.78	0.77
30.0	1.04	1.02	1.00	0.98	0.96	0.95	0.93	0.92	0.90	0.89
20.0	1.33	1.29	1.25	1.22	1.19	1.16	1.13	1.11	1.08	1.06
10.0	2.01	1.90	1.80	1.72	1.64	1.58	1.52	1.46	1.41	1.37
0.0		5.00	4.41	4.09	3.48	3.05	2.73	2.49	2.30	2.14
质量分数(w)	0.00	0.01	0.02	0.03	0.04	0.05	0.06	0.07	0.08	0.09
0.90	5.10	5.09	5.08	5.07	5.06	5.05	5.04	5.03	5.02	5.01
0.80	5.21	5.20	5.18	5.17	5.16	5.15	5.14	5.13	5.12	5.11
0.70	5.34	5.32	5.31	5.29	5.28	5.27	5.26	5.24	5.23	5.22
0.60	5.49	5.47	5.45	5.44	5.42	5.41	5.39	5.38	5.36	5.35
0.50	5.67	5.65	5.63	5.61	5.59	5.57	5.56	5.54	5.52	5.50
0.40	5.91	5.88	5.86	5.83	5.81	5.78	5.76	5.74	5.71	5.69
0.30	6.22	6.19	6.15	6.12	6.08	6.05	6.02	5.99	5.96	5.93
0.20	6.70	6.64	6.59	6.53	6.48	6.43	6.39	6.35	6.30	6.26
0.10	7.60	7.47	7.35	7.25	7.15	7.06	6.98	6.90	6.83	6.76
0.00		11.56	10.19	9.47	8.98	8.62	8.34	8.11	7.92	7.75
质量分数(w)	0.0000	0.0001	0.0002	0.0003	0.0004	0.0005	0.0006	0.0007	0.0008	0.0009
0.0090	11.78	11.76	11.74	11.71	11.69	11.67	11.65	11.62	11.60	11.58
0.0080	12.04	12.01	11.99	11.96	11.93	11.91	11.88	11.86	11.83	11.81
0.0070	12.34	12.30	12.27	12.24	12.21	12.18	12.15	12.12	12.10	12.07
0.0060	12.69	12.65	12.61	12.57	12.54	12.50	12.47	12.43	12.40	12.37
0.0050	13.11	13.07	13.02	12.98	12.93	12.89	12.85	12.81	12.77	12.73
0.0040	13.66	13.60	13.54	13.48	13.42	13.37	13.32	13.26	13.21	13.16
0.0030	14.39	14.31	14.22	14.14	14.07	13.99	13.92	13.85	13.79	13.72
0.0020	15.49	15.36	15.23	15.11	14.99	14.88	14.77	14.67	14.57	14.48
0.0010	17.58	17.28	17.00	16.76	16.53	16.33	16.14	15.96	15.76	15.64
0.0000		26.73	23.56	21.88	20.77	19.94	19.29	18.76	18.31	17.92

系数 $c=0.67$ 续附表 3-9

质量分数(w)	0.0	1.0	2.0	3.0	4.0	5.0	6.0	7.0	8.0	9.0
90.0	0.90	0.89	0.89	0.88	0.88	0.87	0.87	0.86	0.86	0.85
80.0	0.97	0.96	0.95	0.95	0.94	0.93	0.93	0.92	0.91	0.91
70.0	1.05	1.04	1.03	1.02	1.01	1.00	1.00	0.99	0.98	0.97
60.0	1.15	1.14	1.13	1.12	1.11	1.09	1.08	1.08	1.07	1.06
50.0	1.28	1.27	1.25	1.24	1.22	1.21	1.20	1.18	1.17	1.16
40.0	1.47	1.44	1.42	1.40	1.38	1.37	1.35	1.33	1.31	1.30
30.0	1.74	1.71	1.67	1.64	1.62	1.59	1.56	1.54	1.51	1.49
20.0	2.22	2.16	2.10	2.04	1.99	1.94	1.90	1.85	1.81	1.78
10.0	3.37	3.18	3.02	2.88	2.75	2.64	2.54	2.45	2.37	2.29
0.0		8.38	7.38	6.86	5.83	5.10	4.57	4.17	3.85	3.59

质量分数(w)	0.00	0.01	0.02	0.03	0.04	0.05	0.06	0.07	0.08	0.09
0.90	8.54	8.52	8.50	8.49	8.47	8.45	8.44	8.42	8.41	8.39
0.80	8.72	8.70	8.68	8.66	8.65	8.63	8.61	8.59	8.57	8.55
0.70	8.94	8.91	8.89	8.87	8.85	8.83	8.80	8.78	8.76	8.74
0.60	9.19	9.16	9.14	9.11	9.08	9.06	9.03	9.01	8.98	8.96
0.50	9.50	9.47	9.43	9.40	9.37	9.34	9.31	9.28	9.25	9.22
0.40	9.89	9.85	9.81	9.77	9.72	9.69	9.65	9.61	9.57	9.54
0.30	10.43	10.36	10.30	10.25	10.19	10.14	10.09	10.04	9.99	9.94
0.20	11.23	11.13	11.03	10.94	10.86	10.78	10.70	10.63	10.56	10.49
0.10	12.73	12.52	12.32	12.14	11.98	11.83	11.69	11.56	11.44	11.33
0.00		19.36	17.07	15.85	15.05	14.45	13.98	13.59	13.26	12.98

质量分数(w)	0.0000	0.0001	0.0002	0.0003	0.0004	0.0005	0.0006	0.0007	0.0008	0.0009
0.0090	19.74	19.70	19.66	19.62	19.58	19.55	19.51	19.47	19.43	19.40
0.0080	20.17	20.12	20.08	20.03	19.99	19.94	19.90	19.86	19.82	19.78
0.0070	20.66	20.61	20.56	20.51	20.45	20.40	20.36	20.31	20.26	20.21
0.0060	21.25	21.19	21.12	21.06	21.00	20.94	20.88	20.83	20.77	20.72
0.0050	21.97	21.89	21.81	21.74	21.66	21.59	21.52	21.45	21.38	21.32
0.0040	22.88	22.77	22.68	22.58	22.48	22.39	22.30	22.22	22.13	22.05
0.0030	24.11	23.96	23.83	23.69	23.56	23.44	23.32	23.20	23.09	22.98
0.0020	25.95	25.72	25.51	25.30	25.11	24.92	24.74	24.57	24.41	24.26
0.0010	29.44	28.94	28.48	28.07	27.69	27.35	27.03	26.73	26.46	26.20
0.0000		44.77	39.46	36.66	34.79	33.40	32.31	31.42	30.66	30.01

系数 $c=1.00$ 续附表 3-9

质量分数(w)	0.0	1.0	2.0	3.0	4.0	5.0	6.0	7.0	8.0	9.0
90.0	1.34	1.34	1.33	1.32	1.31	1.30	1.29	1.29	1.28	1.27
80.0	1.44	1.43	1.42	1.41	1.40	1.39	1.38	1.37	1.36	1.35
70.0	1.56	1.55	1.54	1.52	1.51	1.50	1.49	1.48	1.46	1.45
60.0	1.71	1.70	1.68	1.67	1.65	1.63	1.62	1.60	1.59	1.58
50.0	1.91	1.89	1.87	1.85	1.83	1.81	1.79	1.77	1.75	1.73
40.0	2.19	2.15	2.12	2.09	2.07	2.04	2.01	1.99	1.96	1.94
30.0	2.60	2.55	2.50	2.45	2.41	2.37	2.33	2.29	2.26	2.22
20.0	3.31	3.22	3.13	3.05	2.97	2.90	2.83	2.77	2.71	2.65
10.0	5.02	4.74	4.50	4.29	4.11	3.94	3.79	3.65	3.53	3.42
0.0		12.50	11.02	10.23	8.71	7.61	6.83	6.22	5.74	5.35

质量分数(w)	0.00	0.01	0.02	0.03	0.04	0.05	0.06	0.07	0.08	0.09
0.90	12.74	12.72	12.69	12.67	12.64	12.62	12.59	12.57	12.55	12.52
0.80	13.02	12.99	12.96	12.93	12.90	12.88	12.85	12.82	12.79	12.77
0.70	13.34	13.30	13.27	13.24	13.20	13.17	13.14	13.11	13.08	13.05
0.60	13.72	13.68	13.64	13.60	13.56	13.52	13.48	13.45	13.41	13.37
0.50	14.18	14.13	14.08	14.03	13.98	13.94	13.89	13.85	13.80	13.76
0.40	14.77	14.70	14.64	14.58	14.51	14.46	14.40	14.34	14.29	14.23
0.30	15.56	15.47	15.38	15.29	15.21	15.13	15.05	14.98	14.91	14.84
0.20	16.75	16.61	16.47	16.33	16.21	16.09	15.97	15.86	15.76	15.66
0.10	19.01	18.68	18.39	18.12	17.88	17.65	17.45	17.26	17.08	16.91
0.00		28.90	25.48	23.66	22.46	21.56	20.86	20.28	19.79	19.37

质量分数(w)	0.0000	0.0001	0.0002	0.0003	0.0004	0.0005	0.0006	0.0007	0.0008	0.0009
0.0090	29.46	29.40	29.34	29.29	29.23	29.17	29.12	29.06	29.01	28.95
0.0080	30.10	30.03	29.96	29.90	29.83	29.77	29.71	29.64	29.58	29.52
0.0070	30.84	30.76	30.68	30.60	30.53	30.45	30.38	30.31	30.24	30.17
0.0060	31.72	31.62	31.53	31.44	31.35	31.26	31.17	31.09	31.00	30.92
0.0050	32.79	32.67	32.55	32.44	32.33	32.22	32.12	32.01	31.91	31.81
0.0040	34.15	33.99	33.84	33.70	33.56	33.42	33.29	33.16	33.03	32.91
0.0030	35.98	35.77	35.66	35.36	35.17	34.99	34.81	34.63	34.47	34.30
0.0020	38.74	38.39	38.07	37.76	37.47	37.20	36.93	36.68	36.44	36.20
0.0010	43.95	43.19	42.51	41.90	41.33	40.82	40.43	39.90	39.49	39.10
0.0000		66.82	58.90	54.71	51.92	49.85	48.23	46.89	45.77	44.80

系数 $c=1.5$ 续附表 3-9

质量分数(w)	0.0	1.0	2.0	3.0	4.0	5.0	6.0	7.0	8.0	9.0
90.0	2.02	2.00	1.99	1.98	1.96	1.95	1.94	1.93	1.92	1.90
80.0	2.16	2.15	2.13	2.12	2.10	2.09	2.07	2.06	2.04	2.03
70.0	2.34	2.32	2.31	2.29	2.27	2.25	2.23	2.21	2.20	2.18
60.0	2.57	2.55	2.52	2.50	2.47	2.45	2.43	2.41	2.39	2.36
50.0	2.87	2.84	2.80	2.77	2.74	2.71	2.68	2.65	2.62	2.60
40.0	3.28	3.23	3.19	3.14	3.10	3.06	3.02	2.98	2.94	2.90
30.0	3.90	3.82	3.75	3.68	3.62	3.55	3.49	3.44	3.38	3.33
20.0	4.97	4.83	4.70	4.57	4.46	4.35	4.25	4.15	4.06	3.98
10.0	7.54	7.12	6.75	6.44	6.16	5.91	5.68	5.48	5.30	5.13
0.0		18.75	16.53	15.35	13.06	11.42	10.24	9.33	8.62	8.03

质量分数(w)	0.00	0.01	0.02	0.03	0.04	0.05	0.06	0.07	0.08	0.09
0.90	19.11	19.07	19.04	19.00	18.96	18.93	18.89	18.85	18.82	18.78
0.80	19.53	19.48	19.44	19.40	19.35	19.31	19.27	19.23	19.19	19.15
0.70	20.01	19.96	19.91	19.86	19.81	19.76	19.71	19.66	19.62	19.57
0.60	20.58	20.51	20.45	20.39	20.34	20.28	20.22	20.17	20.11	20.06
0.50	21.27	21.19	21.12	21.05	20.98	20.91	20.84	20.77	20.70	20.64
0.40	22.15	22.05	21.96	21.86	21.77	21.68	21.60	21.51	21.43	21.35
0.30	23.34	23.20	23.07	22.94	22.82	22.70	22.58	22.47	22.36	22.25
0.20	25.13	24.91	24.70	24.50	24.31	24.13	23.96	23.80	23.64	23.49
0.10	28.51	28.02	27.58	27.18	26.82	26.48	26.17	25.89	25.62	25.37
0.00		43.35	38.21	35.49	33.68	32.34	31.29	30.42	29.69	29.06

质量分数(w)	0.0000	0.0001	0.0002	0.0003	0.0004	0.0005	0.0006	0.0007	0.0008	0.0009
0.0090	44.19	44.10	44.01	43.93	43.84	43.76	43.67	43.59	43.51	43.43
0.0080	45.15	45.05	44.95	44.85	44.75	44.65	44.56	44.46	44.37	44.28
0.0070	48.26	45.14	46.02	45.91	45.79	45.68	45.57	45.46	45.36	45.25
0.0060	47.57	47.43	47.29	47.15	47.02	46.89	46.76	46.63	46.50	46.38
0.0050	49.18	49.00	48.83	48.66	48.50	48.33	48.18	48.02	47.87	47.72
0.0040	51.22	50.99	50.77	50.55	50.34	50.13	49.93	49.74	49.55	49.36
0.0030	53.97	53.65	53.34	53.04	52.76	52.48	52.21	51.95	51.70	51.45
0.0020	58.11	57.50	57.11	56.65	56.21	55.79	55.40	55.02	54.65	54.31
0.0010	65.92	64.78	63.77	62.84	62.00	61.22	60.51	59.85	59.23	58.65
0.0000		100.23	88.35	82.35	82.07	77.88	74.78	74.34	68.65	67.19

系数 $c=2.00$ 续附表 3-9

质量分数(w)	0.0	1.0	2.0	3.0	4.0	5.0	6.0	7.0	8.0	9.0
90.0	2.69	2.67	2.65	2.64	2.62	2.60	2.59	2.57	2.55	2.54
80.0	2.89	2.86	2.84	2.82	2.80	2.78	2.76	2.74	2.73	2.71
70.0	3.13	3.10	3.07	3.05	3.02	3.00	2.98	2.95	2.93	2.91
60.0	3.43	3.40	3.36	3.33	3.30	3.27	3.24	3.21	3.18	3.15
50.0	3.83	3.78	3.74	3.69	3.65	3.61	3.57	3.54	3.50	3.46
40.0	4.37	4.31	4.25	4.19	4.13	4.08	4.02	3.97	3.92	3.87
30.0	5.20	5.10	5.00	4.91	4.82	4.74	4.66	4.58	4.51	4.44
20.0	6.63	6.44	6.26	6.10	5.94	5.80	5.66	5.54	5.42	5.30
10.0	10.05	9.49	9.01	8.58	8.21	7.88	7.58	7.31	7.06	6.84
0.0		25.00	22.04	20.47	17.41	15.23	13.65	12.45	11.49	10.70

质量分数(w)	0.00	0.01	0.02	0.03	0.04	0.05	0.06	0.07	0.08	0.09
0.90	25.48	25.43	25.38	25.33	25.28	25.23	25.19	25.14	25.09	25.05
0.80	26.04	25.98	25.92	25.86	25.81	25.75	25.70	25.64	25.59	25.54
0.70	26.68	26.61	26.54	26.47	26.41	26.34	26.28	26.22	26.16	26.10
0.60	27.44	27.35	27.27	27.19	27.12	27.04	26.96	26.89	26.82	26.75
0.50	28.36	28.26	28.16	28.06	27.97	27.87	27.78	27.69	27.61	27.52
0.40	29.54	29.40	29.28	29.15	29.03	28.91	28.80	28.68	28.57	28.47
0.30	31.12	30.94	30.76	30.59	30.42	30.26	30.11	29.96	29.81	29.67
0.20	33.51	33.21	32.93	32.67	32.41	32.17	31.95	31.73	31.52	31.32
0.10	38.01	37.36	36.77	36.24	35.76	35.31	34.90	34.51	34.16	33.82
0.00		57.80	50.95	47.33	44.91	43.12	41.72	40.56	39.59	38.75

质量分数(w)	0.0000	0.0001	0.0002	0.0003	0.0004	0.0005	0.0006	0.0007	0.0008	0.0009
0.0090	58.92	58.80	58.69	58.57	58.46	58.34	58.23	58.12	58.01	57.91
0.0080	60.20	60.06	59.93	59.80	59.67	59.54	59.41	59.29	59.16	59.04
0.0070	61.68	61.52	61.36	61.21	61.06	60.91	60.76	60.62	60.48	60.34
0.0060	63.43	63.24	63.06	62.87	62.69	62.52	62.34	62.17	62.00	61.84
0.0050	65.57	65.34	65.11	64.88	64.66	64.45	64.23	64.03	63.83	63.63
0.0040	68.29	67.99	67.69	67.40	67.12	66.84	66.58	66.32	66.06	65.81
0.0030	71.96	71.53	71.12	70.72	70.34	69.97	69.61	69.27	68.93	68.61
0.0020	77.47	76.79	76.14	75.53	74.94	74.39	73.86	73.36	72.87	72.41
0.0010	87.89	86.38	85.02	83.79	82.67	81.64	80.68	79.80	78.97	78.20
0.0000		133.64	117.80	109.42	103.84	99.71	96.45	93.78	91.53	89.59

附表 3-10 试样加工流程表

原始重量/kg	14.4～25.5	6.4～14.3	3.2～6.3	1.6～3.19	0.8～1.59	0.8以下
缩分次数/次	8	7	6	5	4	3
加工程序	破碎↓	破碎↓	破碎↓			
	过筛 筛孔 4mm	过筛 筛孔 4mm	过筛 筛孔 4mm			
	拌匀 缩分 3 次	拌匀 缩分 2 次	拌匀 缩分 1 次			
	破碎↓	破碎↓	破碎↓	破碎↓	破碎↓	
	过筛 筛孔 2mm	过筛 筛孔 2mm	过筛 筛孔 2mm	过筛 筛孔 2mm	过筛 筛孔 2mm	
	拌匀 缩分 2 次	拌匀 缩分 2 次	拌匀 缩分 2 次	拌匀 缩分 2 次	拌匀 缩分 1 次	
	破碎↓	破碎↓	破碎↓	破碎↓	破碎↓	破碎↓
	过筛 筛孔 1mm	过筛 筛孔 1mm	过筛 筛孔 1mm	过筛 筛孔 1mm	过筛 筛孔 1mm	过筛 筛孔 1mm
	拌匀 缩分 2 次	拌匀 缩分 2 次	拌匀 缩分 2 次	拌匀 缩分 2 次	拌匀 缩分 2 次	拌匀 缩分 2 次
	破碎↓	破碎↓	破碎↓	破碎↓	破碎↓	破碎↓
	过筛 筛孔 0.5mm	过筛 筛孔 0.5mm	过筛 筛孔 0.5mm	过筛 筛孔 0.5mm	过筛 筛孔 0.5mm	过筛 筛孔 0.5mm
	拌匀 缩分 1 次	拌匀 缩分 1 次	拌匀 缩分 1 次	拌匀 缩分 1 次	拌匀 缩分 1 次	拌匀 缩分 1 次
	样品 1/2 为副样，余 1/2 过 120 目筛送化验					

注：此表 $K=0.1$。

附表 3-11 允许相对双差计算新标准与原标准比较表

原标准				按原标准计算/%			新标准相对双差/%		
组分	含量/%	允许偶然误差/%		含量	相对	绝对	含量	查表	计算
		相对	绝对						
Fe(T)	>45	2		54.8	2	1.10	54.8	1.81	1.81
Fe(T)	30～45	3		35.95	3	1.08	35.95	2.33	2.33
	20～30	4		25.8	4	1.03	25.8	2.83	2.84
	10～20	6		15.2	6	0.91	15.2	3.94	3.91
Co	>0.1	10		2.08	10	0.208	2.08	7.38	7.33
Co	>0.1	10		0.58	10	0.058	0.58	9.25	9.25
Co	0.01～0.1	20		0.07	20	0.014	0.07	13.59	13.59
Co	<0.01		0.002	0.008		0.002	0.008	20.17	20.17

相当绝对差值/%		相对双差值比较/%			绝对值比较		
查表	计算	新	原	比较(±)	新	原	比较(±)
0.99	0.99	1.81	2	-0.19	0.99	1.10	-0.11
0.83	0.83	2.33	3	-0.67	0.83	1.08	-0.25
0.73	0.73	2.84	4	-1.16	0.73	1.03	-0.30
0.60	0.59	3.91	6	-2.09	0.59	0.91	-0.32
		7.38	10	-2.62			
0.05	0.05	9.25	10	-0.75	0.05	0.06	-0.01
0.01	0.01	13.59	20	-6.41	0.01	0.014	-0.004
0.002	0.002	20.17			0.002	0.002	

4 矿山地质编录

4.1 概述

4.1.1 矿山地质编录及其分类

4.1.1.1 涵义

矿山地质编录,是在矿山基建和生产采掘过程中,对矿床地质信息的系统收集、记录与综合整理的地质工作。

4.1.1.2 矿山地质编录分类

矿山地质编录分类:

(1) 原始地质编录:在矿山基建及生产采掘过程中,对所揭露的地质体进行调查,用文字、图表、标本、影像等形式,将地质现象(信息)记录下来的一项经常性的基础地质工作。

(2) 综合地质编录:在原始地质编录的基础上,通过综合分析和科学概括,并总结与编制出综合图件、文字报告、台账、计算机数据库等地质资料的综合性地质工作。

4.1.2 矿山地质编录的目的与任务

4.1.2.1 矿山地质编录的目的

为编制矿山采掘设计和年、季、月采掘计划,制订矿山规划,指导日常生产采掘作业活动的安排和管理以及为矿山地质科学研究提供基础资料和依据。

4.1.2.2 矿山地质编录的主要任务

矿山地质编录的主要任务如下:

(1) 原始地质编录的主要任务是:对探矿工程、可作探矿的采掘工程所揭露的地质体的有关矿体的形态、资源储量、矿石质量、水文地质、工程地质、环境地质等地质信息进行编录工作,为综合地质编录提供依据。

(2) 综合地质编录的主要任务:

1) 编制矿山采掘设计和年、季、月采掘计划所需的资料;

2) 编制制订矿山规划的有关资料;

3) 编制矿山生产有关质量管理、质量均衡的依据资料;

4) 依据编录资料,指导生产掘剥正确方向;

5) 编制为保证安全生产所需的水文地质、工程地质、灾害地质及环境地质的资料;

6) 编制为综合研究,提高企业经济效益等有关地质资料。

(3) 采用计算机绘制相关图件及编录资料的综合与管理。

4.2 原始地质编录

4.2.1 原始地质编录的基本原则

原始地质编录的基本原则：

(1) 统一性：编录格式、矿、岩名称、岩层划分标准、图例、图式、比例尺、工程编号、图幅及工程坐标系统、样品与标本编号、编录方法等须统一。

(2) 客观性：必须实事求是真实反映客观情况，地质界线必须采用仪器测量加以确定，素描图和文字描述必须在现场进行。

(3) 明确性：素描图及文字描述要求简明准确，重点突出。

(4) 及时性：原始编录应在工程施工过程中及时进行。钻孔编录要按日进行，水平坑道编录不落后一个导线点，砌护坑道应在支护前完成编录工作。

(5) 系统性：原始编录应按工程分类系统进行整理，装订成册。

4.2.2 原始地质编录种类

原始地质编录种类如下：

(1) 生产勘探地质编录：包括钻探、槽探、井探、坑探地质编录。

(2) 生产采场地质编录：包括露天采场掌子面地质编录，坑下采矿场地质编录。

(3) 采矿工程地质编录：包括穿凿工程，硐室工程、开拓工程地质编录。

4.2.3 钻探地质编录

4.2.3.1 钻孔地质编录的内容

钻孔地质编录的主要内容：

(1) 矿(岩)心排放、编号及矿(岩)心卡的填写与检查；

(2) 矿(岩)心地质观察、素描及描述；

(3) 矿(岩)心标本采集、矿心取样、岩心缩减；

(4) 矿(岩)心采取率、换层深度及矿体真厚度的计算；

(5) 钻孔倾斜角、方位角的测量与校正；

(6) 孔深检测与校正；

(7) 填写钻孔地质记录表以及绘制钻孔柱状图。钻孔地质编录表格式见附表 4-1。

矿(岩)心采取率的计算：

(1) 当无残留矿(岩)心时，可按下式计算：

$$r = \frac{I}{L} \times 100\% \tag{4-1}$$

式中，r 为矿(岩)心采取率，%；I 为回次矿(岩)心长度，m；L 为回次进尺，m。

(2) 当有残留矿(岩)心时，可按下式计算：

$$r = \frac{I}{L - I_b + I_s} \times 100\% \tag{4-2}$$

式中，r 为矿(岩)心采取率，%；I 为本回次提取矿(岩)心长度，m；L 为本回次进尺，m；I_b 为本回次残留矿(岩)心长度，m；I_s 为上回次残留矿(岩)心长度，m。

(3) 当只有上回次残留矿(岩)心长度时：

$$r = \frac{I - I_s}{L} \times 100\% \tag{4-3}$$

式中符号同前。

换层深度计算：

(1) 矿(岩)心鉴定后应进行分层，并在岩心箱内相应位置插入换层卡片(岩心牌)；岩心牌格式见附表 4-2。

(2) 换层深度计算：经矿、岩心调整及深度验证误差分配后，可按下式进行换层深度(地质界线)计算。

$$L_x = L_1 + \frac{l_1}{r} 或 = L_2 - \frac{l_2}{r} \tag{4-4}$$

式中，L_x 为换层深度，m；L_1 为本回次自深度，m；L_2 为本回次至深度，m；l_1 为本回次换层前矿(岩)心长，m；l_2 为本回次换层后矿(岩)心长，m；r 为矿(岩)心采取率，%。

矿体真厚度的计算：

(1) 当钻孔垂直矿层钻进时，矿体真厚度可按下式计算：

$$m_z = \frac{l}{r} \tag{4-5}$$

式中，m_z 为矿体真厚度，m；l 为实测的矿体矿心长度，m；r 为矿心采取率，%。

(2) 当钻孔垂直钻进，且与矿层不垂直时，矿体真厚度可按下式计算：

$$m_z = m_q \cdot \cos\alpha \tag{4-6}$$

式中，m_z 为矿体真厚度，m；m_q 为矿体铅垂厚度，m；α 为矿体倾角，(°)。

(3) 当钻孔倾斜钻进且垂直矿体走向时(无方位偏差)矿体真厚度可按下式计算：

$$m_z = m_s \cdot \cos(\alpha - \beta) \tag{4-7}$$

式中，m_z 为矿体真厚度，m；m_s 为钻孔中矿体视厚度，m；α 为矿体倾角，(°)；β 为钻孔截穿矿体时天顶角，(°)。

(4) 当钻孔倾斜钻进，钻孔倾斜方向不垂直矿体走向时，矿体真厚度可按下式计算：

$$m_z = \frac{I}{r}(\sin\beta \cdot \sin\alpha \cdot \cos\gamma \pm \cos\beta \cdot \cos\alpha) \tag{4-8}$$

$$m_q = \frac{I}{r}(\sin\beta \cdot \tan\alpha \cdot \cos\gamma \pm \cos\beta) \tag{4-9}$$

$$m_p = \frac{I}{r}(\sin\beta \cdot \cos\gamma \pm \cos\beta\cot\alpha) \tag{4-10}$$

式中，m_z 为真厚度，m；m_q 为垂直厚度，m；m_p 为水平厚度，m；I 为矿心长度，m；r 为矿心采取率，%；β 为钻孔截穿矿体时天顶角，(°)；α 为矿体倾角，(°)；γ 为钻孔截穿矿体方向与矿体倾向之间的夹角，(°)。

上式中，当钻孔倾斜方向与矿体倾斜方向相反时，括号内数值相加，当钻孔倾斜方向与矿体倾斜方向一致时，括号内数值相减。

钻孔倾斜角、方位角及孔深的检测校正：钻孔的倾斜角，方位角及孔深应按钻探技术要求定期进行检测与校正，填入钻孔孔深检查及弯曲度测量登记表中，编录时应视不同情况进行校正。登记表格式见附表4-3。

钻孔柱状图的编制：

(1) 钻孔柱状图是钻孔编录的最终成果。应依据原始记录表格、矿（岩）心编录计算资料和取样化验、测试的各种数据进行编制。柱状图的比例尺为1∶100～1∶200。

(2) 钻孔柱状图编制内容包括：钻孔编号、开孔日期、孔口三维坐标、钻孔倾斜角、方位角、见矿标高、孔深、回次进尺、矿、岩心采取率、换层深度、层位及地层柱状图、岩性描述、取样化验成果及位置、标本采集点位、钻孔结构、终孔日期、终孔深度、孔底三维坐标。钻孔柱状图的编制可参照附件《矿山地质图式图例》。

4.2.3.2 钻孔地质编录的技术要求

钻孔地质编录的技术要求如下：

(1) 应遵循原始地质编录的基本原则。

(2) 钻孔编录应按日进行。每天须到机台现场检查矿、岩心排放、编号及复核矿（岩）心卡的内容，进行矿、岩心地质观察，鉴定及描述并记入钻孔地质记录表。

(3) 重要地质现象，可做1∶1～1∶10的大比例尺素描图。并采集标本，标本须统一编号，记录采集位置并记入标本登记表。登记表格式见附表4-4。

(4) 现场进行矿（岩）心采取率、换层深度的计算并记入钻孔地质记录表中。

(5) 矿心经鉴定后，应进行取样段划分、编号，按取样要求，采集试样。

(6) 钻孔柱状图中的花纹，只表示岩性，不表示产状，地质界线一律划成水平线。大于0.5m未采出矿（岩）心的间隔不画花纹或着色，一律空白以示矿（岩）心采取率为零。

(7) 钻孔竣工后1周内，应整理完成钻孔原始地质编录的全部工作，填记钻孔地质资料记录表。记录表格式见附表4-5。

4.2.4 槽探地质编录

4.2.4.1 槽探地质编录的内容

槽探地质编录的内容如下：

(1) 槽探地质编录成果是编绘探槽素描图及其相应的文字描述。

(2) 探槽素描图的主要内容如下：

1) 探槽素描图的名称、编号、比例尺；

2) 探槽的方位角、坡度角；

3) 探槽起点、终点、测点的三维坐标及编号；

4) 探槽内揭露的矿、岩层地质界线、地质构造线、岩层及构造的产状、图例；

5) 取样位置编号及化验分析结果；

6) 标本采集位置及编号；

7) 探槽结构及实测图形；

8) 矿（岩）层、地质构造等文字描述；

9) 素描日期及素描图编制者责任表。

4.2.4.2 槽探地质编录的方法

槽探地质编录的方法：

(1) 探槽素描图的展开方式：分为坡度展开法、分段展开法及平行展开法3种。

1) 坡度展开法：槽壁与槽底之间呈一夹角(探槽的坡度角)，可见槽底坡度。此法不适宜较长且坡度有明显变化的探槽的展开。

2) 分段展开法：当探槽较长且坡度变化较大时，应视坡度变换及方向的改变而分段进行，每段注明不同字符加以区分。

3) 平行展开法：槽壁与槽底平行展开，适用于水平地段，露天平台探槽宜采用此法。

(2) 素描图编绘的方法：

1) 野外现场草绘：挂尺作为水平线，从探槽端点开始按一定间距测绘地形线、地质界线、构造线以及所需编录绘制的内容。斜坡探槽，应顺斜坡挂基准线，当有分段时可分段挂尺，其坡度可用测斜仪或罗盘仪测定。对探槽内的地质体进行观察鉴定，并做文字描述和记录。草图绘制应使用专用野外地质记录本。

2) 室内整理清绘成图：根据测量成果，校正野外草图地形，将所有野外编录资料进行检查核对，然后清绘编制成探槽素描图。素描图可参照附件《矿山地质图式图例》编制。

4.2.4.3 槽探地质编录的技术要求

槽探地质编录的技术要求：

(1) 应遵循原始地质编录的基本原则。

(2) 探槽素描图的比例尺为1:100。

(3) 根据目的和需要，探槽编录可为一帮一底，矿体复杂地段应编录两帮一底，露天平台探槽可只编录槽底并采用平均底宽；

(4) 在探槽施工时，应经常到现场掌握进度，观察揭露的地质现象，当探槽达到设计要求竣工时，应立即进行现场素描，并布置取样划段、编号。

(5) 野外素描图应以铅笔勾画。室内须及时进行整理，按编制内容及要求格式清理绘制正规的探槽素描图。

4.2.5 井探地质编录

4.2.5.1 井探地质编录的内容

井探地质编录的内容：

(1) 井探地质编录成果是编制浅井素描图及其相应的文字描述。

(2) 浅井素描图的主要内容：

1) 素描图的名称、编号、比例尺；

2) 井口三维坐标；

3) 矿、岩层地质界线、地质构造线、产状、图例；

4) 取样位置、编号及化验分析成果；

5) 标本采集点位及编号；

6) 文字描述；

7) 素描日期及素描图编制者。

4.2.5.2 井探地质编录的方法

井探地质编录的方法如下：

(1) 浅井素描图的展开方式为四壁平行展开。以北或接近北帮为固定帮，其他 3 个帮逆时针方向展开，在图上应注明方向。井底素描图连接于固定帮之下。地质条件简单时，可只做二帮一底素描图。

(2) 圆井素描图的展开方式：以通过探井中心的北方向线与井口圆周交点为中心向两侧展开，或向一侧逆时针展开，图上应注明方向。

(3) 素描图编绘的方法：

1) 野外现场草绘，在固定帮中心(或小圆井的北方向线)由地表向井底挂尺，测定在中心线上各岩层界线或其他地质界线作为标志点，然后测量各侧壁交角处相应的界线点，勾画草图，做好文字描述与记录。需要取样时，应划出样段并编号，采集标本时应做记录。

2) 室内整理清绘成图。根据测量成果，校正野外草图高程，将所有野外编录资料进行检查核对，然后清绘编制成浅井素描图。浅井与圆井素描图可参照附件《矿山地质图式图例》编制。

井探地质编录技术要求：

(1) 应遵循原始地质编录的基本原则。

(2) 浅井素描图的比例尺为 1:100。

(3) 根据地质条件，浅井编录应为二壁一底，矿体复杂地段应编录四壁一底。

(4) 井口三维坐标应由测量实测，并在固定帮上定位。

(5) 其他同槽探编录要求。

4.2.6 坑探地质编录

4.2.6.1 矿山探矿坑道的种类

生产矿山探矿坑道按其目的及与矿体(层)之间的相互关系可以归纳为水平坑道(沿脉、穿脉、石门)，倾斜坑道(斜井、上山、下山)和垂直坑道(竖井、天井、暗井)3 种。

4.2.6.2 水平沿脉探矿坑道地质编录

水平沿脉探矿坑道地质编录：

(1) 水平沿脉坑道地质编录成果为素描图及其相应的文字描述，其主要内容有：

1) 坑道素描图的名称、编号、比例尺；

2) 坑道的方位角，图内测量导线点编号及三维坐标；

3) 坑道内揭露的矿、岩层界线，构造线，产状、图例；

4) 取样位置、编号及化验分析成果；

5) 标本采集位置及编号；

6) 文字描述；

7) 素描日期及素描图编制者。

(2) 水平沿脉坑道地质编录方法：

1) 素描图的展开方式应采用内展式，即坑道顶板居中，两壁内倒，顶板与两壁顶相连，地质现象衔接。

2) 坑道有弯曲时，应采用“叉口”表示，当弯曲度大于 15°时，可以分段展开，见附件《矿山地质图式图例》。

3）素描图的现场草绘：挂尺在坑道顶板的导线点上作为基线，测量帮和顶的地质界线位置，做好记录，观察各种地质现象，测量产状要素，并做好文字描述记录，勾画现场素描草图，标注标本及化学试样采集点点位并做好记录。

4）室内整理清绘成图：根据现场素描草图，将所有坑道现场编录的资料，进行检查核对，清绘编制成坑道素描图。

(3) 水平沿脉坑道地质编录的技术要求：

1）应遵循原始地质编录的基本原则；

2）素描图比例尺为1:100；

3）根据地质条件，应编录两壁一顶及掌子面；地质条件简单时可编录一壁一顶；当矿体产状为急倾斜时，应编录顶板及掌子面；当矿体呈缓倾斜层状时，应编录出露矿层一壁及适当的掌子面。所有掌子面素描图应按坑道方向依次编号，同时用横线在顶板素描图上标示其相应位置。

4）在坑道掘进过程中，应经常深入现场，观察揭露的地质现象，并作记录或在现场做出标记，当导线点测定时，即应进行素描编录，其时限不得落后一个导线点；

5）需要衬砌的坑道，应在衬砌前完成坑道素描图的现场草绘工作；

6）外业现场素描草图应及时进行室内整理，并按编制内容及要求格式完成清理绘制正规的坑道素描图。

4.2.6.3 水平穿脉(石门)坑道地质编录

水平穿脉(石门)坑道地质编录内容，编录方法及技术要求可参照沿脉坑道地质编录的有关规定执行。

4.2.6.4 倾斜坑道(斜井、上山、下山)地质编录

倾斜坑道地质编录中，应反映坑道的坡度变化，素描图的长度按斜长计算，其他各项内容及要求可参照水平沿脉坑道地质编录的有关规定执行。

4.2.6.5 垂直坑道(竖井、天井、暗井)地质编录

(1) 竖井应作四壁展开图。

(2) 探矿天井应素描四壁及适当距离的掌子面。

(3) 采准天井可素描两壁。

(4) 垂直坑道的展开方式同浅井编录要求。掌子面素描应按相应标高绘于一侧。

(5) 编录时间可与测量测绘同步，亦可成井后编录。

(6) 其他内容及要求可参照浅井地质素描编录的有关规定执行。

4.2.7 露天采场地质编录

4.2.7.1 露天采场地质编录的内容

露天采场地质编录内容如下：

(1) 本条规定的编录内容仅指采场掌子面素描图的编录及其内容。

(2) 露天采场掌子面素描图编录的主要内容：

1）掌子素描图的名称、编号、比例尺；

2）掌子面所处的坐标(网)范围及其实测图形；

3) 爆破孔编号及化验分析成果；

4) 编录区内揭露的矿、岩层地质界线，构造线，产状、图例；

5) 文字描述；

6) 素描日期及素描图编制者。

4.2.7.2 露天采场掌子面地质编录方法

露天采场掌子面地质编录方法：

(1) 露天采场掌子面素描图投影方式：露天矿采场掌子面由坡顶平台与掌子斜坡面组合而成。为便于同采掘计划图结合和对照，掌子面素描图宜采用水平投影方式，见附件《矿山地质图式图例》。

(2) 编绘方法：

1) 露天采场外业草绘：对编录素描掌子区段的矿体、岩体、构造、夹层等进行观察鉴定，确定掌子面、坡顶以及坡底的基岩(矿)地质点，进行统一编号测量，草绘素描图及记录相关文字描述。

2) 室内整理清绘成图：对测定的地质点三维坐标以及外业编录的资料进行检查核对，即时整理清绘成图。

4.2.7.3 露天采场掌子面地质编录的技术要求

露天采场掌子面地质编录的技术要求：

(1) 应遵循原始地质编录的基本原则。

(2) 素描图的比例尺为1:500～1:1000。

(3) 编录时间，应与月验收或爆破测图同时进行。

(4) 当矿床地质条件复杂时，除了根据炮孔岩粉推测矿、岩界线、品级类型外，应另外编制穿凿矿、岩接触界线的炮孔小剖面图，置于素描图的右下角。

(5) 与矿山边坡稳定性分析有关的剥岩掌面，应进行地质编录，重点描绘构造及软弱夹层。

(6) 掌子面上出露的地质界线、构造线等须有两个实测地质点控制。

4.2.8 坑下采场地质编录

4.2.8.1 坑下采场地质编录类型

地下采场地质编录类型：

(1) 坑下采场地质编录以采场为单元。根据矿床地质条件，开采方式、采矿方法，可将采场地质编录分为以采场掌子面素描图、分层切割坑道素描图以及深孔爆破孔编录为主要内容3种类型。

(2) 浅孔采矿采场地质编录包括对浅孔留矿法、充填法、壁式崩落法、房柱法等采矿方法的采场编录；有分层或小中段坑道的采场编录包括对分层崩落法、小中段崩落法等采矿方法的采场编录；深孔采矿采场编录包括对深孔留矿法和阶段强制崩落法等采矿方法的采场编录。

4.2.8.2 坑下采场地质编录内容

(1) 浅孔采矿采场的编录内容与方法：

1) 此类采场地质人员可以进入采场内直接观察编录，编录内容以编制采场推进掌子面素描图为主，其他切割拉底坑道、人行井、充填井、溜矿井等坑道素描图为辅；

2) 坑道素描图内容同坑探编录，掌子面素描图内容同露天采场掌子面编录。

(2) 有分层或小中段坑道的采场编录内容与方法：

1) 此类采场地质人员可以进入采场的分层切割坑道或小中段切割坑道中进行坑道素描，编录内容以编制分层或小中段切割坑道素描图为主，中深孔爆破孔编录为辅；

2) 素描图编制的方法和内容同前节坑道素描的有关规定。

(3) 深孔采矿采场的编录内容与方法：

1) 此类采场仅可通过穿凿的深孔取样获得采场中的地质与矿石质量资料。因此，编录以深孔炮孔取样编录为主，二次破碎坑道、拉底坑道等素描图编录为辅；

2) 深孔编录参照下节。坑道素描图可参照前节坑道编录的有关规定执行。

4.2.8.3 坑下采场地质编录要求

地下采场地质编录要求：

(1) 坑下采场或附属坑道地质素描图的比例尺采用1∶100，个别地段可采用1∶50或1∶200。

(2) 采场及采场推进掌子面素描图中应标出坐标网、通过采场的剖面线、测点编号及三维坐标，图中可另列表表示采场内矿石的面积，岩石的面积，采场的上月标高、本月标高、采出高度、采样位置及编号等。

(3) 采场空间图形或推进工作面位置以及选定的地质点应由测量测定。

(4) 对开采中矿体的形态变化、矿石类型、品级、矿、岩接触关系、构造及产状要素等应详细观察、测定和编录。采场内有剖面线通过的地段应勾画草图，以便验证与修改原地质剖面图。

(5) 应检查开采边界，确定未采下矿石损失。对围岩混入矿石中造成贫化的状况应加以记录。

(6) 根据地质条件的复杂程度和制图要求，浅孔采矿采场工作面推进数米至十数米应编录一次。

(7) 在两次素描编录间隔期间，应对采矿掌子面进行1～2次检查，并做好记录。

4.2.9 采矿工程地质编录

4.2.9.1 穿凿工程地质编录

穿凿工程地质编录要求如下：

(1) 牙轮钻钻孔地质编录要求：

1) 牙轮钻钻孔地质编录应按爆区进行，装订成册；

2) 爆区内钻孔应统一编号并逐一编录。重点记录矿粉颜色、粒度，并根据不同颜色矿(岩)粉比例估算层位，确定不同品级、矿种所在的深度位置，并记入编制表格中。表格格式见附表4-6；

3) 矿岩接触孔，构造孔应附单体爆破小剖面图；

4) 钻孔编录须及时进行，重要钻孔，应跟随钻进编录；

5) 钻孔孔位应由测量实测提供；

6) 调查水文地质条件，编录钻孔的水位资料。

(2) 潜孔钻钻孔地质编录要求：

1) 编录的要求同牙轮钻钻孔的编录要求；

2) 特殊的取心钻孔，应按钻探钻孔的要求进行编录。

(3) 坑下采场深孔爆破孔(中深孔炮孔)地质编录要求：

1) 深孔爆破孔应按爆次进行编录，并装订成册；

2) 每爆次的深孔应统一编号，按设计规定对深孔进行编录；

3) 须编录的深孔，应根据凿岩机钻进排出的矿(岩)粉颜色，粒度区分矿、岩种类，确定矿石类型、品级及其所在的深度位置，并记入编录表格中。表格格式见附表 4-7；

4) 深孔爆破孔的矿粉应按取样要求取样、编录，并做好记录；

5) 当深孔内出现夹层、构造或穿出矿体时，应附单孔小剖面；

6) 深孔的孔位、孔口三维坐标、方位角及倾斜角应由测量实测提供。

4.2.9.2 硐室工程地质编录

硐室工程地质编录要求如下：

(1) 露天矿山硐室工程的地质编录要求：

1) 露天矿山硐室多为小爆破硐室，硐室编录为素描图或进行直接填图。素描图的比例尺为 1:100～1:500，可绘制一壁一顶展开图；

2) 爆破硐导硐、联络硐及药室必须由测量提供图纸，爆破药室的三维坐标必须准确；

3) 素描时应详细观察硐室内的岩性、产状、节理裂隙、构造带方向、宽度，观察节理、裂隙发育程度及其与地表的相关关系，重点为药室内的构造、软弱夹层，以保证爆破效果；

4) 对可能引起硐室内特别是药室积水进行调查编录。

(2) 坑下采矿硐室工程的地质编录要求：

1) 坑下采矿的硐室空间较大，素描图的比例尺可为 1:500，并采用四壁一顶展开方式素描；

2) 素描时应详细观察硐室内四壁一顶的地质现象，主要是岩石性质、产状、断裂构造、节理发育程度以及软弱夹层、破碎带、岩层产状与硐室临空面的关系；

3) 对地下水活动及硐室岩体稳定性进行调查与编录；

4) 素描图编绘方法与要求同坑道编录的有关规定。

4.2.9.3 露天开采开拓工程地质编录

露天开采开拓工程地质编录要求如下：

(1) 山坡露天开拓路堑地质编录要求：

1) 山坡露天开拓路堑素描图的比例尺为 1:200～1:500；

2) 按开拓路堑爆次进行地质编录；

3) 编录前应对本爆次的开拓路堑区段踏勘，确定矿(岩)石类型界线、品级界线以及构造线并以坡顶、坡底的实测地质点加以控制。地质点须选在原岩露头上。现场绘制草图，标记产状要素；

4) 室内清绘成图：对实测地质点及现场编录资料进行检查、整理，清绘成图；

5) 素描图上应标明取样位置、编号以及分析成果。

(2) 凹陷露天堑沟开拓地质编录的要求：

1) 凹陷露天开拓堑沟素描图的比例尺为 1:200～1:500；

2）按开拓堑沟爆次进行地质编录；

3）现场绘制草图，可参照山坡露天草图绘制的有关规定并增加前进的掌子面素描编录；

4）室内清绘成图可参照山坡露天室内成图的有关规定执行。

4.2.9.4 地下开采开拓工程地质编录

地下开采开拓坑道的地质编录，可参照水平沿脉坑道地质编录的有关规定执行。

4.3 综合地质编录

4.3.1 综合地质编录分类

4.3.1.1 综合地质编录种类

综合地质编录按成果性质可分为：综合图件、综合台账、综合文字资料及计算机资料。

4.3.1.2 综合图件

综合图件主要应包括下列图类：

a. 矿区交通位置图 比例尺 1:50000～1:100000；

b. 矿区地形地质图 比例尺 1:2000～1:5000；

c. 矿区综合地层柱状图 比例尺 1:100～1:200；

d. 矿床地形地质图 比例尺 1:500～1:2000；

e. 矿床地质横剖面图 比例尺 1:500～1:1000；

f. 矿床地质纵剖面图 比例尺 1:500～1:1000；

g. 矿区综合水文地质图 比例尺 1:2000～1:5000；

h. 矿体顶（底）板等高线图 比例尺 1:500～1:1000；

i. 矿体纵（横）投影图 比例尺 1:1000～1:2000；

j. 矿床资源储量计算图 比例尺 1:500～1:1000；

k. 矿山生产准备矿量计算图 比例尺 1:500～1:1000；

l. 矿床平台（中段）地质平面图 比例尺 1:500～1:1000；

m. 矿床平台（中段）地质品位分布图 比例尺 1:500～1:1000；

n. 矿床矿石品位等值线图 比例尺 1:500～1:1000；

o. 露天矿采场综合地形地质图 比例尺 1:500～1:1000；

p. 坑下矿采场综合地质平面图 比例尺 1:100～1:500；

q. 矿坑（井）水文地质图 比例尺 1:1000～1:2000；

r. 矿区工程地质图 比例尺 1:500～1:5000。

4.3.1.3 综合台账

综合台账主要应包括下列台账：

a. 资源储量台账；

b. 矿石质量台账；

c. 测试分析台账；

d. 其他台账。

4.3.1.4 综合文字资料

综合文字资料主要应包括下列资料：

a. 生产勘探总结报告；

b. 专题科研、技术总结报告；

c. 专项试验、测试总结报告；

d. 水文地质、工程地质、环境地质调查与勘察报告。

4.3.1.5 计算机资料

计算机资料主要为应用软件与管理文件。

4.3.2 综合地质编录(图)的一般要求

综合地质编录(图)的一般要求：

(1) 综合编录图件须定期进行修订，图纸宜采用裱糊图纸或聚酯薄膜。

(2) 主要图类应绘制两套图件，1套存档，1套用于生产修订。

(3) 编制图件的图式、图例应依照附件《矿山地质图式图例》的规定。

(4) 编录图件(包括原始编录图)，具备条件的应采用计算机绘制：

1) 软件应是具有指导连图的专家系统的智能化软件，可根据地质控制点自动连图和绘图；

2) 二次开发的软件应能满足矿山复杂图件绘制标准的要求；

3) 精度(包括拼幅精度)不超过相同比例尺图件的误差允许范围。

4.3.3 综合图件

4.3.3.1 矿区交通位置图

矿区交通位置图有以下要求：

矿区交通位置图的内容：

(1) 图名、比例尺、图例及图签；

(2) 区域内重要的居民区与工业区；

(3) 区域内的铁路、公路(等级)、河流(可通航的须加以注明)以及与矿区联系的主要交通途径；

(4) 矿山所在地的位置、行政区属地(辖区)名称；

(5) 区域内重要的山峰、沙漠、水库(水池)和沼泽地。

矿区交通位置图的编制要求：

(1) 矿区交通位置图的比例尺为1∶50000～1∶100000。

(2) 在图的一角上，应附一小比例尺的矿区索引图，表明矿区在大范围的地理位置及与邻近的重要城市的地域关系。

(3) 适时修订。

矿区交通位置图的修订：

(1) 矿区内新建铁路、公路须进行修订、补充。

(2) 矿区内新增工业区、集镇等须进行修订、补充。

(3) 区域中环境地理出现重大变化：沙漠改造、新建水库及灌溉网等须进行修订、补充。

(4) 当出现其他较大的变化时应进行修订。

4.3.3.2 矿区地形地质图

矿区地形地质图的要求:

(1) 矿区地形地质图的内容:

1) 图名、比例尺、图例及图签;

2) 坐标,主要控制点、高程点;

3) 矿区地形、地物及水系;

4) 矿区地层、侵入体、矿体、矿化带、蚀变带,含矿层及其界线、断层、褶皱构造线及产状;

5) 矿床标准剖面的剖面线;

6) 图下附标准剖面的地质剖面图。

(2) 矿区地形地质图的编制要求:

1) 矿区地形地质图的比例尺为1:2000~1:5000。

2) 适时修订。

(3) 矿区地形地质图的修订:

1) 矿区新增加找矿范围的地形、地物、地层界线、构造线、地表工程以及新增建筑设施、高压电线、地下管线设施等,应修订、补充。

2) 通过生产勘探和矿区开采新揭露地质现象、新矿体和其他地质体,应修订、补充。

3) 由于开采造成大规模地面塌陷或矿区范围扩大,地形地物、地质构造发生较大变化时应修订、补充。

4) 修订补充,可3~5年进行1次。修订图应经现场复核后再清绘成图,并编写说明书。

4.3.3.3 矿区综合地层柱状图

矿区综合地层柱状图要求如下:

(1) 矿区综合地层柱状图的内容:

1) 图名、比例尺、图例及图签;

2) 地层年代单位、名称,矿岩层厚度(平均厚度、波动区间);

3) 地层、岩浆岩、脉岩及其接触关系;

4) 文字描述。

(2) 矿区综合地层柱状图的编制要求:

1) 矿区综合地层柱状图的比例尺为1:100~1:200。

2) 图上的地层年代单位(界、系、统)、岩石地层单位(群、组、段)、柱状图、厚度及岩石组合描述,依次由左至右横向排列。

3) 地层由老至新由下至上纵向排列。

4) 各矿层、岩层厚度统计应包括各种工程控制的结果,统计的波动范围须在岩石组合描述栏目中列出,图上按平均厚度(真厚度)绘制。近矿围岩的细小分层应予统计,并在图中予以反映。

5) 地层按水平线绘制,接触关系按规范要求绘制。岩浆岩或脉岩侵入时,应按侵入与终止时代画出与侵入地层的关系。

6）适时修订。

（3）矿区综合地层柱状图的修订：

1）矿区开采中，发现岩层厚度发生较大变化或近矿围岩厚度发生变化，对指导探采工程施工有必要时，可对此图进行修订。

2）修订时间不限。

4.3.3.4 *矿床地形地质图*

（1）矿床地形地质图的内容：

1）图名、比例尺、图例及图签；

2）坐标网、主要控制点、高程点；

3）地形、地物及水系；

4）地层、侵入体、矿体、矿化带、蚀变带、含矿层等地质界线，断层、褶皱构造线及产状；

5）矿石自然类型与工业类型及其分布；

6）勘探线位置与编号及勘探工程的位置与编号；

7）矿山基建工程设施；露天矿路堑开拓状态；坑下矿井口位置（包括平硐口、主副竖井、斜井）；矿区供风、水电、交通线路等；

8）水文观测点、观测孔位置及编号。

（2）矿床地形地质图的编制要求：

1）矿床地形地质图的比例尺为1∶500～1∶2000。

2）定期修订。

（3）矿床地形地质图的修订：

1）生产勘探及生产过程中新揭露出矿体、岩体、矿石类型、品级、地质构造及其他地质现象，应进行修订、补充。

2）新增槽（井）探、钻探、露天平台堑沟等探采工程以及新增公路、铁路、构（建）筑物应进行修订、补充。

3）因岩体移动、陷落导致地形、地物发生较大变化或矿床开采范围扩大，须进行补测修订。

4）图纸的修订补充可每年年末进行一次。修订补充的原图要经现场复核，再行清绘成图，并编写说明书。

5）坑下矿山，此图经修订增加井下坑道及其他井巷工程（包括通风、排水系统）可作为坑内外对照图。

6）露天矿山经修订增加采掘平台推进线，可作为年、季、月采掘计划图的底图。

4.3.3.5 *矿床地质横剖面图*

矿床地质横剖面图要求如下：

（1）矿床地质横剖面图的内容：

1）图名、比例尺、图例及图签；

2）剖面方位、剖面地形线、水平标高线及与剖面相交的坐标线；

3）剖面上的探槽（井）、钻探孔、坑道及其编号；采空区及其揭露的地质内容；

4）矿体、围岩、夹层、岩脉、构造及产状；

5）勘探工程及取样位置、编号；

6) 矿石类型、矿石品级界线,矿化带及围岩蚀变带;

7) 图下方附有剖面线平面位置图,右侧附有样品化验分析成果表。

(2) 矿床地质横剖面图的编制要求:

1) 矿床地质横剖面图的比例尺为1∶500～1∶1000。

2) 定期修订。

(3) 矿床地质横剖面图的修订:

1) 剖面图应根据平台(中段)地质图所获得的资料进行修订。

2) 修订时间应按年度进行。

4.3.3.6 矿床地质纵剖面图

矿床地质纵剖面图的内容、要求及修订可参照矿床地质横剖面图一节的有关规定执行。

4.3.3.7 矿区综合水文地质图

参照"矿山水文地质工作"一章的有关规定执行。

4.3.3.8 矿体顶(底)板等高线图

(1) 矿体顶(底)板等高线图的内容:

1) 图名、比例尺、图例及图签;

2) 坐标网、导线点及编号、勘探线;

3) 坑道、采场、采空区域、矿柱等;

4) 矿体露头线、钻探、坑探及采矿过程中所揭露的地质界线和构造线及产状;

5) 钻探、坑探及开采过程中所控制的矿体顶(底)板实测高程;

6) 等高线。

(2) 矿体顶(底)板等高线图的编制要求:

1) 矿体顶(底)板等高线图的比例尺为1∶500～1∶1000。

2) 采用每5条等高线绘制1条计曲线,等高距应与图纸比例尺相适应。

3) 等高线连接应遵循地质规律,断层两侧的等高线应按断层性质及地质制图的规则(缺失、重复、错开)绘制。

4) 定期修绘。

(3) 矿体顶(底)板等高线图的修订:

1) 根据生产勘探、生产地质的原始编录资料,对原图中高程变化地段及构造变化地段进行修订。

2) 根据开采获得的实际空区资料、修订采空区地段最终成果图纸。

3) 图纸修订应每年一次。指导生产施工地段应随施工进度及时修订。

4.3.3.9 矿体纵(横)投影图

矿体纵(横)投影图

(1) 矿体纵(横)投影图分类:依据矿体倾角可将矿体纵(横)投影图划分为3类:

1) 当矿体倾角大于65°时,矿体投影于和矿体延长方向平行的垂直面上,绘制出垂直投影图。

2) 当矿体倾角小于45°时,矿体投影于水平面上,绘制出水平投影图。

3) 当矿体倾角介于45°～65°之间时,可将矿体投影于一个与矿体平均走向平行,与矿体平均倾角一致的假定的倾斜面上,绘制出倾斜投影图。倾斜投影图的高程为投影高程或展开高程，坐标网为斜网格。

(2) 矿体纵(横)投影图的方向选别原则：

1) 投影方向即投影基线的方向，应与矿体总体走向一致，局部出现不大的变化时可按平均走向确定。

2) 当矿体走向方位变化较大时(大于 15°)，且区段延伸较长，投影基线有较大转折时，可分段绘制投影图，并标出分段转折点与分段基线方位。

(3) 矿体纵(横)投影图的内容：

1) 图名、比例尺、图例及图签；

2) 标高线、坐标网经线或纬线、剖面线、投影线；

3) 各类探矿工程及采矿工程；

4) 矿体、断层、岩脉以及圈定矿体、划分块段、标明矿石品级与资源储量类型的界线；

5) 可附列资源储量计算参数。

(4) 矿体纵(横)投影图的编制要求：

1) 矿体纵(横)投影图的比例尺为 1:1000～1:2000。

2) 应根据投影基线与地形等高线交点绘制矿体出露的地形线；

3) 投绘各类探矿工程及采矿工程与投影线交点于相应的标高位置。

4) 纵、横投影图的基线方向相互垂直。

5) 定期修绘。

(5) 矿体纵(横)投影图的修订：

1) 矿体纵(横)投影图应根据生产勘探和生产地质的原始地质编录资料进行修订。

2) 根据开采的实际采空区资料，修订采空区地段的最终成果图纸。

3) 图纸修订应每年一次。

4.3.3.10 *矿床资源储量计算图*

矿床资源储量计算图的要求：

(1) 矿床资源储量计算图的种类：

1) 矿床资源储量计算图的种类主要有：资源储量计算断面图、资源储量计算投影图及资源储量计算顶(底)板等高线图 3 类。

2) 断面图可分为垂直断面图和水平断面图两种；投影图可分为垂直纵投影图和水平投影图两种。

(2) 资源储量计算图的内容：

1) 图名、比例尺、图例及图签。

2) 资源储量计算垂直断面图内容：以勘探线剖面图(地质横剖面图)为基础，增加采掘进度线及资源储量类别界线，矿石品级级别线以及矿体(矿块)面积号、面积值、矿体厚度值等计算参数。

3) 资源储量计算水平断面图内容：以平台(中段)地质平面图为基础，增加采掘进度线及资源储量计算内容。

4) 资源储量计算垂直纵投影图内容：以矿体垂直纵投影图为基础，增加采掘进度线及资源储量计算的内容。

5) 资源储量计算水平投影图内容：以矿体水平投影图为基础，增加采掘进度线及资源储量计算内容。

6) 资源储量计算顶(底)板等高线图内容:以矿体顶(底)板等高线图为基础,增加采掘进度线及资源储量计算的内容。

(3) 资源储量计算图的编制要求:

1) 资源储量计算图的比例尺为1:500～1:1000。

2) 定期修订。

(4) 矿床资源储量计算图的修订:

1) 根据生产勘探、生产地质及开采所获得的资料,对资源储量计算图进行修订。

2) 资源储量计算图可每年修订一次。

4.3.3.11 矿山生产准备矿量计算图

矿山生产准备矿量计算图的要求:

(1) 生产准备矿量计算图的内容:

1) 图名、比例尺、图例及图签;

2) 以资源储量计算图为底图,复制其全部内容并增加采掘工程进度线、三(二)级矿量级别的区段位置。

(2) 生产准备矿量计算图的编制要求:

1) 生产准备矿量图的比例尺为1:500～1:1000。

2) 必须对各级别矿量统一编号,计算的参数和结果填入规定的表格,图中可只附列结果。

3) 视在开拓矿量应单独表示。

4) 定期修订。

(3) 生产准备矿量计算图的修订:

1) 每季度根据采掘进度进行修绘。

2) 每年根据矿床资源储量计算图的修订成果进行年度的修订。

4.3.3.12 矿床平台(中段)地质平面图

矿床平台(中段)地质平面图的要求:

(1) 矿床平台(中段)地质平面图的内容:

1) 图名、比例尺、图例及图签;

2) 坐标网、勘探线及编号、导线点及编号;

3) 各种探矿工程(探槽、钻孔、坑道)和采矿工程,开采平台推进线及最终开采境界线,坑下采掘坑道图形位置;

4) 矿体界线,矿石类型、品级,岩层、岩石种类、脉岩、地质构造界线及产状;

5) 取样位置、编号;可附列试样分析结果。

(2) 矿床平台(中段)地质平面图的编制要求:

1) 矿床平台(中段)地质平面图的比例尺为1:500～1:1000。

2) 宜绘制两套图纸。

3) 定期修订。

(3) 矿床平台(中段)地质平面图的修订:

1) 根据生产采掘实际资料及生产勘探获得的资料进行修订与补充。

2) 应每季度修订一次，年末修订采空地段。

4.3.3.13 矿床平台(中段)地质品位分布图

矿床平台(中段)地质品位分布图的要求：

(1) 平台(中段)地质品位分布图的内容：

1) 图名、比例尺、图例及图签；

2) 坐标网、勘探线及编号、导线点及编号；

3) 矿体界线、岩石夹层、脉岩、地质构造线及产状；

4) 矿石自然类型、工艺类型界线；

5) 探矿工程及采矿工程位置，采掘坑道图形，露天采场采掘进度线及境界线；

6) 取样位置、编号及试样分析成果；

7) 品级或品位间隔等值线。

(2) 平台(中段)地质品位分布图的编制要求：

1) 平台(中段)地质品位分布图的比例尺为1∶500～1∶1000。

2) 应根据矿石工业品级的品位指标，将矿石分级圈定(包括级外品)。

3) 应将矿石品位分成数个等值间隔，绘制品位等值线，确定不同品位分布的状况。

4) 当存在不同类型矿石时，可按工业用途或选别方法的要求编绘品位分布图。

5) 定期修订。

(3) 平台(中段)地质品位分布图的修订：

1) 依据修订平台(中段)地质图的内容对本图加以修订。

2) 依据生产勘探和生产地质取样位置及试样分析成果，按品级值或等值间隔修订。

3) 每季度修订一次，年末须修订采空地段。

4.3.3.14 矿床矿石品位等值线图

矿床矿石品位等值线图要求如下：

(1) 矿床矿石品位等值线图(该图多用于坑下开采的耐火黏土及锰矿床)的内容：

1) 图名、比例尺、图例及图签；

2) 坐标网、勘探线及编号、导线点及编号；

3) 坑道、采空区、矿柱；

4) 矿体界线、脉岩、构造线及产状；

5) 取样点位置、编号及品位数值；

6) 等值线。

(2) 矿床矿石品位等值线图的编制要求：

1) 矿床矿石品位等值线图的比例尺为1∶500～1∶1000；

2) 根据需要设定品位间隔值，将品位值相等的点连绘成等值曲线，每5条等值线绘一条计曲线。

3) 曲线连绘须遵循地质连图规则。

4) 不同品位段，根据生产矿石质量要求以不同颜色加以区分。

5) 定期修订。

(3) 矿床矿石品位等值线图的修订：

1) 地质、构造线及坑道位置依生产勘探，生产地质及采掘工程的实际资料进行修订、补充。

2) 等值品位曲线应根据新的取样位置、数值进行修订。

3) 可按季进行修订,年末须修订采空地段。

4.3.3.15 露天矿采场综合地形地质图

露天矿采场综合地形地质图要求如下:

(1) 露天矿采场综合地形地质图的内容:

1) 图名、比例尺、图例及图签;

2) 坐标网、勘探线及编号、导线点及编号;

3) 勘探工程(探槽、钻孔、坑道)位置;

4) 地形、地物,矿体界线、岩层岩脉界线,地质构造线及产状;

5) 矿石类型、品级、取样位置及试样分析成果;

6) 开采现状、开采境界线以及铁路、公路,风、水、电路;

7) 以符号和文字标注生产区各电铲作业位置及产量、计划穿孔区及各穿孔钻机作业位置及工作量、准备作业区等;

8) 可附列各平台境界内保有矿、岩量、计划采出矿石量、采出矿石品位、剥离岩石量、各机台计划作业量。

(2) 露天矿采场综合地形地质图的编制要求:

1) 露天矿采场综合地形地质图的比例尺为1∶500～1∶1000。

2) 定期修订。

(3) 露天矿采场综合地形地质图的修订:

1) 根据月末对各采场、平台测量验收成果以及地质编录成果,对图纸进行修订、补充,描晒复制。

2) 原图可按月或按季修订。

4.3.3.16 坑下矿采场综合地质图

地下矿采场综合地质图:

(1) 坑下矿采场综合地质图及其用途:

1) 坑下矿采场综合地质图是开采块段上下中段的地质平面图及相邻块段之间的关系图,以及与采矿方法要求相适应的有关图件,包括天井地质图、纵剖面图、横剖面图、分层切割坑道地质平面图等小型单体图纸的综合。

2) 该图是指导采场施工、生产勘探、合理利用矿产资源及中段开采结束探采对比的重要依据。

(2) 坑下矿采场综合地质图的内容:

1) 图名、比例尺、图例及图签。

2) 各单体图的内容同前各节相应图纸的内容。

3) 可附列采场保有矿石量、夹层、岩石量、计划采出矿石量及品位、计划损失贫化指标及数量,以及必要的说明。

(3) 坑下矿采场综合地质图的编制要求:

1) 坑下矿采场综合地质图的比例尺为1∶100～1∶500。

2) 定期修订。

(4) 坑下矿采场综合地质图的修订：

1) 应根据采场开采过程中编录的新资料进行修订，并描晒蓝图；

2) 蓝图可按月或按季修订。

4.3.3.17　矿区(床)工程地质图

矿区(床)工程地质图的内容、编制要求及其修订，可参照第9章的有关规定执行。

4.3.4　综合台账

4.3.4.1　资源储量台账

资源储量台账的要求：

(1) 资源储量台账的种类：

1) 矿床地质勘探查明资源储量台账；

2) 矿床开采设计资源储量台账；

3) 矿床资源储量变动台账；

4) 开采结束资源储量比较台账。

(2) 资源储量台账的编录内容及要求，可参照第5章的有关规定执行。

4.3.4.2　矿石质量台账

矿石质量台账的种类、要求：

(1) 矿石质量台账的种类：

1) 矿石损失率统计台账；

2) 矿石贫化率统计台账；

3) 矿石损失与贫化综合台账。

(2) 矿石质量台账的编录内容及要求，可参照第7章的有关规定执行。

4.3.4.3　测试分析台账

测试分析台账的种类、编录内容及要求：

(1) 测试分析台账的种类：

1) 体重试验记录台账；

2) 抗压强度试验记录台账；

3) 光薄片鉴定记录台账；

4) 矿石矿物粒度测定记录台账；

5) 取样、加工、分析成果及试样验证检查分析登记台账。

(2) 测试分析台账的编录内容及要求，可参照第3章的有关规定执行。

4.3.4.4　其他台账

其他台账的种类、要求：

(1) 生产勘探工程统计台账：

1) 以年度排序，登记当年设计工程量与实际完成工程量；

2) 兼有露天与井下两种采矿方式的应分列登记；

3) 按生产勘探类别、勘探手段分别登记。

(2) 图纸登记台账：登记图纸种类、数量、附相应文字说明。

(3) 实物标本登记台账：注明标本名称、采集地点、时间、采集人。

(4) 录像带、磁盘(光盘)登记台账:应按时间编号,注明名称、类别及提示内容。

(5) 照片登记台账:应分类并按时间排序,编录说明。

4.3.5 综合文字资料

4.3.5.1 生产勘探总结报告

生产勘探总结报告如下:

(1) 年度生产勘探总结报告,根据年度生产勘探原始编录资料,并参照第2章"生产勘探总结报告编写提纲"的要求编制。

(2) 生产阶段补充勘探总结报告、可参照矿床地质勘探总结报告的内容及要求进行编制。

4.3.5.2 专题科研、技术总结报告

(1) 专题科研、技术总结报告的种类:

1) 矿产资源综合利用研究报告

2) 矿床地质构造研究报告;

3) 成矿控制因素及成矿规律研究报告;

4) 矿石选冶(技术加工)性质研究报告;

5) 矿山地质经济研究报告;

6) 探采资料对比总结报告;

7) 其他。

(2) 报告内容及编制要求,可参照有关章节的规定执行。

4.3.5.3 专项试验、测试总结报告

(1) 专项试验、测试总结报告的种类:

1) 矿石选矿工艺试验报告;

2) 体重等矿、岩物理性质测试测定报告;

3) 边坡、尾矿坝、地压监测报告;

4) 其他。

(2) 报告内容及编制要求,可参照有关章节的规定执行。

4.3.5.4 水文地质、工程地质、环境地质调查与勘察报告

水文地质、工程地质、环境地质调查与勘察报告的编录内容与要求,可参照各有关章节的规定执行。

4.3.6 计算机资料

计算机资料的种类:

(1) 矿山经营参数优化软件;

(2) 计算机绘图软件;

(3) 矿产资源储量计算与管理数据库;

(4) 生产地质计算机编录文件、生产勘探计算机编录文件;

(5) 矿石质量计算机管理文件、矿石损失贫化计算机管理文件;

(6) 台账计算机管理文件。

(7) 其他

计算机资料的编录内容与要求,见第 11 章及其他相关章节的规定。

附录

附表 4-1 钻孔地质编录表

孔号

回次	进尺/m			矿岩心			分层				标志面与岩心轴夹角/(°)	地质描述	样品与标本编号	备注及分层注记
	自	至	计	长度/m	残留/m	采取率/%	分层孔深/m	假厚度/m	岩心长/m	采取率/%				
1	2	3	4	5	6	7	8	9	10	11	12	13	14	15

机长: 班长: 编录: 年 月 日

附表 4-2 岩心牌(隔板)格式

孔位________孔号________

孔深______m 至______m,进尺______

残留岩心________m,岩心长度________

提升回次________,岩心编号及块数________

______年____月____日 记录员________

附表 4-3 钻孔孔深检查、弯曲度测量结果登记表

孔号	孔深检查				弯曲度测量						备注
	检查次序	钻进记录孔深/m	测量孔深/m	误差	测量次序	测量孔深/m	方位角	天顶角	倾角	测量方法	
1	2	3	4	5	6	7	8	9	10	11	12

登记人: 年 月 日 检查人: 年 月 日

附表 4-4 标本登记表

第 页 共 页

总号	野外编号	采样地点及层位	野外定名及描述	采集日期	采集人员	数量	箱号	鉴定、分析、照片编号					鉴定结果	备 注
								薄片	光片	光谱	化学	照片		

登记人： 装箱人： 装箱日期： 检查人： 检查日期：

附表 4-5 钻孔地质资料记录表

________矿区
________剖面
________钻孔

钻孔地质资料记录表

孔口坐标 x________
y________
z________

终孔深度________
开孔方位________
开孔倾角________

测方位深度/m	方位角	测方位深度/m	方位角

测孔深度/m	倾 角	测孔深度/m	倾 角

岩矿层采取率

采取率 / 岩矿层	进尺/m	芯长/m	采取率/%
矿 层			
围 岩			
全 孔			

钻孔结构

自 m	至 m	计 m	钻孔直径/mm

页 数________
制表人________
检验人________

自________年________月________日 至________年________月________日

附表 4-6　牙轮钻矿(岩)粉编录表

爆区名称：　　　　爆区编号：

孔　号	孔深/m			孔粉描述	日　期	化验结果/%
	自	至	深　度			
1	2	3	4	5	6	7

检查：　　　　编录：　　　　年　月　日

附表 4-7　坑下深孔爆破孔地质编录表

深孔(浅孔)凿岩机(台车)地质编录表

中段

采　场	孔　号	孔　深/m		长度/m	孔粉颜色	孔粉粒度/mm	岩性描述	构　造	分析结果
		自	至						

编录人：　　　　年　月　日

5 矿产资源储量计算与管理

5.1 概述

5.1.1 引用标准

本章引用中华人民共和国国家标准 GB/T 17766—1999《固体矿产资源/储量分类》。

5.1.2 矿产资源储量计算与管理的目的与任务

5.1.2.1 *矿产资源储量计算与管理的目的*

(1) 矿山地质工作的中心内容是为矿山企业提供质量清楚、数据准确的矿产资源储量及其变动信息。

(2) 在于经常地、系统地、正确地和及时地总结、分析矿产资源储量的保有和变动情况;

(3) 评价矿床远景,指明生产勘探的方向,保证基础储量的正常储备;

(4) 为矿山的长远规划和采掘工程设计、计划建立可靠的矿产资源储量依据,保证矿山企业生产经营活动的正常进行,保证国家不可再生的自然资源得到充分、合理的开发利用。

5.1.2.2 *矿产资源储量计算与管理的任务*

(1) 做好各时期的矿产资源储量的变动分析,核实变动的原因,落实资源储量变动的具体地段和部位;

(2) 对因生产开采、生产勘探、重算等引起的资源储量变动定期进行计算,同时计算矿石有益有害组分的含量;

(3) 根据矿床地质条件,资源储量保有程度,矿床开采程序,研究增加基础储量和探求各级生产准备矿量的方案;

(4) 掌握和分析矿产资源的利用程度,查清资源储量损失的原因与地段,提出降低开采损失的意见;

(5) 建立与健全矿产资源储量计算图纸与管理台账;

(6) 按国家统一要求,准时编报矿产资源/储量报表,正确履行矿产资源储量报销手续;

(7) 适时测定与修订资源储量计算参数,根据国家工程项目可行性研究经济评价方法等对矿床进行地质经济分析,优化经营参数,以保证企业的经济效益。

(8) 根据《矿产资源法》保护矿产资源,促进矿产资源的合理开发利用。

5.2 矿产资源储量分类

5.2.1 矿产资源储量分类定义

5.2.1.1 *固体矿产资源的分类*

按地质可靠程度分为查明矿产资源和潜在矿产资源:

(1) 查明矿产资源:依据其地质可靠程度和可行性评价所获得的不同结果可分为储量、基础储量和资源量三类。

(2) 潜在矿产资源:是指根据地质依据和物化探异常预测而未经查证的那部分固体矿产资源。

5.2.1.2 固体矿产资源的地质可靠程度

根据矿产勘查工作成果不同精度分为:探明的、控制的、推断的和预测的 4 种:

(1) 探明的:是指在矿区的勘探范围依照勘探的精度详细查明了矿床的地质特征、矿体的形态、产状、规模、矿石质量、品位及开采技术条件,矿体的连续性已经确定,矿产资源数量估算所依据的数据详尽,可信度高。

(2) 控制的:是指对矿区的一定范围依照详查的精度基本查明了矿床的主要地质特征、矿体的形态、产状、规模、矿石质量、品位及开采技术条件,矿体的连续性基本确定,矿产资源数量估算所依据的数据较多,可信度较高。

(3) 推断的:是指对普查区按照普查的精度大致查明矿产的地质特征以及矿体(矿点)的展布特征、品位、质量,也包括那些由地质可靠程度较高的基础储量或资源量外推的部分。由于信息有限,不确定因素多,矿体(点)的连续性是推断的,矿产资源数量的估算所依据的数据有限,可信度较低。

(4) 预测的:是指对具有矿化潜力较大地区经过预查得出的结果。在有足够的数据并能与地质特征相似的已知矿床类比时,才能估算出预测的资源量。

5.2.1.3 经济意义

对地质可靠程度不同的查明矿产资源,经过不同阶段的可行性评价,按照评价当时经济上的合理性可以划分为经济的、边际经济的、次边际经济的、内蕴经济的。

(1) 经济的:其数量和质量是依据符合市场价格确定的生产指标计算的。在可行性研究或预可行性研究当时的市场条件下开采,技术上可行,经济上合理,环境等其他条件允许。即每年开采矿产品的平均价值足以满足投资回报的要求。或在政府补贴和(或)其他扶持措施条件下,开发是可能的。

(2) 边际经济的:在可行性研究或预可行性研究当时,其开采是不经济的,但接近于盈亏边界,只有在将来由于技术、经济、环境等条件的改善或政府给予其他扶持的条件下可变成经济的。

(3) 次边际经济的:在可行性研究或预可行性研究当时,开采是不经济的或技术上不可行,需大幅度提高矿产品价格或技术进步,使成本降低后方能变为经济的。

(4) 内蕴经济的:仅通过概略研究做了相应的投资评价,未做预可行性研究或可行性研究。由于不确定因素多,无法区分其是经济的、边际经济的,还是次边际经济的。

经济意义未定的,仅指预查后预测的资源量,属于潜在矿产资源,无法确定其经济意义。

5.2.2 矿产资源分类与储量

5.2.2.1 矿产资源分类

依据矿产勘查所获得的不同地质可靠程度和经相应的可行性评价所获得的不同的经济意义,将固体矿产资源/储量分为储量、基础储量、资源量三大类 16 种类型,见表 5-1。

表 5-1　固体矿产资源/储量分类表

地质可靠程度 / 分类类型 / 经济意义	查明矿产资源			潜在矿产资源
	探明的	控制的	推测的	预测的
经济的	可采储量（111）			
	基础储量（111b）			
	预可采储量（121）	预可采储量（122）		
	基础储量（121b）	基础储量（122b）		
边际经济的	基础储量（2M11）			
	基础储量（2M21）	基础储量（2M22）		
次边际经济的	资源量（2S11）			
	资源量（2S21）	资源量（2S22）		
内蕴经济的	资源量（331）	资源量（332）	资源量（333）	资源量（334）?

注：表中所用编码（111～334），第一位数表示经济意义：1 为经济的，2M 为边际经济的，2S 为次边际经济的，3 为内蕴经济的，? 为经济意义未定；第二位数表示可行性评价阶段：1 为可行性研究，2 为预可行性研究，3 为概略研究；第三位数表示地质可靠程度：1 为探明的，2 为控制的，3 为推断的，4 为预测的，b 为未扣除设计、采矿损失的可采储量。

5.2.2.2　矿产资源储量

矿产资源储量是指基础储量中的经济可采部分。在预可行性研究、可行性研究或编制年度采掘计划当时，经过了对经济、开采、选冶、环境、法律、市场、社会和政府等诸因素的研究及相应修改，结果表明在当时是经济可采或已经开采的部分。用扣除了设计、采矿损失的可实际开采数量表达。

矿产资源储量，依据地质可靠程度和可行性评价阶段不同，可分以下 3 种类型：

(1) 可采储量(111)：探明的经济基础储量的可采部分，是指在已按勘探阶段要求加密工程的地段，在三维空间上详细圈定了矿体，肯定了矿体的连续性，详细查明了矿床地质特征、矿石质量和开采技术条件，并有相应的矿石加工选冶试验成果，已进行了可行性研究，包括对开采、选冶、经济、市场、法律、环境、社会和政府因素的研究及相应的修改，证实其在计算的当时开采是经济的。

(2) 预可采储量(121)：探明的经济基础储量的可采部分，是指在已达到勘探阶段加密工程的地段，在三维空间上详细圈定了矿体，肯定了矿体的连续性，详细查明了矿床地质特征、矿石质量和开采技术条件，并有相应的矿石加工选冶试验成果，但只进行了预可行性研究，表明当时开采是经济的。

(3) 预可采储量(122)：控制的经济基础储量的可采部分，是指在已达到详查阶段工作程度要求的地段，基本上圈定了矿体三维形态，能够较有把握地确定矿体连续性的地段，基本查明了矿床地质特征、矿石质量、开采技术条件，提供了矿石加工选冶性能条件试验的成果，对于工艺流程成熟的易选矿石，也可利用同类型矿产的试验成果。预可行性研究结果表明开采是经济的。

5.2.2.3 *矿产资源基础储量*

矿产资源基础储量是查明矿产资源的一部分。它能满足现行采矿和生产所需的指标要求(包括品位、质量、厚度、开采技术条件等)，是经详查、勘探所获控制的、探明的并通过可行性研究、预可行性研究认为属于经济的、边际经济的部分，用未扣除设计、采矿损失的数量表达。

矿产资源基础储量有6种类型：

(1) 探明的(可研)经济基础储量(111b)：它所达到的勘查阶段、地质可靠程度、可行性评价阶段及经济意义的分类同可采储量(111)所述，与其惟一的差别在于本类型是用未扣除设计、采矿损失的数量表达。

(2) 探明的(预可研)经济基础储量(121b)：它所达到的勘查阶段、地质可靠程度、可行性评价阶段及经济意义的分类同预可采储量(121)所述，与其惟一的差别在于本类型是用未扣除设计、采矿损失的数量表达。

(3) 控制的经济基础储量(122b)：它所达到的勘查阶段、地质可靠程度、可行性评价阶段及经济意义的分类同预可采储量(122)所述，与其惟一的差别在于本类型是用未扣除设计、采矿损失的数量表达。

(4) 探明的(可研)边际经济基础储量(2M11)：是指在达到勘探阶段工作程度要求的地段，详细查明了矿床地质特征、矿石质量、开采技术条件，圈定了矿体的三维形态，肯定了矿体连续性，有相应的加工选冶试验成果。可行性研究结果表明，在确定当时，开采是不经济的，但接近盈亏边界，只有当技术、经济等条件改善后才可变成经济的。这部分基础储量可以是覆盖全勘探区的，也可以是勘探区中的一部分，在可采储量周围或在其间分布。

(5) 探明的(预可研)边际经济基础储量(2M21)：是指在达到勘探阶段工作程度要求的地段，详细查明了矿床地质特征、矿石质量、开采技术条件，圈定了矿体的三维形态，肯定了矿体连续性，有相应的矿石加工选冶试验成果。预可行性研究结果表明，在确定当时，开采是不经济的，但接近盈亏边界，待将来技术经济条件改善后可变成经济的。其分布特征同(2M11)。

(6) 控制的边际经济基础储量(2M22)：是指在达到详查阶段工作程度的地段，基本查明了矿床地质特征、矿石质量、开采技术条件，基本圈定了矿体的三维形态，预可行性研究结果表明，在确定当时，开采是不经济的，但接近盈亏边界，待将来技术经济条件改善后可变成经济的。其分布特征类似于2M11。

5.2.2.4 矿产资源量

矿产资源量是指查明矿产资源的一部分和潜在矿产资源,包括经可行性研究或预可行性研究证实为次边际经济的矿产资源以及经过勘查而未进行可行性研究或预可行性研究的内蕴经济的矿产资源;以及经过预查后预测的矿产资源。

矿产资源量有7种类型:

(1) 探明的(可研)次边际经济资源量(2S11):是指在勘查工作程度已达到勘探阶段要求的地段,地质可靠程度为探明的,可行性研究结果表明,在确定当时,开采是不经济的,必须大幅度提高矿产品价格或大幅度降低成本后,才能变成经济的。

(2) 探明的(预可研)次边际经济资源量(2S21):是指在勘查工作程度已达到勘探阶段要求的地段,地质可靠程度为探明的,预可行性研究结果表明,在确定当时,开采是不经济的,须要大幅度提高矿产品价格或大幅度降低成本后,才能变成经济的。

(3) 控制的次边际经济资源量(2S22):是指在勘查工作程度已达到详查阶段要求的地段,地质可靠程度为控制的,预可行性研究结果表明,在确定当时,开采是不经济的,需大幅度提高矿产品价格或大幅度降低成本后,才能变成经济的。

(4) 探明的内蕴经济资源量(331):是指在勘查工作程度已达到勘探阶段要求的地段,地质可靠程度为探明的,但未做可行性研究或预可行性研究,仅做了概略研究,经济意义介于经济的—次边际经济的范围内。

(5) 控制的内蕴经济资源量(332):是指在勘查工作程度已达到详查阶段要求的地段,地质可靠程度为控制的,可行性评价仅做了概略研究,经济意义介于经济的—次边际经济的范围内。

(6) 推断的内蕴经济资源量(333):是指在勘查工作程度只达到普查阶段要求的地段,地质可靠程度为推断的,资源量只根据有限的数据计算的。可行性评价仅做了概略研究,经济意义介于经济的—次边际经济的范围内。

(7) 预测的资源量(334)?:依据区域地质研究成果、航空、遥感、地球物理、地球化学等异常或极少量工程资料,确定具有矿化潜力的地区,并和已知矿床类比而估计的资源量,属于潜在矿产资源,有无经济意义尚不确定。

5.2.3 块段地质可靠程度的划分及其条件

5.2.3.1 块段地质可靠程度划分

生产矿山块段的地质可靠程度为五分,从低到高分别为预测的、推断的、控制的、探明的、准确探明的。

5.2.3.2 可靠程度的地质条件

(1) 预测的:是指经过预查得出的结果,在有足够的数据并能与地质特征相似的已知块段类比时,才能估算出资源量,是预测资源量。

(2) 推断的:大致查明矿产的地质特征以及矿体的展布特征、品位、质量。矿体的连续性是推断的。由地质可靠程度较高的基础储量或资源量外推的部分。

推断的资源量应符合下列条件:

1) 大致查明矿体(层)的总体产状、形态和空间位置。沉积矿产的层位、厚度及其变化已大致查明，矿层对比基本可靠；

2）大致查明控矿和破坏矿体的较大褶皱、断裂、破碎带的性质、产状和分布范围；了解了主要岩浆岩、含矿岩系、夹石、无矿带岩石的岩性、产状及其分布变化规律；

3）大致查明影响矿石综合回收技术经济效果的有用、有害组分，赋存状态和矿石类型、品级、比例及其分布变化规律。

（3）控制的：基本查明了矿床的主要地质特征、矿体的形态、产状、规模、矿石质量、品级及开采技术条件，矿体的连续性基本确定，矿产资源数量估算所依据的数据较多，可信度较高。

控制的资源储量应符合下列条件：

1）基本查明矿体（层）的产状、形态和空间位置。沉积矿产的层位、厚度及其变化已基本查明，矿层对比可靠；

2）基本查明控矿和破坏、影响中段（或水平）开拓的较大褶皱、断裂、破碎带的性质、产状和分布范围；初步控制主要岩浆岩、含矿岩系、夹石、无矿带岩石的岩性、产状及其分布变化规律。沉积矿层底板等高线已基本控制；

3）基本查明影响矿石综合回收技术经济效果的有用、有害组分，赋存状态和矿石类型、品级、比例及其分布变化规律；在需要分采和地质条件可能的情况下，对分采的矿石类型和品级进行基本圈定。

（4）探明的：相当于勘探范围内详细查明了矿床的地质特征、矿体的形态、产状、规模、矿石质量、品级及开采技术条件，矿体的连续性已经确定，矿产资源数量估算所依据的数据详尽，可信度高。

探明的资源储量应符合下列条件：

1）详细查明矿体的产状、形态和空间位置。沉积矿产的层位、厚度及其变化已详细查明，矿层对比可靠；

2）详细查明影响中段（或水平）采准的较大褶皱、断层、破碎带的性质、产状和分布范围；基本控制主要岩浆岩、含矿岩系、夹石、无矿带岩石的岩性、产状及其分布变化规律。沉积矿层底板等高线已详细控制；

3）详细查明影响矿石综合回收技术经济效果的有用、有害组分，赋存状态和矿石类型、品级、比例及其分布变化规律；在需要分采和地质条件可能的情况下，对分采的矿石类型和品级进行详细圈定。

（5）准确探明的：是根据矿山生产勘探确定的，是"探明的"中的一部分，是在开拓范围内由生产探矿准确查明矿体（块段）形态、产状、矿石质量、品级等，达到回采矿块的控制要求。

准确探明的资源储量应符合下列条件：

1）准确控制矿体的形态、产状和空间位置；

2）对于影响回采的断裂等构造的性质、产状和分布范围已准确查明；对夹石和破坏矿体的火成岩的岩性、产状及分布情况已经确定；

3）准确查明影响矿石综合回收技术经济效果的有用、有害组分，赋存状态和矿石类型、品级、比例及其分布变化规律；在需要分采和地质条件可能的情况下，对分采的矿石类型和品级进行准确圈定。

5.3 矿产工业指标及其修订

5.3.1 工业指标的作用

工业指标的作用：

(1) 矿产工业指标作为圈定矿体，划分矿石类型、品级的标准用于资源储量计算。

(2) 矿产工业指标作为生产矿山的经营参数用于评价矿山企业的经济效益。

5.3.2 工业指标的基本内容

工业指标的基本内容：

(1) 边界品位，是用以区别矿石和非矿石(围岩或夹石)的分界品位，是圈定矿体的单个样品有用组分含量的最低标准，低于边界品位的样品分布地段确定为围岩或夹石；高于和等于边界品位的样品分布地段，可圈定在矿体边界之内，并参与资源储量计算。

(2) 最低工业可采品位(最低可采品位)，是划分工业矿体与非工业矿体界线的标准；也是划分矿石工业品级和计算经济的与非经济的(边际经济基础储量及部分资源量)资源储量的依据。最低工业可采品位用于块段储量计算时即为最低块段平均品位。

(3) 边际品位，是对“选别开采单元”最低可采平均品位要求。选别开采单元是采矿中可分采的最小单元，若其平均品位高于和等于本项指标，则划为“矿块”，否则为不可采的废石块段。矿石单元中不排除有岩石夹层或围岩，但一律计算为矿石储量；废石单元中也不排除有矿石，但均计算为废石量。采用该项指标圈定矿体(矿块)不再使用“边界品位”与“最低工业可采品位”两项指标，同时也不再使用最低可采厚度与夹石剔除厚度等技术性指标。

边际品位直接反映了品位指标的经济目的，是根据当前市场等技术经济条件对矿床所做的可行性评价确定或修订的盈利指标。

使用边际品位 1 项指标，简化了矿体圈定和储量计算工作，便于建立地质模型和采用计算机进行矿山企业技术经济分析。

(4) 综合工业品位，当矿床中含有两种或两种以上矿产时，且每 1 种矿产的品位都界于各自单独的最低可采品位与边界品位之间，按等价原则将几种矿产的品位折算为其中 1 种组分的等价品位或按矿产品的综合价格制定的(综合)工业品位。

(5) 有害杂质最高允许含量，是指矿体或块段内矿石中对选、冶等加工过程或产品质量有不良影响的组分的最大限度的平均允许含量。是划分矿石品级的标准之一。

当矿石中有用组分含量达到或高于工业品位，而有害杂质含量超过指标要求且又难以通过选矿排除时，该块段矿石资源储量计算为边际经济的或次边际经济的。

不同工业用途对同 1 种矿石中有害杂质及其含量有不同的要求，黑色金属、冶金辅料等矿产不经选矿加工直接用于冶炼和制砖的各种矿石，工业上均有有害组分最大允许含量的要求，实际使用该项指标指的是工程平均含量要求。

某种有害组分，由于采用不同加工工艺，也有可能成为有益组分，应予区别对待。

(6) 矿体最小可采厚度，是指当矿石质量达到要求时，在当前技术经济条件下，可以开采利用的单层矿体的最小厚度要求，小于最小可采厚度指标的矿体，即使品位达到工业要求，一般也不计算为工业矿体。

(7) 夹石剔除厚度，是指在一定开采技术条件下，矿体中所夹夹石(或非工业矿石)应单独剔除的厚度或矿体内允许圈入的夹石的最大厚度，即大于或等于指标规定厚度的夹石应剔除；小于指标规定的夹石则圈入矿体并计算为资源储量。

不同矿种和开采技术条件，夹石剔除厚度可以大于、等于或小于最低可采厚度。

同一矿种的富矿和贫矿，地下开采和露天开采，夹石剔除厚度指标不同，露天开采一般要大于地下开采；机械化开采大于手工开采。

(8) 剥采比(剥离比/剥离系数)，指露天开采需剥离的覆盖物(包括矿体内的岩石夹层和开拓安全角范围内的剥离物)的体积或重量与矿石的体积或重量的比值，等于或小于该比值的矿床可以露天开采。

(9) 磁性铁占有率，是指铁矿石中磁性铁矿物含量与全部铁矿物含量的比值，是划分铁矿石自然与工业类型的标准。

矿产工业指标参考值，列入附表 5-1～附表 5-12。

5.3.3 工业指标修订(制定)的原则与一般要求

5.3.3.1 修订工业指标的原则

修订工业指标的原则：

(1) 贯彻执行国家现行的各项有关法律法规和方针政策；

(2) 矿产资源的综合勘查、综合评价、综合开发和综合利用；

(3) 充分考虑社会效益及生态平衡与环境保护的要求；

(4) 确保矿体圈定的合理性、完整性和矿业开发的可能性，最大限度地提高资源利用率与矿山企业的经济效益；

(5) 工业指标适应市场经济需要的“动态性”和“针对性”；

5.3.3.2 修订工业指标的一般要求

修订工业指标的一般要求：

(1) 须根据资源的市场情况，当前的采、选、冶技术经济条件，对矿床地质和矿山开采进行全面技术经济分析、论证加以优化确定。

(2) 在不同时期，工业指标应随各时期的技术经济条件的变化而改变，使其达到地质上可能、技术上可行、经济上合理的要求。

(3) 应根据矿床地质特征和国家当前技术经济的实际情况制定工业指标。

(4) 应用技术经济综合评价方法，科学的确定工业技术指标。并根据生产技术的进步和经济效益的变动及时进行修订。

5.3.3.3 修订工业指标需考虑的因素

修订工业指标需考虑的因素有：

(1) 地质因素：矿床规模和地质条件的复杂程度，矿体产状，矿化均匀程度，矿石类型及质量分布特点。

(2) 采矿技术因素：当前的采矿技术水平、采矿设备和机械化程度，采矿方式方法，单一矿种开采或多矿种综合开采。

(3) 经济因素：矿床开采和加工过程的生产成本和销售价格等。

5.3.4 工业指标修订(制定)的一般方法

5.3.4.1 价格法

价格法：

(1) 根据从矿石中提取的最终产品(精矿或金属)的单位生产成本不超过该产品的销售价格,并考虑企业一定盈利的原则来修订矿石工业指标。当生产成本与稳定的销售价格相等时,可以计算出矿石的不赔不赚的“经济临界品位”。

(2) 价格法可用于不同指标方案所圈定的矿体(矿段)是否盈利的检验以及小型简单矿床的工业指标的修订,其计算式如下：

$$C_k = \frac{C_\beta(E+K)}{(1-P_k)\delta J} \tag{5-1}$$

式中,C_k 为最低可采品位,当 $K=0$ 时为边界品位,%;C_β 为精矿品位或金属含量,%;P_k 为采矿贫化率;δ 为选矿或冶炼回收率,%;E 为当最终产品为精矿时的采、选成本,元/t;当最终产品为冶炼产品时的采、选、冶成本,元/t;J 为产品售价,元/t;K 为盈利指标,t/元。

5.3.4.2 收支平衡和投资返本相结合的方法

按收支平衡和投资返本相结合的原则确定工业指标：

(1) 当最终产品为精矿时：

$$C_k = \frac{C_\beta(E_1+\rho R_1)}{(1-P_k)\delta J} \tag{5-2}$$

(2) 当最终产品为金属时：

$$C_k = \frac{C_\beta(E_2+\rho R_2)}{(1-P_k)\delta J} \tag{5-3}$$

式中,ρ 为静态投资收益率,%;R_1 为原矿采、选投资,元/t;E_1 为每吨矿石采、选综合生产成本,元/t;R_2 为原矿采、选、冶投资,元/t;E_2 为每吨矿石采、选、冶综合生产成本,元/t;其他符号同前。

5.3.4.3 克里格法

克里格法：

(1) 采用地质统计学的克里格法计算出多个边界品位(或边际品位),并以各个指标分别圈定矿体、计算资源储量,确定块段模型。

(2) 采用贴现方法计算矿山企业在各种生产规模和边界品位条件下各年的净现值,制定经济模型,进行动态评价,选用企业净现值为正或最大,又可充分利用矿产资源的模型来确定最佳边界品位。

5.3.5 工业指标的优化

5.3.5.1 工业指标优化的主要原则

(1) 多目标决策原则：在矿山生产经营中,既要考虑经济效益,又要考虑矿产资源回收量、环保、单位产品能耗等社会效益。因此,必须进行兼顾各种效益的多目标优化决策。

(2) 动态性原则：在进行优化分析时,必须建立起能反映各有关参数间动态联系的数学模型;在多目标决策时,既要考虑总利润等静态决策目标,也要考虑动态的(即计时评价的)决策目标(NPV或IRR)。

(3) 及时性原则:即当生产成本、产品价格或生产技术有较大变动时要及时进行优化。必须采用计算机手段,并编制出适用于本矿的应用软件,以便在已编软件中只要填入新的技术经济参数就能及时地实现优化。

5.3.5.2 工业指标(品位指标)优化的步骤与方法

(1) 调查和收集资料:调查生产现状,并详尽收集较全面的地质、采矿、选矿以及生产成本、产品售价等有关的技术经济参数资料。

(2) 建立有关参数间的数学模型:

1) 建立以品位指标为自变量的计算资源储量和品位的数模:对于采用单品位指标制的矿山,可采用克里格法、杨赤忠滤波法;对于采用双品位指标制的矿山,可采用数理统计等方法。对于各种方法总的要求是:便于在计算机上计算出不同品位指标时的资源储量和矿石平均品位。

2) 建立以品位指标为自变量求采矿损失率、贫化率的数模:对于地下开采而规模不太大的矿床,品位指标的变动,往往对损失率和贫化率有明显的影响,因此应建立能反映其相应变化的数学模型。建立这种数学模型的基本原理是:当品位指标提高(或降低)时,矿床厚度将相应地变薄(或变厚),导致损失率和贫化率的升高(或降低)。

3) 建立以出矿截止品位为自变量求损失率和贫化率的数模:对于崩落法等采矿法,出矿截止品位的变化还会影响损失率和贫化率的变化,所以也应建立这种模型。

4) 建立以入选品位为自变量求选比(或其倒数产率)的数模:当选矿工艺没有大的变化时,这种数模可以利用生产实际统计数据建模;当选矿流程刚进行了革新时,可利用为革新选矿工艺而进行的选矿试验数据建模。

5) 建立以入选品位为自变量求精矿品位的数模:由于不同精矿品位有不同的售价,而且有的烧结或冶炼部门对精矿品位还有一定的约束要求,所以也必须建立这种数模。用于建模的数据来源与建立选比的数模相同。

建立上述模型,可利用多种已有的数学分析计算软件如MATHLAB等,可以进行线性或非线性回归分析以供应用。

(3) 建立综合技术经济分析模型:即在电子表格软件(EXCEL或LOTUS 1-2-3等)中,将上述的各种数模,根据其相互的关联将其联系起来,建立起当经营参数改变时能够立即计算出各项决策目标的模型。

(4) 进行大量不同方案经营参数各决策目标的计算:可利用电子表格的模拟分析(What It)功能完成。

(5) 进行不同经济参数方案的多目标决策的计算分析:对于多目标优化决策,可以采用模糊数学方法、灰色系统论等方法进行。分析计算可在电子表格上进行。此外,还可采用运筹学中的一些方法,如目标规划等方法进行多目标优化决策分析。

5.3.6 几种主要工业指标的确定方法

5.3.6.1 矿石品位指标

矿石边界品位、最低工业品位等指标可通过上述方法确定。

5.3.6.2 确定有害组分最大允许含量的方法

主要根据用户对产品品种、冶炼方法及其对原料的技术要求，采用类比法确定；亦可通过最终产品允许的有害杂质含量对矿石加以计算。

铁矿石允许含磷量计算式：

$$P_s \leqslant \frac{(P_t - P_r)K_f}{T_f} 100\% \tag{5-4}$$

式中，P_s 为矿石中允许的含磷量，%；P_t 为生铁中允许的含磷量，%；P_r 为熔剂、焦炭、附加物的含磷量，%；K_f 为生铁中的铁含量，%；T_f 为矿石中的铁含量，%。

5.3.6.3 多金属矿床工业品位的确定方法

多金属矿床工业品位的确定方法：

(1) 当矿床中含有两种或两种以上密切共生的有用组分，加工后各组分可彼此分离而获得单独产品时，首先需通过折算法确定矿床的综合品位。然后参照前述的一些方法确定工业品位指标。

折算法确定综合品位，即是将次要组分品位通过折算系数折算成主要组分品位。

(2) 品位折算系数可按价格法、盈利法等计算确定：

1) 价格法：品位折算系数等于主要组分与次要组分最终产品（精矿或金属）的价格比，见式 5-5。

$$K = \frac{J_c}{J_z} \tag{5-5}$$

式中，K 为品位折算系数；J_c 为次要组分最终产品价格，元/t；J_z 为主要组分最终产品价格，元/t。

价格法仅考虑到产品的价格而未考虑各组分的回收效果和生产成本，适于简单的估算。

2) 盈利法：品位折算系数等于主要组分与次要组分产品利润的比值：

$$K = \frac{(J_c - E_c)C_c \cdot \varepsilon_c \cdot C_{\beta z}}{(J_z - E_z)C_z \cdot \varepsilon_z \cdot C_{\beta c}} \tag{5-6}$$

式中，E_z、E_c 为主要组分、次要组分产品生产成本，元/t；C_z、C_c 为主要组分、次要组分地质品位，%；$C_{\beta z}$、$C_{\beta c}$为主要组分、次要组分最终产品金属含量，%；ε_z、ε_c 为主要组分、次要组分选、冶回收率，%；其他符号同前。

(3) 实际计算品位折算系数，通常以有用组分的参考工业指标的边界品位作为折算的起点。获得品位折算系数后可按下式计算综合品位：

$$C = C_z + KC_c \tag{5-7}$$

式中，C 为以主要组分表示的综合品位，%；C_z 为主要组分平均品位，%；C_c 为次要组分平均品位，%；K 为品位折算系数。

5.3.6.4 最低可采厚度的确定

最低可采厚度的确定方法：

(1) 可采厚度主要取决于矿体的产出状态和采矿技术条件，指标的修订应充分考虑影响工业指标确定的各种因素。

(2) 可通过生产实践加以比较分析优化确定。

(3) 当矿体产状和厚度变化较大时,可通过不同厚度指标方案的简单技术经济的比较加以确定。

(4) 最低可采厚度与最小采掘宽度(采幅)之间常存在某种数学关系,可据此确定最低可采厚度:

$$M = K \cdot H\sin\alpha \text{(当 } \alpha > 60^\circ \text{时)} \quad (5\text{-}8)$$

$$M = K \cdot H\cos\alpha \text{(当 } \alpha < 60^\circ \text{时)} \quad (5\text{-}9)$$

式中,M 为最低可采厚度,m;H 为最小采掘宽度,m;α 为矿体倾角,(°);K 为系数(最低工业品位/矿体平均品位)。

5.3.6.5 夹石剔除厚度的确定

夹石剔除厚度的确定方法:

(1) 夹石剔除厚度确定的合适与否直接影响矿石开采的损失或贫化。如果剔除厚度指标定得偏大,一些原本可以剔除而不予剔除的夹层岩石将被圈入矿体,造成过量岩石的混入,加大选比,增加选矿成本;如果指标定得偏小,若剔除实际难以剔除的夹石,将造成更多矿石的损失;

(2) 生产矿山确定夹石剔除厚度的方法,可通过开采实践,进行技术经济比较,根据实际可能剔除的厚度修订这一指标;

(3) 夹石剔除厚度与最低可采厚度两项指标数值可不相同。

5.4 矿产资源储量计算与管理的基本要求

5.4.1 矿体的圈定

5.4.1.1 矿体资源储量计算边界线

矿体资源储量计算边界线有以下几种:

(1) 矿体边界线:

1) 矿体边界线是指用于区分矿体与围岩的界线,区分矿石类型、工业品级的界线,用于圈定矿体计算资源储量的自然存在的或根据工业指标设定的界线;

2) 矿体边界线分为内边界线、外边界线和自然边界线。内边界线是指连接矿体边缘各见矿工程所形成的矿体边界线;外边界线是指由边缘见矿工程用外推法确定的矿体边界线;自然边界线是指非工业指标确定的,是自然存在的矿石与岩石的界线。

(2) 矿体零点边界线:由矿体厚度或有用组分含量趋近于零的各点的连线,亦即矿体尖灭点的连线。

(3) 矿体可采边界线:由最低可采厚度和最低工业品位等矿床工业指标确定的矿体边界线。

(4) 矿石品级和类型边界线:由矿石品级指标和矿石类型指标确定的矿体边界线。品级和类型边界线多出现在工业矿体内部。

(5) 资源储量类型边界线:不同类型的资源储量分布范围的边界线。

(6) 开采边界线:生产矿山实际开采和设计开采的界线,包括采掘进度线、采掘计划线及井田境界线等。

5.4.1.2 矿体边界线圈定的一般要求

矿体边界线圈定的一般要求：

(1) 应清楚矿床成矿规律，掌握矿床地质特征和矿体形态、产状、有益有害组分赋存规律，掌握构造对矿体的控制和影响。

(2) 按一定规则圈定矿体。

5.4.1.3 矿体边界线的圈定方法

采用不同方法圈定矿体时应符合下列规定：

(1) 直接法：在单个工程中，根据样品分析成果，按工业指标确定矿体边界线的基点；当矿、岩及矿石组分和性质明显可分时，按直观测量确定其边界线的基点。在各见矿工程中确定矿体边界线基点后，可在有关图件上根据矿化规律圈定矿体。

(2) 有限推断法：用于矿体沿走向延长或沿倾向延深的边缘地段两工程之间确定矿体边界线：

1) 当两工程中均见到矿体，但最外缘工程中矿体未达工业指标要求时应采用内插法圈定矿体。内插法见附录 5-1。

2) 当两工程中最外缘工程未见矿体时，矿体零点边界线基点应在两工程之间，可用自然尖灭法或中点法内推出零点边界线基点，然后采用内插法求出可采边界线基点。

中点法是当矿石有用组分分布无规律时，可根据矿体厚度、工程间距或类比经验，将矿体零点边界线基点确定在两工程之间的相应位置，一般为 1/2 处。

(3) 无限推断法(无限外推法)：用于在见矿工程之外，无工程控制地段确定矿体边界。无限推断法包括：地质法、形态法、几何法、物化探法、统计法等。

1) 地质法：根据矿床成因规律、矿体地质特征、矿体与围岩的构造关系等确定矿体的边界线。当矿体分布与岩相变化紧密相关时，可据相变界线确定矿体边界；当矿体与构造有关时可据构造性质推断确定矿体的边界；当有用组分的富集与蚀变有关时，可据蚀变带的特点推断确定矿体的边界。

2) 形态法：以矿体的形态变化、矿体特征作为基础。当矿体厚度向工程以外逐渐变小时，应以其自然尖灭的形态所确定的尖灭点作为外推的矿体零点边界线。

3) 几何法：根据探矿工程间距、开采方法、系统工程控制的矿体规模等可将外推的矿体边界人为的确定为几何形态。

可按探矿工程间距的 1/2 确定为外推矿体边界线。外推的边界基本平行工程控制的边界，地质可靠程度降低一级。

根据开采方法确定外推矿体边界线时，在充分考虑矿体产状的情况下，可由工程控制水平下推一个中段，地质可靠程度降低一级。

脉状和层状矿体下推距离为矿体长度的 1/4，并圈定为矩形，若下推 1/3，则圈定为三角形。囊状、巢状矿体可下推 1/2；筒状矿体可适当增加深度。

4) 统计法：对探矿工程所获得的有关矿层厚度或有益组分含量的大量数据进行趋势分析，找出它们在平面和剖面上的变化规律，据此确定矿体的外推边界。

5.4.1.4 矿体圈定的步骤

矿体圈定的步骤如下：

(1) 确定单工程中矿体的厚度(宽度)：

1) 按边界品位指标,采用直接法确定矿体的边界及矿体中的无矿夹石地段;

2) 按夹石剔除厚度指标确定夹石剔除或并入矿体;

3) 按工业品位指标确定资源储量类型界线和矿石类型、品级界线。

(2) 圈定矿体截面形态:

1) 依据单工程矿体厚(宽)度圈定的资料及对矿化规律的认识,在资源储量计算剖面图或平面图上圈定矿体截面形态。

2) 两相邻见矿工程中同类边界线确定的矿体,赋存部位相对应的,应以直线相连;若矿石类型、品级或资源储量类型不一致时,应以对角线连成尖灭形态;若两见矿工程之间矿体被断层或岩脉所切割,应按地质规律分别推绘至断层或岩脉的边界上。

3) 矿体边界点的圈定:两相邻工程一个见矿,另一个不见矿时,可采用有限推断法确定矿体零点边界线基点及矿体截面形态;当见矿工程以外无工程时,采用无限推断法确定矿体截面形态。

(3) 划分块段:块段划分不宜过大或过小,基本以勘探工程为分界线,参考地质因素,块段内矿体应连续,未受断层错动,资源储量类型、矿石类型、品级应当相同。

5.4.2 资源储量计算基本参数的确定

5.4.2.1 资源储量计算基本参数

资源储量计算基本参数,是指与矿体有关的各种数据和根据他们所确定的平均值,主要包括矿体(矿块)厚度、面积、矿石体重、品位以及某些条件下引用的矿石湿度、含矿系数等。

5.4.2.2 平均厚度的计算

平均厚度的计算如下:

(1) 计算矿体(矿块)平均厚度的方法可分算术平均法和加权平均法。

(2) 计算步骤:首先计算单个工程的矿体厚度,然后根据工程的分布情况计算整个矿体或矿块的平均厚度。

(3) 算术平均法适用于矿体厚度无明显的方向性变化,测点分布比较均匀;条件相反时应采用加权平均法。

(4) 采用矿体实际面积计算矿体体积时,须采用矿体真厚度;当采用矿体水平(或垂直)投影面积计算矿体体积时,应采用垂直(或水平)假厚度。

(5) 某些薄层状矿体通过钻孔采样计算矿体平均厚度,可用算术平均法。

(6) 开采矿块平均厚度应根据工程的控制情况和厚度的均匀程度计算。四面和三面探矿工程圈定的矩形矿块、两面圈定的三角形矿块可采用算术平均法。

5.4.2.3 矿体面积的测定

矿体面积的测定:

(1) 矿体面积测定指的是测量平、剖面图上矿体截面面积或投影面积。根据不同条件可分别采用下列方法测定:几何法、求积透明纸法、求积仪法和计算机解析法等。

(2) 几何法(图解法):当探矿工程和开采工程将矿体分割成在断面图上由直线围成的规则多边形时,可将待测图形进一步划分为若干个三角形,并量取各三角形的底边和高,按一定比例尺计算其面积。

几何法适用于图形不大、计算量小、精度要求不高时的概算。

(3) 求积透明纸法:适用于矿体截面面积不大且较为复杂的图形面积测定。可采用方格透明纸或平行线透明纸,测定时须将透明纸转动 45°进行复测,两次误差小于 3%时可取平均值。

(4) 求积仪法的补偿式定极求积仪面积的测定:正常工作状态极臂与航臂夹角为 30°~120°,航针必须按顺时针方向沿被测图形边线匀速移动,起止点须重合。每一面积须复测 1~2次,最小读数误差不大于 3。

1) 当定极点位于被测图形之内时,所测面积可按式 5-10 计算:

$$S = Q + P(n_2 - n_1) \tag{5-10}$$

2) 当定极点位于被测图形之外时,所测面积可按式 5-11 计算:

$$S = P(n_2 - n_1) \tag{5-11}$$

式中,S 为面积读数;P 为求积仪第一常数(见附录 5-2);Q 为求积仪第二常数(见附录 5-2);n_1 为测前读数;n_2 为测后读数。

(5) 求积仪法的数字式求积仪面积的测定:

1) 数字式求积仪具有多位脉冲计数显示。精度可达 ±2/1000 脉冲以内。一次可测最大图形:幅宽 325mm,幅长 30m,最大累加面积 $10m^2$(1:1)。

2) 必须根据多功能微型计算器选择和设定单位(制)比例尺(包括纵、横不同比例尺),进行控制累加测量或平均值测量,或累加平均值测量及换算面积。

3) 图纸必须水平固定在图板上,跟踪放大镜中心对中于图形左侧边界线中间起点,放大镜中心准确地沿着图形边界线顺时针方向匀速移动,直至回到起点并须与起点重合。

4) 同一图形应复测 1~2 次,3 次测量脉冲数的尾数不大于 3,计算平均值。面积等数值可由计算机给出。

(6) 计算机解析法:

1) 该方法是由探矿工程原始数据直接求得起算数据,利用计算机进行连续求差、求积与求和,并可进行计算检查,主要通过下式计算矿体截面面积:

$$S = \frac{1}{2}\sum_{i=1}^{n} x_i(y_{i+1} - y_{i-1}) \tag{5-12}$$

将 x 轴与 y 轴互换得式 5-13,两式计算结果可相互检验。

$$S = \frac{1}{2}\sum_{i=1}^{n} y_i(x_{i+1} - x_{i-1}) \tag{5-13}$$

式中,S 为矿体截面面积,m^2;x,y 为坐标轴。

2) 计算多边形面积时,应满足下述要求:起算数据为各角顶点坐标值,为使其均为正值,必须将所求面积置于第一象限中;坐标值应取 3 位整数与 1~2 位小数。

3) 坐标值的量取:使用矿体水平截面图计算时,应直接由平面图坐标系统量取;使用平行剖面法计算时,必须在矿体垂直纵投影图或剖面图上建立直角坐标系统(以高程为一坐标轴,另以一勘探线或一勘探基线为一坐标轴)量出坐标值;

5.4.2.4 矿石体重的确定

矿石体重的确定:

(1) 根据样品的大小和测定条件分小体重测定法(实验室法)和大体重测定法(野外

法),体重测定见第3章的有关规定。

(2) 平均体重计算:根据单个样品的测定结果,按不同类型和品级分别计算其平均体重值。

(3) 当矿石品位与体重具有密切的相关关系时,不宜采用平均体重计算资源储量,应通过回归分析获得以品位为自变量求体重的回归方程,通过品位确定体重。

5.4.2.5 平均品位的计算

平均品位的计算:

(1) 平均品位计算方法主要有算术平均法与加权平均法:

1) 算术平均法:未考虑样品的影响范围,计算结果仅表示矿化的总体特征。当矿化比较均匀,品位变化不大时,当样品数量较多且取样长度和样品间隔接近相等时,可采用算术平均法,并按下式进行计算:

$$\overline{C} = \frac{1}{N}\sum_{i=1}^{n} C_{\mathrm{i}} \tag{5-14}$$

式中,$\overline{C}$ 为平均品位,%;C_{i} 为参加计算的样品品位,%;N 为样品个数。

2) 加权平均法:加权平均主要考虑样品在总体中的影响距离和影响范围,授予距离和范围一定的权数。

加权平均法要求矿石品位与取样长度、矿体厚度、矿石体重、样品间隔或截面面积等有一定的正相关关系。

当矿化不均匀,品位波动较大或样品长度相差较大、采样点少且分布不均匀时,可采用加权平均法进行计算,计算式如下:

$$\overline{C} = \frac{\sum_{i=1}^{n} C_{\mathrm{i}} L_{\mathrm{i}}}{\sum_{i=1}^{n} L_{\mathrm{i}}} \tag{5-15}$$

式中,L_i 为与品位对应的权数(取样长度、工程影响距离或矿体厚度、矿体截面面积等);其他符号同前。

(2) 平均品位的计算步骤:

1) 线平均品位计算:即单工程中的平均品位计算,当矿化比较均匀或取样长度基本相等时,采用算术平均法计算;否则,采用加权平均法计算。

2) 面积平均品位计算:即计算几个工程控制的矿体截面的平均品位。当矿体厚度、探矿工程间距大体相等时或采样点分布比较均匀时,采用算术平均法,否则,采用加权平均法计算。

3) 体积平均品位计算:一个矿体或矿块的平均品位,一般采用面积加权进行计算。

4) 总平均品位计算:即全矿床(或矿区)或各类型矿石或各类型资源储量的矿块总平均品位,一般采用加权平均进行计算。

(3) 探矿工程中的平均品位计算:

1) 钻孔平均品位计算:当地质构造简单、矿化较均匀或矿心采取率较高时,磨损段的矿粉可不参加计算,否则应参加计算。当矿心长度相差较大时,应采用加权平均法计算全孔平均品位。

生产矿山利用爆破孔矿粉、矿浆计算矿块平均品位时每孔为1个样品，当炮孔分布不均匀时应采用加权平均法计算。

加权平均法计算单孔平均品位可按下式进行：

$$\overline{C}=\frac{C_x V_x + C_f V_f}{V_x + V_f} \tag{5-16}$$

或

$$\overline{C}=C_x\frac{{d_k}^2 I}{{D_k}^2 L}+C_f\left[1-\frac{{d_k}^2 I}{{D_k}^2 L}\right] \tag{5-17}$$

式中，$\overline{C}$ 为平均品位，%；C_x 为矿心品位，%；C_f 为矿粉品位，%；V_x 为矿心体积，m^3；V_f 为矿粉体积，m^3；D_k 为钻孔直径，m；d_k 为矿心直径，m；L 为进尺孔深，m；I 为矿心长，m。

2）探槽平均品位计算：

单个工程中，当样长差数不大时可采用算术平均法，否则应采用加权平均法。多工程控制地段，当工程分布较均匀时可采用算术平均法，否则采用加权平均法。

在矿体倾角变化较大或地形变化较大的地段计算平均品位，应将取样长度统一换算为真厚度方向的长度。

3）坑下采场计算块段平均品位：

坑下采场中在计算块段的平均品位时，应考虑采样掌子面的推进距离，采用掌子面面积及其影响距离的加权法计算。

由矿饼群组成的矿层，可按采样线上各个矿饼取样长度进行加权平均计算。

(4) 平均品位计算中应注意的问题：

1）当采样点之间品位与厚度无相关关系时，求块段平均品位不宜采用加权平均法。

2）当厚度与品位呈正（或负）相关关系时，算术平均品位比实际平均品位偏低（偏高），加权平均品位比实际平均品位偏高（偏低）。加权平均所产生的误差可为算术平均误差的2倍。

5.4.2.6 资源储量计算中有关参数的校正

资源储量计算中有关参数的校正：

(1) 矿石湿度：自然状态下的固体矿产因矿石裂隙和孔隙中含水而具有一定的湿度，以含水量与湿矿石重量的百分比表示。

(2) 用于资源储量计算的矿石体重应进行湿度校正。生产矿山可根据经验数字和其他因素考虑对矿石体重进行校正。

(3) 体重的湿度校正可按下式计算：

$$D=\frac{d(1-B)}{100} \tag{5-18}$$

式中，D 为校正后的矿石体重，t/m^3；d 为矿石湿体重，t/m^3；B 为矿石湿度，%。

5.4.3 传统资源储量计算方法和公式的选择

5.4.3.1 传统计算方法

(1) 以普通几何计算为基础，即通过 $Q=V\cdot D$（储量=体积×体重），这一基本公式最终获得资源储量数值。

(2) 不同条件下的计算方法包括:断面法、算术平均法、地质块段法、开采块段法、多角形法、三角形法、等值线法、等高线法等。

5.4.3.2 断面法

(1) 按一定间距将矿体截分为若干个块段。每一块段由两个断面控制。通过对断面上矿体截面面积的测定,计算出断面控制的矿块体积和矿石量。

(2) 根据断面的相互关系,可将其划分为平行断面和不平行断面。

根据断面所处的空间状态,可将其划分为垂直断面和水平断面。垂直断面法计算须采用剖面图,水平断面法计算须采用平面图。

(3) 平行断面法:计算资源储量的相邻断面相互平行。根据不同的矿体几何形态以及相互对应的截面面积比例,可选择相应公式计算其矿块体积。

1) 当两断面上矿体面积比<40%时,可采用梯形公式计算:

$$V=\frac{1}{2}(S_1+S_2)\cdot L \tag{5-19}$$

2) 当两断面上矿体面积比>40%时,可采用截锥公式计算:

$$V=\frac{1}{3}(S_1+S_2+\sqrt{S_1\cdot S_2})\cdot L \tag{5-20}$$

3) 当一个断面上矿体呈楔形尖灭时,可采用楔形公式计算:

$$V=\frac{1}{2}S_1\cdot L \tag{5-21}$$

4) 当一个断面上矿体呈锥形尖灭时,可采用锥形公式计算:

$$V=\frac{1}{6}(S_1+S_2+4S_{\mathrm{m}}) \tag{5-23}$$

$$V=\frac{L}{6}(2ab+bp) \tag{5-24}$$

式中,V 为矿块体积,m^3;S_1、S_2 为两断面上矿体截面积,m^2;L 为两断面之间距离或见矿断面至矿体尖灭点的距离,m;S_{m} 为辅助断面上矿体面积,m^2;a、b 为 1 个断面上矿体的边长和宽,m;p 为矿体在 1 个断面上尖灭成一楔形棱的棱长,m。

(4) 当控制矿块的断面不平行时,可采用断面控制距离法或断面旋转法:

1) 断面控制距离法,在两断面等距中间设一辅助剖面,计算各断面至剖面的平均控制距离,并采用下式计算矿块体积:

$$V=S_1\times L_1+S_2\times L_2 \tag{5-25}$$

式中,S_1、S_2 为两断面上矿体面积,m^2;L_1、L_2 为两断面的平均控制距离,m。

2) 断面旋转法,可按下式计算:

$$V=\frac{\alpha}{6\sin\alpha}[\rho_1(2S_1+S_2)+\rho_2(S_1+2S_2)] \tag{5-26}$$

式中,α 为在勘探工程平面上所确定的两断面间的夹角,(°);ρ_1、ρ_2 为由两断面交线分别到两面积(S_1、S_2)重心的距离,m(ρ_1、ρ_2 计算方法见附录 5-3)。

5.4.3.3 算术平均法

(1) 将探矿工程所获得的各点厚度不等的矿体,视为质量均匀、形状规整的板状矿体,即矿体面积由求积仪等方法测定,厚度与品位由穿过矿体的探矿工程控制的厚度与品位采用算术平均法确定,矿体体积可按下式计算:

$$V = S \cdot \overline{m} \tag{5-27}$$

式中,V 为矿体体积,m^3;S 为矿体的面积,m^2;$\overline{m}$ 为矿体的平均厚度,m。

(2) 当 S 为实际面积时,$\overline{m}$ 必须是真厚度的平均值;当 S 为水平或垂直投影面积时,$\overline{m}$ 应是铅垂或水平厚度的平均值。

(3) 当矿体厚度变化不大,矿化比较均匀、稳定以及工程分布比较均匀时,宜采用算术平均法。

5.4.3.4 地质块段法

(1) 依据地质条件、矿石质量、开采技术条件以及勘探控制程度等,把矿体划分为若干个块段并采用算术平均法分别计算各个块段的体积和资源储量。

(2) 地质块段法可消除"整体"算术平均法的缺陷,适于层状似层状矿体和探矿工程较均匀的矿床,开采方法不限。

5.4.3.5 开采块段法

(1) 用于矿体被坑道等分割成与开采块段相一致的块段计算。根据矿体周边坑道的生产探矿资料计算单个工程中的矿体厚度和矿石品位,再根据周边工程分布情况和控制程度,采用算术平均法或加权平均法依次计算各块段的平均厚度和平均品位、块段面积、块段体积和资源储量。

(2) 生产矿山宜采用开采块段法计算资源储量。对面积(实际面积或投影面积)与厚度(真厚度或假厚度)的处理应符合算术平均法规定。

5.4.3.6 多角形法

(1) 当矿体(矿层)产状平缓,且探矿工程(直孔或探井)垂直矿层时,宜采用多角形法(最近地区法)计算。

(2) 在探矿工程平面图上,作每两个相邻工程连线的垂直平分线,将矿体划分为以工程为中心的多角形柱体。

柱体体积可根据柱体水平面积与工程中见矿厚度计算,其品位即该工程的平均品位,矿体平均品位应以矿石量为权系数,通过加权平均法计算。

5.4.3.7 三角形法

(1) 当矿体(矿层)产状平缓,且探矿工程(直孔或探井)垂直矿层时,可采用三角形法计算。

(2) 以钻孔或探井作为三角形柱体的棱把矿体分成多个相互联结的三角形棱柱。依据三角形各顶点的探矿工程资料,计算各个三角棱柱体的体积,计算式如下:

$$V = \frac{1}{3} S(m_1 + m_2 + m_3) \tag{5-28}$$

式中,V 为三角棱柱体积,m^3;S 为三角形面积,m^2;m_1、m_2、m_3 为三角棱柱 3 个棱的工程见矿厚度,m。

5.4.3.8 等值线法

(1) 利用矿体等厚线图或厚度等值线图，把形态复杂的矿体化作一个体积不变、底面平整、顶面由不同厚度决定的高低不平的矿体。

(2) 将每一等厚线所圈定的面积视为矿体一个水平断面面积。矿体体积计算方法和公式的选择可参照水平断面法进行。

(3) 等值线法适用于缓倾斜和地质构造简单，没有破坏的矿床，要求有足够的探矿工程，以使等值线的数值正确反映矿体形态的变化。

该方法不适用于厚度变化不大的矿体的计算。

5.4.4 地质统计学及SD法资源储量计算方法

5.4.4.1 距离K方反比法

(1) 采用距离K方反比法应符合下述地质条件：相邻两点间品位呈渐变关系；每个样品的品位，对被估单元平均品位的影响随着样品与被估单元距离的加大而减弱。

(2) 将矿体划分出若干个选别开采单元，作为品位估值和资源储量计算的待估块段。

(3) 根据探矿工程所提供的资料求得实验半变异函数和理论半变异函数，进一步求解矿体各个方向的变程和基台值，确定样品的影响距离(变程 h)：可采用合理探矿工程间距的1.5倍作为 h 值。

(4) 根据待估块段品位与样品影响距离的以下函数关系，可计算各个选别开采单元的平均品位(计算示例，见附录5-4)：

$$\overline{C}_{\mathrm{a}} = \frac{\sum_{i=1}^{n} \frac{C_{\mathrm{i}}}{d_{\mathrm{i}}k}}{\sum_{i=1}^{n} \frac{1}{d_{\mathrm{i}}k}} \tag{5-29}$$

式中，$\overline{C}_{\mathrm{a}}$ 为待估块段A的(平均)品位，%；C_{i} 为A周围样品影响距离内各取样点阶段的平均品位；d_{i} 为各取样点到待估块段中心距离，m；k 为幂指数(见附录5-5)。

(5) 在计算出各选别开采单元的品位估值后，根据品位-体重回归方程计算各单元的矿石体重，并按常用的储量计算方法及其公式计算各个单元的资源储量和总的资源储量。

(6) 应建立矿体地质模型，采用计算机完成距离K方反比法计算工作。生产矿山可用于开采设计、矿床经济评价等的资源储量计算。

5.4.4.2 克里格法：

(1) 普通克里格法，是通过对1个块段内外的若干个信息样品值分别赋予一定的权系数，进行加权平均来估计块段平均品位和计算资源储量的方法。

1) 将资源储量计算中的矿体作为1个区域，矿石品位、矿石体重、矿体厚度等作为区域化变量。

2) 区域化变量是空间上的一个函数，它在空间上的每个点上都有一个确定的数值。其空间分布具有复杂的结构性和随机性，必须采用随机函数求其最佳数值解，描述这种随机函数的数学工具是半变异函数。

(2) 克里格法的估算方法与估算步骤(计算式见附录5-6)：

1) 计算实验半变异函数；

2) 变异函数图的绘制及理论模型的套合,计算得到若干个实验变异函数点,各点连线绘成实验变异函数曲线。用1个理论变异函数模型与计算所绘的曲线进行拟合。可采用有基台值的球状模型。多个球状模型套合起来可以代替其他模型。使用多级球状模型套合的办法可满足各种类型矿床的计算;

3) 建立克里格方程组并求解权系数,克里格法中的两个关键步骤:一是建立克里格方程组并求解权系数,以便保证估计值无偏,且估计方差为最小;二是求出估计的最小估计方差。

4) 依据克里格品位估值可计算出块段资源储量和矿床总的资源储量。

(3) 克里格法估算应符合下列要求:

1) 采用克里格法进行估算时,应根据对象和目的制定克里格方案,确定克里格方程组维数。维数($n+1$)与信息数据的数目直接相关。

2) 可适当限制邻域,尽可能使其在变异函数的变程范围内。估计邻域时必须考虑信息样品的屏蔽作用,若块金效应小,相应屏蔽作用就大,邻域应适当缩小,反之邻域可适当增大。

(4) 采用克里格法最终应建立矿床地质模型,可应用于生产矿山采掘计划的编制、开采境界规划设计、矿石质量管理、勘探工程间距与取样间隔以及矿床经济评价等。

(5) 克里格法已有几个版本的计算机程序系统可供使用。

5.4.4.3　SD法(结构曲线积分法)

(1) SD法是一种资源储量计算方法和审定方法体系,是由SD理论、原理、SD系列方法及其SD软件应用系统构成,是建立在动态分维几何学基础上的结构曲线积分资源储量计算和动态分维资源储量审定法。

(2) 采用SD法计算资源储量应按下列要求进行:

1) 确定数据类型,数据类型分为A、B、C型及综合型、标准型:

① A型数据:一般是平缓厚大矿体而近乎铅垂取样的数据;

② B型数据:陡峻矿体取样的数据;

③ C型数据:一般为薄层平缓矿体取样的数据;

④ 标准型数据:来源于单个样品各种取值的数据;

⑤ 综合型数据:来源于整理过的工程平均品位、矿体厚度等单工程矿体数据;

⑥ 由以上类型数据组合成以下五类数据:A型标准型数据;B型标准型数据;B型综合型数据;C型标准型数据;C型综合型数据。

1个矿床或1个矿体,可有1种数据类型或几种数据类型。对于具有多种数据类型的矿体,可将其分割成多个矿段,使每个矿段最多有两个数据类型,且每1个数据类型只能用1个矿段计算名称。

2) 明确计算要求:依据下列要求内容,可自动分别进行计算:

① 计算范围:整体计算、中段(台阶)计算、分段分块计算、任意分块计算、框块计算。

② 资源储量精度、资源储量类型、工程控制程度的要求:可判别已经达到什么精度、资源储量类型、工程控制程度;要求达到什么精度、资源储量类型、工程控制程度;整体达到什么精度、资源储量类型、工程控制程度;国家《固体矿产资源/储量分类》标准亦以SD法定量标准确定。

③ 工业指标的选择:选择多指标还是单指标? 指标内容:多指标包括边界品位、工业品位、可采厚度、夹石剔除厚度;单指标包括最低工业品位、最小可采厚度。选择多大指标合理?

④ 经济评价:在多大的指标条件下有利? 在一定指标条件下获利的情况。

3) 给定计算数据,主要包括:样品品位、厚度(样长)、勘探线与计算点坐标、计算范围。

(3) SD 审定法:

SD 审定法的内容包括:储量的精度、工程控制程度、资源储量地质可靠程度、勘查程度以及经济评价等。

(4) SD 法的特征:

1) 先计算,后作图。实现矿床勘探、设计、开采、直至闭坑资源储量计(核)算一体化。

2) SD 法适用于各种矿床类型,各种规模,各种复杂程度的矿体。

3) SD 法不受工业指标的限制,可随市场变化及时提供需要的资源储量;

4) SD 法可给出可靠的资源储量精度,资源储量类型和工程控制程度,适应国内外矿产资源分类标准的要求,并可用于指导生产;

5) 快速准确地为资源性资产评估和矿业权评估提供可表达矿产资源质、量和赋存空间的可靠的资源储量依据。完全适应社会主义市场经济体制矿业发展的需要。

(5) SD 法软件系统:SD 法理论、方法的实施和 SD 法的应用,是由 SD 软件系统实现的。SD 资源储量计算审定法的地质软件,是直接用于矿业生产活动的独立的软件系统,文件管理功能强,可方便准确提供计算结果表格、图件、文字等信息。

5.4.5　资源储量计算中的特殊问题

5.4.5.1　特高品位的处理

(1) 在矿化不均匀的矿床中,个别和局部地段内样品品位显著偏高几倍成为特高品位。对特高品位应加以处理,避免其影响资源储量的计算结果。

(2) 特高品位标准:可参考表 5-2 确定,特高品位标准的确定方法可参考附录 5-7。

表 5-2　特高品位下限参考表

矿床特征	品位变化系数	高出平均品位倍数
品位分布均匀的矿床	<20	2～3
品位分布较均匀的矿床	20～40	4～5
品位分布不均匀的矿床	40～100	6～10
品位分布很不均匀的矿床	100～150	10～15

(3) 特高品位的一般处理方法:

1) 不参加计算;

2) 利用非特高品位工程或块段的平均品位代替特高品位;

3) 以包括特高品位在内的工程或块段的平均品位代替特高品位;

4) 采用特高品位样品相邻的两个样品的平均品位代替特高品位;

5) 采用特高品位的下限值代替特高品位。

(4) 不定特高品位下限的处理特高品位的方法:对于品位频率服从对数正态分布的矿

床,可通过品位的几何平均值与以样品数及品位方差为变量的函数乘积计算,求得符合实际情况的平均品位。其计算式如下:

$$\overline{C}=\exp(L_nC)\cdot\gamma_n(P) \tag{5-30}$$

式中,$\overline{C}$ 为存在特高品位的符合实际情况的平均品位,%;$\exp(L_nC)$为几何平均值的数学表达式;$\gamma_n(P)$为以样品数及品位对数方差为变量的函数,其数学表达式见附录 5-8。

5.4.5.2 矿床综合品位的计算

(1) 综合品位计算:当存在两种或两种以上共生或伴生矿产时,常需计算主要有用组分与另一种或几种有用组分的综合含量。计算方法是:按照等价原则,通过折算系数将次要组分品位换算为主要组分的等价品位。

(2) 综合品位折算系数的确定:

1) 可按产值法,通过主要有用组分与次要有用组分的产品的产值比计算折算系数。其计算式如下:

$$K=\frac{J_c\cdot C_c\cdot\varepsilon_c\cdot\beta_z}{J_z\cdot C_z\cdot\varepsilon_z\cdot\beta_c} \tag{5-31}$$

式中,K 为品位折算系数;C_z,C_c 为主要、次要组分地质品位,%;ε_z、ε_c 为主要、次要组分选冶回收率,%;β_z、β_c 为主要、次要组分产品金属含量,%;J_z、J_c 为主要、次要组分产品价格,元/t。

2) 当回收工艺过程相同,实收率和产品价格接近时,折算系数可近似确定为 1。

(3) 综合品位计算,获得品位折算系数后可按下式计算矿床综合品位:

$$C = \dot{C_z} + \sum_{1}^{n} \cdot C_c \tag{5-32}$$

式中,C 为折算后的矿石综合品位,%;C_z 为主要有用组分地质品位,%;C_c 为次要有用组分地质品位,%;n 为矿石中伴生有用组分数目。

5.4.5.3 资源储量计算误差分析

(1) 资源储量计算误差按其性质和产生原因可分为地质误差、技术误差和计算方法误差。

(2) 地质误差(类比误差):

1) 是由地质推断造成的误差,对资源储量精度影响较大。

2) 地质误差的大小取决于矿床地质构造的复杂程度、矿体形态和矿化均匀程度以及矿体的控制和研究程度。

3) 地质误差带有系统性,多数情况下无法估计,经验规定探明的资源储量误差<10%。

(3) 技术误差,按其性质可分系统误差与偶然误差:

1) 系统误差是方法本身所固有的,不可避免的。误差呈现或正或负一种符号,单方面影响计算结果。系统误差须进行专门检验,并应引入校正系数加以校正。校正系数包括体重、湿度、钻孔弯曲、钻孔见矿厚度、岩心采取率以及化验误差等校正系数。

2) 偶然误差:呈现正负相反的符号,出现一种符号的概率极小。

3) 技术误差规定:面积测定误差不大于 2%~3%;厚度测量误差不大于 2%~3%;体重测定误差、钻孔见矿厚度测量误差及铁矿化学分析误差允许标准可参照有关章节的规定执行。

(4) 计算方法误差,误差大小取决于计算方法和选用的公式:

1) 传统的计算方法及其公式均存在系统误差,各种方法之间的比较,相对误差可达5%～10%;

2) 采用截锥公式计算结果矿体减小,相对误差可达20%。应避免使用截锥公式进行分割计算。

5.4.6 资源储量计算与管理的一般规定

5.4.6.1 资源储量计算单元

(1) 生产矿山应按最低开拓水平将矿床资源储量划分为上下两大单元,将资源储量变动限定在上部的动态单元范围以内,不使各类资源储量计算及其误差累积全矿床。

(2) 应将可单独进行资源储量计算的矿体或矿体的一部分作为计算单元,在储量管理中应以最小计算单元参与台账的登记管理。

5.4.6.2 资源储量计算时间

(1) 生产勘探结束,即时进行1次资源储量计算。

(2) 季末进行1次生产准备矿量计算。

(3) 每年1月,应对上1年开采的矿体或矿块进行1次资源储量计算,并按规定时间填报"固体矿产资源/储量报表"及填记有关管理台账。

(4) 1个矿体开采结束,进行1次总算。

(5) 其他因规划、计划编制等需要应随时进行资源储量计算。

5.4.6.3 提高资源储量地质可靠程度的规定

(1) 当地质勘探所提交的基础储量(111b),不能满足生产回采设计要求时,矿山应按本手册之规定安排生产勘探,提高其可靠程度。

(2) 露天矿山,平台槽探应按准确地控制程度加密工程,本阶段工程控制范围内的基础储量可靠程度可定为准确探明的,下推一个阶段的可靠程度不变;钻探工程在探明的工程间距基础上加密达到准确的控制程度,矿、岩心采取率等工程质量达到相应规程要求,工程控制块段可定为准确探明的。

(3) 坑下矿山,各类资源储量可靠程度的确定条件可比照生产准备矿量要求,同步提升。

5.4.6.4 可采(预)储量保有程度的确定

(1) 生产矿山可采(预)储量保有部分是指开拓水平以上进行采掘作业范围内的或生产勘探控制地段内的那部分储量。

(2) 下列可采(预)储量不能参加保有期的计算:

1) 不具备回采条件的保护井巷与地面建筑物的保安矿柱;

2) 因岩石移动而不能回采的;

3) 各个采场、中段的顶、底、间柱矿量,按回采顺序,短期内不能回采的;

4) 已停止回采作业的采场残余矿量,已不具备采矿条件,不能回采的;

5) 因自然灾害(水患、火灾等)封闭地段的资源储量;

6) 开采最低水平以下,生产勘探工程控制范围以外的储量。

(3) 确定可采(预)储量保有程度的主要原则:

1) 依据矿床地质条件的复杂程度。地质条件复杂,保有程度可略低;地质条件简单,保有程度可略高。

2) 可采(预)储量提供于采准设计,要依生产勘探超前的原则,与开拓矿量接近。

3) 坑道维护难易程度,在保证生产需要的前提下,坑道不易维护的可略低。

(4) 可采(预)储量保有期,可按下式计算:

$$T_{bo}=\frac{Q_{kc}-Q_{fc}}{Q_{c1}} \tag{5-33}$$

式中,T_{bo}为保有期,a;Q_{kc}为开拓范围内的可采(预)储量,t;Q_{fc}为开拓范围内的不能参加计算的储量,t;Q_{c1}为下年计划产量,t。

(5) 生产矿山准确探明的可采储量保有期应达到1～3年;探明的(可有部分控制的)可采(预)储量保有期应达到2～5年。

5.4.6.5 *可采(预)储量保有边缘期的检查*

(1) 当矿山进入服务年限的后期,设计境界内的资源储量接近危机临界时,应进行可采(预)储量保有边缘期的检查与计算:

1) 保有边缘期,可按下式计算:

$$T_{by}=K_t+J_t \tag{5-34}$$

式中,T_{by}为边缘期,a;K_t为与生产矿山同等规模接续基地的勘探周期,a;J_t为与生产矿山同等规模接续基地的建设周期,a。

2) 边缘储量,可按下式计算:

$$Q_{by}=T_{by}\cdot Q_{xh} \tag{5-35}$$

式中,Q_{by}为边缘经济的基础储量,t;T_{by}为边缘期,a;Q_{xh}为生产矿山年消耗的基础储量,t。

5.5 矿山建设过程中的资源储量计算与管理

5.5.1 矿山初步设计的资源储量核算

5.5.1.1 *矿山初步设计的资源储量核算单元的确认与划分*

矿山初步设计的资源储量核算单元的确认与划分:

(1) 矿山开采设计将地质勘探所提交的资源储量分为开采境界内与开采境界外两大部分。设计境界内资源储量分为基础储量与设计损失量两部分。

(2) 当地质勘探采用垂直断面将矿体划分成若干个矿块并计算其资源储量时,矿山须改用水平断面将矿体分层,并计算其资源储量。

当地质勘探采用SD法计算矿床资源储量时,矿山应要求其按开采方案划分矿块并计算资源储量,使资源储量管理一体化。

(3) 首采地段基础储量核算单元为采矿单元。

5.5.1.2 *矿山初步设计的资源储量核算*

矿山初步设计的资源储量核算:

(1) 核算内容:

1) 核算地质勘探所提交的矿床矿石资源储量。

2) 计算设计境界内及其中段(阶段)矿石量、金属量与品位。

(2) 计算方法:

1) 露天开采:采用水平断面法。

2) 坑下开采:无底柱崩落法开采,采用水平断面法;其他采矿方法,根据回采单元,可采用开采块段法等方法。

(3) 计算参数:应选用与矿床地质勘探阶段一致的参数,便于计算结果的检查与对比。

(4) 核算误差:将计算结果与地质勘探比较,误差<3%可作为设计量使用;超差无效,必须查明原因重新计算。

(5) 核算后的资源储量应建立管理台账。

5.5.1.3 初步设计首采地段基础储量控制程度核定

对首采地段基础储量控制程度应进行检查核定,达不到要求时,必须进行基建勘探,并由设计部门重新计算资源储量。

5.5.2 矿山基建过程中的资源储量管理

5.5.2.1 基建中的资源储量管理

(1) 基建施工单位应根据井巷工程与勘探工程所揭露的地质情况编绘与修订地质图,并对矿体边界变化部位重新计算基础储量。

(2) 每年对基建范围内基础储量进行1次计算,计算结果报主管部门审批。

(3) 基建坑道带矿量每月计算1次。带矿量必须从保有基础储量中扣除。

5.5.2.2 工程竣工后的资源储量管理

(1) 应系统编制、修订地质图及储量计算图并总算资源储量。

(2) 按设计境界内外、开采单元、资源储量类型、矿石类型等要求分别计算其保有可采(预)储量及生产准备矿量。

(3) 建立资源储量管理台账。

5.6 矿山开采过程中的资源储量计算与管理

5.6.1 矿山采掘计划编制中的资源储量计算与管理

矿山采掘计划编制中的资源储量计算与管理:

(1) 为采掘计划的编制提供准确可靠的基础储量资料,矿石的空间分布,矿石分类矿量及伴生有益有害组分含量。

(2) 编制和提供开采范围内的资源储量变动计划,生产准备矿量储备计划。

5.6.2 露天矿山开采过程中的资源储量计算与管理

露天矿山开采过程中的资源储量计算与管理:

(1) 依据采掘爆破图计算爆破地质矿量及计划采出损失矿量。

(2) 每月计算采掘验收矿量,根据实测采掘进度线及掌子面地质编录修绘阶段地质平面图,并计算当月采空部位地质矿量。

(3) 每年在矿量计算专用图上计算年度采掘范围内矿体采空部位基础储量，并填记资源储量表与台账。

5.6.3 地下矿山开采过程中的资源储量计算与管理

5.6.3.1 掘进带矿量的计算与管理

(1) 地下开采应对掘进带矿量(包括实际带矿出矿量与带矿损失矿石量)进行计算并单独建账管理。

(2) 井巷带矿量，可按下式计算：

$$Q_u = S \cdot L \cdot D \tag{5-36}$$

式中，Q_u 为带矿量，t；S 为掘进工程毛断面内的矿石面积，m^2；L 为掘进长度，m；D 为矿石体重，t。

(3) 因混岩过多而舍弃的部分矿石，应作损失量参加当月损失率计算。

5.6.3.2 采出地质矿量的计算与管理

(1) 回采工程结束后，对所圈定的矿块、矿房、矿柱等回采单元的地质矿量进行计算，并编制相关地质图件和品位资料提供采矿部门。

(2) 采用无底柱分段崩落法开采的矿块应编制“分段回采进路地质图册”。依据该图册计算其采出矿量与损失矿量。其中，单排炮孔应爆矿量为进路中各排炮孔应爆地质矿量，包括本分层爆矿量与上层脊柱爆矿量。当矿体形态变化复杂，在分段各处出露高度不一致时，可根据回采工程结构参数编制“矿量速算表”查表计算。

(3) 依据“分段回采进路地质图册”每月按实际验收爆破排数统计计算采出地质矿量，并建立分段保有和采出地质矿量台账。

(4) 回采结束后应对采空部位地质矿量进行总算，计算采出地质矿量、未采下损失矿量以及设计保留的矿柱矿石量，计算结果应记入相关台账。

矿量误差计算方法与要求：执行本手册的有关规定。

5.7 资源储量变动与注销

5.7.1 资源储量变动

5.7.1.1 资源储量变动原因

(1) 生产勘探引起的储量增减；

(2) 因重算引起的资源储量增减；

(3) 因工业指标改变引起的资源储量增减；

(4) 因矿山开采引起的资源储量减少。

5.7.1.2 资源储量变动的管理

(1) 每年应计算生产勘探及采掘工程控制地段的增减资源储量，并填报矿产资源储量表和管理台账；

(2) 为矿山增加资源储备而进行的矿床周边勘探，以及为矿山设计、规划等进行的矿产资源勘探，其资源储量应记入资源储量表及勘探资源储量管理台账；

(3) 每隔 8～10 年,应进行 1 次矿床资源储量核算,并提交核算报告。

(4) 改变工业指标,必须重新进行资源储量计算,并编制重算报告。

5.7.2 资源储量注销

5.7.2.1 资源储量注销的分类

正常注销:允许合理注销的资源储量:

(1) 因开采减少的资源储量;

(2) 开采境界外,技术上难以单独开采或单独开采经济上不合理的小矿体及开采结束的境界外残余资源储量;

(3) 因勘探、重算或重新评价减少的资源储量;

(4) 因工业指标改变导致减少的资源储量;

(5) 设计中必须保留的永久矿柱的矿石量;

(6) 设计允许的实际开采损失量(未采下损失与采下损失);

(7) 因开采中发生重大事故导致大量损失的资源储量(应编制专门报告上报地矿部门)。

非正常注销:

(1) 因开采顺序不合理,作业不正规或设计不当而造成永久性损失的资源储量;

(2) 因开采,主矿体遭到破坏或其他原因不能复采而永久损失的资源储量。

5.7.2.2 资源储量注销的规定

资源储量注销的规定:

(1) 凡要求注销的资源储量,必须进行严格的论证,只有确实无法回采时方可申请注销。

(2) 允许合理注销的资源储量,应通过编制年度资源储量表上报地矿主管部门;非正常注销的资源储量,矿山必须在撤出设备之前提出专门申请报告,并按规定办理审批手续。在申请注销未获批准之前,不得废除坑道。

(3) 下列资源储量限制注销,只有当矿床开采结束并确定其矿石不能回收时方可注销:

1) 保护井巷和地面建筑物、河流的矿柱的矿量;

2) 采场的顶底间柱的矿量;

3) 断层或破碎带附近暂不能开采的资源储量;

4) 进行回采作业的采区内各采场残存的矿量。

(4) 不准注销的资源储量:

1) 未开采的共生及伴生矿产的资源储量;

2) 因地质条件复杂或开采条件困难,安全条件恶劣而不能开采的资源储量;

3) 因地面或地下工程压占的资源储量;

4) 正在开采的采区境界外的资源储量;

5) 中途停采或开采结束的未采资源储量或有可能复采的残留资源储量。

(5) 未经批准注销的资源储量不得从固体矿产资源储量表中扣除。

(6) 非正常注销资源储量申请书格式:见附录 5-9。

5.8 生产准备矿量的计算与管理

5.8.1 生产准备矿量及其分级

生产准备矿量：

(1) 生产准备矿量是根据矿山开采准备工程和地质工作程度不同所圈定和计算的资源储量。

(2) 露天开采划分生产准备矿量为开拓和回采二级；地下开采划分为开拓、采准和回采三级。

分级依据：依据原冶金工业部《黑色冶金矿山生产准备矿量管理办法》(1988)。

5.8.2 生产准备矿量划分标准

5.8.2.1 露天开采矿山生产准备矿量

(1) 开拓矿量，设计开采境界内，设计工作帮坡角控制范围以上的岩土已剥离。地质工作程度达到相应要求。全部或部分完成开拓工程，形成运输、防排水系统，具备扩帮或回采工程条件，该水平以上的矿量。

(2) 回采矿量，是开拓矿量的一部分，矿体上部与侧面已揭露。地质工作程度达到相应要求，具备正常回采条件，最小工作平台宽度以外的矿量。

5.8.2.2 地下开采矿山生产准备矿量

(1) 开拓矿量，设计开采范围内，地质工作程度达到相应要求，按开采顺序全部或部分完成开拓工程，形成提升、运输、通风、防排水系统，具备进行采准工程条件，该水平以上的矿量。

(2) 采准矿量，是开拓矿量的一部分，地质工作程度达到相应要求，按回采顺序，全部完成采准工程，具备进行回采工程条件的矿块的矿量。

(3) 回采矿量，是采准矿量的一部分，地质工作程度达到相应要求，按回采顺序，全部完成回采工程，具备回采条件的矿块的矿量。

5.8.3 生产准备矿量的地质工作程度

5.8.3.1 生产准备矿量地质工作程度的要求

(1) 因矿床地质条件的不同，各级生产准备矿量的地质工作程度不同。

(2) 回采矿量地质可靠程度应达到准确探明的；采准矿量地质可靠程度应达到探明的；开拓矿量地质可靠程度应达到探明的及少量控制的。

5.8.3.2 生产准备矿量对基础储量地质可靠程度的要求

生产准备矿量对基础储量地质可靠程度的要求以百分比列入表 5-3。

表 5-3 要求比例(%)参考表

勘探类型	开拓矿量		采准矿量		回采矿量	
	探明的	控制的	探明的	控制的	探明的	控制的
Ⅰ	>90	<10	>95	<5	100	
Ⅱ	>80	<20	>95	<5	100	
Ⅲ	>70	<30	>90	<10	>95	<5
Ⅳ	>30	<70	>60	<40	>70	<30

5.8.4　生产准备矿量合理保有量的核定

5.8.4.1　露天矿山生产准备矿量合理保有量的核定

(1) 开拓矿量合理保有量,可按下式计算核定:

$$Q_k = l \cdot M \cdot D \frac{M + 2L}{2(\cot\varphi \pm \cot\alpha)} \tag{5-37}$$

式中,Q_k 为开拓矿量,t;l 为沿开拓方向的矿体长度,m;横向开采时为垂直开拓方向的矿体水平宽度,m;M 为垂直开拓方向的矿体水平宽度,m;横向开采时为沿开拓方向的矿体长度,m; D 为矿石体重,t/m³;L 为核定时最下水平开段沟至矿体的水平距离,m;φ 为设计工作帮坡角,(°);横向开采时为采矿工作帮坡角,(°);α 为垂直开拓方向的地质剖面上矿体倾角,(°)。

(2) 回采矿量合理保有量,可按下式计算核定:

$$Q_h = L' \cdot N(B - b)h \cdot D \tag{5-38}$$

式中,Q_h 为回采矿量,t;L'为设计单台电铲工作线长度,m;N 为设计同时工作(出矿)电铲数,台;B 为设计工作平台平均宽度,m;b 为设计最小工作平台宽度,m;h 为设计开采台阶高度,m;D 同上式。

5.8.4.2　地下矿山生产准备矿量合理保有量的核定

(1) 开拓矿量合理保有量,可选下列二式之一计算核定:

$$Q_k = Q_z + N_2 q_2 + N_3 q_3 \tag{5-39}$$

$$Q_k = Q_z + N_2 q_2 + kQ_x \tag{5-40}$$

式中,Q_k 为开拓矿量,t;Q_z 为采准矿量,t;Q_x 为新开阶(中)段之上阶(中)段的矿量,t;N_2 为同时进行采准的矿块数,个;q_2 为采准矿块平均可采矿量,t/个;N_3 为新水平准备期间,按采准、回采工程的正常发展必须保有进行采准工程的矿块数,个;q_3 为新中段开始延深时,待采准矿块的平均可采矿量,t/个;k 为新中段开始延深时,应预留的待采准矿量系数。

(2) 采准矿量合理保有量,可按下式计算核定:

$$Q_z = Q_h + N_1 q_1 \tag{5-41}$$

式中,Q_z 为采准矿量,t;Q_h 为回采矿量,t;N_1 为同时进行回采工程的矿块数;q_1 为进行回采工程的矿块平均可采矿量,t/个。

(3) 回采矿量合理保有量,可按下式计算核定:

$$Q_h = (0.5 + \rho)N_o q_o + Q_c \tag{5-42}$$

式中,Q_h 为回采矿量,t;Q_c 为矿块(房)回采结束,在计算期内放出的存窿矿量之和,t;ρ 为备用矿量系数;N_o 为同时回采的矿块数,个;q_o 为回采矿块平均可采矿量,t/个。

5.8.4.3　生产准备矿量合理保有期的核定

$$T_k = Q_k r / (Q_c - Q_u)(1 - P_H) \tag{5-43}$$

$$T_z = 12 \times Q_z r / (Q_c - Q_u)(1 - P_H) \tag{5-44}$$

$$T_h = 12 \times Q_h r / (Q_c - Q_u)(1 - P_H) \quad (5\text{-}45)$$

式中，T_k 为开拓矿量保有期，a；T_z 为采准矿量保有期，月；T_h 为回采矿量保有期，月；Q_c 为计划年产量，t/a；Q_u 为年计划开沟(掘进)带矿量，t/a；r 为矿石回采率，%，可取设计指标；P_H 为废石混入率，%，可取设计指标；其他符号同前。

5.8.4.4 保有量与保有期计算时间

生产矿山必须定期(季度或半年)计算生产准备矿量的实际保有量和保有期。露天矿山以台阶为计算单元；地下开采矿山以矿块为计算单元。

5.8.5 计算生产准备矿量实际保有量特殊情况的处理

5.8.5.1 不得计算为开拓的矿量

(1) 无底柱分段崩落法开拓水平上一个分段的矿量；有底柱崩落底部结构的矿量；

(2) 为保护建(构)筑物、井巷工程和其他设施的永久矿柱矿量；

(3) 在开拓矿量保有期内不能回采的临时矿柱矿量；

(4) 由于地质构造和水文地质条件的变化，或因经济上不合理，暂不开采的矿量；

(5) 间柱、顶柱、底柱不能在本阶段回采，或未完成相应的工程的矿量；

(6) 露天开采时，夹层(石)厚度大于或等于分采厚度时，其夹层(石)后面的矿量。

5.8.5.2 可计算为回采的矿量

地下开采多层矿或厚矿体分层开采时，上层回采工作面应超前下层一定距离(通常为1个矿块的距离)；采场顶板已冒落并已稳定，下层矿体或采下层矿段的相应块段的矿量方可计入回采矿量。

5.8.5.3 应降级计算的矿量

由于边坡滑落、井巷或采场冒顶、坍塌、地质构造或水文地质条件等影响，处理时间超过核定的采准或回采矿量合理保有期，在处理期内，长期影响的块段矿量应降级计算。

5.8.5.4 视在开拓矿量的计算

为反映开拓工程进展情况，可对正在开拓的阶段实行均摊法计算，计算式如下：

$$Q_s = Q_k \frac{G_u}{G_j} \quad (5\text{-}46)$$

式中，Q_s 为视在开拓矿量，t；Q_k 为新阶段预计可获得的开拓矿量，t；G_u 为计算期累计完成开拓工程量，m^3；G_j 为新阶段设计开拓工程量，m^3。

5.9 资源储量台账与报表管理

5.9.1 资源储量台账的管理与要求

5.9.1.1 建立矿产资源储量台账的目的

(1) 对矿床的全部矿产的存在与流向做出全面的完整的记载。

(2) 对矿床矿产储备和变动做出记载，提供矿山进行规划设计和生产计划的制定。

(3) 提供国家对矿产资源的统计分析。

5.9.1.2 资源储量台账应具备的内容

(1) 矿床地质勘探查明的资源储量；

(2) 开采设计计算的设计资源储量；

(3) 基建勘探与基建地质工作、生产勘探与生产地质工作以及工业指标改变引起的重新圈定和计算的资源储量；

(4) 各类资源储量保有量；

(5) 开采矿量与损失矿量；

(6) 非正常注销的资源储量。

5.9.1.3 资源储量台账的种类

(1) 查明资源储量台账：

1) 该台账是资源储量管理的基础，应将矿床地质勘探所提交的资源储量详细登记；

2) 多次进行地质勘探的矿床，依次分别登记各次勘探的资源储量增减及累计查明资源储量；

3) 对不同矿石工业、工艺、自然类型和矿石品级的各类储量、基础储量、资源量分别登记；

4) 附记各次勘探的范围、深度、工程间距、采用的工业指标和计算参数；

5) 注明各次勘探的时间、勘探和审批单位；

6) 查明资源储量台账(表)的格式可参照附录 5-10 制定。

(2) 设计资源储量台账：

1) 该台账是根据矿山开采设计编制的，应按设计期次依次登记；

2) 依照设计计算的详细程度，按资源储量类型、矿石类型、品级以及阶段(中段)、矿块等分别登记；

3) 设计境界内外资源储量分别登记；

4) 附记境界范围、设计时间、所依据的勘探报告、设计审批单位等；

5) 设计资源储量台账(表)的格式可参照附录 5-11 制定。

(3) 资源储量变动台账：

1) 该台账表格是基于国家固体矿产资源/储量报表编制的，要求全面记录保有、开采、损失、查明以及重算引起的各类储量、基础储量与资源量的变动；

2) 按开采单元和开采年限分别建立资源储量变动台账，记录阶段(中段、片盘)的、矿块(矿房)的、矿体和矿床的变动资源储量以及年度和历年的变动资源储量；

3) 按矿石类型、品级等分别登记；

4) 资源储量变动台账(表)的格式可参照附录 5-12 制定。

(4) 开采结束资源储量比较台账：

1) 一个开采单元开采结束，应计算其采空部位的地质矿量；

2) 该台账是对“查明资源储量”、“设计资源储量”、“实际资源储量”和“注销资源储量”进行比较的综合资料，是探采对比与资源储量最终核实的基础；

3) 开采结束资源储量比较台账(表)的格式可参照附录 5-13 制定。

5.9.1.4 资源储量台账的管理

(1) 必须实行计算机管理，可采用 LOTUS1.2.3 或 MSEXCEL 软件。

(2) 应设专人负责，及时登记。

5.9.2 资源储量报表的管理与要求

5.9.2.1　资源储量报表的种类

(1) 矿石损失贫化报表；

(2) 生产准备矿量报表；

(3) 开采资源储量变动报表；

(4) 勘探(包括生产勘探与生产地质工作)与重算资源储量变动报表；

(5)《固体矿产资源/储量报表》。

5.9.2.2　报表管理要求

(1) 必须实行计算机管理；

(2) 损失贫化报表,可参照第7章执行；

(3) 生产准备矿量与开采资源储量变动报表,可自定上报时间；

(4) 勘探与重算资源储量变动报表,在勘探与重算工作结束后即应上报；

(5)《固体矿产资源/储量报表》,年初填报上一年的变动资源储量。

5.9.2.3　《固体矿产资源/储量报表》的编制

(1)《固体矿产资源/储量报表》是根据中华人民共和国国家标准:《固体矿产资源/储量分类》编制的重要报表,是全面反映矿产资源数量、质量、开采技术条件和利用情况等的重要资料,是提供国家有关部门作为编制经济建设、国防建设和制定有关经济技术政策的重要依据。《报表》内容与格式见附录5-14。

(2)《固体矿产资源/储量报表》的填写要求:

1) 本表以矿区为基本填报单元,两个及两个以上采矿权人在同一矿区采矿,应分别按采矿许可证划定的范围及该范围内批准开采的矿种为填报单元。同一采矿权人在两个和两个以上矿区采矿,各自形成独立系统的,分别按两个及两个以上单元填报,没有形成独立开采系统的,应合并为一个单元填报。

填报单元是指每张报表各项信息统计填报的空间范围。

2) 同一填报单元存在主要矿产、共生矿产、伴生矿产等多种矿产的查明资源储量时,应一矿一表分别填报。

3) 矿山必须按规定于每年1月底前填报截至上一年底固体矿产资源储量报表,并报基层地矿主管部门审查,由地矿部门汇总形成矿区矿产资源储量表。

(3) 表中第3～12栏有关资源储量及其数据的确定:

1) 资源储量类别及其编码以GB/T 17766—1999《固体矿产资源/储量分类》为准(见本手册5.2节)；

2) 应按总量、各矿石类型及品级分别对应填写各栏的实际数值。因其他原因引起的矿产资源储量变动,根据具体变动的原因,填入第7～10栏,并在备注中说明其原因和数量。

3) 各栏的平衡关系为:$(5)-(7)-(8)\pm(9)\pm(10)=(11)$

$$(6)\pm(9)\pm(10)=(12)$$

4) 预测资源量334?,不包括在查明矿产资源储量内,不纳入第3～12栏内填报。

5) 年初保有资源储量:等于上年末保有的资源储量。

6) 年末保有资源储量:指填报单元内,对应矿产可供开采利用的矿石及金属资源量,是由年初资源储量数值，减去当年度的开采量、损失量，加减因生产勘探、重算增减的数量得出的数值。

7）年初累计查明资源储量：等于上年末累计查明的资源储量。

8）年末累计查明资源储量：指填报单元内，历次地质勘查工作（包括生产探矿）所查明的资源储量总和。每年因地质勘查、重算及其他原因而引起资源储量有增减时，累计查明资源储量亦应作相应的增减。但不扣除地质勘查以后的开采量、损失量。年末累计查明资源储量等于年初累计查明资源储量数字加减当年度因地质勘查（包括生产勘探）、重算及其他原因增减的数量。

9）开采量：各类资源储量均应分别统计填报。填写根据实测采空区开采了的资源储量数据。来不及测算的，可根据采落量、选厂实收量或实际销售量换算，但应在备注栏中注明，下一年度补测后调整。

10）损失量：按基础储量、资源量相应类型统计填报，填写开采过程中永远留于坑内或采场而不能采出的基础储量、资源量。损失量中不包括地面运输及选矿过程中造成的损失量；开采的损失量包括留作矿柱损失、顶底柱损失、或因构造断裂、地下水淹没、矿山技术等原因不能采出的基础储量、资源量。

铁路干线、重要建筑物、禁区等压覆的基础储量、资源量，应按规定申报登记压覆的矿产资源储量，从填报单元内扣除，不能当做损失量填报。

已计算资源储量的共生、伴生矿产如随主要矿产一同采出，而在选、冶时未回收利用，在该共生、伴生矿产资源储量表中仍然作为开采量填写，不能作为损失量处理，但要在第13栏(8)综合回收利用情况中说明“未综合回收利用”。

11）勘查增减(±)：填写因地质勘查和生产勘探引起的资源储量的增减量。增减量应按15种资源储量类型分别统计填写。

12）重算增减(±)：填写因经济指标或其他原因而进行的重算或重新评价所引起的资源储量的增减量。增减量应按15种资源储量类型分别统计填写。

13）采矿贫化率：采出矿石品位下降的百分数。表中采矿贫化率为表中所列矿产当年度整个填报单元内各开采块段的总平均贫化率。

与主矿产同体的共伴生矿产，采矿贫化率指标按主矿产采矿贫化率指标填写，也可注明不填。与主矿产异体的共生矿产，采矿贫化率指标应分别计算填报。

14）开采回采率：在开采范围内，本表所列矿产的年度采出矿石储量与该范围内对应消耗的基础储量的百分比。

(4) 其他项目填写要求：见矿产资源储量登记统计管理部门有关《固体矿产资源/储量报表》的“填写说明”。

附录

附录5-1 内插法确定矿体边界线

二工程均见矿，当其中最外缘工程中矿体未达到工业指标要求时，可采用内插法圈定矿体；内插法又分插入法和图解插入法。

(1) 插入法，参照附图5-1-1。

Ⅰ、Ⅱ为二相邻探矿工程，Ⅰ为通过工业矿化的工程，控制的矿体厚度或有用组分含量达到工业指标要求，其值为 C_a；Ⅱ为通过非工业矿化的工程，控制的矿体厚度或有用组分含量未达到工业指标要求，其值为 C_b；工业指标为 C，Ⅰ、Ⅱ二工程间距为 L。矿体边界线基点(J)位于距Ⅰ工程的距离为 X 处，X 由下列公式确定：

$$X=\frac{C_a-C}{C_a-C_b}L \tag{附 5-1-1}$$

式中，$C_a>C>C_b$，它们可以是边界品位、工业品位或可采厚度等工业指标。

(2) 图解插入法，参照图 5-1-2。

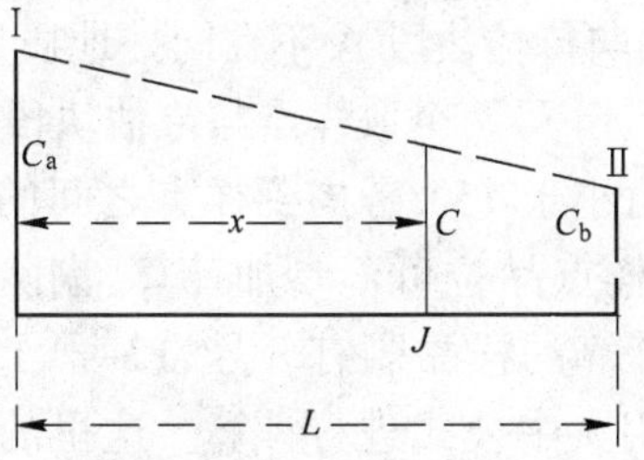

附图 5-1-1　解析插入法

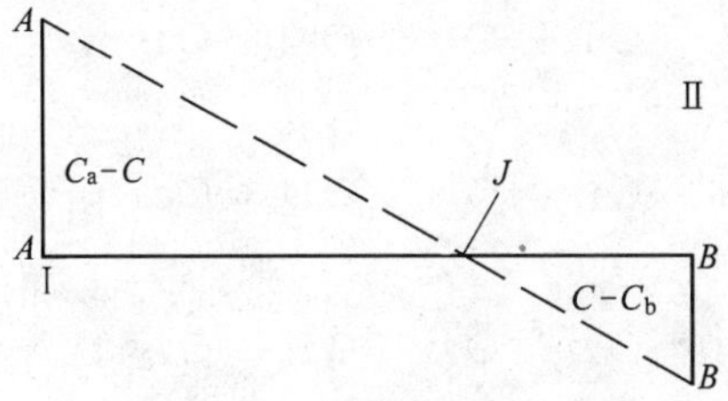

附图 5-1-2　图解插入法

在平面或剖面图上，以直线连接两个相邻探矿工程Ⅰ和Ⅱ，其中Ⅰ工程见矿厚度或有用组分含量 C_a 大于工业指标(C)，Ⅱ工程见矿厚度或有用组分含量 C_b 小于工业指标。由 A、B 两点向相反方向引垂线并以一定比例截取线段 AA' 和 BB'，令 $AA'=C_a-C$；$BB'=C-C_b$，连接 $A'B'$ 两点的直线交于 AB 线上一点 J。J 点即为矿体边界线的基点位置。

附录 5-2　机械式求积仪常数值的测定

设定半径画圆，根据下式计算常数 P、Q。

$$P=\frac{S_1}{n_2-n_1} \tag{附 5-2-1}$$

$$Q=S_2-P(n_2-n_1) \tag{附 5-2-2}$$

式中，P 为求积仪第一常数；Q 为求积仪第二常数；S_1 为定极点位于图形之外时的已知圆面积(小圆面积)；S_2 为定极点位于图形之内时的已知圆面积(大圆面积)；n_1 为测前读数；n_2 为测后读数。

附录 5-3　断面旋转法 ρ 的确定

ρ_1、ρ_2 可用下述方法求得：在断面图上作垂直于水平线的平行线，将矿体面积划分为多个等宽度的竖分条，其宽度宜采用 1cm。在每个竖分条上作垂直中心线，该线到两断面的交线的距离即为每个竖分条面积重心到断面交线的距离，设其为 X_i，采用下式计算 ρ：

$$\rho_{1(2)}=\frac{\sum X_iS_i}{S_{1(2)}} \tag{附 5-3-1}$$

式中，S_i 为各竖分条的面积。

式中，X_i 和 S_i 较简便的求取方法是用透明方格纸覆盖在断面图上，并使方格纸的水平线与断面水平线平行，在方格纸上直接读取 X_i，S_i 为每个竖分条垂直中心线长度与竖分条宽度的乘积。这种方法即是以 X_i 为权系数的加权平均法。

附录 5-4　距离 K 方反比法计算示例

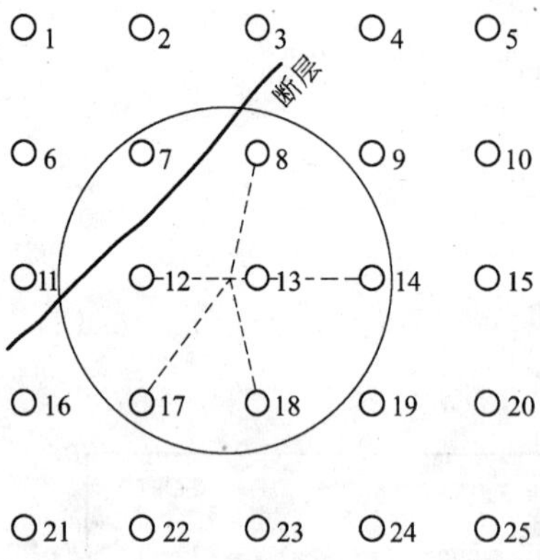

附图 5-4-1　距离 K 方反比法计算示例图

距离 K 方反比法计算示例见附图 5-4-1。

图中圆是以待估选别开采单元 A 的中心为圆心，以样品影响距离 h 为半径绘出的。在样品影响距离内共有样品点 7 个：7 号、8 号、12 号、13 号、14 号、17 号、18 号。其中 7 号样品与待估块段 A 不在同一地质界线内，不参加计算；13 号、14 号两个取样点与待估块段 A 的中心点连线间的夹角小于 15°，考虑到样点之间的屏蔽作用，距离较远的取样点品位可不参加计算，剔除 14 号。参加待估单元 A 计算的样品剩有 8 号、12 号、13 号、17 号、18 号 5 个，采用文中公式进行计算。这里的品位估值仅是利用平面内各取样点的品位特征，因此是二维的估值。若要提高估值的精度，可利用三维空间取样点的品位进行计算。

附录 5-5　*k* 值的选取

k 是根据矿体矿石品位变化特征所选取的距离乘方（次）数，如果品位呈线性变化可取 $k=1$，此时的计算方法称作距离倒数加权法；多数情况下取 $k=2$，此时的计算方法称作距离平方反比法。如果不同方向上品位变化性质不同，k 可分别选取不同值。

附录 5-6　克里格法的估算方法

克里格法的估算方法：

(1) 计算实验半变异函数：半变异函数可定义为“两点间区域化变量增量（如品位值之差）的平方的数学期望”。在平稳性假设下，变异函数只是样品点对之间距离 h 的函数（h 是一个向量）。实验半变异函数的计算式如下：

$$\gamma(h)=\frac{1}{2N(h)}\sum_{i=1}^{N(h)}\left[Z(X_i)-Z(X_i+h)\right]^2 \qquad (附 5\text{-}6\text{-}1)$$

式中，$\gamma(h)$ 为实验半变异函数；N 为信息样品数；h 为样品点对之间的距离；$Z(X_i)$ 为 i 点样品值；$Z(X_i+h)$ 为距样点 X_i 间距离为 h 之相邻样点的样品值。

(2) 变异函数图的绘制及理论模型的套合：计算得到若干个实验变异函数点，各点连线绘成实验变异函数曲线，参照图 5-6-1。

用一个理论变异函数模型与计算所绘的曲线进行拟合。可采用有基台值的球状模型。多个球状模型套合起来可以代替其他模型。使用多级球状模型套合的办法可满足各种类型矿床的计算。

球状模型的一般公式：

$$\gamma(h)=\begin{cases}C\\ C_0+C\left(\dfrac{3h}{2\alpha}-\dfrac{h^3}{2\alpha^2}\right)\\ C_0+C\end{cases}$$

(附 5-6-2)

式中，$\gamma(h)$为理论半变异函数；C 为结构常数（拱高）；C_0 为块金常数；α 为变程（影响范围）；其他符号同前。

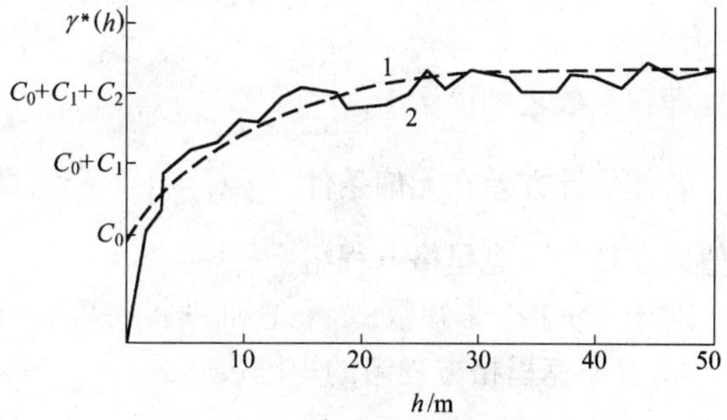

附图 5-6-1　变异函数曲线

1—理论模型曲线；2—计算的变异函数曲线

(3) 建立克里格方程组并求解权系数：

1) 克里格法所用的信息，通常为一组数据及其空间构形和区域化变量的结构。

若在待估域 V 的估计邻域内有一组有效的信息值$\{Z_i, i=1,2,\cdots,n\}$，待估域 V 的品位真值Z_V的估计值 Z_{V^*}是通过该待估块段影响范围内 n 个有效样品值$Z_i(i=1,2,\cdots,n)$的线性组合得到的：

$$Z_{V^*}=\sum_{i=1}^{n}\lambda_i Z_i \qquad (附 5\text{-}6\text{-}3)$$

式中，Z_{V^*}为待估块段 V 的平均品位估值；λ_i 为 n 个权系数$(i=1,2,\cdots,n)$；Z_i 为根据信息样品提供以 X_i 为中心承载 V_i 上的平均品位。

2) 克里格法中的两个关键步骤：一是建立克里格方程组并求解，求出上式 n 个权系数λ_i，以便保证估计值 Z_{V^*}无偏，且估计方差为最小。由这样的权系数计算出的品位估计值Z_{k^*}称为克里格估计值；二是求出估计的最小估计方差，记作 σ_k^2。

克里格方程组：

$$\begin{cases}\sum_{j=1}^{n}\lambda_j\overline{\gamma}(u_i,u_j)-\mu=\overline{\gamma}(u_i,V)\\ \sum_{i=1}^{n}\lambda_i=1\end{cases} \qquad (附 5\text{-}6\text{-}4)$$

克里格方差（块段）：

$$\sigma_k^2=\sum_{i=1}^{n}\lambda_i\overline{\gamma}(u_i,V)-\overline{\gamma}(V,V)+\mu \qquad (附 5\text{-}6\text{-}5)$$

式中，λ_i 为克里格权系数；$\overline{\gamma}(u_i,u_j)$为第 i 个信息单元与第 j 个信息单元之间的平均半变异函数值，可据已有样品的实测品位及已获得的理论数学模型求得：μ 为拉格朗日乘子；$\overline{\gamma}(u_i,V)$为第 i 个信息单元与待估单元之间的平均协方差，其求法与 $\overline{\gamma}(u_i,u_j)$相似。

3) 对于任一给定的块段和数据信息$\{Z(X_i), i=1,2,3,\cdots,n\}$存在一组加权系数 λ_i，使估计方差为最小，其块段真值就能在最小的可能置信区间内产生。

当用 n 个数据估计一个块段时，解出的 n 个权系数必须满足无偏条件并使其估计方差为最小。

所有块段的真值 Z_V 与其估计值 Z_{V^*}之间的偏差平均为零时，即 $E\{Z_{V^*}-Z_V\}=0$，估计是无偏的。无偏条件的数学式为：

$$\sum_{i=1}^{n}\lambda_i = 1 \qquad (附 5\text{-}6\text{-}6)$$

即权系数之和等于1。

若使估计方差在无偏条件 $\sum_{i=1}^{n}\lambda_i = 1$ 下变为最小，则要通过标准拉格朗日乘数法求条件极值以获得普通克里格方程组。

对于 $n+1$ 个未知数（n 个 λ 和一个 μ）可有 $n+1$ 个方程的方程组。

4) 普通克里格方程组的矩阵表达式：

$$[K][\lambda]=[M_2] \qquad (附 5\text{-}6\text{-}7)$$

式中，

$$[\lambda]=\begin{bmatrix}\lambda_1\\ \lambda_2\\ \vdots\\ \lambda_n\\ -\mu\end{bmatrix}$$

$$[M_2]=\begin{bmatrix}\overline{C}(u_1,v)\\ \overline{C}(u_2,v)\\ \vdots\\ \overline{C}(u_n,v)\\ 1\end{bmatrix}$$

$$[K]=\begin{bmatrix}\overline{C}(u_1,u_1) & \overline{C}(u_1,u_2) & \cdots & \overline{C}(u_1,u_n) & 1\\ \overline{C}(u_2,u_1) & \overline{C}(u_2,u_2) & \cdots & \overline{C}(u_2,u_n) & 1\\ \vdots & \vdots & & \vdots & \\ \overline{C}(u_n,u_1) & \overline{C}(u_n,u_2) & \cdots & \overline{C}(u_n,u_n) & 1\\ 1 & 1 & \cdots & 1 & 0\end{bmatrix}$$

$[\lambda]$ 和 $[M_2]$ 为两个列向量。

克里格方差的矩阵表达式如下：

$$\sigma_k^2=\overline{C}(V,V)-[\lambda]^T[M_2] \qquad (附 5\text{-}6\text{-}8)$$

式中，$[\lambda]^T$——$[\lambda]$ 的转置矩阵。

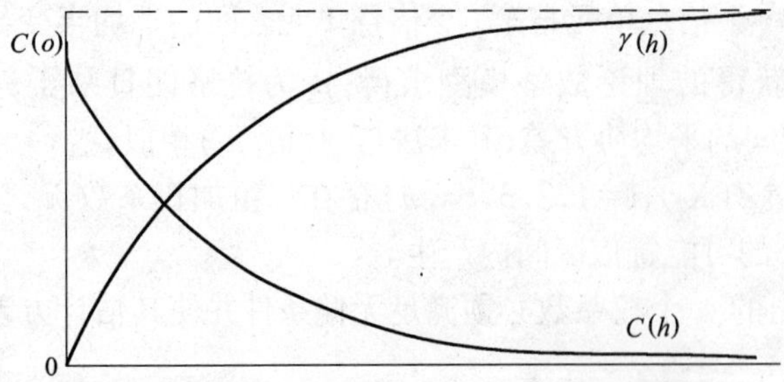

附图 5-6-2 变异函数与协方差函数曲线

5) 变异函数和协方差的简单对应关系见式附 5-6-9 与附图 5-6-2。

$$C(h)=C(o)-\gamma(h) \qquad (附 5\text{-}6\text{-}9)$$

通过协方差函数 $C(h)$ 与变异函数 $\gamma(h)$ 的线性关系，可以解算出各 $\lambda_i(i=1,2,3,\cdots,n)$，并得到线性无偏最小估计方差的估计量 Z_V^*。

附录 5-7 特高品位标准的确定方法

特高品位标准的确定方法：

(1) 经验法：可通过矿山资源储量计算资料与开采资料对比所积累的经验，确定适合于本矿床的特高品位标准；

(2) 类比法：借鉴由矿山开采实践总结的特高品位参考标准。

(3) 统计计算法：

1) 沃罗多莫诺夫公式：

$$H=\overline{C}+\frac{(N-1)(\overline{C}-\overline{C}_1)}{100} \tag{附 5-7-1}$$

式中，H 为特高品位下限，正常品位上限，%；$\overline{C}$ 为包括特高品位在内的平均品位，%；$\overline{C}_1$ 为不包括特高品位在内的平均品位，%；N 为全部样品个数。

2) 包尔德列夫公式：

$$C_{\mathrm{h}}L_{\mathrm{h}}>3\overline{C}L \tag{附 5-7-2}$$

式中，C_{h} 为特高品位，%；L_{h} 为特高品位样品长，m；$\overline{C}$ 为平均品位，%；L 为样品平均长度，m。

附录 5-8 特高品位处理方法中的 $\gamma_n(p)$ 的数学表达式

特高品位处理方法中的 $\gamma_n(p)$ 的数学表达式如下：

$$\gamma_n p=\left[1+\frac{1}{2}p+\frac{(n-1)}{2^2\cdot 2!\ (n+1)}p^2+\frac{(n-1)^2}{2^3\cdot 3!\ (n+1)(n+3)}p^3\cdots\right]$$

附录 5-9 非正常注销资源储量申请书格式

××矿业公司××矿文件(××)×字××号文

储量注销申请书

申请注销单位……………………

注销地点……………………矿区……………………阶段……………………矿块

注销资源储量……………………(kt)

注销矿块示意图(平、剖面)

注销理由：

申请人：	核实意见	矿山意见	报出日期
编制人：			

注销申请报告一式 4 份，包括地矿主管部门与本矿存档。

附录 5-10　查明资源储量台账(表)格式

矿床地质勘查查明资源储量(kt)

第　　次勘查		勘查时间：		勘查性质：		勘查单位：			审批单位：	
矿区(矿体)	阶段(中段)	矿石类型	资源储量总量	探明的		控制的		推测的	品位	备注
				基础储量	资源量	基础储量	资源量	资源量		
合计										
与前次比较增减										
累计查明										

勘查范围	
水平	垂直
工程间距	
探明的	控制的
工业指标	
可采品位	可采厚度
计算参数	
品位	体重

计算机文件名称：　　　　　　制表人：　　　　年　　月　　日

附录 5-11 设计资源储量台账(表)格式

矿床开采设计资源储量(kt)

第	期设计	设计时间		设计性质		设计单位				审批单位		
矿区（矿体）	阶段（中段）	矿石类型	资源储量总量	探明的			控制的			推测的	品位	备注
				储量	基础储量	资源量	储量	基础储量	资源量	资源量		
合计												

设计依据的勘查报告：　　境界范围：　　境外量：

资源储量计算参数：　　工业指标：

计算机文件名称：　　制表人：　　年　　月　　日

附录 5-12 矿床资源储量变动台账(表)格式

时间或部位： 矿床资源储量变动表(kt)

部位或时间	矿石类型	类别	编码	年初保有	年初累计	开采量	损失量	勘探增减	重算增减	年末保有	年末累计	备注
		储量										
		基础储量										
		资源量										
		储量										
		基础储量										
		资源量										

计算机文件名称： 制表人： 年 月 日

附录 5-13 开采结束资源储量比较台账(表)格式

开采结束资源储量(kt)比较表

部位	开采时间	矿石类型	勘探查明资源储量		开采设计资源储量		实际消耗资源储量				品位	备注
			品位	资源储量	品位	资源储量	品位	开采量	损失量	合计		

计算机文件名称： 制表人： 年 月 日

附录 5-14 截止××××年底固体矿产资源/储量报表

附表 5-1 铁矿石工业指标

矿石类型		边界品位 TFe/%	工业品位 TFe/%	有害杂质最大允许含量				最低可采厚度/m	夹石剔除厚度/m
				S	P	SiO_2	其他		
平炉富矿	磁铁矿	>50	>55	<0.15	<0.15	<12	Cu、Pb、Zn、Sn、As均<0.04	露天 0.5~1.0 坑内 0.5	露天 >1~2 坑内 >0.5
	赤铁矿								
高炉富矿	磁铁矿	45	50	0.3	0.25		Pb<0.1 As<0.07 Cu<0.2 Sn<0.08 Zn<0.1~0.2		
	赤铁矿	45	48	0.3	0.25				
	褐铁矿	40	45	0.2	0.2				
	菱铁矿	30	35	0.2	0.2				
	自熔性矿	30	35	0.2	0.2				
贫矿	磁铁矿	18	26					露天 >1~2 坑内 >1.0	露天 >1~2 坑内 >0.5
	赤铁矿	20	28						
	褐铁矿	20	28						
	菱铁矿	18	26						
钒钛磁铁矿:Ⅰ		TFe>30%							
Ⅱ		TFe<20% V_2O_5≥0.25% TiO_2≥6%							
Ⅲ		TFe<20% V_2O_5≥0.18% TiO_2≥5%							

附表 5-2 冶金用锰矿石工业指标

矿石类型		Mn/%		$\frac{Mn}{Fe}$	(Mn+Fe)/%	有害杂质最大允许含量	
		边界品位	工业品位			SiO_2/%	P/%
氧化锰	富矿	≥20~25	≥30	>4		≤25	<0.1
	贫矿	≥10~15	≥20			≤35	<0.1
碳酸锰	富矿	≥15~18	≥20~25	>4		≤25	<0.1
	贫矿	≥8	≥15			≤35	<0.1
铁锰矿			≥10~15		≥30~40	≤35	<0.1
含锰灰岩			≥4~10				<0.1

附表 5-3 电池用锰矿工业指标(%)

品 级	Ⅰ	Ⅱ	Ⅲ	Ⅳ	Ⅴ
MnO≥	75	70	65	60	55
Fe≤	2.8	3.5	4.5	5.5	6.5
放电时间/min	570	510	450	340	330

注：1. 可采厚度：0.3～0.5m，机械可采：0.7m；2. 夹石剔除厚度：0.3m；3. 堆积锰矿含矿率＞20%。

附表 5-4 铬铁矿一般工业指标(%)

矿种及品级		Cr_2O_3		$\frac{Cr_2O_3}{FeO}$	SiO_2	CaO	S	P	净矿含矿率/$kg\cdot m^{-3}$
		边界品位	工业品位						
贫矿	原生贫矿	≥6～8	≥10～12						＞6
	坡积矿	≥1.5	≥3						
铬铁富矿	Ⅰ	≥50		＞3	＜1.2				
	Ⅱ	≥45		≥2.5～3	＜6		＜0.05	＜0.03	
	Ⅲ	≥40		≥2.5	＜6		＜0.05	＜0.07	
	Ⅳ	≥32		≥2.5	＜8		＜0.05	＜0.07	
耐火材料用铬铁矿：									
	Ⅰ	＞35			＜8	＜2			
	Ⅱ	＞30～32			＜11	＜3			

注：1. 最低可采厚度：＞0.5～1m； 2. 夹石剔除厚度＞0.3～0.5m。

附表 5-5 钒矿一般工业指标

矿 床	V_2O_5/%	可采厚度/m	剔除厚度/m
独立矿床	≥0.5～0.7	0.7	0.7
伴生矿床	≥0.1～0.5	0.5	

注：浸染型可采厚度为1.0m。

附表 5-6 钛矿一般工业指标

矿 石 类 型		边界品位/%	工业品位/%
原 生 矿	金 红 石	≥2	≥3～4
TiO_2/%	钛磁铁矿	≥5～6	≥6～8
砂 矿	金 红 石	≥1	≥2
矿物/$kg\cdot m^{-3}$	钛 铁 矿	≥10	≥15

注：1. 最低可采厚度：0.5～1.0m；2. 夹石剔除厚度：0.5～1.0m。

附表 5-7　石灰石矿工业指标(熔剂用)

品　级	CaO /%	MgO /%	酸不溶物 /%	P_2O_5 /%	SO_3 /%	最低可采厚度 /m	夹石剔除厚度 /m
Ⅰ　级	>52	<3.5	<2.0	<0.02	<0.25		
Ⅱ　级	>50	<3.5	<3.0	<0.04	<0.25	2	1～2
Ⅲ　级	>49	<3.5	<3～4	<0.06	<0.35		
白云化灰岩	35～44	6～10	<5				

附表 5-8　化工、水泥用石灰石工业指标

用　途	$CaCO_3$/%	CaO/%	R_2O_3/%	$MgCO_3$/%	MgO/%
制碱用			≤3～4	≤2～3	
制电石用		≥54	≤1		≤1
制磷肥用		≥53	≤3		
制氮肥用	≥97		≤1		≤0.8
制糖用	≥95		≤1.5	≤1.8	
硅酸盐水泥		>47			<2.5
高铝水泥		>53	<1.5		<1.0

用　途	SiO_2/%	$CaSO_4$/%	R_2O/%	P/%	S/%
制碱用	<1				
制电石用	<1			<0.06	<0.1
制磷肥用					
制氮肥用				<0.01	<0.15
制糖用	≤2.5	≤2.0	≤0.25		
硅酸盐水泥	<3		<1		SO<1
高铝水泥	<1.5				

附表 5-9　菱镁矿一般工业指标

<table>
<tr><th colspan="3" rowspan="2">类　别</th><th colspan="3">化学成分/%</th><th colspan="2" rowspan="2">类　别</th><th colspan="3">化学成分/%</th></tr>
<tr><th>MgO</th><th>CaO</th><th>SiO2</th><th>MgO</th><th>CaO</th><th>SiO2</th></tr>
<tr><td rowspan="5">制砖镁石</td><td rowspan="3">镁砖</td><td>Ⅰ</td><td>≥46</td><td>≤0.8</td><td>≤0.8</td><td rowspan="3">制砂镁石</td><td>Ⅰ</td><td>≥43</td><td>≤2.0</td><td>≤2.5</td></tr>
<tr><td>Ⅱ</td><td>≥45</td><td>≤1.5</td><td>≤1.5</td><td>Ⅱ</td><td>≥42</td><td>≤2.5</td><td>≤4.0</td></tr>
<tr><td>Ⅲ</td><td>≥44</td><td>≤2.0</td><td>≤2.0</td><td>Ⅲ</td><td>≥41</td><td>≤3.0</td><td>≤6.0</td></tr>
<tr><td colspan="2">镁硅砖</td><td>≥42</td><td>≤1.2</td><td>3～5</td><td colspan="2">烧结矿熔剂镁粉</td><td>≥35</td><td></td><td></td></tr>
<tr><td colspan="2">镁钙砖</td><td>≥42</td><td>≤6.0</td><td>≤1.2</td><td colspan="2"></td><td></td><td></td><td></td></tr>
</table>

注：1. 最低可采厚度:2m；　2. 夹石剔除厚度:1～2m。

附表 5-10　白云石矿工业指标

类别		MgO/%	CaO/%	SiO_2/%	酸不溶物含 SiO_2/%	Fe_2O_3/%	Al_2O_3/%	Na_2O+K_2O/%	最低可采厚度	夹石剔除厚度
耐火与熔剂	特级	>19		<2	<4					
	Ⅰ	>19		<4	<7				2m	1~2m
	Ⅱ	>17		<6	<10					
	Ⅲ	>16		<7	<12					
提炼金属镁		≥19		≤3				≤0.3	4m	2m
制钙镁磷肥		≥20	≥30	少量		少量	少量			
玻璃原料	Ⅰ	>20	>30			<0.1	<1			
	Ⅱ	>19	>30			<0.2	<1			

附表 5-11　耐火黏土工业指标

矿石类型	化学成分/%				耐火度/℃
	Al_2O_3	Fe_2O_3	CaO	烧失量	
硬质黏土	26~30	2.5~3.5		≤15	
软质及半软质黏土	21~26	2.6~3.0		≤15	
高铝黏土	43~52	<2.2	<0.5	≤15	

注：1. 最低可采厚度:0.5~0.7m；　2. 夹石剔除厚度:0.3m。

附表 5-12　硅石一般工业指标

用途	化学成分/%					耐火度/℃
	SiO_2	Al_2O_3	Fe_2O_3	CaO	P_2O_5	
耐火材料用:						
特级	>98	≤0.5	≤0.5	≤0.5		≥1750
Ⅰ级	≥97.5	≤1.0	≤1.0	≤0.5		≥1750
Ⅱ级	≥96	≤1.5	≤1.5	≤1.0		≥1750
铁合金用:						
Ⅰ级	≥97.5	≤1.0		≤0.3	≤0.02	
Ⅱ级	≥96	≤1.5		≤1.0	≤0.03	

注：1. 最低可采厚度:2m；　2. 夹石剔除厚度:0.5m。

附表 5-13　截至　　　年底固体矿产资源/储量报表

矿种：　　　　矿产组合：　　　　计算对象及单位：　　　　共　页　第　页　　　　每年元月底前上报　　　　制表机关：国土资源部
批准机关：国家统计局

基本情况	矿石特征	类别	编码	年初保有	年初累计	开采量	损失量	勘探增减（±）	重算增减（±）	年末保有	年末累计	利用情况	备注
1	2	3	4	5	6	7	8	9	10	11	12	13	14
(1) 矿区(井田)名称： (2) 采矿权人名称： (3) 矿区(井田)及采矿权人编号： □□□□□□□□□　□□□ (4) 经济类型： (5) 矿山名称： (6) 生产状态： 年　月 (7) 实际生产能力： 采矿： 万 t(万 m^3)/a 选矿： 万 t(万 m^3)/a (8) 采矿许可证号： □□□□□□□□□□□□□ (9) 资源储量登记号： □□□□□□□□□□□□□ (10) 资源储量远景评价：	矿石类型及品级(牌号) 主要成分、有益有害组分含量及其他质量指标	储量										(1) 主要矿产品产销情况： 名称 | 产量 | 销售量 | 销售收入 | 单 | 位 | 万元	
		基础储量											
		资源量											
	其中：	储量										(2) 费税总额：　万元 其中： 资源补偿费：　万元 矿区使用费：　万元 (3) 年利润：　万元 (4) 固定资产原值：　万元 固定资产净值：　万元 (5) 原矿入选品位： (6) 精矿品位： (7) 选矿回收率：　% (8) 采矿贫化率：　% (9) 开采回采率：　% (10) 共伴生矿产名称： (11) 综合利用回收情况：	
		基础储量											
		资源量											
		储量											
		基础储量											
		资源量											

填表单位(盖章)：　负责人：　填表人：　填表日期：　年　月　日　审查机关(盖章)：　审查人：　年　月　日

通讯地址：　邮政编码：　电话区号：　电话号码：　电子邮件地址：

6 矿石质量管理

6.1 概述

6.1.1 矿石质量管理的意义与基本内容

6.1.1.1 *矿石质量管理的意义*

(1) 矿石质量是成品矿石按产品质量标准的达标程度，决定于用户的评价和选择，并直接影响选、冶部门的经济效益。

(2) 矿石质量反映了矿山开采技术的可行性，可衡量矿山生产经营管理水平和经济效益。

(3) 在社会主义市场经济条件下矿山企业面临市场经济的挑战，产品质量关系到企业的存亡与发展。

6.1.1.2 *矿石质量管理的基本内容*

(1) 依靠生产系统群体，建立全员质量保证体系。遵循矿石质量管理的规定，达到质量管理的要求。

(2) 实行系统化、制度化和规范化管理。明确分工，各尽其责。改善采场作业环境和改变习惯作业方式。明确产量、质量和效益的关系。

(3) 优化科学管理，强化质量控制手段，采用计算机及其带有专门用于质量控制的数据挖掘的软件，利用数据挖掘技术建立起一个综合优化质量控制模型，提高质量控制效果。

(4) 专业人员执行分管的职责和行使其权限，掌握采场的地质动态和变化，做好生产过程中的质量管理、监督和信息反馈工作。逐步实现预防性质量管理方式，将质量管理做到生产前面。

6.1.2 矿石质量管理的目的

矿石质量管理的目的：

(1) 保证矿石产品达到用户的质量标准要求。

(2) 保证输出的矿石质量均衡、稳定。

(3) 防止或降低矿石的贫化、损失，达到开采设计指标要求，提高采出矿石品位，有效利用矿产资源，为企业增加经济效益。

(4) 及时掌握采场质量动态，定期提出矿石质量分析，实行优化管理。

6.1.3 矿石质量管理的任务

矿石质量管理的任务：

(1) 按正规采掘部署和制定矿石质量指标，减少废石混入，合理利用矿产资源。

(2) 制定矿石质量保证措施，进行全员质量教育培训，树立质量第一思想。将矿石质量保证措施纳入岗位职责条例。

(3) 编制矿石质量计划。

(4) 进行采场矿石质量调查、质量鉴定与检测及质量编录。

(5) 指导采场生产，实行矿、岩分爆、分采、分运、分贮，严格控制矿石的损失与贫化。

(6) 对同一品种、品级的矿石进行中和配矿，保证输出的矿石质量均衡稳定。

(7) 对生产工艺的各环节执行矿石质量监督、检查。当地质条件出现变化时，必须及时通报有关部门制定可行措施并督促实施。

(8) 对用户实行质量预报。

(9) 应用计算机定期进行矿石质量指标完成情况的统计、计算、分析和信息反馈工作。

6.2 矿石质量管理的基础工作

6.2.1 矿石质量管理的基础资料及其要求

6.2.1.1 *矿石质量管理的图表资料*

(1) 图件资料：

1) 掌子面素描图：图中应标明生产地质取样点位及其矿石品位；

2) 平台(中段)品位分布图：图件内容及要求见第4章。

(2) 图表资料：矿石质量管理程序图；质量指标直方图或曲线图；优化网络图。

6.2.1.2 *矿石质量管理的取样资料*

(1) 生产地质取样资料：

1) 露天开采矿山采集爆破孔矿粉样品；

2) 地下开采矿山在采准、切割、回采工作面采集矿石样品；深孔留矿法与分段崩落法采场采集炮孔矿粉样品；

3) 当围岩含有用组分时，应采集一定数量的有代表性样品；

4) 样品的化学分析与物理测试成果；

5) 样品的采集方法及要求见第3章。

(2) 采出矿石取样资料：

1) 选择可以控制采出矿石品位和废石混入量的地点(爆堆、耙道、出矿漏斗、运矿车、贮矿场等)采集样品；

2) 样品化学分析与物理测试成果以及废石混入量检测结果；

3) 样品采集方法及要求见第3章。

6.2.2 矿石质量管理台账及其要求

6.2.2.1 *矿石质量管理台账的要求*

(1) 应建立健全矿石质量管理台账，作为分析考核和信息反馈的资料，用以反映矿石质量指标的计划实施和完成情况。台账的种类和格式，可根据矿山的实际情况制定。

(2) 质量台账应进行计算机管理，实现统计、计算、分析计算机化。

6.2.2.2 质量管理台账的种类

(1) 矿石质量计划台账，主要内容包括：

1) 矿石计划产量、计划品位、地质品位、预计贫化率；

2) 时间：周、月、季、年；

3) 计划部位：采场、阶段(中段)、采区；

4) 矿石类型、品种(品级)。

(2) 矿石质量统计台账，主要内容包括：

1) 统计时间分别按月、季、年；

2) 统计部位分别按采场、阶段(中段)、采区；

3) 矿石类型分别按品种(品级)进行统计。

4) 统计各项质量指标完成情况，见表6-1。

表6-1 矿石质量指标统计项目

项 目	子 项	母 项
地质品位/%	应采矿石金属量/t	应采出矿石量/t
采出品位/%	采出矿石金属量/t	采出矿石量/t
输出矿石合格率/%	合格品矿石量/t	输出矿石量/t

(3) 矿石贫化率统计台账：内容和格式，见第7章。

(4) 矿石损失率统计台账：内容和格式，见第7章。

6.2.3 矿石计量标准及计量要求

6.2.3.1 执行标准

(1) 矿石计量标准及计量器具遵照《中华人民共和国计量法》和《中华人民共和国强制检定的工作计量器具检定管理办法》执行。

(2) 计量设备(轨道衡、电子秤等)应定期由法定计量检验部门进行检衡鉴定，大修或更换主体备件，须经检校合格方可计量。

6.2.3.2 计量要求

(1) 成品矿石的计量应分别统计矿石合格品量、出格品量和废品量。

(2) 衡器计量：以计量站的计量数字为准。装载车辆自重量与粘车底量以及空载车数量必须扣除。

(3) 采场验收测量计量：执行原冶金工业部《采场验收测量规程》的规定。

(4) 定容计量：以单车(装载量)为单位，统计车数进行计量。

1) 必须设专职人员。

2) 实测标定装载量，确定装载标准与差量系数，绘制装车标准图表；

3) 当装载量不足、粘车底量较大时应按标准与差量系数计算扣除量。

(5) 矿石含水量：可根据产品标准所规定的要求确定。露天开采矿石含水量大于2%；地下开采矿石含水量大于3%时应予扣除。矿石水分测定，可采用实验室烘干法。

扣除水分后的矿石量按下式计算：

$$Q_{w}=Q_{t}[1-(W_{c}-W)] \tag{6-1}$$

式中，Q_w 为扣除水分后的矿石量，t；Q_t 为含水超标的矿石量，t；W_c 为实测水分，%；W 为允许水分，%。

6.3 矿石质量计划

6.3.1 矿石质量计划编制的基本原则

矿石质量编制的基本原则：

(1) 矿石质量计划是矿山生产采掘计划的组成部分，应包括计划质量指标与质量保证措施。

(2) 编制质量计划应精确计算各出矿部位(采场、爆区、贮矿场)的矿石质量均衡能力，制定质量均衡方案，保证产量与质量的平衡。

(3) 为防止矿石质量与产量失调，编制质量计划时应预留部分出矿掌子以备调配使用。

6.3.2 矿石质量计划编制的内容及计算

6.3.2.1 *编制矿石质量计划应具备的资料*

(1) 生产采掘计划图：应具有计划采出部位、采掘进度、出矿顺序、计划采出矿石量等内容。

(2) 采场地质平面图：应具有矿石类型、品级、矿体形态、矿岩接触关系等内容。

(3) 采场地质剖面图：内容与平面图相同。地下开采矿山应增加辅助剖面图。采用崩落法采矿，应具有回采进路或耙道纵剖面图。

(4) 品位分布图及生产地质取样资料：应具有矿石类型、矿石品种(品级)的分布界线、取样位置与分析成果。

6.3.2.2 *矿石质量计划编制的内容*

(1) 根据矿山生产采掘计划要求，编制生产部位出矿量与矿石质量均衡方案。

(2) 预计贫化率(废石混入率)、损失率。

(3) 降低损失与贫化的措施。

6.3.2.3 *矿石质量计划编制中的相关计算*

(1) 核定计划应采地质矿量，可按下列两种方法确定，并认定地质矿量能否满足计划开采矿石量的要求：

1) 通过有关地质图件按开采部位进行计算；

2) 通过预计损失、贫化指标计算，其计算式如下：

$$Q_{D}=Q_{T}\frac{1-P_{H}}{1-S_{K}} \tag{6-2}$$

式中，Q_D 为计划应采地质矿量，t；Q_T 为计划采出矿石量，t；P_H 为计划采出矿石的废石混入率，%；S_K 为计划开采矿石损失率，%。

(2) 预计废石混入率，可按下列 3 种方法确定：

1) 采用与计划采出相应部位的计划指标，或回采设计的贫化率指标；

2）根据地质图件按计划开采部位计算求得废石混入率；

3）当矿山实施矿、岩挑选时，可通过以下步骤计算预计废石混入率：

第一步计算原始废石混入率：

$$P_0=\frac{q_0}{Q_d+q_0}\times 100\% \tag{6-3}$$

式中，P_0 为原始废石混入率（贫化率），%；q_0 为计划范围内矿石中原始废石混入量，t；Q_d 为计划范围内采出地质矿量，t。

第二步计算废石挑选率：

$$T_x=\frac{q_f}{q_0}\times 100\% \tag{6-4}$$

式中，T_x 为废石挑选率，%；q_f 为矿石中计划剔除的废石量，t；q_0 同上式。

第三步计算预计废石混入率：

$$P_H=\frac{q_0\cdot(1-T_x)}{Q_T-(q_0\cdot T_x)}\times 100\% \tag{6-5}$$

或

$$P_H=\frac{q_0-q_f}{Q_T-q_f}\times 100\% \tag{6-6}$$

式中，P_H 为预计废石混入率，%；Q_T 为计划范围内相应的计划采出矿石量，t；其他符号同前。

(3) 预计采下矿石损失率，可按下式计算：

$$S_c=\left[1-\frac{Q_T\cdot(1-P_H)}{Q_d}\right]\times 100\% \tag{6-7}$$

式中，S_c 为预计采下矿石损失率，%；Q_d 为开采矿块相应的采出地质矿量，t；Q_T、P_H 同前。

(4) 采场计划采出矿石品位，可按下式计算：

$$C_T=C_d-P_H\cdot(C_d-C_w) \tag{6-8}$$

当 $C_w=0$ 时，

$$C_T=C_d\cdot(1-P_H) \tag{6-9}$$

式中，C_T 为计划采出品位，%；C_d 为相应矿块地质品位，%；C_w 为相应矿块围岩品位，%；P_H 同前。

(5) 矿山综合计划采出品位，可按下式计算：

$$C_T=\frac{\sum_{i=1}^{n}Q_{Ti}\cdot C_{Ti}}{\sum_{i=1}^{n}Q_{Ti}} \tag{6-10}$$

式中，C_T 为综合计划采出品位，%；Q_{Ti}为各采区采场计划出矿量，t；C_{Ti}为各采区采场计划采出品位，%。

6.3.3 矿石质量预告

6.3.3.1 矿石质量预告时间

根据年、季、月、旬、日(班)所编制的矿石质量计划及确定的矿石质量指标，按时向用户提出预告，并同时通告采矿部门。

6.3.3.2 *矿石质量预告内容*

(1) 各出矿阶段(中段)，各种矿石类型(品级)的计划输出的矿石量；

(2) 各相应出矿部位的计划输出矿石品位及有害组分含量；

(3) 各相应出矿部位采出矿石的废石混入率和综合矿石的废石混入率。

6.4 采矿生产过程中的矿石质量管理

6.4.1 采矿生产过程中矿石质量管理的一般要求

矿石质量管理的一般要求

(1) 制定生产过程的矿石质量保证措施，做好质量均衡工作。

(2) 监督、检查矿石质量计划执行情况，保证输出矿石质量达到计划要求。

6.4.2 采矿生产各工序中的矿石质量管理

6.4.2.1 *穿、爆过程的质量管理*

(1) 穿孔、爆破设计和分穿、分爆必须依据爆破地段的地质素描资料。

(2) 具备分穿、分爆条件的矿、岩分布区及不同矿石类型接触的地段不得混爆。

(3) 根据地质条件确定矿、岩的分爆顺序，防止人为矿、岩混杂,加大废石混入，降低出矿品位，影响中和配矿和限制出矿条件，造成矿石不合理损失。

(4) 采用崩落法采矿时，应严格按照中深孔设计的深度与角度要求进行钻孔。对不符合设计要求的炮孔，必须采取补救措施再行爆破。

6.4.2.2 *露天开采矿山采装过程中的矿石质量管理*

(1) 采装过程是矿石质量保证体系的重要环节，要求采矿部门按正规作业采矿，采取措施降低废石混入，减少矿石损失。做好矿石质量调配，保证输出矿石质量均衡与稳定。

(2) 对爆破后的矿石掌子必须进行质量鉴定。对不同类型、品级的矿石和矿、岩混杂地段应确定采装时矿、岩挑选范围，并设置质量标志，以便采、装生产人员执行。

(3) 电铲采装时，为防止矿石中大量岩石混入，应进行矿石、岩石分挑与分装。

(4) 必须做好电铲的监装工作。对不同类型、不同品级矿石不得混装。输出的矿石必须达到产品质量标准和质量计划要求。

(5) 对出矿部位必须进行质量控制。按质量均衡计划控制出矿量，防止易采地段超计划出矿。

(6) 在出矿掌子的矿石质量发生变化或电铲故障不能生产时，应采用矿石质量相同的后备掌子替代出矿，无后备掌子时，应调整配矿比例，达到质量均衡要求。

6.4.2.3 *地下开采矿山采装过程中的矿石质量管理*

(1) 必须按采矿设计的回采顺序出矿。

(2) 切实做好均衡放矿，严格控制出矿截止品位，当出矿达到截止品位时，应及时通告采矿部门停止出矿。

(3) 对出矿掌子的矿层顶板的松软岩层，应采取掏顶、护顶等措施，防止废石混入。

(4) 使用铲运机出矿时,必 须正确掌握出矿方式和铲装顺序，使用电耙出矿时应均匀耙矿，防止出矿品位不均或大量废石混入。

(5) 矿石与岩石应分别使用固定专用溜井，严禁矿石、岩石混放。当改变放矿溜井时，应进行彻底清理。

(6) 对采矿周期长的掌子面或老采区放矿时，地质人员应按矿石质量标准检查认定，符合要求再行放矿。

6.4.2.4 运贮(卸)过程中的矿石质量管理

(1) 不得对运输条件顺利的出矿部位超采、超运。单车应按装载标准装运，达到按量配矿的质量均衡要求。

(2) 同一车组，对矿石与岩石或不同类型、品种(品级)的矿石不得混运。

(3) 运输车辆在改变运装种类时，应彻底清理车底。

(4) 不同类型、品种(品级)的矿石，应按规定的配矿比分别装车编组，实行按组、按批进行计量、质检，具备允许质量正负偏差配矿条件的车组，按指定地点卸矿。严禁混翻或将废品或废石翻入矿槽。

(5) 采场公路、铁路路渣，应按矿、岩地段分别使用垫料，避免增加采场贫化。

(6) 需要贮存的矿石应按品种(品级)分别运至相应的贮存场地。

6.5 矿石质量均衡管理

6.5.1 矿石质量均衡

6.5.1.1 矿石质量均衡的目的

(1) 为了保证输出的矿石品位稳定，缩小品位波动，使输出的矿石各项质量指标达到质量标准的要求。

(2) 使输出的矿石达到合格品，从而有效利用矿产资源，增加企业经济效益。

6.5.1.2 矿石质量均衡的一般要求

(1) 应在编制生产采掘计划时即行安排，使计划出矿部位的穿、爆、采、运的生产作业条件具备中和配矿能力，并按配矿比安排出矿,保证输出矿石的质量均衡。

(2) 选矿技术尚不能处理的、选别效果不好的、选冶工艺不对口的矿石，以及低于可采品位而又不能中和利用的矿石，即不符合矿石产品质量标准规定的矿石，应另行妥善处理。

(3) 不同类型、不同品级、不同用途的矿石不得进行质量均衡配矿。

(4) 矿石输出前，应在矿槽或溜井进行随机抽检取样，验证矿石品位、贫化率。验证输出矿石质量与质量预报是否相符，当出现差异时应分析原因，采取措施，调整均衡方案，更正质量预报。

6.5.2 矿石质量均衡方法

6.5.2.1 设计与计划阶段的质量均衡工作

(1) 设计阶段的质量均衡：重点是根据矿石质量分布特点及质量均衡条件，确定出矿顺序，控制出矿量。

(2) 采掘计划的质量均衡：应在编制年、季、月的采掘计划时，针对矿石的质量分布，安排采矿部位，对各采场的不同品种(品级)的矿石按质量均衡需要确定穿、爆顺序，确定采矿量及出矿比例。

6.5.2.2 生产过程中各工序的矿石质量均衡

(1) 爆破质量均衡：按矿石类型合理安排不同品位块段的爆破顺序，使不同品位的开采矿块均具有出矿能力。

(2) 出矿质量均衡：按矿石质量均衡计划控制出矿量。

(3) 栈桥质量均衡：应以矿石品位高低控制采场出矿部位的运矿车的翻车量，采取按比例对翻，做到按量配矿。

(4) 贮矿槽质量均衡：应利用移动式皮带台车的往复卸矿达到质量均衡。

(5) 配矿料场质量均衡：应实施横铺竖切的方式装车，使输出的矿石达到质量均衡的要求。

6.5.3 矿石质量均衡的计算

6.5.3.1 质量均衡计划调配计算

(1) 调配计算式：

$$F_{Ti} = Q_{Ti} \cdot (C_{Ti} - \overline{C}) \tag{6-11}$$

式中，F_{Ti}为第 i 个出矿部位的质量均衡能力；Q_{Ti}为第 i 个出矿部位的计划采出矿石量，t；C_{Ti}为第 i 个出矿部位的计划采出品位，%；$\overline{C}$ 为质量均衡后应达到的平均品位，%；出矿部位可为阶段(中段)、采场、矿块等。

(2) 调配要求：当 F_{Ti}为正值时，可多调配部分低品位矿石；当 F_{Ti}为负值时，应多调配部分高品位矿石，最终必须使各调配部位的均衡能力之和满足下式要求：

$$\sum_{i=1}^{n} \geqslant 0 \tag{6-12}$$

式中，n 为调配部位的个数。

当不能满足上式均衡能力要求时，必须调整其中一些部位的出矿量。

采场输出矿石的质量均衡计算：

(1) 已知待配的高品位矿石量，计算与之搭配的低品位矿石量：

$$Q_{dx} = \frac{\sum_{i=1}^{n} Q_{gi} \cdot (\overline{C}_{gi} - \overline{C})}{\overline{C} - \overline{C}_{d}} \tag{6-13}$$

式中，Q_{dx}为可能搭配的低品位矿石量，t；Q_{gi}为第 i 个出矿部位计划采出的高于计划品位的矿石量，t；$\overline{C}_{gi}$为第 i 个出矿部位高于计划品位的矿石平均品位，%；$\overline{C}$ 为要求质量均衡后达到的平均品位，%；$\overline{C}_{d}$ 为低于计划品位的矿石平均品位，%。

(2) 已知待配的低品位矿石量，计算与之搭配的高品位矿石量：

$$Q_{gx} = \frac{\sum_{i=1}^{n} Q_{di}(\overline{C} - \overline{C}_{di})}{\overline{C}_{g} - \overline{C}} \tag{6-14}$$

式中，Q_{gx}为可能搭配的高品位矿石量，t；Q_{di}为第 i 个出矿部位计划采出的低于计划品位的矿石量，t；$\overline{C}_{di}$为第 i 个出矿部位低于计划品位的矿石平均品位，%；$\overline{C}$ 为要求质量均衡后达到的平均品位，%；$\overline{C}_g$ 为高于计划品位的矿石平均品位，%。

应用线性规划方法编制质量均衡方案：

(1) 当矿石品级和出矿部位较多时，可应用线性规划编制质量均衡计划。

(2) 线性规划应用包括 3 个基本内容，即建立模型，模型求解及敏感性分析(模型优化后的分析)。

(3) 线性规划数学模型是：求一组变量的值，在满足一组约束条件下求得目标函数的最优解。标准模型可简缩成求一组变量 $X_j(j=1,2,\cdots,n)$的值，满足一组约束条件：

$$约束条件\begin{cases}\sum_{j=1}^{n} a_{ij}Q_j \leqslant b_i(或 > b_i)\ i = 1,2,\cdots,m \\ Q_j \geqslant 0 \quad j = 1,2,\cdots,n\end{cases} \tag{6-15}$$

并使目标函数 $Z = \sum_{j=1}^{n}\overline{C}_jQ_j$ 达到最小值(或最大值)，其中：a_{ij}、b_i、$\overline{C}_j(i=1,2,\cdots,m,j=1,2,\cdots,n)$均为已知常数。

式中，$\overline{C}_j$ 为出矿部位平均品位，%；Q_j 为出矿部位出矿量，t；b_i 为限定系数；a_{ij}为结构系数。

(4) 采用线性规划编制质量均衡计划的基本程序：

1) 根据生产安排确定出矿部位，预计出矿量、出矿部位的平均品位及计划输出综合品位；

2) 按出矿部位出矿量，出矿部位的平均品位及计划输出综合品位要求建立数学模型，明确约束条件；

3) 编制单纯形法求解的计算机程序；

4) 经计算机的多次迭代调整，获得最优均衡方案，确定各部位的出矿量。

5) 调整生产部位配矿方案或改变输出指标：按最优均衡方案变动生产采掘计划，调整布局，确定各采矿部位的出矿量；必要时可改变输出矿石质量指标。

6.6 矿石产品质量标准与检验

6.6.1 矿石产品质量标准

矿石产品质量标准的综合条件：

(1) 矿床地质条件：矿床类型、矿体形态、有益及有害组分含量及其分布规律。

(2) 采矿条件：采矿方法与机械化程度、生产规模、工业指标、夹石剔除厚度、最低可采品位、采出矿石品位、矿石贫化率、矿石回采率，以及矿山生产成本等。

(3) 用户条件：选、冶生产对矿石质量的技术要求。

矿石产品质量标准应包括以下条款内容：

(1) 矿石产品名称。

(2) 有益、有害组分化学分析含量及执行的标准。

(3) 物理性质：抗压强度、可塑性、矿石硬度等。

(4) 商品矿石品位允许波动范围。

(5) 矿石贫化率。

(6) 加工块度(粒度)。

(7) 水分。

(8) 最低可采品位。

(9) 矿石运输包装、取样方法。

(10) 质量争议处理及质量仲裁。

6.6.2 质量检测的界定与计算

6.6.2.1 *矿石产品质量检验分类*

(1) 合格品：有益组分含量及其允许波动范围内的各项指标符合产品质量标准。

(2) 出格品：有益组分含量大于规定平均含量波动范围上限的为高出格品；低于规定平均含量波动范围下限的为低出格品。出格品仍视为矿石。

(3) 废品：有益组分含量低于可采品位或废石混入率超标均视为废品。

6.6.2.2 *矿石质量合格率的计算*

(1) 按批考核为批合格率，按月考核为月输出合格率。

(2) 计算方法：

$$H_g = \frac{Q_{th}}{Q_{tz}} \times 100\% \tag{6-16}$$

式中，H_g 为输出矿石合格率，%；Q_{th}为检验合格品的矿石量，t；Q_{tz}为检验的输出矿石总量，t。

6.6.3 输出矿石产品质量标准的认定

6.6.3.1 *认定方式*

(1) 质量检验执行供需双方认定的产品质量的标准，并由双方认定的质量检查部门完成。

(2) 检验应在卸矿栈桥、固定矿槽以及机列车、汽车、运输皮带等运载体的固定点，按规定的检验时间进行检验。

(3) 机列车以编组车的配矿比例，按批考核。汽车按单车计量抽检，按配矿比考核。运输皮带检测，定点定时取样检测。

(4) 单车矿石的废石混入率，按品位与贫化率的关系，经计算与实际条件综合分析确定。

(5) 输出的贫铁矿单车废石混入率检测控制标准，可按以下推荐的限额确定：

1) 当输出矿石品位为25%时，废石混入率限定为20%；

2) 当输出矿石品位为30%时，废石混入率限定为30%；

3) 当输出矿石品位为35%时，废石混入率限定为35%；

4) 当输出矿石品位为40%时，废石混入率限定为40%；

5) 废石混入率综合限量以30%为宜，超限单车矿石应视为废品。

6.6.3.2 *质量检验手段*

以目测判断确定检验对象，以下列规定方法的检测作为判定依据：

(1) 化学分析检验：按规定方法在矿车，矿槽以多点法采集样品按其分析结果确定。

(2) 废石、杂质检验：在单车或皮带上采用多点法采集 10～20kg 为一个样品，经人工拣选出废石称重，并按下式计算废石混入率：

$$H_{yf}=\frac{Q_{yf}}{Q_{yz}} \tag{6-17}$$

式中，H_{yf}为样品的废石混入率，%；Q_{yf}为拣选出的废石量，kg；Q_{yz}为样品总重量，kg。

7 矿石损失贫化管理与监督

7.1 概述

7.1.1 矿石损失贫化管理工作的原则

矿石损失贫化管理工作原则

(1) 矿石损失率与贫化率是检验矿山开采技术水平，衡量采矿方法的合理性及矿产资源利用能力的技术经济指标。

损失与贫化管理是矿山开采中技术性较强，涉及问题较多的综合性管理工作。

(2) 矿石损失贫化管理必须由矿山各有关专业技术部门密切协作，充分发挥各职能部门的作用。从设计、施工到生产应采取服务、检查与监督相结合的系统管理。

(3) 矿石损失贫化管理工作，应不断改进技术工作方法，采用计算机等新的技术管理手段进行系统管理。

7.1.2 矿石损失贫化管理的目的

矿石损失贫化管理的目的：

(1) 按照管理部门的有关法规，合理开发与有效利用矿产资源。

(2) 加强采场的生产管理，防止或降低开采过程中的矿石损失与贫化，促进增收节支，提高企业经济效益。

(3) 通过矿石损失贫化管理，检验矿山采矿方法的合理性，提高开采技术水平。

7.1.3 矿石损失贫化管理的任务

矿石损失贫化管理的任务如下：

(1) 为矿山开采设计、计划和生产提供相关资料。

(2) 参与矿山开采设计的审查和施工中的工程质量检查及合理损失与贫化指标的确定。

(3) 参加编制生产采掘计划，制定防止或降低矿石损失与贫化的技术措施。

(4) 执行开采过程中的损失贫化的监督、管理职责。

(5) 按期完成矿石开采损失与贫化指标的计算、统计、分析、总结和信息反馈工作。

7.2 矿石损失贫化的分类

7.2.1 矿石损失

7.2.1.1 *矿石损失的分类*

(1) 按开采性质可分为：开采损失和非开采损失。

(2) 按损失的合理性可分为：合理损失和不合理损失。

7.2.1.2 矿石开采损失

矿石开采损失可分为:采下损失和未采下损失。

(1) 采下损失包括:

1) 在开采过程中由于矿、岩分穿、分爆措施不当，致使矿石混入到废石中而被舍弃造成的矿石损失;

2) 矿体中的脉岩、夹石及近矿围岩，在开采时大量混入矿石中,导致矿石的混岩率超标，致使矿石不能利用而被舍弃造成的矿石损失;

3) 因爆破参数不合理，使爆下的矿石块度过大，又无法对其进行二次爆破而被留在采场造成的矿石损失;

4) 因放矿不均匀，致使部分矿石不能放出被利用，或运矿、贮矿、倒装中人为因素致使部分矿石被舍弃而造成的矿石损失;

5) 采准、回采工程掘进带矿因质量不达标造成的矿石损失;

6) 矿石虽已运出采场，却不能利用而长期贮存，因无回收条件或其他原因作为一次性矿量核销所造成的矿石损失。

(2) 未采下损失包括:

1) 按设计规定回采的矿石量，因管理不当而未能回采的矿石损失;

2) 回采结束后残留的矿石量，以及矿柱因不能回收而永久留在地下的矿石损失;

3) 回采进路或耙道及其他工程因工程质量问题产生岩石移动，造成无安全生产条件而无法回采的矿石损失;

4) 因采矿方法不合理，使一部分矿石不能回采的矿石损失;

5) 多层矿或薄层矿，因采矿条件所致不能回采的矿石损失;

6) 露天开采设计境界内为保护边坡而不能回采的矿石损失。

7.2.1.3 矿石非开采损失

矿石非开采损失是指与采矿方法、生产技术和管理无关的其他原因所造成的矿石损失:

(1) 在开采过程中因矿体形态偶然发生变化不能回收的矿石损失;

(2) 因自然灾害、岩石移动、地下水影响等不能回收的矿石损失;

(3) 因重新进行开采设计，受不利条件限制不能回收的矿石损失;

(4) 为保护井筒、地面建筑、铁路、河流及其他设施的永久安全矿柱所造成的矿石损失。

矿石合理损失:

(1) 根据开采设计所确定的矿石损失率指标允许范围内的矿石损失。

(2) 按设计不予采出的矿石损失。

矿石不合理损失:

在开采过程中因采矿方法及生产管理不当、技术措施不力以及其他人为因素所造成的矿石损失。

7.2.2 矿石贫化

矿石贫化释义:

在矿山开采的穿爆铲运放矿等过程中，因废石的混入或富矿粉的损失导致矿石品位的降低，即矿石贫化。

矿石贫化分类：

(1) 合理贫化：根据开采设计确定的或经主管部门审定的贫化指标内的贫化。

(2) 不合理贫化：在开采过程中可以避免而未能避免的废石混入造成的贫化。

7.3 合理的矿石损失、贫化计划指标的确定

7.3.1 合理的矿石损失、贫化计划指标确定的原则

合理的矿石损失、贫化计划指标确定的原则：

(1) 应根据矿山的不同采矿方法、生产技术条件、采矿设备条件及经济效益因素等综合分析确定。

(2) 应考虑矿山近期生产安排和长远规划的宏观调控。

(3) 兼顾矿山总体经济效益和资源的充分利用，避免片面追求指标的高低。

(4) 应根据矿床类型和地质条件以及采矿方式方法进行试验测算和分析论证确定损失与贫化指标。

7.3.2 合理的矿石损失率、贫化率计划指标的确定方法

合理的矿石损失率、贫化率计划指标的确定方法：

(1) 类比法：

可对照同类型矿山的实际指标进行考察，确定其可行性后加以引用。

(2) 统计分析法：

统计矿山正规生产历年完成的指标，去掉不可比因素，以加权计算后的平均值确定。

(3) 实际测算法：

1) 根据矿山地质资料和采矿设计资料，分别按爆区(矿块)、阶段(中段)、采区(坑口)、矿区计算开采范围内的矿石损失量、废石混入量。再通过采取技术措施、强化管理，确定矿石、岩石挑选率和最大挑选量，以此计算确定合理的矿石损失率、贫化率指标。

2) 计划的贫化率(废石混入率)与矿石损失率指标可按下式计算：

$$P_H=\frac{q_0\cdot(1-q_H/q_0)}{Q_T-q_H}\times100\% \tag{7-1}$$

$$S_r=\left[1-\frac{Q_T\cdot(1-p_H)}{Q_d}\right]\times100\% \tag{7-2}$$

式中，P_H 为计划矿石贫化率，%；S_r 为计划矿石损失率，%；q_0 为挑选前废石混入量，t；q_H 为预计废石混入量，t；Q_d 为计划采出地质矿量，t；Q_T 为计划采出矿石量，t。

(4) 经济效益分析法：

1) 采用计算机分析矿石贫化、损失对企业经济效益的影响，优化其合理的指标。

2) 矿石贫化率降低对采出品位的经济效益计算，可按以下步骤进行：

① 计算降低废石混入的贫化率：

$$P_H=\frac{q_0-q_f}{Q_T-q_f}\times100\% \tag{7-3}$$

式中，P_H 为废石混入降低后的矿石贫化率，%；q_0 为挑选前废石混入量，t；q_f 为采取措施后废石挑选量，t；Q_T 为计划采出矿石量，t。

② 计算因废石混入率降低所提高的品位值：

$$C_n=\frac{C_d-C_T}{P_0}(P_0-P_H)\times 100\% \tag{7-4}$$

式中，C_n 为废石混入率降低后所提高的品位值，%；C_d 为相应矿块地质品位，%；C_T 为相应矿块计划采出矿石品位，%；P_0 为废石混入率降低前的矿石贫化率，%；P_H 为废石混入率降低后的矿石贫化率，%。

③ 计算提高品位的经济效益：

$$L_f=C_n\cdot f\cdot Q_T \tag{7-5}$$

式中，L_f 为采出矿石量 Q_T 提高品位 n 个百分点增加的财务收入，元；f 为商品矿石品位 ±1%的差价，元/t；其他符号同前。

3) 矿石损失影响的经济效益计算：

$$L_F=F_c\cdot Q_s \tag{7-6}$$

式中，L_F 为矿石损失所影响的经济效益，元/t；F_c 为矿石的采、运成本费用，元/t；Q_s 为矿石损失量，t。

7.3.3 矿石损失、贫化的监督管理

7.3.3.1 开采设计中的矿石损失与贫化的监督管理

(1) 矿山开采设计及开拓、采准、回采设计，应综合安全、经济、技术等因素确定矿石损失、贫化指标。地测部门应实行监督，避免因设计不周导致生产中矿石损失、贫化增大。

(2) 开采设计应满足以下要求，地测部门应及时检查、监督：

1) 开采设计应实行贫富、大小、厚薄、难易四个兼采的原则；

2) 根据不同矿床类型选用合理的采矿方法，坚持合理的正规开采顺序，最大限度地减少矿石损失，降低开采过程的矿石贫化；

3) 综合经济效益、资源回收、生产条件等因素确定合理的损失率和贫化率指标；

4) 对目前尚难利用的矿产资源应加以保护，以备今后开采利用。对必须采出的暂不能利用的矿石应设置贮存场地；

5) 对矿石有用金属含量变化较大的矿床应设置矿石质量均衡料场或创造相似条件，以便保证低品位矿石的合理利用，减少矿石损失；

6) 设计矿山排岩场、选矿尾矿库、永久性铁路及大型建筑场地，应依据地质勘探资料，避免压矿造成资源损失。

(3) 开采设计应建立会审(会签)制度，以利于地测部门实行监督的职能。

7.3.3.2 开采过程中矿石损失与贫化的监督管理

(1) 露天开采矿山的监督与管理：

1) 参与矿山生产设计、计划、组织实施的人员必须掌握矿石类型、矿体形态及矿石质量等地质条件；

2) 参与矿山生产采掘设计和计划的编制，制定合理的矿石损失率、贫化率指标及降低

损失与贫化的可行措施。

3) 生产采掘作业应按设计和计划施工，保证正规作业，提高工程质量；

4) 在矿、岩接触部位应实行分穿、分爆、分装、分运，在清理平台时矿、岩不能混杂；

5) 在矿、岩接触部位须进行矿石、岩石挑选，减少矿石损失和贫化，保证输出矿石质量，质量管理人员可实行监装；

6) 装、运时严格执行原矿质量管理的规章制度，防止出现废品造成矿石损失；

7) 加强路渣管理，采场铁路、公路经由矿石、岩石地段须分别使用矿石、岩石作路渣垫路，禁止混垫。

(2) 地下开采矿山的监督与管理：

1) 参与生产采掘计划的编制和探采结合工程设计，并在实施过程中进行监督、检查；

2) 监督、检查“四个兼采”的实施，最大限度地利用矿产资源，防止采富弃贫，片面追求效益的不正规采矿；

3) 定期检查、监督开拓、采准、回采等各项采剥工程是否按设计施工，确保矿块的合理布置及底部结构的质量达标，当地质条件发生变化时应及时建议修改设计；

4) 定期检查、监督按照合理的采矿顺序回采；

5) 矿块回采过程应按地质编录及采样资料进行复核，验证所圈定的矿体边界，掌握矿柱、矿壁尺寸，及时指导回采；

6) 检查中深孔凿岩、爆破操作是否执行设计，保证炮孔角度和深度达设计要求；

7) 加强放矿的监督、管理。采用矿石自重放矿必须做到均匀放矿。切实掌握放矿和漏斗出矿的统计，应与采矿部门共同分析，确定合理的放矿截止品位。利用可靠和简便的放矿品位测定法及时掌握放矿品位变化，以协同采矿人员确定出矿、封斗或转斗；

8) 对矿、岩溜井严格监督、管理，不得混用，需改变使用时应进行彻底清理；

9) 采用中深孔采矿的采场，应通过采准、切割、钻孔等工程获得的资料对矿体进行二次圈定，为回采设计提供准确资料，并按设计检查、验收炮孔，防止崩矿过程造成矿石损失与贫化；

10) 采用崩落法采矿的采场，应保证底部巷道的施工质量，使矿房中的矿石能够全部放出。生产中应制定切实可行的控制矿石损失与贫化的技术和组织措施。对顶部最后一次爆破时，须清理地表杂物，避免其混入，影响矿石质量和造成矿石损失；

11) 采用充填法采矿的采场，应拉底，回采达到矿体边界，未达边界不得进行下一分层的回采作业。设计分采的薄层矿应分采分出。一个分层矿石出完后须经验收，合格后方可进行充填，充填料不得使用矿石；

12) 采用留矿法采矿的采场，应严格控制采幅达矿体边界，对薄层矿及平行、分支、倾斜的矿脉应确定合理回采方法，提高回采率；

13) 当矿房回采结束时，应进行验收检查，监督按设计要求回收的矿柱及矿房残矿的回收，未经验收不得封斗及撤除生产设备。

7.3.3.3 运输及贮矿过程中损失与贫化的监督管理

(1) 矿石运输的监督与管理：

1) 不同类型、品级的矿石应分别装车分别运出采场，铁路运输的矿山，矿石与岩石不得混合编组，须分列分运排放指定地点；

2) 运矿、运岩应使用固定车组，需要变更使用时应将车底彻底清理；

(2) 矿石贮存的监督与管理:

1) 应选择可长期贮存和具有回收条件的贮矿场地,贮矿场与废石场应保持一定距离;

2) 不同类型、不同性质的矿石必须分别贮存,避免相互混杂;

3) 必须建立贮矿台账和贮矿管理条例;

4) 贮存的矿石应妥善管理,未经上级主管部门审批不得报废。确属不能利用的,应按资源储量报销规定办理核销。

7.4 矿石损失率、贫化率的计算

7.4.1 矿石损失率的计算

7.4.1.1 *矿石损失率计算的一般要求*

(1) 矿石损失率计算包括采下损失率、未采下损失率和总损失率的计算。

(2) 矿石损失率计算方法的选择:根据矿山的具体情况确定。应针对不同的采矿方式方法和计算参数的可靠性选择合适的计算方法。一般宜采用直接法,当受参数干扰时可采用间接法计算。

(3) 计算单元:露天开采矿山以阶段、爆区(矿块)为单元。地下开采矿山无底柱采矿法以进路为计算单元;有底柱采矿法以耙道为计算单元;浅孔留矿法、空场法、壁式采矿法以采场为计算单元。

(4) 计算时间:按月、季、年分别对开采阶段(中段)、采区(坑口)进行统计汇总。

7.4.1.2 *损失率计算方法*

(1) 直接法:

1) 开采损失率:

$$S_k=\frac{Q_{bs}+Q_{cs}}{Q_D}\times 100\% \tag{7-7}$$

2) 未采下损失率:

$$S_b=\frac{Q_{bs}}{Q_D}\times 100\% \tag{7-8}$$

3) 采下损失率:

$$S_c=\frac{Q_{cs}}{Q_D}\times 100\% \tag{7-9}$$

或

$$S_c=\left[1-\frac{Q_t\cdot(1-P_h)}{Q_d}\right]\times 100\% \tag{7-10}$$

式中,S_k 为矿石开采损失率,%;S_b 为矿石未采下损失率,%;S_c 为矿石采下损失率,%;Q_{bs}为相应块段未采下矿石损失量,t;Q_{cs}为相应块段采下矿石损失量,t;Q_D 为开采块段应采地质矿量,t;Q_d 为开采块段采出地质矿量,t;Q_t 为相应块段采出矿石量,t;P_h 为相应块段采出矿石贫化率,%。

(2) 间接法:

$$S_k=\left[1-\frac{Q_t\cdot(C_t-C_w)}{Q_d\cdot(C_d-C_w)}\right]\times 100\% \tag{7-11}$$

或 $$S_k=\frac{Q_t\cdot(C_d-C_t)}{Q_d\cdot(C_d-C_w)}\times100\% \tag{7-12}$$

式中，S_k 为矿石开采损失率，%；C_t 为采出品位，%；C_d 为地质品位，%；C_w 为相应块段范围的围岩、夹石有益组分含量，%；其他符号同前。

7.4.2 矿石贫化率的计算

7.4.2.1 *矿石贫化率计算的一般要求*

(1) 矿石贫化率的计算应与损失率的计算同步进行。

(2) 矿石贫化率计算方法的选择、计算单元、计算时间可参照矿石损失率计算的有关要求进行。

7.4.2.2 *贫化率计算方法*

(1) 直接法：

$$P_k=\frac{q_h}{Q_t}\times100\% \tag{7-13}$$

式中，P_k 为矿石开采贫化率，%；q_h 为采出矿石中废石混入量，t；Q_t 为采出矿石量，t。

(2) 间接法：

$$P_k=\frac{C_d-C_t}{C_d-C_w}\times100\% \tag{7-14}$$

式中，P_k 为矿石开采贫化率，%；C_t 为采出品位，%；C_d 为地质品位，%；C_w 为相应块段范围的围岩、夹石有益组分含量，%。

7.4.3 损失与贫化基本计算参数及其确定方法

损失与贫化基本计算参数及其确定方法：

(1) 地质矿量，相当于资源储量，是根据地质原则在资源储量计算图纸上圈定计算的矿石量，用于矿石损失贫化管理中区别于开采的矿量名称。

作为基本名称，在实际使用时，其前应冠以采矿专用名词，如：应采地质矿量、采出地质矿量等。

(2) 应采地质矿量，是地质矿量的一部分，是指其中开采部位应该采出的矿石量，其量中包括未采下损失和采下损失的矿石量。

(3) 采出地质矿量，是应采地质矿量的一部分，指的是采空空间采出的矿石量，其量中不包括未采下损失的矿石量。该量可以在图纸上计算求得。

当未采下损失为零时，采出地质矿量与应采地质矿量量值相等。

(4) 采出矿量(运出矿石量)，是采出地质矿量的一部分，其量中包括混入的围岩、夹石量，不包括采下损失的矿石量。

该量可以计量求得，有中间倒装场的可以测量验收计算确定。

(5) 矿石开采损失量，因开采造成的矿石损失量，包括未采下损失矿石量和采下损失矿石量。该量可在图上计算求得和由生产统计计算求得。

(6) 矿石开采损失率，开采损失的矿石量与应采地质矿量的百分比，包括未采下损失率和采下损失率。

(7) 矿石未采下损失量,应采地质矿量中由于种种原因未能采出利用而损失的矿石量,该量可在图纸上直接计算求得。

(8) 矿石未采下损失率,为未采下损失矿石量与应采地质矿量的百分比。

(9) 矿石采下损失量,采出矿量中由于种种原因而未被利用的矿石量,包括被运往排岩场舍弃的矿石量、采场内残留的矿石、矿粉量,井下采场应放出而未被放出的矿石量等。

(10) 矿石采下损失率,是采下损失的矿石量与采出地质矿量的百分比。

(11) 废石混入量(贫化量),采出矿量中导致矿石品位降低(贫化)所混入的废石量。该量可采用直接法或间接法检测或计算求得。

(12) 矿石开采贫化率,矿石中因开采所致的废石混入量与采出矿石量的百分比。开采贫化包括一次贫化和二次贫化。一次贫化是指矿体中夹有的,厚度小于剔除厚度的夹层(夹石)造成的贫化;二次贫化是指开采中围岩、夹石的混入造成的贫化。

(13) 原始废石混入率,在矿石损失贫化管理中指的是废石挑选前的废石混入量与采出矿石量的百分比。

(14) 地质品位,通过地质取样获得的矿石品位。在矿石开采中指的是地质矿量的平均品位。当多部位开采时,可按开采部位出矿量及其品位进行量加权求得。

(15) 采出矿石品位,是指出矿部位运出(放出)的矿石,根据质量检查的规定采集样品进行化学分析获得的品位;指的是平均品位,当多部位出矿时,可按出矿部位出矿量及其品位进行量加权求得。

(16) 围岩、夹石有益组分含量,在质量管理中,是指混入矿石里的废石含有的有益组分含量,可根据块段探、采工程揭露的围岩、夹石的样品分析获得,或专门性系统取样化验资料计算求得。有干选工艺流程的矿山可直接采集样品测定干选尾矿中围岩、夹石样品的平均值。

7.5　矿石损失与贫化的综合管理

7.5.1　矿石损失、贫化台账的建立

建立台账的目的和要求:

(1) 矿石损失、贫化统计台账是矿石损失、贫化管理工作的成果,是矿山开采过程的矿石利用程度和矿石质量评价的信息资料,也是矿山开采设计的技术经济指标的考证资料,应采用计算机进行专人管理。

(2) 台账应分别按月、季、年进行统计;应对采场、阶段(中段)、采区(坑口)和矿区的矿石损失率与贫化率的计划与完成情况进行统计。

台账的基本内容与格式:

台账的基本内容及其格式可参照附录 7 确定。

7.5.2　矿石损失与贫化管理总结报告的编写

7.5.2.1　报告编写时间与呈报要求

(1) 一个开采单元回采结束必须编写总结报告。

(2) 在月、季、年矿石损失率、贫化率统计计算工作完成时必须编写总结报告。

(3)“总结报告”应及时报送有关部门，以利于加强生产技术管理。

7.5.2.2 总结报告的内容与编写参考提纲

(1) 矿石损失率与贫化率指标完成情况：

1) 完成的各项指标；

2) 将其与计划比较；

3) 将其与回采设计比较。

(2) 损失与贫化管理工作的成绩与经验。

(3) 造成非正常损失、贫化的原因与经过。提高矿石回采率与降低贫化率的改进意见及应采取的技术措施，其具体内容包括：

1) 造成非正常损失、贫化的时间、地点、部位、发生经过；

2) 所引起的矿石品种(品级)的损失量及废石混入量；

3) 影响的经济损失；

4) 处理意见、防止措施及如何加强管理等改进的建议。

(4) 经济效益分析：对完成的指标进行分析，分析损失与贫化对企业经济效益的影响及效益增减的相关数值。

7.5.3 矿石损失率与贫化率的复核与验证

7.5.3.1 验证计算精度及误差影响因素

(1) 样品检验分析误差与代表性；

(2) 计量精度，包括计量设备累计误差、人为误差及统计数量的真实性；

(3) 测量验收误差；

(4) 矿、岩混杂部位运出的岩石中含矿量检测的可靠性；运出矿石中含岩量检测的可靠性；

(5) 损失率与贫化率计算方法的合理性以及确定的计算参数及其基础资料的可靠性；

(6) 回采矿块矿体的偶然变化影响的地质矿量变动程度。

7.5.3.2 分析验证有关量值之间的平衡关系

(1) 应采地质矿量与其相关量，应满足下式要求：

$$Q_D = Q_{bs} + Q_{cs} + Q_t \cdot (1 - P_k) \tag{7-15}$$

式中，Q_D 为应采地质矿量，t；Q_{bs}为未采下损失矿石量，t；Q_{cs}为采下损失矿石量，t；Q_t 为采出矿石量，t；P_k 为开采贫化率，%。

(2) 矿石采下损失量与其相关量，应满足下式要求：

$$Q_{cs} = Q_d - (Q_t - q_h) \tag{7-16}$$

式中，Q_{cs}为矿石采下损失量，t；Q_d 为采出地质矿量，t；Q_t 为采出矿石量，t；q_h 为废石混入量，t。

(3) 矿石贫化量与其相关量，应满足下式要求：

$$q_h = Q_t + Q_{cs} - Q_d \tag{7-17}$$

式中符号同前。

(4) 当相关量之间不平衡时，应从以下原因进行分析：

1) 计算参数的代表性；

2) 开采中采下矿石损失量统计的准确性；

3) 矿房回采结束后，不能回采的残矿位置控制及残矿量计算的准确性；

4) 采出品位、围岩品位以及废石混入的样品的代表性；

5) 掘进带矿量计算的准确程度；

6) 放矿截止品位取样的代表性。

7.5.3.3 复核验证结果的处置

(1) 复核评价后应提交矿石损失与贫化复核评价报告。报告内容包括：评价结果、改进建议等。

(2) 对非正常损失的矿量，必须作出说明并移交资源储量管理人员按有关规定核销。

附录

附录 7-1 矿石损失率统计台账内容及其格式

矿石损失率统计台账

统计月份	采矿部位	矿石类型、品级	计划指标/%	实际完成			与计划比(±)
				地质矿量/t	损失量/t	损失率/%	

附录 7-2 矿石贫化率统计台账内容及其格式

矿石贫化率统计台账

统计月份	采矿部位	矿石类型、品级	计划指标/%	实际完成					与计划比(±)
				地质矿量/t			贫化量/t	贫化率/%	
				出矿量	带矿量	合计			

附录 7-3 矿石损失与贫化综合台账内容及其格式

矿石损失与贫化综合台账

统计月份	采矿部位	矿石类型、品级	计划指标		应采地质矿量			采出地质矿量			采出矿石量				采下矿石损失		未采下矿石损失		合理损失		不合理损失		采出矿石贫化		与计划比（±）	
			损失率/%	贫化率/%	地质矿量/t	地质品位/%	围岩品位/%	地质矿量/t	地质品位/%	围岩品位/%	出矿量/t	带矿量/t	合计量/t	采出品位/%	损失量/t	损失率/%	损失量/t	损失率/%	损失量/t	损失率/%	损失量/t	损失率/%	贫化量/t	贫化率/%	损失率/%	贫化率/%

8　矿山水文地质工作

8.1　概述

8.1.1　矿山水文地质工作的目的

矿山水文地质工作的目的：

(1) 通过矿山水文地质调查，正确全面地掌握矿区水文地质条件，合理布置矿山防治水工程，正确指导矿坑采掘作业，确保矿坑生产作业安全。

(2) 促使矿产资源、地下水资源得以合理开发利用，从而提高矿山经济效益。

8.1.2　矿山水文地质工作的主要任务

矿山水文地质工作的主要任务：

(1) 进行矿区水文地质调查，查明影响矿山正常生产和建设的水文地质因素；

(2) 分析矿区充水条件，预测核定矿坑涌水量，提出矿山防治水方案预处理措施；

(3) 开展矿山日常水文地质观测工作，研究矿区地下水的动态并及时预报，以便指导采掘施工，防止地下水害，实现安全生产；

(4) 通过对地下水水质动态观测分析，研究对地下水资源及环境的保护，研究和解决矿区供水水源以及矿坑水的综合利用；

(5) 建立健全水文地质观测资料台账、图件以及水文地质图，做到规范化、标准化，及时提供给生产部门使用。

8.2　矿山水文地质条件分类

8.2.1　矿床充水条件分类

8.2.1.1　*分类的基本原则*

(1) 以矿床水文地质特征为主要依据；

(2) 以充水岩石性质和充水岩层产状形态(充水空间形态)为主要标志。

8.2.1.2　*矿床充水条件类型：*

根据矿床充水的主要含水层的类型，固体矿床可划分为以下3类：

(1) 以孔隙含水层充水为主的矿床；

(2) 以裂隙含水层充水为主的矿床；

(3) 以岩溶含水层充水为主的矿床。本类矿床又可划分为3个亚类：即以溶蚀裂隙为主的岩溶充水矿床、以溶洞为主的岩溶充水矿床和以暗河为主的岩溶充水矿床。

8.2.2　水文地质条件复杂程度类型

根据影响水文地质条件复杂程度的因素，可划分为3种类型：

(1) 水文地质条件简单的矿床：

1) 主要矿体位于当地侵蚀基准面以上，地形条件有利于自然排水，矿床充水主要含水层或构造破碎带富水性弱至中等。

2) 主要矿体位于当地侵蚀基准面以下，但附近无地表水体，矿床充水主要含水层和构造破碎带富水性弱，地下水补给条件差，水文地质边界简单。

(2) 水文地质条件中等的矿床：

1) 主要矿体位于当地侵蚀基准面以上，地下水位以下，矿床充水主要含水层富水性中等，区域补给条件好，但地形条件有利于自然排水。

2) 主要矿体位于当地侵蚀基准面以下，地表水体对矿床充水影响不大，矿床充水主要含水层富水性中等，地下水补给条件较差，疏干排水可能产生少量塌陷，水文地质边界较复杂。

(3) 水文地质条件复杂的矿床：主要矿体位于当地侵蚀基准面以下，矿床充水主要含水层和构造破碎带富水性强，补给条件好，地表水体对矿床充水具有威胁，矿床疏干排水有产生大面积塌陷、沉降的可能，水文地质边界复杂。

8.2.3 矿床充水主要含水层的富水性

8.2.3.1 按钻孔单位涌水量(q)划分

(1) 富水性弱的，q 小于 0.1L/(s·m)；

(2) 富水性中等的，q 介于(0.1～1)L/(s·m)；

(3) 富水性强的，q 大于 1L/(s·m)。

8.2.3.2 按矿井正常排水量(Q)划分

(1) 富水性弱的，Q 小于 5000m^3/d；

(2) 富水性中等的，Q 介于(5000～20000)m^3/d；

(3) 富水性强的，Q 大于 20000m^3/d。

8.3 矿山日常水文地质工作

8.3.1 矿坑(井)水文地质测量编录

矿坑(井)水文地质测量编录的类别主要包括：巷道水文地质编录，工程地质现象编录，老窿及废坑的调查以及岩溶现象调查和地下水水化学测量等。

8.3.1.1 巷道水文地质测量编录

(1) 随着采掘工程的进展，对所揭露的含水层、隔水层、断层、节理裂隙等有关水文地质现象，均需进行编录填图。

(2) 井巷岩层及其含水性的编录：

1) 应分段选择具有代表性的地段进行观察、描述。

2) 应以坑道或掌子面素描图的形式进行原始编录。

3) 素描图应标注测点位置，以便将其反映到矿坑水文地质图上。

4) 观察、描述的内容包括：地层时代、岩石名称、厚度、岩层产状、结构、构造、矿物成分，坚硬程度，含水性，岩溶形状、尺寸，含水层的裂隙发育状况及其充填物，涌水量等。

(3) 断层破碎带及其含水性的编录：

1) 对出现的断层破碎带应专门进行观察描述。

2) 观察描述的内容包括：断层的产状要素、规模、宽度，断层的力学性质，充填物的含水性、导水性及隔水性，断层两盘岩性，特别是含水层的岩性，断层带与地表水体或强含水层沟通情况，出水情况和出水方式、出水部位，水的物理化学性质，出水量及变化趋势以及对水源的初步判断等。

3) 断层的位置应有测点控制。

(4) 裂隙测量：

1) 对以构造裂隙为主要充水方式的矿坑所揭露的含水层，均应进行裂隙统计，测量结果应编绘含水裂隙等密度图。

2) 裂隙测量的内容包括：产状要素、长度、宽度，张开度和充填物、成因类型、各组裂隙的生成次序以及测点所处的构造部位。

3) 岩层含水裂隙的发育程度可用岩层的裂隙率来表示。

$$K_T = \frac{\Sigma b}{L} \times 100\% \tag{8-1}$$

式中，K_T 为岩层裂隙率，%；L 为测线长度，m；Σb 为测段内含水裂隙张开的总宽度，mm。

4) 在多组含水裂隙发育地段，岩层的裂隙率宜用面积法统计，见下式：

$$K_T = \frac{\Sigma a \cdot b}{F} \times 100\% \tag{8-2}$$

式中，a 为每条裂隙长度，m；b 为每条裂隙张开的宽度，mm；F 为测量总面积(应大于 $4m^2$)，m^2。

(5) 出水点(突水点)调查：

1) 出(突)水点，应详细记录出水时间的年、月、日、时、分，出水点的位置、出水层位(岩性)、出水点水压、标高、出水形式，初始水量、最大水量、稳定水量，出水点出口的大小、形态、性质，水色、水温、气味等。

2) 对出水量要进行定期观测（初期应每天进行测定，稳定后可 5～10 天观测 1 次)。

3) 应对水源作出分析，对具有代表性的出水点或水源不清的出水点，应取水样进行水质分析。以便分析对比水的来源。

4) 对出水前的征兆及其相关因素变化应详细如实记录，以便进行综合分析。

8.3.1.2 工程地质现象编录

(1) 对地下开采的井巷和采场区的水文地质编录中，应详细记录软弱夹层，井巷底鼓(帮鼓)、冒顶、片帮、流沙，黏塑性岩土流变、管涌以及支柱变形破坏。

(2) 对露天采矿场的边坡形态，开裂、滑坡、坍塌等现象，地下开采造成地面坍塌、沉降和因此而引起地面建筑物的变形、开裂和破坏影响程度，应做好专门的记录。

8.3.1.3 废坑和老窿调查

(1) 生产矿山必须对矿区的老窿、废坑进行调查和资料收集工作。

(2) 调查的内容主要包括：建井、停采时间和原因，坑道所揭露的地层、岩性、地质构造特征、矿种和硐口标高，矿坑排水及对其他出水点的影响，灾害性突水原因、时间、部位、水量，目前矿坑总涌水量及含水系数、水质。

(3) 所有废坑和老窿应尽量收集图纸资料备存，以便现在生产矿山防治水工作利用。

8.3.1.4 岩溶现象调查

(1) 调查内容主要包括以下几点：岩溶现象名称、标高、方位、所处岩石层位及上下层情况，岩溶与构造关系，岩溶充填情况，包括充填程度和充填物的性质，岩溶连通程度等。

(2) 调查方法：对重要信息资料应摄像记录，或可采用素描的方法进行编录。

8.3.1.5 地下水水化学测量

(1) 矿山井巷掘进和采矿过程中，对新出现的主要涌水点，应对地下水的水质进行取样检验，用以判别补给水源和补给方向，必要时还可以利用井巷附近的钻孔、泉、井投放示踪试剂，进行连通性试验。

(2) 根据地下水综合利用和环境保护的需要，正常生产矿山，对地下水的水质也要进行定期的检测，通常是半年至1年。

(3) 水化学分析项目，一般包括：颜色、透明度、嗅和味、沉淀、Ca^{2+}、Mg^{2+}、Na^{+}、K^{+}、HCO_3^{-}、Cl^{-}、SO_4^{2-}、pH值、总矿化度、总硬度等。特殊元素的分析可根据不同的目的分别确定。

8.3.2 矿坑(井)水文地质观测

8.3.2.1 矿坑(井)水文地质长期观测的目的与项目

(1) 矿区水文地质长期观测的目的是：通过观测掌握地下水动态特征，从而判断其与大气降水、地表水体以及各含水层之间的水力联系，分析地下水的疏干状况与矿坑开采面积、深度的关系，为预防水害和利用地下水资源服务。

(2) 长期观测的主要项目：气象观测、水文观测、泉动态观测、地下水位动态观测、地下水流量动态观测、地下水化学成分动态观测等。

8.3.2.2 气象观测

(1) 气象观测资料收集及简易气象站的建立：

1) 应定期(年)向矿山附近气象台(站)收集必要的气象资料。收集的主要内容有：年降水量，历年月降水量，历年的日、1h和10min最大降水量，1次连续最大降水量和1次连续最长的降雨时间及其降雨量、蒸发量、气压、气温、相对湿度和风向、风速。

2) 矿区水文地质条件复杂，受气候影响较大，附近又无气象台站可提供资料时，则应建立简易的气象站，进行气象观测。

3) 建立简易气象站的场地应符合以下要求：

① 气象站场地应选择在四周空旷，平坦而不受局部地物影响的地方。

② 仪器与四周障碍物的距离应大于仪器口与障碍物相对高差的两倍。

③ 观测场地面积不小于4～6m^2。

④ 应避免建站于房顶、山顶、陡坡或洼地内。

(2) 气象观测主要项目：降雨量观测、蒸发量观测、气温观测及相(绝)对湿度观测等。

(3) 降雨量观测：

1) 降雨量观测尽可能采用自计雨量计，日降雨量计量以每日早8时为日分界 。

2) 降雨量记录精度至0.1mm，不足0.05mm的降水不作记载。

3) 资料整理：每月要统计、登记月降水量，降水日数、1日最大降水量，每年编制日降水量直方图、日降水量统计表，并提供有代表性的不同历时暴雨过程曲线，降雨强度，暴雨频率等资料。

(4) 蒸发量观测:

1) 观测仪器:矿山一般使用口径 80cm 的蒸发皿,口缘安放水平,离地面 0.7m 高,周围空旷、平坦、无遮挡。

2) 观测方法:用容量法和称量法进行,每日早 8 时进行,蒸发用水要保持清洁,冰冻期间需注意器皿存水。观测精度应测量至 0.1mm。

3) 资料整理:每月应统计登记日蒸发量。日蒸发量计算以 80cm 蒸发器的测量结果,按下式计算:

$$E = (h_{入} - h_{出}) - P \tag{8-3}$$

式中,E 为日蒸发量,mm;P 为每日的累计降水量,mm;$h_{入}$ 为加入的水深,mm;$h_{出}$ 为吸出的水深,mm。

当蒸发量出现负值时,一律做“0”处理。

4) 一般矿山不开展此项工作。但露天开采或受气象条件影响较大的矿山,若采用水均衡法校核涌水量,作水量均衡研究时,可进行此项观测。

(5) 气温观测:

1) 观测仪器:一般采用 DWJ 型金属温度计。

2) 观测要求:仪器要放在小型百叶箱内,以防止阳光直接照射。为避免双金属温度计记录失真,需要用标准温度计(精度达 0.2℃)定期进行校核,精度要求一般达到 ±1℃。

3) 资料整理:利用已修正的自计气温曲线,登记每日最高、最低温度,求算日平均温度,并标记在“矿区水文地质动态变化曲线图”上。

(6) 相(绝)对湿度观测:一般配合矿区蒸发量进行测量,仪器采用 DHJ1-1 型湿度计,观测精度应达到 ±5%。

8.3.2.3 矿区地表水水文观测

(1) 水文观测站的建立及要求:

1) 对矿坑充水有密切补给关系及对矿山开采有直接影响和供水排水有关的山溪、河流、湖泊或水库,应建站进行长期水文观测工作。

2) 测站的数量,以满足控制矿区或坍塌渗漏区流入量和流出量的要求为原则。

(2) 观测站位置的选择:

1) 需作径流量观测的水流,对于小流域的矿区,测站应选择在地质构造有利于地下径流渗入或泄流的河段前后,对于汇流面积广、流量大或地面积水多的矿区,测站可根据防渗的要求布置。

2) 用河床断面流速法测量流量的河段,要求河道顺直,河床稳定,控制条件良好,无阻流杂物,水流集中而无回水现象,水位与流量关系稳定,有利于简化观测工作。在用水堰进行测定流量的河段,要求来水流速不大于 0.5m/s,且有形成非淹没式自由流所需的落差条件。

3) 需要进行水位观测的湖泊、水库及河流,测站应选择在岸坡稳定,水位有代表性且便于观测的地方。

4) 测站应埋没断面标志桩、断面桩、基线桩及固定水尺或水位传感器。水尺的零点或校核水位基准点的标高,应作不低于三等水准测量。

(3) 水文观测的方法和要求：

1) 径流流量观测：

① 测量方法有流速仪法、浮标法或水堰测量法等。

② 观测次数应根据控制水流历时变化特征的需要确定。一般每年观测不少于15次。对于每次较大的洪水过程，观测次数不少于3～5次。

③ 观测成果应包括：测站实测成果统计表、“垂直流速分布曲线图”、“水道断面和流速横向分布图”、“年流量变化曲线”及“渗漏对比测站流量变化曲线图”。

2) 水位观测：

① 水位观测可用水尺或自计水位计观测。

② 观测精度应达到0.01m。用水尺测量时，每日要在同一时间观测，用自计水位计测量时，每周要对水位计检查1次。

③ 观测结果整理：应对记录进行订正，统计平均水位，推算流量工作，并编制“年水位变化历时曲线图”和计算测站间的水位比降。

3) 水质观测：

① 地表水水质长期观测在于监测矿区的生活和工业供水水源的水质变化，应定期采集试样。

② 水质分析项目：作水质背景调查时应做全分析；正常观测时，可在简分析的基础上结合矿区实际情况增加特殊项目。

8.3.2.4 泉动态观测

(1) 对矿区范围内或矿区附近出露的泉，与矿区地下水有水力联系时，应对泉进行动态观测。定期测量水位、水温、水量和取水样对水质进行水化学分析与评价。

(2) 观测方法及要求可参照地表水观测。

8.3.2.5 矿区地下水位动态观测

(1) 矿区地下水位观测点的选择：矿区地下水位观测点，应以水文地质观测孔为准，并尽量利用已淹没的废井筒，不常用的水井，与含水层有水力联系的岩溶落水洞和落水井等。

(2) 观测点的布置：观测点的分布必须满足矿区观测网的设计要求，一般情况下其布置应满足如下要求：

1) 组成矿区观测网的观测剖面应呈放射状布置，观测网至少有2～3条剖面，每条剖面上的观测孔至少应有3个。

2) 剖面上的观测孔孔位可分为4类：即采区边缘孔、中圈孔、外围孔和安全监测孔。

① 采区边缘孔。钻孔布置于相距开采边界为50m的地段以内。

② 中圈孔。孔位布置在勘探或设计所预测的疏干漏斗水力坡度发生转折的地段，以便掌握漏斗形态的变化情况和补给方向的改变情况。

③ 外围孔。孔位应分布于补给边界和影响边界附近，以掌握降落漏斗扩展方向及预测塌陷区的扩展范围。

④ 安全监测孔。孔位可根据塌陷区的安全问题，不稳定的补给区和起阻水作用的重要构造、岩脉、岩层等隔水边界的分布状况来确定。

(3) 观测孔和观测点的质量要求：

1) 孔内水位的水头压力传导应是灵敏的，通常可以利用抽水试验和压水试验来检验。

只有抽水单位涌水量大于 0.1L/(s·m),注水单位吸水量大于 0.5L/(s·m)或注水水头提高 1m 后,水位能在 2h 内完全恢复的孔(井)才能作为长期观测孔(点)。

2) 观测孔所揭露的漏水、涌水位置,必须低于疏干期最大水位降深。靠近疏干钻孔泄水点的观测孔,必须保证在泄水点的标高以下,仍揭露出透水性良好的岩溶、裂隙等漏水段。

3) 观测孔孔斜要求每 100m 不大于 2°。

4) 观测孔孔口(或井口)应标记固定的测点位置,固定点及地面标高应作 4 级水准测量和坐标测量。

5) 观测孔孔口必须加盖,上锁或安装保护装置。

(4) 水位观测装备及其保养:

1) 对重要的观测点应尽量采用自计水位计进行观测。一般观测点可采用电测水位计进行观测。测水导线应采用伸缩性小的钢铜绞合聚乙烯绝缘导线。

2) 自记仪器安装必须注意仪器箱的通风、锈蚀和防潮。仪器工作后,每半年需要进行清洗检测 1 次。用人工观测的导线,长度标记每米 1 个,每季度需用钢卷尺校核 1 次。

(5) 水位观测要求:

1) 观测时间:自计站每半月实测 1 次并进行走时误差校核。人工观测时,可根据各矿山实际情况安排观测次数。主要测点的观测工作还应与矿区长期观测网的其他项目同步进行,一般要求在同 1 天内实测完毕。详见表 8-1。

表 8-1 矿区地下水动态观测时间间隔表 单位:天/次

观测项目	观测点名称	基建期及淹井恢复期			生产期			补勘扩大范围及洪水期			发生淹井灾害期		
		Ⅰ	Ⅱ	Ⅲ	Ⅰ	Ⅱ	Ⅲ	Ⅰ	Ⅱ	Ⅲ	Ⅰ	Ⅱ	Ⅲ
地下水位	采区边缘孔	5	1	连续自计	10	5	5	5	1	连续自计	包括井筒在内每10min观测1次至水位稳定		
	中圈孔		1~5	1		15	10		1~5	1			
	外围孔		5	1		30	30		5	1			<0.5
	塌陷区		1	连续自计		30	15		10	连续自计			<0.5
	隔水边孔(安全监测孔)		5	5			30		5	5			<0.5
地下水流量	矿坑总涌水量	5	1~5	1或自计	10	5~10	5或自计	10	1~5	自计		连续或自计	
	矿坑排水量	5	5	自计	10	5~10	自计	10	1~5	自计			
	放水孔及重要出水点		1	1		5	5		1	1			
	泉流量		5	5		30	30		5	5		5	5

续表 8-1

观测项目	观测点名称	基建期及淹井恢复期			生产期			补勘扩大范围及洪水期			发生淹井灾害期		
		Ⅰ	Ⅱ	Ⅲ	Ⅰ	Ⅱ	Ⅲ	Ⅰ	Ⅱ	Ⅲ	Ⅰ	Ⅱ	Ⅲ
水温	钻孔	按矿山实际需要而定											
	涌水点												
水质	排水点												
	涌水点												
	排水含沙量	按需要而定											
备注	Ⅰ水文地质条件简单类型；Ⅱ中等类型；Ⅲ复杂类型；表中数字单位为每次观测间隔的天数												

2) 观测精度：水位埋深在 50m 以内观测精度为 ±1cm，大于 50m 时，观测误差应小于 ±0.05%。

3) 孔深测量：每年需对所有的观测孔（井）的深度变化进行 1 次测量。

(6) 地下水位观测资料的整理：

1) 原始记录资料的整理：应分别建立每个测点的观测记录本，系统登记其水位埋深及标高，水位变化幅度以及该站出现的各种事件。自记站的记录曲线应对走时、水位进行定期校核，并标记水位标高与事件。每年应将全部记录装订成册。

2) 水位观测提交的资料有：钻孔水位变化曲线图、矿区地下水等水位线图，疏干漏斗剖面图及钻孔水位与降水量或地表水体水位对比曲线图等。

8.3.2.6 矿区地下水流量动态观测

(1) 凡涌水量较大或矿坑水对自然环境造成严重污染的矿区，都应进行矿坑排水量和矿坑总涌水量的长期观测。在采用多组水泵排水，流量大于 $500m^3/h$ 的矿井应尽量采用自动记录的测站进行连续观测。对于流量较小的矿井，可采用水泵排量法统计矿坑涌水量，但需对水泵的排水量（排水效率）进行定期测定以校核水量。

(2) 凡是矿区采掘范围内的涌水，均须进行涌水点流量观测。流量小于 0.5L/s 的涌水点，可在矿区汇流地段合流测量。根据涌水点流量的稳定情况，观测工作可分为短期观测和长期观测两类：

1) 短期观测：对于各项采掘工程施工新出现的突水点，雨季时涌水量剧增和重现的旧涌水点，以及地层岩性不稳固而未搞好安全处理的涌水点等，均应进行短期观测，以便确定其补给状况和发展的趋向。观测期限一般为 10～15 天。对于严重威胁矿井安全的涌水点，在安全措施尚未生效以前，应加密观测。15 天后涌水量无明显减少，应转为长期观测。短期观测要填写涌水点登记卡，详细记录出水点位置，出水原因，水量历时变化情况及处理措施等。

2) 长期观测：凡采矿塌陷区引起降水与地表水渗入矿坑以及采掘和井下钻探工程中的重要涌水点，各中段水仓入口，井下深井泵排水口，水砂充填区的析水汇流点以及全坑排水出口等，均应建立长期观测站。

(3) 矿坑涌水量观测方法：

1) 长期观测站应尽量采用固定的薄壁堰进行观测。有条件时应采用与计算机联网的遥测流量计进行观测。

短期观测点一般使用流动堰槽或容积法、浮标法等观测方法进行观测。

2）容积法：适用于 $Q<1\text{L/s}$ 的短期观测点，计量充水时间不应少于20s，并按下式计算：

$$Q=\frac{V}{t} \tag{8-4}$$

式中，Q 为涌水量，m^3/s（或 m^3/h）；V 为量器容积，m^3（或L）；t 为流满量器所需时间，h（或s）。

当测定顶板淋水时，可用塑料布接水汇入容器，按上式计算水量。井筒开凿时，则常用迎头水窝测量涌水量。它是以水窝容积装满的时间来计算水量。

3） 浮标法：适用于有规则排水沟和大流量的短期观测点。浮标漂流总时间不应少于10～20s。两次测定漂流历时差不得超过10%，并按下式进行计算：

$$Q=\frac{L}{t}F\cdot k \tag{8-5}$$

式中，Q 为涌水量，m^3/s（或 m^3/h）；L 为上下游两断面间距离，m；t 为浮标漂流历时，s（或h）；F 为测水沟上下游过水断面平均值，m^2；k 为水面流速系数。

当水深为0.3～1.0m时，k 值取0.55～0.77；断面很粗糙时，k 值取0.45～0.65，很光滑时 k 值取0.8～0.9，当水深大于1.0时，k 值取0.78～0.85。

4）堰测法，按堰口形状分为3种，其计算式见表8-2，摩阻系数确定方法见表8-3。

表8-2 堰测法计算公式表

<table>
<tr><th>堰板种类</th><th>适用范围</th><th>计算式</th><th>符号说明</th></tr>
<tr><td>三角堰</td><td>适用于
$h=5\sim30\text{cm}$
$Q<500\text{L/s}$</td><td>$Q=Ch^2\sqrt{h}$</td><td rowspan="4">Q 为流量，L/s
h 为过堰水位，cm
B 为堰口底宽
C 为三角堰测法的摩阻系数确定方法见表8-3</td></tr>
<tr><td>梯形堰</td><td>$B=20\text{cm}$、40cm、42cm、60cm、64cm
$h=25\sim150\text{cm}$</td><td>$Q=0.0186Bh\sqrt{h}$</td></tr>
<tr><td rowspan="2">矩形堰</td><td>堰口窄于水沟时</td><td>$Q=0.01838\times(B-0.2h)\sqrt{h}$</td></tr>
<tr><td>堰口与水沟一样宽
$B=20\text{cm}$、40cm、60cm
$h=5\sim30\text{cm}$</td><td>$Q=0.01838Bh\sqrt{h}$</td></tr>
</table>

表8-3 摩阻系数表

h/cm	c	h/cm	c
<5.0	0.0142	15.1～20	0.0139
5.1～10	0.0141	20.1～25	0.0138
10.1～15	0.0140	25.1～30	0.0137

三角堰堰口角度为90°，梯形堰堰口边坡为1∶0.25。

5）流速仪法：适用水量较大的矿井中，测流时的断面应选择在巷道比较规则平直，水流比较平稳的区段上，其计算式如下：

$$Q = v \cdot S \tag{8-6}$$

$$v = k \cdot n + c \tag{8-7}$$

$$n = \frac{N}{T} \tag{8-8}$$

式中，v 为流速，m/s；k 为仪器倍常数；n 为旋杯转速，r/s；N 为旋杯总转数，r；T 为相应的测速历时，s；c 为仪器的摩组系数；S 为过水断面，m^2；Q 为涌水量，m^3/s。

(4) 流量观测站及主要出水点的位置需编号上图，并建立台账，登记其位置、层位、发生涌水的日期、涌水方式、初始流态特征、水量变化情况、测流方法、测量工具等。当涌水点干涸、观测站废除时，应说明原因，做好记录。

(5) 资料整理如下：

1) 涌水量统计：所有观测点的涌水量资料均应按点装订成册。另外，还要建立各阶段不同层位的总涌水量的动态变化及矿井总涌水量的动态变化的汇总资料。

2) 按资料定期(季、年)修改(或编制)矿坑水文地质图。

3) 编制涌水量与有关因素的关系曲线图，其内容包括：涌水量与单位巷道长度、单位采空面积、开采深度、大气降水量等变化关系曲线图。

8.3.2.7 矿区地下水温度观测

(1) 矿区地下水温长期观测是研究矿坑充水补给途径和强度变化的辅助手段，在观测地下水温时，应同时观测矿坑各区段围岩的地温。

(2) 钻孔(井泉)的温度观测：一般全孔都要进行观测(包括包气带)，测量点距应在 10m 以内，采用下行法，防止扰动导热介质，如孔内渗水已知时，可采用定点观测。观测工具采用"热敏电组测温仪"并配置水银标准温度计进行定期校核，测量精度为 ±0.1℃。

(3) 矿井内地下水温的观测：要直接在涌水点上测量。观测仪器有酒精温度表和水银温度表两种。读数应在水中放置 3～5min 后进行。围岩地温观测应在新开拓的工作面上，利用深 1m 的炮孔测定。测温应在钻孔钻进后 1～3h 内进行。

(4) 地下水温和围岩地温的长期观测可根据测温目的而定。为保证矿区(中段)等温线平面图和地温剖面图编制的精度，应对观测网所有点站进行测温，并应在较短的时间内完成。当利用温度异常预测工作面涌水时，应在建立工作区背景温度场的基础上，随着工作面的推进而进行加密观测。

(5) 开展测温的矿区，一般需编制下列图表：钻孔井温与地温梯度曲线图、矿坑中段等温线曲线图、地温剖面图及测温数据汇总表。

8.3.2.8 矿区地下水化学成分动态观测

(1) 水质观测网测点的选择：

1) 主要取决于井下涌水点的分布，地面钻孔、井、泉的位置，以及它们代表的含水层的层位。

2) 构成观测网的水样采集点应包括下列位置：

① 地表的钻孔、井、泉；

② 矿井内主要涌水点(涌水量达到全矿坑涌水量 5%以上的长期涌水点)；

③ 矿坑排水管的总出口；

④ 水砂充填和水力采矿场的汇流水沟；

⑤ 有异常的涌水点和地热异常涌水点；

⑥ 矿坑内疏干钻孔；

⑦ 矿内用于供水的专用水源等。

(2) 水样采取：

1) 水样采取的技术要求如下：

① 采取钻孔水样时应在确定的进水部位上采取,或者将孔内的积水(死水)抽出,待含水层的水进入钻孔后再取样。

② 采取井水样时,要采取开泵后抽出的新鲜水样,不得在管网,蓄水池内采集。

③ 采取泉水样时应在泉口处采集水样。

④ 采取井下涌水点水样时,应在涌水点处直接采集水样,防止涌水点水质混杂。

⑤ 井下排水水样应在水沟内适当部位采集,防止粉尘混入。

⑥ 长期观测水样采集位置,一经网点确定后不得改变,且每次采集应尽量在同一位置上。

2) 水样采集量：简分析 500～1000mL,全分析 2000～3000mL,综合特殊项目分析 5000mL;细菌检验 500mL。

3) 盛水容器：一般应选用无色带磨口塞的玻璃细口瓶,某些单项金属元素分析水样可采用聚氯乙烯塑料桶。细菌检验的盛水容器应进行灭菌处理。测定微量金属离子时,严禁使用金属瓶。取样时,必须用取水点处的水将盛水容器包括瓶塞冲洗 3 次以上,方可取样。

4) 水样取好后,应立即用石蜡封好瓶口,贴好标签。标签的内容包括：取样单位、编号、地点、时间、种类、水温、气温、颜色、气味、口味、分析项目、取样人姓名等。标签上还应涂上 1 层石蜡,以防字迹退色。

(3) 水样的送检、保存和采集周期：

1) 水样采取后,应及时送检。一般情况下清洁的水允许存放 72h,稍受污染的水为 48h,受污染的水为 12h,细菌检验样应即采即送及时检测。

2) 水样采集后应存放在防冻、防晒的地方,以防因此产生水质的变化。

3) 长期监测站点取样周期与矿区其他动态观测应同步进行。一般要求每月取样化验 1 次,或根据实际需要而定。水质良好且变化稳定的矿区,排水及供水水源每年可作 1～2 次检测。

(4) 水质分析项目：水质分析项目应根据生产需要确定,在长期水质观测中,分析项目要保持稳定。分析的种类有全分析、简分析、生活用水、工程用水及特殊项目分析等。

1) 全分析,其项目有：水色、水温、气味、口味、浑浊度或透明度、pH 值；K^+、Na^+、Ca^{2+}、Mg^{2+}、NH_4^+、Fe^{2+}、Fe^{3+}、Pb^{2+}、Zn^{2+}、Cu^{2+}、Mn^{2+}、Cd、As、Al^{3+}、Hg、Bi、Se、放射性 U、Ra、Rn；Cl^-、SO_4^{2-}、CO_3^{2-}、HCO_3^-、NO_2^-、NO_3^-；游离 CO_2、侵蚀 CO_2、总硬度、永久硬度、暂时硬度、可溶性 SiO_2、耗氧量、干涸残余物。

2) 简分析,其项目有：水色、水温、气味、口味、浑浊度或透明度、pH 值；K^+、Na^+、Ca^{2+}、Mg^{2+}、Cl^-、SO_4^{2-}、HCO_3^-、CO_3^{2-}；游离 CO_2、耗氧量、总硬度、碱度、永久硬度、侵蚀 CO_2、总矿化度。

3) 生活用水,其项目有：水色、水温、气味、口味、浑浊度或透明度、pH 值；肉眼可见物；Fe、Mn、Cu、Zn、Pb、As、Se、Hg、Cd、Cr (6 价)、氟化物、氰化物、放射性物质；Cl、SO_4、HCO_3、CO_3、NO_2；挥发酚类、农药(DDT、乐果等)、阴离子合成洗涤剂、游离性余氯；耗氧量、溶解氧、细菌总数、大肠菌类。

4) 工程用水,其项目有：pH 值、重碳酸盐碱度、游离 CO_2、Ca、Mg、Cl、SO_4、总硬度、暂时硬度、永久硬度。

5) 特殊分析项目：应能反映矿区地下水化学特征的某项元素或多项元素组合的项目，需根据矿区变化规律确定。

(5) 水质分析误差要求：简分析允许误差不得超过5%，全分析允许误差不得超过2%。分析误差(X)采用下式计算：

$$X=\frac{\Sigma K-\Sigma A}{\Sigma K+\Sigma A}\times 100\% \tag{8-9}$$

式中，ΣA 为每升水中阴离子物质的量(毫克当量总数)；ΣK 为每升水中阳离子物质的量(毫克当量总数)。

(6) 资料整理：

1) 分析结果应填入"水质分析报告书"，每个站点按年装订成册。

2) 每次分析结果应评定其水质物理化学类型，并编成卡片。

3) 观测网的水质分析成果用"摩尔洛夫式"表示。

4) 每次分析结果应按主要离子成分编绘出"水化学玫瑰图"。

5) 每年按测点(站)分析结果编制"测点水化学成分变化曲线图"。

6) 每个测点周期按长期观测网和观测剖面作1/2000～1/10000的矿区水化学特征分布图，水化学剖面图及标志元素含量等值线异常变化分布图。

7) 年度提交"矿区水化学观测报告书"。

8.3.3 矿山水文地质图纸资料

矿山水文地质图纸资料分类：

矿山水文地质图纸资料包括；水文地质基本图件、专用图件以及原始记录台账等。各矿山必须根据矿山水文地质特征的实际需要，建立必要的图纸及有关台账。

8.3.3.1 矿山水文地质基本图纸

(1) 区域水文地质图：本图主要反映矿区的区域水文地质条件，矿区所处的水文地质单元及边界条件等，比例尺1:5000～1:50000。

(2) 矿区综合水文地质图：图纸主要内容包括：矿区边界范围，矿区范围内的地表水体，与地下水赋存条件相关的地质构造，地下水主要含水层的露头，地面塌陷、沉降分布状况，坐标网，地形等高线，勘探线及勘探孔位置，地质界线构造线及产状，采掘工程及有关设施布置状况，附综合水文地质柱状图和典型的水文地质剖面图。比例尺1:2000～1:5000。按附件整饰成图并标明图名、图例，编制者及图签。

(3) 矿井(坑)水文地质图：图纸主要内容有：坐标网、勘探线及勘探孔位置，采掘工程位置，导线点及编号，地质界线，地质构造线及产状。揭露含水层的地点、标高及面积，出水点的位置、水量、水温、水质和出水特征，放水钻孔、水闸门的位置，排水设施的分布状况、数量及排水能力，水的流动路线、涌水量观测站的位置，曾发生过突水的地点、日期、水量、水位及水温，充水构造等。比例尺1:1000～1:2000。按附件整饰成图并标明图名、图例、编制者及图签。图纸应及时修订补充内容。

(4) 矿区各主要含水层等水位(压)线图：对非承压含水层编制等水位线图，对承压含水层编制等水压线图。此图是在地形图或地质图上标出有关的水文地质点及其相应的水位

(压)标高值,然后勾画等值线即可。比例尺 1∶2000～1∶5000。

(5) 矿井涌水量与各种因素相关分析曲线图:

1) 矿坑涌水量与开采量关系曲线图;

2) 矿坑涌水量与主巷道采掘长度关系曲线图;

3) 矿坑涌水量与采空面积关系曲线;

4) 矿坑涌水量与降水量关系曲线图。

8.3.3.2 矿山水文地质专用图纸

(1) 用于带压开采的图件:

a.开采矿体的底(顶)板等高线图;*b*.矿体底板下(顶板上)主要含水层的等水压线图;*c*.有效保护层等厚线图;*d*.突水系数等值线图。

(2) 用于疏水降压的图件:*a*.矿体底(顶)板等高线图;*b*.含水层等厚线图;*c*.主要含水层等水位(压)线图;*d*.矿坑涌水量与疏干含水层泄水量关系曲线图;*e*.主要含水层动态曲线图;*f*.疏降工程布置图。

(3) 用于注浆堵水图件:*a*.井上下对照图;*b*.出水点平面位置图;*c*.注浆地段水文地质剖面图;*d*.注浆施工系统平面图;*e*.注浆前后水位变化曲线图;*f*.注浆孔浆液扩散范围及效果分析图。

(4) 用于分析矿区水化学特征的图件:*a*.水化学分区图;*b*.水化学剖面图;*c*.各种离子含量等值线图;*d*.微量元素(放射性元素)含量分布图;*e*.总矿化度分布图。

(5) 用于采矿塌陷区防洪排水的图件:*a*.井上下对照图;*b*.采空区历年边界范围图;*c*.地面塌陷历年边界范围图;*d*.井下出水点平面位置图;*e*.防洪截水工程布置图;*f*.矿坑涌水量与降雨量、塌陷面积相关曲线图。

8.3.3.3 水文地质原始记录台账

(1) 气象观测记录;

(2) 地表水、钻孔、泉动态观测记录;

(3) 矿坑主要涌水点及其涌水量观测记录;

(4) 矿坑排水量记录;

(5) 矿坑坑道水文地质编录及素描图;

(6) 水质分析报告记录台账;

(7) 矿区塌陷、沉降观测记录台账;

(8) 矿区及矿井内水文地质钻探原始编录;

(9) 各种专门水文地质试验原始记录;

(10) 水文地质现象照片集;

(11) 突水淹井、疏排水恢复生产原始记录;

(12) 水文地质大事记。

8.4 矿坑涌水量预测

8.4.1 矿坑涌水量预测的一般规定

矿山井巷开拓掘进中,当出现下列情况时,应进行相应的涌水量预测计算工作:

(1) 矿山在采掘过程中,发现矿区水文地质条件与勘探报告相比有重大变化,并严重影响矿坑防治水方案和疏干系统的效果时,应重新计算涌水量,如:

1) 主要充水途径和补给来源发生了重大变化;

2) 与地表水体的水力联系发生改变,地表塌陷水增强,矿坑涌水状况严重恶化;

3) 导水构造被疏通或漏勘暗河水系介入矿坑充水;

4) 露天矿降水径流峰值计算呈现错误等。

(2) 当开采范围扩大、开采方法改变或开拓中段延伸,因扩建、新建对疏排系统的需要时。

(3) 在意外事故处理时,如意外严重突水,淹没矿井恢复和防洪防汛工作中,需要提供有关涌水量资料时。

(4) 在静水压力较高的条件下施工井筒、坑道、探水放水可能遇到突水时,应预先提供可能出现的最大涌水量和正常涌水量资料。

8.4.2 地下开采矿山矿井涌水量预测方法

矿坑涌水量计算内容包括:地下水涌水量及崩落区降水渗入量。一般矿山只计算地下水涌水量,当采矿影响形成的导水裂隙带涉及地表时,则需要计算降雨渗入量。

矿井地下水涌水量预测计算方法,应依据矿区水文地质条件,正确合理地来选择。其预测计算方法主要有:涌水量曲线方程法、水文地质比拟法、相关分析法、水均衡法、解析法、数值法等。

8.4.2.1 涌水量曲线方程法

(1) 涌水量曲线方程法是根据矿山抽(放)水试验资料所建立的经验方程计算式,预测矿坑(竖井)涌水量或深部开采中段涌水量的方法。

(2) 其表达式为 $Q=f(S)$

式中,Q 为钻孔涌水量;S 为其相对应的水位降深。

(3) 本方法必须以 3 个或 3 个以上的稳定降深和阶梯流量抽水试验资料为基础,按不同的函数曲线整理计算。

(4) 预测涌水量向下推算的幅度不宜过大,推算的水位降一般不应大于建立经验方程时所引起的最大降深的 1.5 倍至 2 倍,最多 3 倍。

(5) 预测未来阶段的基本水文地质条件,集水条件应与获得资料阶段条件相一致。

8.4.2.2 水文地质比拟法

(1) 水文地质比拟法是根据已知矿山的矿坑涌水量,预测水文地质条件及开采条件与之相似的矿山的矿坑涌水量的方法。在同一矿山矿井延伸开采或扩大开采时也可以使用。

(2) 水文地质比拟法常用的表达式为:

$$Q_2=Q_1 m\sqrt{\frac{S_2}{S_1}}\cdot n\sqrt{\frac{F_2}{F_1}} \tag{8-10}$$

式中,Q_1、S_1、F_1 为已知生产矿山矿坑(或竖井)的涌水量,m^3/d;水位降深,m;面积,m^2;Q_2、S_2、F_2 为预测矿山矿坑(或竖井)的涌水量,m^3/d;水位降深,m; 面积,m^2;m 为经验参数,根据水位降深对涌水量的影响程度而取值,常用取值范围为 $1\leqslant m\leqslant 2$;n 为经验参数,根据矿坑(或竖井)面积对涌水量影响程度而取值。常用的取值范围 $2 \leqslant n \leqslant 4$。面积对涌水量影响不大时,$n > 4$。

(3) 洪水期与枯水期涌水量应根据相应期间的基础资料选用不同的经验参数分别预测;也可在所预测的枯水期涌水量的基础上,乘以确有依据的水量变化系数,作为洪水期的涌水量。

8.4.2.3 相关分析法

(1) 相关分析法是应用数理统计法对一系列实测资料进行相关分析,研究影响矿坑涌水量各因素之间的规律性,求出回归方程和相关系数,再将预测情况下的影响因素值代入回归方程,从而预测矿坑涌水量的方法。

(2) 用相关分析法可建立水量-降深单相关回归方程,亦可建立水量-降雨量、采矿塌陷面积等多元复相关回归方程。

(3) 正确选定相关因子是使用本方法的关键,十分重要,应在有足够的数据和对长期数据系列进行充分分析的基础上来确定。

8.4.2.4 水均衡法

水均衡法是根据矿床开采条件下,运用其所在均衡区地下水的收入、支出、储存之间的平衡关系来预测开采地段总的可能涌水量的方法。适用于地下水的形成条件比较简单的矿区。

8.4.2.5 解析法

(1) 解析法系根据地下水动力学原理,在分析疏干流场的水力特征,对矿区水文地质条件进行必要的简化,从而确定边界条件和各项参数,建立地下水运动数学模型的解析公式,达到在各种不同条件下预测矿坑涌水量的方法。解析法可分为稳定井流解析法与非稳定井流解析法两种。

(2) 稳定井流解析法:

1) 在矿井开采和矿床疏干过程中,当矿坑的涌水量,包括其周围的水位降低(仅随季节变化作一定范围的波动)呈现相对稳定状态时,即可以认为以矿坑为中心形成的地下水辐射流场,基本满足稳定井流的条件。

2) 预测矿坑涌水量可以近似应用裘布衣的稳定井流基本方程。

3) 稳定井流的矿坑涌水量计算可概括为两个方面:

① 在已知开采水平最大水位降深的条件下,预测矿坑总涌水量;

② 在给定疏干排水能力的前提下,计算区域的水位降深(或压力降低)值。

(3) 非稳定井流解析法:

1) 在矿井开采和矿床疏干过程中,若矿坑涌水量涉及疏干漏斗不断扩展,则以矿坑为中心的辐射流场是不稳定的。

2) 预测矿坑涌水量在已知初始条件和边界条件的前提下,流场内任何时间、任何一点的水头,均可应用泰斯公式。

3) 以非稳定井流解析法进行矿坑涌水量预测时,当参数 T(导水系数),μ(含水层水力性质)为一定时,其实质就是研究 Q、S 和 t 3个变量的关系。矿山开采过程中,应根据实际情况和需要合理地处理三者关系的变动,从而采取必要的措施,进行涌水量预测计算。

8.4.2.6 数值法

(1) 数值法是以计算机为工具,对描述疏干流场的数学模型求近似计算解的方法。适用于水文地质条件复杂或疏干排水工程布局复杂,且水文地质研究程度较高的矿区。常用的数值法可分为有限单元法和有限差分法。

1) 有限单元法:

① 有限单元法是目前解地下水运动偏微分方程最常用的1种数值法。它多用于求解比较复杂的非稳定流问题。

② 应用有限单元法求解地下水渗流运动问题的程序:

a. 根据定解区域的地质,水文地质条件和勘探资料合理划分渗流计算区的范围,确定其边界条件和初值条件,提出该地区地下水渗流运动的数学模型。

b. 把渗流计算区剖分为有限多个单元,并在每个单元上构造插值函数来近似地代替曲面函数,建立单元结点方程,再利用变分原理或能量极小原理,求得平衡状态时地下水渗流计算区每个待求结点的水头近似数值解。

c. 根据矿区疏干要求,通过数值模拟来预测疏干过程,求出不同时期不同疏干水平时的疏干稳定漏斗和稳定动流量。

③ 用有限单元法预测矿坑涌水量,可以解决以下问题:

a. 反求水文地质参数,验证边界条件,进行各种状态下水文地质模型的识别;

b. 模拟地下水疏干过程,预报地下水位及疏干量。

2) 有限差分法:

有限差分法是用差商代替微商,以求出地下水非稳定流微分方程近似解的一种数值解法。

8.4.3 露天采矿坑涌水量预测

8.4.3.1 露天采矿坑涌水量预测计算的内容

(1) 露天采矿场总涌水量是由地下水涌水量和降雨径流量两部分组成。

(2) 露天采矿场地下涌水量与矿井涌水量预测计算方法基本相同,具体计算时可参照进行。

(3) 露天采矿场降雨径流量,应按正常降雨径流量和设计频率暴雨径流量分别计算。

8.4.3.2 降雨径流量计算方法

(1) 正常降雨径流量(Q_Z)计算式:

$$Q_Z = F \cdot H \cdot \phi \tag{8-11}$$

式中,F为泵站担负的(或采区)最大汇水面积,m^2;H为正常降雨量,mm;ϕ为正常地表径流系数,%。

(2) 设计频率暴雨径流量(Q_p)计算式:

$$Q_p = F \cdot H_p \cdot \phi' \tag{8-12}$$

式中,H_p为设计频率暴雨量,mm;ϕ'为暴雨地表径流系数,%;F同式8-11。

8.4.3.3 计算参数选取

(1) 汇水面积(F)的圈定:最大汇水面积包括露天境界内和境界外的地形分水岭或地表截水沟范围以内的汇水面积,可从图纸上直接测量得出。

(2) 地表径流系数的确定:可根据采矿场岩石性质,裂隙发育程度和降雨强度大小等因素来确定。地表径流应尽可能采用本矿实测值,或选用类似的生产矿山实测值,对缺乏上述条件的矿山,亦可选用地表径流系数经验值,见表 8-4。

表 8-4 地表径流系数经验值

岩 土 类 别	ϕ
重黏土、页岩	0.9
轻黏土、凝灰岩、玄武岩、花岗岩	0.8~0.9
腐殖土、砂岩、石灰岩、黄土、粉质黏土	0.6~0.8
粉质黏土、大孔性黄土	0.6~0.7
粉 砂	0.2~0.5
细砂、中砂、粗砂、砾石	0~0.4
坑内排土场、以土为主	0.2~0.4
坑内排土场、以岩石为主	0~0.2

注:1. 本表内数值适用于暴雨径流量计算,对正常降雨量计算应将表中的数值减去 0.1~0.2;
2. 表中未包括的岩土,按类似岩土取值;
3. 岩石有少量裂隙时,表中数值减去 0.1~0.2,岩石有中等裂隙时,表中数值减去 0.2,岩石裂隙发育时,表中数值减去 0.3;
4. 腐殖土、黏性土中含砂时,表中数值减去 0.1~0.2。

(3) 降雨量资料的选定:

1) 正常降雨量,一般按矿区雨季平均降雨量来确定。但对于非雨季也常出现较大降雨地区的露天矿来说,则可选用控制雨量来核定,并作为正常降雨量径流量来参加计算。

控制雨量确定方法是:收集历年非雨季的降雨量,并按降雨量≥10mm、≥20mm、≥25mm、≥30mm、≥35mm、≥40mm、≥50mm 等,分组统计降雨天数,然后把各组降雨量之和被各组的降雨天数除,得出各分组平均降雨量,再拿各组平均降雨量与实际降雨量对比,选择每年出现几率为 2~3 次的雨量值,作为控制雨量。

2) 设计频率暴雨量计算:可按短历时(≤24h)暴雨量及长历时(>24h)暴雨量来进行核定。通常可在矿山附近气象台(站)的降雨和暴雨记载查询有关资料后,按下述要求计算:

① 短历时(≤24h)的暴雨量。当频率为 P 时的不同历时暴雨量 H_{tp} 按下式计算:

$$H_{tp} = S_p \cdot t^{1-n} \tag{8-13}$$

式中,S_p 为雨历(m/min)可参阅有关资料计算;t 为降雨历时,min;n 为暴雨强度递减系数,由地区 n 值等值线图查得。

② 长历时(>24h)的暴雨量。当频率为 P,历时为 T 的暴雨量 H_{Tp} 按下式计算:

$$H_{Tp} = H_{24P} \cdot T^{mi} \tag{8-14}$$

式中,T 为暴雨历时,设计取与允许淹没天数相同的时间,h;mi 为地区暴雨参数,由地区(mi)等值线图查得。

8.4.3.4 允许淹没时间和淹没深度的确定

(1) 允许淹没时间的确定:

1) 露天采矿场不论采用何种排水方式,原则上都应允许坑底贮水,其允许淹没时间应根据同时开采的台阶数(考虑受淹时影响出矿的程度)贮矿仓能力以及淹没后造成的损失等具体情况来确定。一般情况下,对采用露天排水方式的矿山,允许淹没时间可取 1～7 天;采用井巷排水方式的露天矿,允许淹没时间可取 1～5 天。

2) 采用潜水泵、台车等排水方法的矿山,允许淹没时间可采用较长历时,达到 5～7 天。

3) 在雨季前,矿山可超前掘出按贮排平衡曲线要求的最小贮水容积;在雨季最低工作水平可以停产,或最低工作水平采用机动性强的装备等情况下,允许淹没时间可取上限 7 天。

4) 采矿工作面少或新水平准备工作比较紧张,雨季前掘不出按贮排平衡曲线要求的最小调节容积的情况下,允许淹没的时间应当缩短,可取 2～4 天。

5) 当矿山采掘工作紧张,采矿工作台阶少,淹没损失较大,对安全持续生产有特殊要求的矿山,其允许淹没时间采用短历时的较高标准,即等于或小于 1 天。

(2) 采场淹没深度的确定:

1) 采矿场受淹后,应保证排水作业不停止运行;

2) 新水平开沟前,水深不能淹没本水平挖掘机主电机;新水平开沟未完成前,水深不淹上个平台的挖掘机主电机;

3) 特殊情况下,如设计暴雨径流量特别大时,对是否允许淹没本水平或上水平挖掘机主电机,应通过技术经济比较来确定;

4) 新水平准备时间充裕时,在每年暴雨期停止开沟,开段沟和上个平台可以淹没。

8.5　矿床疏干

8.5.1　矿床疏干的一般原则

8.5.1.1　矿床预先疏干的几种情况

(1) 矿体直接顶底板为涌水量大、水压高的含水层,不进行预先疏干会导致突然涌水淹井,无法保证采掘工作安全正常进行。

(2) 矿体虽赋存于隔水层或弱含水层中,但矿体间接顶底板赋存有含水丰富、水压高的含水层,含水层位于开采崩落区或可能引起底鼓溃透,对采掘构成严重威胁,无法保证采掘工作安全正常进行。

(3) 矿体直接顶板为流砂层,或者矿体间接顶板为流砂层又位于开采崩落区内,在采掘过程中有突然涌水、涌砂危险。

(4) 由于采掘过程中的涌水,对矿山生产工艺和设备效率有严重影响而必须改善采场作业条件。

(5) 露天采矿场的边坡,由于地下水的影响,致使岩石物理力学性质改变,稳定性降低,造成边坡不稳,可能发生塌落和滑坡。

8.5.1.2　疏干方案选择的技术要求

(1) 采用疏干方法需与矿区水文地质工程地质条件相适应,并能保证有效地降低地下水位形成稳定降落漏斗。

(2) 应使地下水位所形成的降落曲线低于相应时期的采掘工作面标高或低于允许的剩余水头。

(3) 疏干工程的施工进度和时间应满足矿床开拓、开采进度计划的要求。

(4) 选择的施工方案应保证井巷施工的安全作业、露天边坡的稳定性要求及最优的经济效果。

8.5.2 矿床疏干方法

矿床疏干方法如下:

(1) 地表疏干的方法有:深井降水孔疏干,明沟疏干,吸水孔疏干及露天边坡水平孔疏干。

(2) 放水孔疏干、降压孔疏干及打入式放水孔疏干。

(3) 联合疏干则是上述方法的合理组合。

8.5.3 地表疏干

8.5.3.1 深井降水孔疏干法

(1) 深井降水孔疏干:是对矿床在地表施工大口径钻孔,孔内装设深井泵或潜水泵抽水,人工降低地下水位,达到保证采掘作业安全进行的一种疏干方法。

(2) 深井疏干的适用条件:

1) 矿床含水层的富水性和渗透性好,当潜水含水层的渗透系数大于2.5~3m/d,承压含水层的渗透系数大于0.5~1m/d,并有良好的补给条件,可采用此方法疏干矿床。

2) 下列情况应优先考虑深井疏干:

① 露天开采深度不大的矿山;

② 在矿山基建前要求在疏干保护之下进行井巷开拓工程时;

③ 含水层厚度大,静压水头高,其他疏干方法不宜采用时;

④ 矿层顶底板均为含水丰富、渗透性强的含水层时。

3) 岩溶充水矿床,疏干排水后地面产生强烈沉降和塌陷而又难以处理时,应慎用。

4) 地下水水质能造成井管严重腐蚀或使水泵、过滤器严重结垢、堵塞而难以处理时,应慎用。

(3) 深井疏干系统的布置:

1) 布置方式有两种:即采场外周边布置和采矿场内布置。

① 采矿场外周边布置方式:深井降水孔布置在露天开采最终境界或地下开采错动带之外。一般要求其距离为20~50m。

② 采矿场内布置方式:与上述相悖,且降水孔疏干系统为分期建立,并随着采掘工作面的推进而移设。水孔排水服务年限,一般不应少于10年。

2) 平面布置形式:孔位布置在平面上有单线、双线、环形式以及不规则离散式等多种布置形式。应根据工程需求及地下水条件而定。

3) 深井降水孔深度的确定:降水孔深度必须保证疏干降落漏斗在纵横剖面上的地下水降落曲线低于相应时期内采掘水平标高允许的剩余水头标高。

4) 深井孔间距的确定及施工顺序:

① 深井孔的孔间距离,应经过技术经济计算比较后确定。

② 在均质含水层中,深井孔可按等间距布置。

③ 在非均质含水层中，特别是在岩溶发育不均一的矿区，降水孔间距不能按等间距布置。应先钻进小井径井位选择孔，根据其揭露含水层的水文地质观测资料和抽水试验资料对预定的深井大口径降水孔位进行必要的调整。

④ 深井孔施工的顺序及其间距，一般应遵循由稀至密的原则和充分发挥降水孔系统疏干能力的原则。

(4) 深井疏干孔结构：

1) 深井疏干孔的结构，主要包括疏干孔的开孔及终孔直径、孔深、变径深度、井壁管及过滤管的直径、过滤器的结构类型、沉砂管、井管材料等。

2) 深井疏干孔的开孔、终孔直径，孔深及变径要求：应根据疏干要求来决定。当孔深为100～200m时，开孔直径为500～1000mm；终孔直径为273～800mm；变径不得超过5段。

3) 深井疏干孔井壁管的选择与使用：

深井疏干孔所选用的井壁管应符合经济耐用的原则，应视疏干孔所穿过的含水层性质决定是否安装与使用。

4) 深井疏干孔过滤器的选择与使用：

① 过滤器在正常情况下是同井壁管一起连接使用的，以保持水量稳定，防止孔壁坍塌，降低排水的含砂量及减少泥砂对水泵的磨损。

② 过滤器的选择使用，应依据含水层的地质特征选择适宜的滤水器的类型、长度、直径、孔隙率等。

③ 深井降水疏干孔直径，过滤器类型及规格的综合选择，参照表8-5。

表8-5　各种含水层中降水孔适宜口径及过滤器类型选用表

岩层名称	粉细砂层	中砂层	粗砂、砾石层	卵石、砾石层	基岩层
岩层结构成分	颗粒较均匀，d_{50}=0.1～0.2mm，渗透系数为5～20m/d	颗粒较均匀，d_{50}=0.25～0.4mm，渗透系数为30～50m/d	颗粒不均匀，d_{50}=0.5～1.25mm，渗透系数为100～200m/d	颗粒不均匀，d_{50}=1.25～50mm，渗透系数为200～1000m/d	溶洞裂隙发育的石灰岩，溶洞内为清水，无填充物
井的口径/mm	井壁管和过滤器/mm				上部最大开口500，依次缩小口径为426、377、325、273、219等口径
	150～200，上部井管为了装泵，有时为300	200～300，上部为了装泵，有时为350～400	300～400，上部为了装泵，有时为450～500	400～1000，上部为了装泵，有时为1200	
过滤器的长度：一般范围/m	20～40	20～40	20～50	20～50	
过滤器的长度：较大出水量的有效长度/m	40～50	40～50	50～60	50～60	

续表 8-5

岩层名称	粉细砂层	中　砂　层	粗砂、砾石层	卵石、砾石层	基　岩　层
过滤器的种类	填砾过滤器	填砾过滤器	缠丝过滤器 填砾过滤器	缠丝过滤器 填砾过滤器	带圆孔钢管 填砾过滤器
井的单位下降出水量 $/m^3\cdot(d\cdot m)^{-1}$	50～200	200～300	300～500	500～2000	1000～10000

5) 深井疏干孔沉砂管的选择与应用：

① 在疏干孔的底部应设置与过滤器、井管连接而构成的封闭的沉砂管，或在基岩含水层孔底换径，钻进一定深度直接用作沉砂段。

② 沉砂管或沉砂段的长度由含水层的岩性与孔深来决定，一般应大于 3～10m。

(5) 抽水设备的选择：

1) 抽水设备可采用适合流量、扬程、井径、水质条件的深井泵或深井潜水泵。

2) 水泵的排水量应大于或等于深井系统的设计排水量。

3) 水泵的总台数应包括备用及检修台数。

4) 应尽可能安装自动流量计和自动水位计，以便于进行动态观测。

(6) 深井施工过程的主要技术工作及要求：深井孔钻进有冲击钻进及回转钻进两种方法。在施工成井过程中的主要技术工作包括：钻孔简易水文地质观测、岩土试验及化学试样的采集、岩心采取率、孔斜度、洗井、井壁管和过滤器的安装及降水孔施工验收和资料提交等。其具体技术要求，可参照水文地质钻探规程执行。

(7) 深井疏干试验：

1) 深井疏干试验是为了确定合理的疏干方案和深井工程布局、深井疏干的可靠性和效果，其主要内容如下：

① 根据疏干降落漏斗曲线的形态及获得的水文地质参数，调整疏干工程间距、工程量和疏干工程的布置。

② 根据试验获得的参数，验证计算参数、计算方法的可靠性，核实疏干时间，调整排水疏干工程的施工进度。

③ 对揭露的地面沉降、开裂和塌陷等现象，验证矿区水文地质、工程地质条件，并为塌陷提供防治依据。

④ 验证疏干设备选型，过滤器使用效果等。

⑤ 积累各种疏干工程的施工经验，为疏干工程的全面施工创造条件。

2) 疏干试验工作的技术要求：

① 试验井位：应选择在水文地质条件有代表性地段及地下水集中径流带上。

② 落程和降深值：试验一般要进行 3 次降深落程。最大水位下降值应接近深井的设计动水位，其余两次降深值分别为最大降深值的 1/3 和 2/3。

③ 水位、流量观测：参照水文地质勘查有关抽水试验规程执行。

④ 稳定标准和延续时间：参照水文地质勘查有关抽水试验规程执行。

⑤ 资料整理：通过试验在获得所需资料后，应编制抽水试验工作总结，提交质量评价和结论及有关图表。

8.5.3.2 吸水孔疏干法

(1) 吸水孔疏干是使钻孔穿过上部1个或数个需要疏干的含水层，把地下水疏泄到下部具有较高导水能力的吸收层中，借以降低含水层地下水位的1种疏干方法。

(2) 吸水孔疏干的适用条件：

1) 上部需要疏干的含水层与下部吸收层没有直接的水力联系，二者之间为可靠的隔水层分开。

2) 下部吸收层的水位标高低于上部疏干层的水位标高，吸收层与疏干层的水位差值越大，吸水孔的效率越高。

3) 下部吸收层的渗透性要比上部疏干层的渗透性好，其差值越大越好。

4) 吸水层厚度大，分布广，具有良好的贮水空间和排泄条件。

(3) 吸水孔的结构：

1) 孔径可参照降水孔或直通式放水孔的孔径来确定，但疏干层的口径应大于吸收层，吸收层中的孔径不得小于91mm。

2) 孔内需要安置过滤器，应另加选用的过滤器类型对孔径的要求。滤水结构有设置过滤器及填砾过滤器两种。

(4) 吸水孔布置原则：

1) 吸水孔作为辅助疏干措施配合降水孔使用时，应按降水孔的形式布置。

2) 吸水孔应尽量布置在需要疏干含水层底板的低洼地段，以延长吸水孔的服务期限。

3) 如果上部需要疏干的含水层涌水量大，为增加疏干泄水能力，吸水孔应选择布置在吸水层厚大的部位。

8.5.3.3 明沟疏干法

(1) 明沟疏干法是在地表或露天采矿场台阶上开挖疏水沟，拦截流入采矿场的地下水或地表径流而采取的1种疏干方法。

(2) 明沟疏干的适用条件：

1) 明沟疏干适用疏干露天矿或地下开采崩落区第四系松散孔隙充水含水层。

2) 在疏干的含水层下，应有坚实致密分布稳定的隔水层，且含水层与隔水层的接触面比较平缓。

3) 当含水层为流砂层时，因明沟开挖施工较困难，宜慎用。

(3) 明沟布置原则：

1) 明沟应布置在露天采矿场或地下开采崩落区之外，并垂直于来水方向。

2) 明沟两帮应嵌入下伏隔水岩层中。

3) 露天采矿场内的疏水明沟，可布置在非工作帮和工作帮平台上。明沟位置应与采矿场推进线保持一定距离，即随着采矿工作线的推进，每隔1～2a开挖1条疏水明沟。

4) 应选择有利地形，使明沟汇集的地下水自流排出矿区，或选择适宜地点设置集水池，使水泵扬程趋小，降低排水费用。

5) 明沟应布置在露天采矿场可能产生滑坡的范围之外。

(4) 明沟的结构及主要技术要求：

1) 明沟断面一般采用梯形和矩形两种形式。断面大小应根据设计流量和沟的纵坡，按水力学方法计算。沟的深度应以含水层埋藏深度不同而异，当嵌入隔水层中的深度尽量满足最大涌水量时,明沟内的水位不超过隔水层顶板。

2) 明沟的纵向坡度一般不得小于0.2%。

3) 对明沟出水边坡的不稳定地段,应考虑砌护或铺设反滤层以保护出水边坡的稳定性。

水平孔疏干法:

(1) 水平孔疏干法是在露天采场平台边坡底部钻凿水平孔,并揭穿需要疏干的含水层(带),使地下水靠重力自流排出,以达到边坡疏干减压的目的。

(2) 水平孔疏干的适用条件:

1) 一般是在露天采矿场边坡形成后,才能采用水平孔疏干,因此属于生产阶段疏干。

2) 水平孔可用于疏干第四系孔隙充水含水层,也可用于疏干裂隙或岩溶充水含水层。疏干含水层的渗透系数愈大,疏干效果愈明显。

3) 水平孔可以作为独立的疏干方法用于露天矿边坡的疏干,也可作为辅助的疏干方法与其他方法联合使用。

(3) 水平孔的结构:

1) 水平孔孔径确定的原则:在基岩含水层中钻凿水平孔,于疏干层中的孔径不得小于91mm。如果必须装设过滤器,孔径应适当增大达到130mm。当在松散含水层中钻凿水平孔时,其孔径可增到200mm。

2) 水平孔深度的确定:水平孔深度原则上要钻到不稳定边坡潜在的滑动面后部。对于孔隙充水的松散含水层,其深度一般不超过50m,而在基岩裂隙含水层中,其深度一般应大于100m。

3) 水平孔滤水管:用水平孔疏干孔隙充水的松散含水层时,必须在孔内装置滤水管。在基岩含水层中,应视孔内含水岩石的完整程度来确定是否装置滤水管,如遇到软岩,构造破碎带、风化带时,则必须放置穿孔滤水管。

在水平孔中使用的滤水管,一般均是具有一定孔隙度的穿孔管。大多采用聚氯乙烯滤水管。

(4) 水平孔布置原则:

1) 布置方式:钻孔应垂直边帮方向布置。

2) 排列方式:应视含水层渗透性各向均质程度布置成平行孔、扇形孔或按上下台阶分层布置。

3) 水平孔的仰角:一般要求仰角为1°～5°。最大不超过10°。

8.5.4 地下疏干

8.5.4.1 巷道疏干法

(1) 巷道疏干法是利用巷道直接揭露含水层,以达到降低水位,保证采掘作业要求的疏干方法。

(2) 疏干巷道的类型及适用条件:

1) 疏干巷道完全布置在含水层中。适用于岩溶和裂隙含水层的疏干。一般只使用于含水性较弱、涌水量不大的含水层或岩溶含水层的弱含水带的疏干。

2) 疏干巷道布置在含水层与隔水层界面上。一般只适用于底板近似于水平的松散孔隙含水层。在矿区存在渗透性较强的砂砾含水层,且补给来源充足,对露天矿边坡稳定性影响较大,要求对其进行较彻底的疏干截流时,可采用。

(3) 疏干巷道的布置原则:

1) 疏干巷道的走向,一般应垂直矿坑地下水的进水方向,或垂直地下水主要径流带的方向。

2) 应充分利用有利的地形条件,使含水层全部或某一标高以上的地下水能自流排出地表。

3) 疏干巷道的布置应当与开拓、采准巷道紧密地结合,做到疏采结合。

4) 疏干巷道应尽可能延长其服务年限。

(4) 浅部截流巷道:

1) 浅部截流是在特定的地质、水文地质条件下,利用截流巷道,使上部含水层中的地下水,在整个矿床开采期内,均由上部中段排出,不随开采中段的延深而下流的1种特殊的疏干形式。

2) 浅部截流适用的地质、水文地质条件:

① 上、下两含水层被稳定的隔水层隔开,两者间没有水力联系,或上部含水层之下为隔水层。

② 同一含水层由于构造变动或火成岩侵入活动的结果,使含水层在某一标高之下,在矿床上下或内外之间不发生水力联系。

③ 对含水性上强下弱的同一岩溶含水层,在弱含水层中布置截流巷道时,应具有可靠的基础资料并经慎重研究确定。

3) 截流巷道布置原则:

① 地下开采的矿山,截流巷道应布置在采矿错动带以外;露天开采时,应布置在最终境界线以外;

② 截流巷道的走向应垂直于矿坑地下水进水方向或地下水主要径流带方向;

③ 截流巷道一般布置在含水层中,在具备合适条件时,应优先布置在工程地质条件较好的隔水或弱含水层中;

④ 在含水性上强下弱的岩溶含水层中,截流巷道应布置在强含水带底部或略低于底部的位置;

⑤ 截流巷道一般均应作永久性支护;

⑥ 截流巷道布置在含水性不均一的含水层中时,应进行超前探水,并应在巷道穿越含水层之前,于适当位置安设防水闸门。

(5) 疏干巷道的断面和坡度的确定:

1) 疏干巷道断面:一般应以能保证正常施工所要求的最小经济断面为准。受降水强烈补给的裸露型岩溶矿区,自流疏干平硐断面应能满足一定降水频率条件下最大涌水量输水的要求。

2) 疏干巷道坡度和水沟:

① 嵌入式疏干巷道的坡度,原则上应与底板隔水层坡度一致。

② 露天开采时的专用疏干巷道和地下开采时较长的专用疏干巷道,一般坡度为0.3%~0.5%,当涌水量或泥砂量很大时,可大于0.5%。

③ 专用的疏干巷道一般不要求开挖水沟。

④ 地下开采时,对于涌水量很大,服务年限长的专用疏干巷道,为利用施工或利用开拓

运输巷道疏水时，可根据涌水量大小，设计足够的水沟断面以利疏水。

(6) 疏干巷道的支护和滤水要求：

1) 掘凿在松散砂砾含水层中嵌入式疏干巷道，一般应做混凝土全断面整体支护。并在巷道两侧预留滤水装置（滤水窗）。

2) 在含水层中掘凿疏干巷道，当巷道揭露岩层破碎、软弱结构面发育的地段，应采取短掘、短砌和混凝土、钢筋混凝土快速支护的措施。

3) 长期为矿床疏干服务的疏干巷道，应采用永久性支护。

4) 对于混凝土浇注或砌护的疏干巷道，巷道所揭露的涌水点，应埋设孔口管闸阀并锚固，以便需要放水时使用。

8.5.4.2 丛状放水孔疏干法

(1) 丛状放水孔疏干法是在放水硐室或巷道中施钻疏干地下水的方法。呈一定角度的放水孔（钻孔呈丛状或扇形分布）。

(2) 丛状放水孔的适用条件：丛状放水孔普遍应用于地下开采矿山的疏干，同时也用于露天矿山的疏干。当矿床一侧为隔水层或弱含水层，另一侧为强含水层（特别是矿床顶板含水层）时最为适用，不适用于松散孔隙含水层。

(3) 丛状放水孔的结构：

1) 丛状放水孔的结构类型有不带孔口管装置和带孔口管装置两种。为控制放水量，进行水压等动态观测，保证排水系统安全运行等要求时，应使用带孔口管装置类型。

2) 丛状放水孔的口径：丛状放水孔的口径，开孔一般为100～150mm，终孔一般为76～130mm。当水压大于4MPa时，口径应减小到开孔76mm，终口42mm或56mm。

3) 丛状放水孔的长度：原则上是要揭露含水层至涌水为止。一般为30～50～80m。

(4) 丛状放水孔的放水硐室：

1) 丛状放水孔一般均在放水硐室内施工，硐室应设在巷道一侧，也可利用采掘巷道的终端布置。

2) 放水硐室距含水层的安全距离，应视隔水层的稳固性、水压大小和含水层界线控制程度来确定，一般应保持15～30m安全距离。

3) 放水硐室的尺寸，应按钻进设备施工要求来确定。

4) 硐室开挖时，当揭露到破碎、松散不稳定的岩层时，应及时进行支护。

(5) 丛状放水孔的布置：

1) 1个放水硐室中一般施工3～5个放水孔，呈丛状或扇形布置。

2) 设计放水孔方位角、仰角、倾角及长度时，要根据水文地质条件，并充分利用已有的水文地质剖面及其他钻孔资料，尽可能将放水孔打在剖面上已标明的岩溶、裂隙、漏水点或涌水点及其附近位置上，以便获得较好的疏干效果。

(6) 丛状放水孔的施工机械：一般选用100m型坑内钻机施工，对于硬岩钻进，可使用金刚石钻头坑内钻机。

8.5.4.3 直通式放水孔疏干法

(1) 直通式放水孔是由地表施工，在垂直方向上穿过含水层，直接与井下放水巷道或放水硐室相通，将疏干层的地下水经放水孔泄入井下，再由井下排水系统排出地表的1种疏干方法。

(2) 直通式放水孔适用条件：

1) 直通式放水孔既适用于岩溶、裂隙基岩含水层的疏干，亦适用于松散孔隙含水层的疏干。

2) 含水层的下部应有稳固的隔水层或弱含水层，便于在其中开凿放水巷道或放水硐室实现放水。

3) 在一个矿区，直通式放水孔可单独使用，也可与丛状放水孔或深井降水孔联合使用。

(3) 直通式放水孔的结构：

1) 直通式放水孔的结构类型有不带末端孔口管装置和带末端孔口管装置两种结构类型。

2) 直通式放水孔的过滤器，其要求同深井降水孔施工选择要求。

3) 直通式放水孔的止水要求：凡带孔口管装置的直通式放水孔以及不带孔口管装置，但穿过松散含水层的直通式放水孔，均必须在含水层底部位置止水。止水材料宜采用胶圈或牛皮止水，以保证其长期服务的需要。

4) 直通式放水孔的孔径：在松散孔隙含水层中、由于需要下入过滤器，孔径要求较大，在基岩含水层中则孔径可小些，其具体尺寸决定于涌水量大小和填砾厚度，孔径可参考地表降水孔要求。

5) 直通式放水孔的长度：一般深度为 50～150m 为宜。

(4) 直通式放水孔的放水硐室：

1) 直通式放水硐室的规格及位置有两种实施方法，一是已有放水硐室(丛状放水硐室)然后打孔与其贯通，其规格已定；二是先打直通式放水孔，然后打坑道硐室与其贯通。

2) 孔深小的按第一方法办，孔深较大，超过 200m 的孔，宜用第二方法。

3) 放水孔硐室的支护要求，与丛状放水孔的放水硐室相同。

(5) 直通式放水孔的布置：

1) 当矿床疏干采用单一的直通式放水孔时，其布置形式的选取、钻孔间距的确定等，原则上与深井降水孔相同。

2) 为了开掘与其相贯通的放水巷道和硐室，还必须同时遵循疏干巷道的布置原则。

3) 当直通式放水孔在矿床疏干中只起丛状放水孔的配合作用时，其布置则可不受上述要求的限制。

8.5.4.4 降压孔疏干法

(1) 降压孔疏干是在放水硐室或放水巷道中，垂直向下钻凿降压孔，以降低底板水压的疏干方法。

(2) 降压孔的适用条件：当矿区地层水平或缓倾斜，在矿体下方存在间接底板承压含水层，其承压水头值较大，对采、掘具有威胁时，宜采用降压孔对其降压和疏干。这种疏干方法可在黏土矿等沉积矿床中使用。

(3) 降压孔的结构：降压孔的结构一般与丛状放水孔基本相同。其差别是孔口一般均装设孔口管闸阀，以控制降压后的水头，控制矿井涌水量。当降压孔内安装深井泵时，其结构则与地表降水孔相同。

(4) 降压孔的布置：

1) 降压孔的布置形式基本上与降水孔相同，只不过它是在井下巷道中布设。

2）降压孔的间距、水压降低值或安全水头值，决定于隔水层岩石性质及其强度、隔水层厚度、隔水层的稳定程度及其是否被构造破坏和采掘空间的跨度等因素，通过计算来决定。当安全水头压力大于实际水头压力时即可达到降压疏干的效果（详细见防治地下突水部分）。对于露天矿，在没有导水构造破坏的情况下，安全水头值（从隔水层底板算起）应小于隔水层厚度的2倍。

8.5.4.5　打入式放水孔疏干法

（1）打入式放水孔，是使用直径不大、顶端为尖形的钢制穿孔过滤器，在巷道中顶入（或先钻眼再压入）含水层，使地下水位降低的一种小型疏水孔。

（2）打入式放水孔的适用条件：

1）适用疏干松散孔隙含水层，不受含水层渗透性的严格控制。

2）含水层距巷道的距离不宜超过5～8m。当含水层埋藏较深、厚度较薄、含水性较差，使用直通式放水孔不经济的情况下较合适。

3）与直通式放水孔配合使用，能比较彻底地疏干含水层（降低直通式放水孔间残余水头）。

（3）打入式放水孔的结构：

1）打入式放水孔一般由带孔段（进水部分）和不带孔段（不进水部分）组成。其直径一般为25～50mm，每节长度为1m，节与节之间用管箍联结（也可用螺纹联结）。

2）打入式放水孔带孔段上的圆孔直径依据砂砾含水层粒度大小在2.5～12mm之间选取。

3）打入式放水孔的孔间距一般为10～30m，水压较大时，可缩减为2～5m。

4）带孔部分长度一般为疏干岩层厚度的0.3倍。随着疏干岩层厚度的减小，比例值应增大，当疏干岩层的厚度只有1～1.5m时，工作部分长度可与厚度相等。

8.5.4.6　坑道疏干放水试验

（1）放水试验工程布置：

1）以水文地质勘探为目的的放水试验，应根据勘探目的布置，选取具有代表性地段，工程可布置在矿山的一个水平或两个以上水平，规模较大的放水试验，地面要设置观测孔，坑内设置压力观测孔。

2）以生产疏干为目的的放水试验，工程布置要结合疏干进行，要在先期开采地段，选取一个开采水平，坑内设压力观测孔，地面也要布置观测孔。

3）放水巷道、放水孔的施工布置具体要求按前述各节要求进行。

（2）试验工作：

1）放水试验的落程，一般要进行3个落程，最大降深S_3等于$1/3 \sim 3/4H$（H为放水孔孔口至放水前稳定水位的水柱高度），或等于最大放水量时的降深。$S_2 \approx 2/3S_3$，$S_1 \approx 1/3S_3$，落程的变换主要靠控制放水量调节。

2）稳定延续时间，通常当Q-S的历时过程曲线都有规律的变化（均趋于相对稳定）时，作为终止放水试验的标准。

在实际工作中应注意：小区域或局部放水试验时，稳定延续时间可以短些；矿山模拟疏干试验时，稳定时间应长一些；补给量充沛时，稳定时间可短些；受降水影响明显时，放水稳定时间应长些；岩溶通道随放水疏通时，放水稳定时间应长些。

3）稳定标准，参照抽水试验稳定标准执行。

(3) 试验观测工作:

1) 放水试验前静止水位,水压的观测:

① 放水前,地面所有的观测孔都应进行静止水位的观测,观测要求同抽水疏干试验。

② 受潮汐影响的地区观测要求同抽水疏干要求。

③ 坑内压力观测孔水头压力要同地面观测孔水位一样作相应的观测,并将两者观测结果进行对比或校核。

2) 涌水量观测:流量的观测可以采用堰测法、流速仪法或水表记录水量。水量观测时间间隔,由密到疏,开始每5～10min测量1次,然后根据稳定程度改为15min或30min测量1次,基本稳定后,改为1h、2h、4h、8h 1次。

3) 动水位观测:放水中心孔动水位(压)和中心地段水位反应灵敏的观测孔水位的观测次数与涌水量同时观测。

4) 水温观测:井下水温一般变化不大,放水开始时,每2h测1次,后期可与涌水量同时观测。

5) 恢复水位观测:放水试验结束后,必须进行恢复水位、水压全过程观测。开始时,中心孔每1min、3min、5min、10min、15min、30min……观测1次,待基本稳定后,每1h、2h、4h、8h观测1次,直至完全恢复为止。其他观测孔可根据放水时水位下降灵敏程度分别确定。

(4) 资料整理:

1) 编制放水试验成果表;

2) 绘制放水试验工程平面图;

3) 绘制放水钻孔水文地质综合图表;

4) 绘制放水试验降落漏斗图;

5) 绘制 Q、S-t 过程曲线;

6) 绘制 $Q=f(s)$关系曲线图;

7) 计算矿坑涌水量,编写放水试验总结报告。

8.5.5 联合疏干法

联合疏干方式类别:

(1) 联合疏干是在一个矿山或在不同阶段同时采用地表和地下两种疏干方式,对矿床地下水进行疏干。

(2) 联合疏干方式,可以是对同一含水层同时采用疏干方式的联合,也可以是对不同的含水层分别采用不同的疏干方式。

在以下情况,应考虑采用联合疏干方式:

(1) 矿区水文地质、工程地质条件比较复杂,使用单一疏干方式不能满足采掘对疏干的技术要求或不经济时;

(2) 矿区存在多个互相无水力联系的含水层,这些含水层都妨碍采掘作业安全正常地进行;

(3) 矿床含水层的含水性上强下弱,又无隔水或弱含水层可供开拓利用,采用单一地下疏干方式,不能保证矿井开拓工程安全、顺利地进行;采用单一地表疏干方式,又不能保证下部含水层有效地疏干。

8.6 矿山注浆堵水

8.6.1 注浆堵水的种类

按注浆用途可分为：

(1) 井巷掘凿前的预注浆；

(2) 成井后的壁后注浆，堵突水点恢复被淹矿井；

(3) 注浆防渗帷幕截源堵水减少矿坑涌水量；

(4) 井巷堵水穿越含水层或导水断层等几类。

8.6.2 注浆堵水的一般要求

注浆堵水的一般要求：

(1) 必须编制完整的注浆堵水设计，并经主管部门审批后，才能进行施工作业。

(2) 必要时应进行专门水文地质补充勘探，进行注浆试验，以获得必要资料和经验。

(3) 选择理想的注浆材料及施工机具。

(4) 在确定具体的注浆方案时，应对主要的参数选用陈述依据或理由。其主要参数包括：注浆孔布置、注浆段高(长)度、浆液性质及浓度要求、注浆压力、浆液注入量、注浆延续时间、注浆结束标准等。

(5) 注浆结束后应进行效果检查，必要时保留长期观测孔监测。

8.6.3 井巷工程注浆堵水

8.6.3.1 井巷工程注浆堵水的类型

井巷工程注浆堵水，包括工程动工前的预注浆和工程施工结束后对井巷壁后的后注浆，以及穿越裂隙含水层、破碎带导水断层等为防渗，防涌水及围岩加固的巷道工作面注浆等几种。

8.6.3.2 竖井预注浆

(1) 竖井预注浆分地面预注浆和工作面预注浆。其方案选择参照表8-7。注浆参数计算参照表8-8。

(2) 注浆孔布置、注浆段长度、注浆材料、浆液浓度、注浆结束标准等参数选取参照8.6.5注浆防渗帷幕一节执行。

表8-6 竖井注浆方案选择表

方案	适用条件及有关影响因素	主要优缺点
地面预注浆	含水岩层埋深＜300～500m，厚度＞40m，含水砂层埋深＜50m，厚度≤10m，砂层上下为隔水层。涌水量大(＞60m³/h)水压高(＞4MPa)在工作面建立止浆垫和排水都有困难，井筒下掘工作未准备好，可充分利用时间进行地面预注浆 有性能良好、数量足够的地面钻孔设备和机具 工期短，要求速度快，竖井开掘，不允许中途停掘进行工作面预注浆 含水层裂隙发育连通性好，尽可能减少注浆孔数	可用较大型高效钻机提高钻速，降低孔斜；可减少止浆垫多次建立和拆除工作；不影响工作面掘进，可提高成井速度 缺点是钻孔工作量大，费用高

续表 8-6

方案	适用条件及有关影响因素	主要优缺点
工作面预注浆	含水层埋深>300～350m,厚度<40m 含水砂层埋深>50m,厚度≥10m,砂层上下为隔水层 涌水量不太大,水压不太高 (<4MPa)建立止浆垫不特别困难 有多层含水层时,它们之间的间距较远,且中间有良好的隔水层	可节省大量钻孔及其费用,无需大型钻孔设备 缺点是注浆时影响掘进工作和成井速度;增加建立和拆除止浆垫的工作;在窄小工作面注浆施工不方便,效率低
壁后注浆	井壁断裂需进行壁内注浆 渗漏水中有时带泥沙,需进行壁后注浆,壁后空洞、围岩破碎	节省钻孔工作量;对掘进工作少影响或不影响 缺点是若井壁上的孔眼未堵死,仍可能漏水;有时影响工作面安全

表 8-7　竖井预注浆参数计算表

类别	岩层	项目	计算公式	说明
地面预注浆	含水裂隙岩层	注浆压力	注浆泵压: $p_H=(2\sim2.5)\dfrac{H\cdot\gamma}{100}$注浆泵 选型压力: $p=1.3p_H$	p_H为注浆泵的表压,MPa; p为注浆泵选型压力,MPa; H为受注点至静水位的水柱高度,m; γ为水的密度,t/m³,可取$\gamma=1$; 压力系数一般为2～2.5,特殊地层,如断层泥等可取3
		浆液注入量	每个钻孔注入量: $Q=\lambda\dfrac{\pi R^2H_1\eta\beta}{m}$	Q为每个钻孔注入量,m³; R为浆液扩散半径,m; H_1为注浆段高,m; η为岩层裂(孔)隙率,%,一般$\eta=0.5\%\sim3\%$; β为浆液在裂隙内的有效充填系数,可取$\beta=0.8\sim0.9$; m为结石率,%,当水灰比为2:1～0.5:1时,m为0.56～0.99; λ为浆液损失系数,可取$\lambda=1.2\sim1.5$
		注浆孔数	1.井内布孔 $N=\dfrac{\pi(D-2A)}{L}$ 2.井外布孔 $N=\dfrac{\pi(D_1+2A_1)}{L}$	N为注浆孔个数,个; D为井筒净直径,m; D_1为井筒荒直径,m; A_1为井筒荒直径至布孔圈距离,m; $A_1=0\sim1.5$; A为井内布孔圈至井筒净径距离,m; 一般$A=0.25$m; L为注浆孔间距,m; 一般$L=1.3\sim1.5R$,井内布孔一般适用于裂隙连通好,井径大的条件;在确定L时应考虑注浆壁厚度及孔斜的影响

续表 8-7

类别	岩层	项目	计 算 公 式	说 明
工作面预注浆	含水裂隙岩层	注浆终压	$p_{\phi}=p_{H}+\frac{H\cdot\gamma_c}{10}$	p_{ϕ}为结束注浆时孔口的最大压力,注浆终压,MPa; p_H为结束注浆时注浆泵上的表压力,MPa; H为计压点以上的浆液柱高度(注浆段高,注浆深度),m; γ_c为注浆液密度
		注浆孔数	$N=\frac{\pi(D-2A)}{L}$	符号意义同前
		浆液入量	同本表地面预注浆时的计算公式	同本表地面预注浆时的注入量
预注浆	含水砂层	浆液有效扩散半径	马格(Maog)公式 $R_M=\sqrt[3]{\frac{3r_1}{n}\cdot k\cdot\frac{c}{c_1}\cdot h\cdot t+r_1^3}$	R_M为浆液有效扩散半径,cm; r_1为注浆管半径,cm; n为砂层孔隙率,一般取30%~40%; k为砂层的渗透系数,cm/s; h为注浆压力、MPa(cm水柱); t为注浆时间,s; c,c_1为水和浆液的黏度,MPa·s
		注浆压力	$p_0=(0.2-0.23)H$	p_0,H意义同上
		注浆量	$Q=\pi R_M^2 nHc_3$	Q为每个钻孔的注浆量,m^3; c_3为修正系数,与浆液、砂层的种类,充填率和浆液消耗有关,一般取$c_3=1.1\sim1.3$; 其余符号意义同上

8.6.3.3 巷道工作面注浆

(1) 巷道预注浆参数计算见表 8-8。

表 8-8 巷道预注浆参数计算表

岩层	项 目	计算公式或经验数据	说 明
含水裂隙岩层	注浆压力	见表 8-7	见表 8-7
	浆液注入量	除见表 8-7 外,可参用下列数据: 3~5m^3/min 段长度 5~10m^3/min 段长度 10~15m^3/min 段长度 15~20m^3/min 段长度 20~30m^3/min 段长度	当注浆孔涌水量/$L\cdot min^{-1}$: <100 100~200 200~500 500~1000 1000~2000

续表 8-8

岩层	项　目	计算公式或经验数据	说　　明
破碎岩层及冒落区	注浆终压/MPa	＜0.5 0.5～1.0 1.5～2.0	注浆区域无水： 巷道工作面附近冒落拱和堆积物的回填注浆 严重破碎岩层和冒落拱边缘的固结注浆 破碎岩层和细小裂隙的固结注浆
		为静水压力的 2～2.5 倍	注浆区域有水： 破碎岩层堵水固结注浆
	浆液注入量	$2 \sim 3m^3/m$ $3 \sim 4m^3/m$ $4 \sim 5m^3/m$	破碎岩层中注浆孔冲洗液漏失量/$L \cdot (min \cdot m)^{-1}$： 10～30 30～50 50～70

(2) 注浆孔布置：一般有平行孔、扇形孔及放射状孔。可以是周边全堵，封顶封底以及单侧封堵等多种形式。应以能保证巷道安全掘进为目的。

(3) 巷道工作面预注浆一般也要构筑止浆墙，以保证工程段注浆效果及安全。

(4) 注浆结束标准如下：

1) 在裂隙岩层中的标准：

① 实际浆液注入量大于或接近设计的注入量；

② 注浆压力呈规律性增加，并达到注浆设计终压；

③ 达到注浆终压时的最小吸浆量分别为：单液浆 40～50L/min，双液浆 60～120L/min；

④ 维持注浆终压和最小吸浆量的时间为：10～15min。

2) 在破碎岩层中的标准：

① 达到注浆终压时，水灰比为 0.8∶1，泵量不大于 60L/min；

② 维持终压、终量的时间为 5～10min；

③ 最后 1 次扫孔，压水后的注浆孔漏失量不大于 20L/min 也可以结束注浆。

8.6.3.4　井巷后注浆

(1) 井巷工程永久支护后，如遇井壁本身出现开裂，渗水和壁后空硐时，可进行后注浆，以防渗堵水和加固围岩。

(2) 井巷后注浆参数估算见表 8-9。

表 8-9　井巷后注浆参数估算表

项目	计 算 公 式	说　　明
注浆压力	$p_a = p_0 + (1 \sim 3)$ $p_b = p_0 + (3 \sim 5)$ $p_\phi = p_0 + (5 \sim 8)$	p_a 为注浆初始压力，MPa； p_b 为正常注浆压力，MPa； p_ϕ 为注浆终压，MPa； 1～8 为富裕压力，当为料石井壁，井壁内注浆和以堵水为主时取低值，以充填加固时取高值

续表 8-9

项目	计算公式	说明
浆液注入量	$Q=aV\eta$	Q为浆液注入量,m^3;V为需要固结或充填的体积,m^3;η为孔隙率%,对于砂层$\eta=26\%\sim40\%$,充填空洞时,按全部充填:$\eta=1$;a为浆液损失系数,一般取$a=1.1\sim1.5$
注浆孔数	根据注浆范围,实际浆液耗量,注浆压力上升情况等因素综合分析具体确定	

(3) 后注浆应在井壁安设导水管导水。一般应埋设在裂缝出水大的地方或裂隙交汇处。

(4) 注浆管一般有楔缝式和套管式。

(5) 工艺、浆液、设备机具等同前。

8.6.4 突水点注浆堵水

8.6.4.1 适用条件

(1) 矿山井巷掘凿过程中,由于穿越断层,裂隙等导水通道,或因其他意外因素,造成与各种含水层、含水体沟通而发生突水事故。当突水点流量很大并造成矿井被淹,由于不宜采用强行排水恢复矿井生产时;

(2) 突水点流量不太大,出水对矿区疏干无直接联系,但影响作业环境,增加排水经营费时。

8.6.4.2 突水点注浆堵水方式及要求

(1) 堵水方式有两种:一是封堵突水点的涌水通道截源,是治本的方法;二是构筑井下隔水墙切断突水点与矿井其他坑道的联系,是封堵突水点的第一步措施,如果井巷需要继续穿越前进时,还须进行截源注浆。

(2) 突水点注浆堵水的技术要求:

1) 封堵突水点处含水层的技术要求:

① 根据突水含水层的厚度,岩溶裂隙发育程度及注浆孔可能达到的有效扩散半径,应布置2~6个注浆孔;

② 注浆孔离突水点不可太近,以防向井巷跑浆;也不可太远,太远不易命中主要岩溶裂隙,一般以3~10m为宜;

③ 注浆孔的间距,应根据注浆带的宽度及单孔的扩散半径来确定,一般孔距为浆液扩散半径的1.3~1.5倍;

④ 注浆孔施工应先选择2~3个孔施钻,其余钻孔可作为第一期注浆工程的检查孔和补充加固注浆孔继续施工;

⑤ 注浆效果应进行检查。突水点附近没有观测孔时,应打1~2个观测孔。观测孔应靠近突水点,但要离开注浆孔浆液扩散范围;

⑥ 钻孔直径不应小于90mm,钻进中应控制井斜;

⑦ 钻孔若不沟通含水层,视具体情况,可实施钻孔爆破连通;若含水空间体积大或动水流速快,可先注骨料,然后注浆;

⑧ 注浆材料、工艺、设备等参照相应章节的要求。

2) 封堵突水点处断层的技术要求:各项要求同上。必要时,封堵钻孔可打到含水层中。

3）封堵突水点处巷道，构筑井下隔水墙的技术要求：

① 从地表打钻孔与突水点处的巷道沟通，在地下巷道内构筑隔水墙，其厚度（长度）应以满足稳定性和防水性的要求而定；

② 注浆孔数及间距取决于隔水墙厚度，混凝土的塌落半径。孔数一般为3～5个，间距一般为3～7m；

③ 钻孔施工应相间进行，即先施工1号、3号、5号孔。2号、4号孔作检查孔和补充注浆孔后再施工；

④ 钻孔应严格控制偏斜，孔径不应小于90mm，因要投放骨料；

⑤ 钻孔贯通巷道后，应用旋扫器配合高压水冲刷清理巷道底板沉积的泥沙；

⑥ 骨料的投入应从两端开始，并用旋扫器拨料，直至无法注入骨料为止，骨料粒径为10～15mm；

⑦ 在钻孔中下注浆管，用压力向碎石中注入浓水泥浆或水泥沙浆，亦可掺入少量速凝剂或者直接向井巷内浇注混凝土；

⑧ 补充注浆孔注浆加固后经养生即可排水。

8.6.5 注浆防渗帷幕

8.6.5.1 注浆防渗帷幕的适用条件

（1）适宜的水文地质、工程地质条件；

（2）有利的矿产资源条件；

（3）含水层具有良好的可灌性；

（4）明显的经济效益和社会效益。

注浆防渗帷幕的主要技术要求：

（1）防渗帷幕，应具有足够的强度，确保开采安全；

（2）最大限度地减少矿坑涌水量；

（3）防止或减轻地面塌陷；

（4）在帷幕服务年限内保证堵水效果的稳定；

（5）施工进度必须满足矿山和生产对防治水的要求。

8.6.5.2 防渗帷幕对工程地质勘察的要求

（1）为保证帷幕设计方案具有可靠的基础资料，在开展注浆防渗帷幕初步设计之前，必须进行专门的工程地质勘察工作；

（2）帷幕工程地质勘察应查明的主要问题有：

1）主要进水通道及两端隔水边界；

2）含水层及隔水层的空间形态和展布，确定含水层和隔水层在平面上分布的连续性和在垂向上厚度变化的稳定性；

3）主要构造破碎带的分布及规模，岩石的破碎程度及含水性；

4）注浆层中岩溶、裂隙的发育程度，在空间上的分布范围，岩溶率或裂隙率；

5）注浆层内岩溶的充填程度，充填物的成分及抗冲刷的能力；

6）含水层的地下水位、流向、流速、水温及水质等；

7）注浆层的单位吸水率、渗透系数等。

8.6.5.3 注浆试验

(1) 为获得必要的参数,从而取得较好的注浆堵水效果和经济效益,在实施注浆堵水前,应进行注浆试验。

(2) 注浆试验的一般要求:

1) 试验工作应在注浆工程勘察孔或专门钻探的注浆孔中进行,尽可能为以后的帷幕注浆工程所利用,从而减少注浆工程量,节约投资。

2) 小型注浆工程,如竖井预注浆、封堵突水点等,由于工程需要,可选择1~2个勘察孔作灌注试验。

3) 大型注浆工程,如帷幕注浆和大面积的隔水岩层加固等,试验地段应具有代表性,通常应在设计注浆水文地质条件属于中等偏劣的部位进行,若注浆帷幕长度大且地质条件复杂多变,可选择2~3个地段进行注浆试验。

4) 试验地段应布置在设计的注浆区段内,以获得符合实际的注浆成果资料。

5) 注浆试验应与注浆设计中确定的注浆方法和注浆工艺以及所采用的技术手段相一致。

8.6.5.4 注浆防渗帷幕的结构形式

(1) 结构形式有封底式和半封底式两种:

1) 封底式防渗帷幕:是在开采区的所有进水通道上完全截断地下水。当帷幕建成后,不存在幕底绕流,堵水效果好。

2) 半封底式防渗帷幕:是在开采区强含水层的进水通道或集中径流带上拦截地下水,幕底设在下部弱含水层中,允许弱含水层向采区渗流,堵水效果较封底式防渗帷幕低。

(2) 帷幕结构参数:

1) 帷幕长度:帷幕长度主要取决于隔水边界岩体间的距离,为消除产生幕端绕流,帷幕长度必须延伸至隔水岩体中可靠隔水边界5m以上。

2) 帷幕厚度:按我国工程施工目前的实践经验,一般以10~15m为宜。

3) 帷幕深度:为防止幕底绕流,帷幕注浆孔应深入可靠隔水底板以下5m以上。应通过在厚层灰岩中,综合经济效果的对比分析,在确保穿过强含水岩溶裂隙带的原则下来确定合理深度。

8.6.5.5 注浆防渗帷幕平面布置形式

(1) 封闭式布置:

1) 在平面上帷幕两端应和隔水层密切相连,使采区被隔水边界和拟建的帷幕所包围,形成阻截地下水的封闭系统。其平面形状,一般多呈直线或环形布置。

2) 采用封闭式布置要求矿区必须具备进水通道狭窄和帷幕两端有良好的隔水边界条件。

(2) 半封闭式布置:

1) 在平面上帷幕应布置在矿区进水的主要通道或集中径流带上,用以堵截流向采区的大部分地下水,而允许其余弱含水部位向采区渗流。

2) 半封闭式布置,一般适用于矿区进水通道宽阔,在平面上,含水层存在主要进水通道或集中径流带的条件。

8.6.5.6 注浆孔布置形式

(1) 单排孔布置形式:在含水层透水性较均一的情况下,单排孔可采用等距离孔形式布置。在含水层透水性极不均一的情况下可采用不等距离孔形式布置。

(2) 双排孔布置形式:当设计帷幕厚度较大或在动水条件下注浆时,为保证注浆质量,可采用双排孔布置形式。采用双排孔布置时,各注浆孔常呈梅花形排列。

8.6.5.7 注浆方法

(1) 压入式注浆法:浆液由注浆泵以一定的压力压出,通过输浆管路压入注浆孔的溶洞、裂隙中;经过凝胶、固结之后,与围岩结成一体,起到阻水作用,是常用的方法。

(2) 循环式注浆法:在输浆管路中设置有专门的回浆装置,使注浆各不同阶段多余的浆液由注浆孔返回到贮浆池中,以调节各时期对浆液量的需求。此法仅适用于压力不高的浅层帷幕注浆施工中。

(3) 自流式注浆法:浆液依靠地形的高差和浆液的自重压力沿输浆管路自流到注浆孔中充填溶洞和裂隙。此法适用于具有较大溶洞或裂隙的注浆层中。为了节约注浆材料,常在浆液中添加惰性骨料一并充填到较大的溶洞中。

8.6.5.8 注浆方式

(1) 按浆液在注浆孔中的灌注程序,分为上行式注浆和下行式注浆两种方式:

1) 一个注浆孔通常要分为多个注浆段进行分段注浆,自上而下分段注浆为分段下行式注浆;自下而上逐段注浆为分段上行式注浆。

2) 上行式注浆是钻孔1次钻进到注浆孔最终深度,使用止浆塞自下而上逐段注浆,直至注浆孔注浆结束;下行式注浆是注浆孔钻进一段,注一段,前段注完后,经透孔后钻进一段再注一段,反复交替进行,直至全孔结束。

(2) 两种注浆方式的适用条件及优缺点见表8-10。

表8-10 上行式与下行式注浆的适用条件及优缺点

注浆方式	施工顺序	适用条件	优缺点
下行分段压入式注浆	由上而下分段在同一段内钻孔与注浆交替进行,终孔后,由下而上分段复注	(1) 含水层之间没有完好的隔水层 (2) 涌水量大的厚含水层(厚度大于40m) (3) 注浆层岩层松软破碎,岩石孔壁不利于设止浆塞	(1) 下行施工有利于保护孔壁的完整性,因而便于实现分段注浆 (2) 能有效地控制浆液上窜,确保下行分段有足够的注入量
上行分段压入式注浆	注浆孔1次钻到终孔深度,然后由下而上通过设置止浆塞实行分段压入式注浆或全段1次注浆	(1) 注浆深度一般不大于200m。 (2) 涌水量大的含水层,其厚度不大于40 m。 (3) 上、下含水层之间有良好的隔水层,岩层坚固,孔壁完整,能实现分段止浆	(1) 可减少工艺重复,简化打钻与注浆工艺 (2) 对地层条件要求过于严格,适用范围局限性较大

8.6.5.9 注浆主要技术参数的确定

(1) 注浆孔间距的确定:

1) 注浆防渗帷幕上注浆孔间距的大小和幕体的厚度及浆液扩散密切相关:

① 按帷幕厚度的要求来确定注浆孔距时,注浆孔最小孔距应大于帷幕厚之半;

② 当采用双排孔时,排与排之间的注浆孔间距按等腰三角形布置形式来确定;

③ 浆液扩散半径与注浆层的透水性,注浆压力,浆液浓度等因素有关,应综合分析确定;

④ 还应结合帷幕防渗要求,注浆岩层岩溶和裂隙发育程度来考虑孔间距的适当加大或减小;

⑤ 根据我国金属矿山注浆防渗帷幕的施工实践,在以岩溶为主的注浆层中建造帷幕,若采用单排孔布置时,其孔距一般在10~15m左右;若在以裂隙为主的注浆层中建造帷幕,采用单排孔布置时,其孔距为5~10m即可。

2) 注浆孔间距的计算,可按下式近似计算:

$$a=\sqrt{4R^2-L^2} \tag{8-15}$$

式中,a 为注浆孔间距,m;R 为浆液有效扩散半径,m;L 为帷幕厚度,m。

(2) 注浆压力:在整个注浆过程中,注浆压力一般分为3个压力阶段即:初期压力、过程压力和终值压力。

1) 初期压力一般不超过注浆段静水压力的1倍。

2) 过程压力是指在注浆过程的中期所控制的注浆压力。开始是注浆量随着压力的升高而加大,经一段时间之后,出现注浆量随压力升高而减少的现象,是注浆临终状态的迹象。

3) 终值压力应在临终状态出现后,保持一定时间的稳定压力。并按注浆结束标准,结束注浆工作。

终值压力计算方法通常按照设计的注浆深度来计算,其计算式如下:

$$p=k\cdot H \tag{8-16}$$

式中,p 为注浆终值压力,Pa;H 为注浆深度,m;k 为由注浆深度决定的压力系数,见表8-11。

表8-11 压力系数表

注浆深度/m	k 值/$Pa\cdot m^{-1}$		注浆深度/m	k 值/$Pa\cdot m^{-1}$	
<200	0.23	约0.21	400~500	0.18	约0.16
200~300	0.21	约0.20	>500	0.16	
300~400	0.20	约0.18			

(3) 浆液浓度:

1) 浆液浓度使用原则:

① 单液水泥浆常用的水灰比为4:1、2:1、1.5:1、1.25:1、1:1.0、0.8:1、0.6:1等7级。

② 使用水泥-水玻璃双液浆时,水泥浆浓度一般为1.5:1~0.6:1等5级。水玻璃与水泥浆(体积比)为1:1~0.4:1。

③ 每次注浆,水泥浆的浓度,一般是先稀后浓。

④ 当浆液在岩溶、裂隙中沉析,充填阶段时,若压力不上升,进浆量不减时,应逐级加大浓度;反之,若压力上升快,减量也快,应依次降低浆液浓度。每更换1次浆液浓度,一般应持续20min。

⑤ 下行初注时,浓度一般较大;上行复注时,浓度一般较小。

2) 单、双液浆使用界限:

① 当每米钻孔吸水量为 7L/min 以下时，可使用单液注浆；大于 7L/min 时，可使用双液注浆。

② 每米钻孔吸水量大于 7L/min，但设备材料不易解决时，亦可采用单液注浆；当单液注入量接近注入量的 40%～50%时，其压力不升、进浆量不减时，可采用低压间歇注浆的方法达到注浆终压。

③ 当钻孔每米吸水量超过 15L/min 时，应加速凝剂和掺和料等以节约材料防止浆液扩散过远。

(4) 注浆段长度：

1) 注浆段长度应根据含水层的岩溶、裂隙发育程度、注浆层的可灌性、注浆孔孔壁的稳定性及含水层的富水性等来确定。1 个注浆孔一般要分 3～10 段，甚至更多。

2) 常用的注浆段长度划分原则见表 8-12。

表 8-12　注浆段长度划分表

富水性裂隙发育程度		常用注浆段长度/m		注浆段划分原则
裂隙规模	裂隙宽度/mm	初注	复注	
细裂隙	0.3～3	30～40	50～100	(1) 将裂隙性质相同的岩层划分在同一个段长内，力求使浆液均匀扩散 (2) 裂隙发育程度相差较大的含水层，不宜划分在同一段长内，以保证注浆质量和减少不必要的浆液浪费 (3) 涌水量大、裂隙较宽时，注浆段长度较小，反之较大 (4) 注浆段长度应与注浆泵的供浆能力(泵量)相适应，泵量小，注浆段长度应适当缩小，以保证浆液有足够的扩散半径 (5) 最先施工的孔可根据检查孔确定并调整注浆段长度，后施工的孔注浆段长度一般可逐渐增大
中裂隙	3～6	20～30	40～50	
大裂隙	6～13	10～20	30	
破碎地层	>13	4～10	20	

(5) 注浆孔的冲洗标准：

1) 每个注浆孔在分段注浆前，应对钻孔进行捞粉和冲洗；

2) 常用冲洗的方法有：低压大水量冲洗法、高压冲洗法、高低压交替冲洗法及扬水冲洗法。

3) 冲洗标准：一般要求是在反复冲洗后，孔口返水变清视为冲洗终止。

(6) 注浆结束标准：金属矿山注浆防渗帷幕采用的结束标准参见表 8-13。

表 8-13　金属矿山防渗帷幕采用的注浆结束标准

矿山名称	注浆结束标准
张马屯铁矿	在设计终值压力作用下，每个注浆段的吸浆量小于 50L/min，持续时间为 5～10min
黑旺铁矿	在设计终值压力作用下，每个注浆段的吸浆量小于 40L/min，持续时间为 30min

8.6.5.10　注浆工艺

注浆工艺包括：注浆孔钻进、压水、造浆、止浆及注浆等各主要环节。

(1) 注浆孔钻进：可参照水文孔钻探要求执行。重点要求钻孔结构应力求简单，尽量保持垂直，控制偏斜。特别注意相邻孔间的反向偏斜问题，坚持清水钻进。

(2) 压水：

1）压水的目的是为了解注浆孔中各段注浆层的富水性、透水性，用以进行注浆分段，确定浆液配比，计算浆液消耗和材料用量以及预测注浆时间等。

2）压水试验，分正规和简易两种。正规压水试验采用3个压力阶段，以探求水量和压力的关系。位于主要过水通道上的注浆孔和质量检查孔均应采用这种试验方法。简易压水试验只做1个压力阶段，通常在一般的注浆孔中采用这种方法。

压水试验相当于注浆的模拟试验，因为压水和注浆是在完全相同的条件下进行的，所以压水试验所获得的有关参数，可以指导以后的注浆施工。

3）压水试验成果计算：参照水文地质勘察规范进行。

(3) 止浆：

1）止浆的作用是防止浆液绕塞返浆，使浆液在足够的压力作用下，扩散到注浆层的溶洞、裂隙中，达到注浆堵水的目的。止浆之后，要进行压水试验，检查止浆是否合格。如果不合格，要再次止浆，直至合格为止。

2）止浆方法有机械式止浆法和水力膨胀式止浆法两种。选用时应根据注浆深度、注浆材料性能及浆液混合方式而定。

(4) 造浆：

1）注浆所用浆液由造浆站配料、搅拌、检测，经输浆管路送至注浆孔。

2）造浆站按所处位置可分为地面及井下两类。

3）造浆站的一般要求如下：

① 保证连续供浆；

② 计量装置要准确，可按实际需要量随时调整；

③ 平面布置要紧凑合理，可集中操作控制；

④ 做好防尘及环境保护等措施的安排。

(5) 注浆：注浆是指浆液在一定压力驱动下充填扩散并最后固结在受注岩层的裂隙、溶洞或孔隙的工作过程。按照完成此工作过程的条件、工作方式以及选用注浆材料的不同，注浆可以分为以下几种类型：

1）连续注浆：是指从注浆开始，经过对浆液浓度、注浆压力和吸浆量的调整、控制，一直到满足注浆结束标准要求的注浆工作。

2）间歇注浆：是指1个注浆段分几次注完，每注入一定浆量之后，停止一段时间再注。

3）静水注浆：是指在地下水的天然流场没有人为改变的条件下注浆。

4）动水注浆：是指地下水天然流场，遭到破坏并产生较大水力坡度的条件下注浆。

5）化学注浆：是采用化学注浆材料及相应的注浆设备进行注浆。

8.6.5.11　注浆材料

(1) 防渗帷幕常用的注浆材料，有水泥、水玻璃及化学浆液材料等。

1）水泥的种类及性质：

① 注浆常用的水泥为：普通水泥、硅酸盐水泥、矿渣水泥、火山灰水泥和粉煤灰水泥。

② 水泥的主要性质要求：

水泥标号不低于400号；

水泥密度要求为$3.1 g/cm^3$；

水泥容重要求为$1.3\ t/m^3$；

细度要求通不过 4900 孔/cm^2 筛网的筛余量不大于 10%；

凝结时间和体积安定性符合国家标准；

游离氧化镁含量不得超过 4.5%，三氧化硫含量不得超过 3%。

2）水玻璃的性能及浓度要求：水玻璃的性能一般用模数（M）和浓度（Be'）表示。

① 水玻璃模数用 $M=\frac{SiO_2\text{摩尔数}}{Na_2O\text{摩尔数}}$表示。

注浆使用的水玻璃模数一般在 2.4～3.4 之间。

② 水玻璃浓度以波美度 Be'表示，它与密度的关系见下式：

$$Be' = 145 - 145/d \tag{8-17}$$

式中，d 为密度，g/cm^3。

适用于注浆的是液体水玻璃，其出厂的浓度为 50～56Be'，而注浆使用范围为 30～45Be'；因此使用时，应进行调配。

水玻璃浓度调配按下式计算：

$$V_1=\frac{V_0(d_2-d_0)}{d_1-d_2} \tag{8-18}$$

式中，V_1 为加入液体积，L；V_0 为原来水玻璃体积，L；d_1 为加入液密度，kg/L；d_0 为原来水玻璃密度，kg/L；d_2 为欲配水玻璃密度，kg/L。

(2) 浆液的主要性能：

1）浆液性能指标：主要有粘度、凝胶时间、渗透能力、渗透系数及抗压强度。

2）单液水泥浆的主要性能：

① 单液水泥浆是指由水泥和水拌制成的浆液，浆液浓度以水灰比表示，注浆用水泥浆的水灰比一般为 0.5～2.0。当不掺任何附加剂时称纯水泥浆。

② 纯水泥浆的密度、凝胶时间、抗压强度、水泥浆的配制等有关性能见表 8-14、表 8-15。

表 8-14　纯水泥浆的基本性能

水灰比（质量比）	密　度/g·cm^{-3}	凝胶时间				结石率/%	抗压强度/Pa			
		初凝		终凝			3d	7d	14d	28d
		h	min	h	min					
0.5:1	1.86	7	41	12	36	99	41.4×10^5	646×10^5	153×10^5	220×10^5
0.75:1	1.62	10	47	20	33	97	24.3×10^5	26×10^5	55.4×10^5	112.7×10^5
1:1	1.49	14	56	24	27	85	20×10^5	24×10^5	24.2×10^5	89×10^5
1.5:1	1.37	16	52	34	47	67	20.4×10^5	23.3×10^5	23.3×10^5	22.2×10^5
2:1	1.30	17	7	48	15	56	16.6×10^5	25.6×10^5	25.6×10^5	28×10^5

3）水泥水玻璃双液浆的主要性能：以水泥浆液和水玻璃为主剂的双液浆，能缩短凝胶时间并提高结石率，是一种用途广泛，效果良好的注浆材料。

① 水泥-水玻璃双液浆的特点：

浆液凝胶时间可准确控制在几秒至几十分钟范围内；

结石体抗压强度可达 10～20MPa；

表 8-15　纯水泥浆现场配制

水 灰 比	水 泥/袋	水/L	制成浆量/m^3
0.5:1	24	600	1.000
0.6:1	22	660	1.026
0.75:1	19	712	1.029
1:1	15	750	1.000
1.25:1	13	812	1.029
1.5:1	11	825	1.008
2:1	9	900	1.050

结石率可达 100%；

结石体渗透系数为 10^{-2}～10^{-3}cm/s；

适宜于 0.1mm 以上裂隙和 1.1mm 粒径以上砂层注浆；

材料来源丰富、价格低廉，对地下水及环境无污染。

② 凝胶时间：影响浆液凝胶时间的主要因素有：水泥品种、水泥浆和水玻璃浓度及体积比、浆液温度等。

水泥品种：水泥成分中含硅酸三钙越多，与水玻璃的反应越快，而凝胶时间越短。用普通硅酸盐水泥配制的浆液与水玻璃混合之后，其凝胶时间比矿渣硅酸盐水泥及火山灰质硅酸盐水泥配制的浆液要短。

水泥浆浓度：水灰比越小，其水泥浆浓度越大，水泥与水玻璃的反应越快，凝胶时间越短。

水玻璃浓度：水玻璃浓度越小，则凝胶时间越短，水玻璃浓度越大，则凝胶时间越长。

水泥浆与水玻璃体积比：水泥浆与水玻璃的体积比在 1:0.3～1:1 的范围内，其浆液的凝胶时间随着水玻璃用量的减少而缩短，并呈直线关系。

浆液温度：随着温度的增加，水泥-水玻璃浆液的凝胶时间加快。

③ 抗压强度：影响浆液结石体强度的因素较多，其主要有：水泥浆浓度、水玻璃浓度、水泥浆与水玻璃体积比。

水泥浆浓度：水泥浆浓度越大，双液浆的结石强度越高。

水玻璃浓度：对浆液结石体抗压强度的影响见表 8-16。

表 8-16　水玻璃浓度对双液浆结石体抗压强度的影响

水玻璃浓度（Be'）	水泥浆浓度（水灰比）	水泥浆与水玻璃体积比	抗压强度/MPa		
			7d	14d	28d
35	0.5:1	1:1	17.4	20.0	20.2
35	0.75:1		14.4	13.2	14.8
35	1:1		7.3	8.5	10.4
35	1.25:1		3.2	4.0	5.8
35	1.5:1		1.2	2.0	2.8

续表 8-16

水玻璃浓度（Be'）	水泥浆浓度（水灰比）	水泥浆与水玻璃体积比	抗压强度/MPa		
			7d	14d	28d
40	0.5:1	1:1	20.4	24.4	24.8
40	0.75:1		11.6	17.7	18.5
40	1:1		4.4	10.6	11.3
40	1.25:1		0.9	4.4	9.0
40	1.5:1		0.5	0.9	2.3
45	0.5:1	1:1	24.5	25.0	25.3
45	0.75:1		8.2	16.9	19.2
45	1:1		2.9	6.9	11.3
45	1.25:1		0.5	2.6	5.8
45	1.5:1		0.3	0.6	0.8

水泥浆与水玻璃体积比：水泥浆与水玻璃体积比最佳范围是 1:0.4～1:0.6，在此范围内结石体抗压强度最高，见表 8-17。

表 8-17　水泥浆与水玻璃体积比对双液浆结石体抗压强度的影响

水玻璃的浓度（Be'）	水泥浆浓度水灰比	水泥浆与水玻璃体积比	结石体 28d 的抗压强度/MPa
40	0.6:1	1:0.3	15.6
		1:0.4	22.4
		1:0.5	23.5
		1:0.6	22.0
		1:0.8	17.2
	0.8:1	1:0.3	13.5
		1:0.4	14.3
		1:0.5	16.8
		1:0.6	18.0
		1:0.8	13.0
	1:1	1:0.3	9.9
		1:0.4	11.9
		1:0.5	17.9
		1:0.6	13.0
		1:0.8	11.0

注浆机具：主要有钻探设备注浆泵、浆液搅拌机、止浆塞、混合器及输浆管路和相应的计量仪表。

8.6.5.12　注浆防渗帷幕堵水效果检验

(1) 物探检验方法：

1) 钻孔无线电波透视法：在钻孔中利用无线电波透视方法，探测孔间岩石注浆前后对电磁波吸收和散射的变化情况，以检查注浆质量和堵水效果。目前常用的无线电波透视仪有 KWT 型及 JJT 型两种。

2) 钻孔摄影法：利用钻孔摄影仪拍摄钻孔孔壁岩石裂隙的大小、方向和发育程度，对照注浆孔注浆前后的图像，即可判断注浆质量。

目前，一般使用 SK-150 型钻孔摄影仪。

3) 声波测试法：利用声波在不同介质中传播速度不同的特性，对注浆质量进行测定。测试的仪器有 PSC-1 型等。

4) 地震或超声波测试法：这些方法是根据注浆前后岩石(体)动弹性模量的变化情况，对注浆质量进行分析和鉴定。

(2) 直观检查方法：

1) 钻孔取心检查：利用钻孔钻取岩心，直观检查岩心岩溶或裂隙被浆液的充填程度，据此对帷幕注浆质量鉴定。在我国矿山注浆工程中广为采用。

2) 大口径检查孔检查：在帷幕中心部位施工直径为 0.8～1.0m 的钻孔，在孔壁直接观察注浆情况，适用于浅层帷幕。

3) 专门巷道检查：在条件具备和必要时，可在幕内掘进 1 条与帷幕相平行的巷道，在巷道内检查浆液扩散及结石情况，亦可直接观察到岩溶/裂隙被浆液充填的情况。

(3) 压水试验检查：利用专门质量检查孔或帷幕上的注浆孔进行压水试验检查。

(4) 坑道放水试验检查：如具备条件时，在幕内坑道中掘进专门的放水硐室并施工放水孔进行坑道放水试验检查。

8.7 矿区地表水的防治

8.7.1 矿区地表水的防治及主要工程种类

矿区地表水的防治工程主要有：截水沟、人工河槽(包括河流改道或河道防渗)、防洪堤坝、排泄隧洞和调洪水库等几种。

8.7.2 一般规定

一般规定如下：

(1) 矿区地表水的防治必须与矿山排水、矿床疏干统筹安排，贯彻以防为主、防排结合的原则。

(2) 凡能以防水工程拦截的地面水流，一般不允许流入露天采矿场、地下开采崩落区或岩溶塌陷区。

(3) 矿区地表水的治理，要注意保护农田和水利工程，在保证安全开采的前提下，尽量不占或少占农田。

(4) 大型地表水的防治工程，如大、中型河流的改道和围湖筑堤等，要取得当地政府和水利部门的批准后，才能进行治理工程的实施。

(5) 地表水、降雨对矿坑充水有严重威胁的矿山，在雨季来临前，应成立防洪抢险机构，负责指挥矿山防洪抢险工作。其成员中应包括水文地质人员。

8.7.3 截水沟

截水沟应注意以下几点：

(1) 截水沟布置应能最大限度的减少采矿场、崩落区、塌陷区的汇水面积，要通过技术经济比较，在满足矿山生产要求的前提下，遵循分期、分批建设，近期与长远相结合的原则。

(2) 截水沟出口与河沟交汇时，其交汇角对下游方向应大于 90°，并形成弧形。沟出口底部标高，最好在河沟相应频率的洪水位以上，一般应在常水位以上，尽量避免在常水位以下。

(3) 为避免水沟淤塞和冲刷，水沟转弯时，其转角不宜大于 45°，其最小允许半径一般不应小于沟内水面宽度的 2.5～5 倍。

(4) 截水沟应选择在工程地质条件、自然条件比较好的地段布置，尽量避开流沙或有滑坡危险的地段，与矿坑充水有关的含水层露头、断层破碎带上。

(5) 截水沟距露天最终境界线的最小距离，不应小于 30m；对地下开采的矿床，截水沟距开采最终错动线的最小距离不应小于 20m。

(6) 截水沟断面结构尺寸等参数选择计算，按水力学方法规定进行。

8.7.4 防洪堤

防洪堤应注意以下几点：

(1) 防洪堤应设在最大限度阻截洪流的地段；

(2) 防洪堤的轴线应尽量和洪水流向平行；

(3) 防洪堤应选择在堤坝长度最短处设置；

(4) 防洪堤设置应选择水文地质、工程地质条件较好的地段；

(5) 矿井及主要工业场地标高，应高于当地历史洪水水位 1m 以上，未达到者，应考虑设置防洪堤坝及内涝排除设施；

(6) 大型堤坝的设计必须具有专门的工程地质勘察资料。

8.7.5 河流改道

河流改道应注意以下几点：

(1) 遇到下列情况之一时，应考虑河流改道：

1) 河流直接在矿体上方流过，对地下开采的矿床，不能保证安全或经济上不合理时；

2) 河流穿越露天境界边缘或地下开采崩落区，以及因排水影响造成的塌陷区时；

3) 因河水大量渗入采区，对边坡或开采有严重不良影响，采用防渗措施不利时。

(2) 新河道线路选择：在满足对防洪要求的前提下，改河线路应是线路最短，避免走斜坡，尽量穿越洼地，尽可能避开滑坡、流沙等不稳定土层地段或渗漏严重的地层起终点。应力求顺应河势，交角不要过大。

(3) 新河道与采矿境界线距离要求：

1) 新河道应遵循尽量远离开采境界的原则；

2) 距露天矿境界为 100～200m，最小不应少于 30m；

3) 距地下开采矿山最终错动线为50m,最小不得少于20m。

8.7.6 河床防渗

河床防渗应注意以下几点:

(1) 河流位于矿体上方或附近,河床渗漏致使矿坑涌水量增加,或降低露天矿边坡的稳定性,恶化开采技术条件,甚至河水直接灌入矿坑,将会造成突水淹井事故,严重影响矿山安全生产,应进行河床渗漏的防治工作。

(2) 对于不宜进行河床改道的渗漏河床,应采用人工防渗河槽或渡槽,防治河水渗漏。

(3) 防渗河槽的修建,应编专门设计,并经上级有关部门审批后实施。

(4) 防渗河槽工作期间,每年都要检查是否有槽底渗流、渗漏问题发生,进行水文观测;同时还要逐年测量河槽底板的冲刷磨蚀速度。

8.7.7 调洪水库

调洪水库应注意以下两点:

(1) 当露天采矿场、地下开采崩落区或抽水塌陷区横段河流时,在地形地质条件不宜采用河流改道或改道在经济上不合理时,可采用水库调洪措施。

(2) 采用调洪水库防治地表水的矿山,应加强矿区气象和水文观测以及资料收集整理工作,搞好常年水情预报。

8.7.8 地面防渗(塌陷的防治)

地面防渗有以下几种:

(1) 矿坑排水也可引起地面沉降、开裂及塌陷、降雨或地表水由此渗入补给矿坑,使矿坑涌水量增大时,应及时用土料、混凝土、钢筋混凝土等封堵措施严密填塞封堵开口裂隙。

(2) 在裸露型岩溶矿区,应特别注意做好地面防渗工作。对汇水面积内的落水洞、漏斗、溶洞和宽大裂隙等应尽可能的严密封死,以防水患。

(3) 对地下开采崩落区,降雨对安全生产有威胁时,应设法将崩落区内的"天窗"封死,并及时排出区内的积水。

(4) 可以采取其他新技术防止和减少地面沉降,塌陷来处理(如采取自然充气防塌,利用人工双层水位条件防塌)。

8.8 矿井突然涌水的预测与防治

8.8.1 突然涌水的预测

8.8.1.1 突然涌水突水水源和通道

(1) 突水水源:矿井突然涌水的主要水源有地下水、地表水、降雨及其径流和老窿水等。

(2) 突水通道:形成矿井突水的通道,大致有:

1) 导水构造带,包括导水断层带、破碎带、裂隙带等。

2) 岩溶通道,包括各种形式的岩溶如:溶洞、裂隙、暗河、漏斗、落水洞等。

3) 由抽排水引起的地面塌陷,包括塌洞和开裂。当它们沟通岩溶通道时,会形成通道。

4) 由采矿后顶板岩石移动产生的通道,如冒落带、崩落区,导水裂隙带等。

5) 未封或封孔质量不好的各种钻孔。

8.8.1.2 突然涌水的预测方法

(1) 动态分析:根据地下水动态观测资料,预测突水的可能性。

(2) 现场调查:根据采掘工程的现场水文地质测量,研究构造、岩性岩相和地下水活动迹象等方面的变化情况,预测突水的可能性。

(3) 物探探测:根据工作温度场测量,无线电波透视,岩石声波探测等物探资料,预测突水的可能性。

(4) 超前孔探测:利用超前孔探测手段,对可能产生突水的地段进行探测预报。

(5) 计算预测:根据斯列沙辽夫公式计算及其他经验公式来计算预测间接地下水源突水的可能性。包括间接顶班、底板及测向含水层安全水头压力的计算来预测突水的可能性。

8.8.2 突然涌水的防治

8.8.2.1 矿井突然涌水防治的方法与措施

(1) 处理突水水源,包括对含水层的疏干、降压、放空老窿积水、进行河流改道、防渗等措施;

(2) 处理突水通道,包括构筑防渗帷幕、防渗墙、留隔水矿柱、用局部注浆处理突水点,填堵塌陷等措施;

(3) 在有突水威胁地段采用超前探水指导施工和构筑防水门,挡水墙等措施。

(4) 加强安全生产技术管理。

8.8.2.2 超前探放水

(1) 矿山采掘施工,必须坚持“有疑必探,先探后掘”的施工管理原则。凡遇到下列情况应考虑采取超前探水:

1) 采掘地区及其附近的地下水位尚未下降至安全水位以前,在接近含水层、导水构造带、含水裂隙发育带时;

2) 工作面接近预测积水老窿或老采空区时;

3) 工作面接近流沙层、淹没井、规模大的岩溶裂隙、陷落柱、地下暗河等部位时;

4) 巷道接近或穿越含水性分布状况不明的各种类接触带或预测有涌水异常的地段时;

5) 工作面出现滴水、淋水、涌水、射流、挂红、冒“汗”、发雾、水响、底鼓、温度变化等异常水文地质现象时;

6) 经主管部门批准需要掘开隔离矿柱放水,当放水巷道接近这些矿(岩)柱时;

7) 工作面接近用物探预测的涌水异常地段时;

8) 工作面接近灌过泥浆或充填尾沙尚未固结的采空区时。

(2) 超前探水孔布置的原则及探水孔孔径和超前距要求:

1) 布置原则,应视探测的对象,控制程度要求,水文地质条件,水体的空间形态及水量水压等因素,进行综合研究后而布置。根据不同的作用与要求,可按以下要求规定布置:

① 深超前孔,主要为探查地下水体的分布规律,控制工作区段内各种水文地质边界实际位置,确定突水的安全隐患危险程度。在未经疏干、穿越静水压力较高以及控制不足的构造、岩溶、老窿分布区内施工井巷时,都应布置深孔超前孔。一般布设 1~2 个,其方向是沿

巷道轴线或巷道转弯的方向布置，孔深为80～120m。

② 中深超前孔，主要为控制采掘工作面的安全边界范围，对工作面进行降压或疏干放水。凡实施超前探水的巷道均应布设这种探水孔，一般布设3～5个，顺巷道中心前进方向1个，其他可视情况布置在顶、底板或两侧帮向外斜打，与巷道轴线成30°～40°夹角，孔深为40～80m。

③ 浅超前孔，当井巷通过含水层的含水性极不均匀时，为防止在超前范围内仍有突水可能，对每个作业循环应布设这种探水孔。浅超前孔只适用于水压在0.2MPa以内的灰岩地层和水压在0.1MPa以内的完整砂页岩地层，在岩性破碎较软的地层中，不宜使用。其孔数及位置视实际需要布置。孔深为5～15m。

2) 探水孔的孔径及超前距离要求：

① 孔径，一般口径不宜过大，最大不超过91mm，在浅超前孔中有时可用凿岩机钻孔探水。

② 超前距，可根据岩石稳固程度，水压大小，突水源规模等因素确定。中深孔应保持15～20m，浅超前孔应保持每个掘进作业循环均要钻凿。

8.8.2.3　防水门和挡水墙的设置

(1) 对水文地质条件复杂或有突水危险的矿井，为了防止突水量超过矿井排水能力造成淹井事故，把水害控制在一定范围，应在各阶段井巷系统适当位置设置防水门或挡水墙。

(2) 防水门类型及用途：防水门分临时性的简易防水门、低压防水门和高压防水门等3种。

(3) 防水门和挡水墙位置的选择：

1) 应设在对水害具有控制性的部位或重要设施入口的部位。

2) 所设位置应保证防水门、挡水墙使用期间的稳定性和隔水性不受邻近部位及下部阶段采掘的影响。

3) 应设在岩石完整、岩性坚硬、岩体稳定的不透水岩石中。

4) 防水门应尽量设在较小断面巷道内，以减少防水门基础的掘凿工程量和缩小防水门的尺寸。

5) 防水门位置的选择还应尽量兼顾抢险时对闸门关启、操作和故障处理的安全方便。

(4) 防水门与挡水墙的差异：

1) 防水门应在矿井突水前修建，并在矿井整体设计中做安排。挡水墙则是在建井和生产中因出现某些新情况后而补设的。

2) 防水门是可以开启的，它一般是建筑在承担运输、通风、行人的巷道中。挡水墙构筑后，即切断通道，故不应建筑在上述巷道中。

(5) 防水闸门安装使用管理：

1) 防水闸门建成后，矿山水文地质专业人员应会同安全部门及施工部门对闸门进行升压试验。升压时应详细检查闸门、闸体变形状况，变形量以及闸体和四周围岩的渗漏等情况，闸门及其围岩接缝，包括附近岩体都不应有严重射流漏失现象，只有升压达到设计压力稳压72h而闸门(闸体)无明显变形，方可结束试验。试验结束后，要提出试验报告，才能交付使用。若闸门渗漏严重，则必须进行注浆处理，直至达到上述要求为止。

2) 防水闸门是矿山预防突水淹井的重要设施，矿山应将它纳入主要设备的维护保养范畴,建立档案卡片由专人管理,使其经常处于良好状态。当闸门完成其预定防水任务失去继续保存必要时,应呈报上级主管部门备案。

3) 对于已经关闸起压的防水闸门,应把闸门渗漏、压力和变形情况纳入矿山水文地质动态长期观测内容。通往闸门的通道,应保证照明和道路畅通,以便于维护和抢修。

8.8.3 突水淹没矿井的恢复及其水文地质工作

8.8.3.1 恢复淹没矿井的方法

(1) 恢复淹没矿井的方法:一是强行排水,二是先堵后排。

(2) 强行排水法:采用各种排水方式将矿井积水强行排出,以便恢复矿井的方法。

1) 适用条件:

① 突水水源以静储量为主时;

② 突水水源虽以动储量为主,但其值不大,井巷断面能容纳在要求的期限内确定的排水设施,而且电源有充分保障时;

③ 岩溶矿区强行排水不会导致新水源大量溃入矿井和引起塌陷等严重危害时。

2) 排水方式:常用的强行排水方式主要有卧泵排水、潜水泵或深井泵排水、空气升液器排水 3 种方式。

(3) 先堵后排法:在排水恢复矿井前,先封堵出水点或突水巷道的方法:

1) 适用条件:

① 突水水源以动流量为主且其值较大(特别是在突水通道与规模较大的水源沟通的情况下);

② 井筒断面不能容纳在要求期限内排出矿井积水所确定的排水设施时;

③ 采用强行排水会激化地面塌陷,导致新水源的大量溃入或引起地面塌陷等其他严重危害时。

2) 先堵后排的堵水方式有两种:即封堵突水巷道外的通道和封堵突水巷道。是从地表在相应的位置打钻孔到预定的位置,然后实施注浆堵水,或是构筑水下隔水墙隔绝涌水来完成。

8.8.3.2 矿井突水后的水文地质工作

(1) 矿井突水后应迅速开展与突水有关的水文地质工作,为安全抢险提供准确的水文地质情况,为排水恢复矿井积累必需的资料。

(2) 其主要的工作有:

1) 迅速查明突水原因,找出突水点的补给来源;

2) 查清突水时的涌水量及其变化情况,以及矿井淹没的发展趋势;

3) 尽快掌握矿区地下水位的下降情况,查明漏斗的扩展方向,及时预报可能发生地表塌陷、沉降的发展范围,为地表安全处理提供依据;

4) 加密矿山水文地质观测,及时整理、分析观测资料,查明矿区水文地质条件的变化情况;

5) 依据上述工作为矿山向上级部门提交的“矿井突水(淹井)事故报告”中有关水文地质部分提供资料;

6) 对恢复矿井所需要有关资料提出计算依据,如受淹矿井恢复时涌水量 Q_D(动流量)

的计算，静储量的计算，矿井恢复排水时间的计算等；

7）对恢复矿井应采取的排水方式、方法以及排水设备选用的建议。

8.9　矿坑水的利用、排放与环境保护

8.9.1　矿区地下水资源的保护

矿区地下水资源的保护：

(1) 在设计或实施矿床疏干及防治水方案时，应采取合理的疏干方法和有利于保护地下水资源的措施。如：在安全和技术条件允许情况下，可利用隔水层带压采矿，进行局部疏干，采用帷幕注浆堵截地下水源。

(2) 封堵不具有疏干任务的放水孔、漏水钻孔、涌水点。

(3) 对必须排出的地下水要做到综合利用，排供结合。

8.9.2　矿坑地下水的综合利用

8.9.2.1　综合利用的一般原则

(1) 应按照国家颁发的各种用水的水质标准，详细研究矿坑水的水质和水量是否具备可供利用的条件，并确定可供利用的程度。

(2) 本着优质优用的原则，可供利用的矿坑水应先满足生活供水，水质不宜饮用的，应最大限度地用于采、选工业用水。

(3) 大水矿床除本矿区利用地下水外，还必须对矿山附近地区各用水部门进行调查，协调供排关系，开展供排结合可行性研究，最大限度地利用矿坑地下水，力求降低排水经营费用。

(4) 利用矿坑水作为各种供水水源时，应从供水角度预测矿坑在长期排水过程中，矿坑水水质及水量的变化，并采取保护措施防止水质不受污染，以保证满足供水的要求。

(5) 对达到国家饮用天然矿泉水标准的矿区地下水及可供利用的矿床热水，必须加强勘察和研究，在具备条件时，应充分开发利用。

矿坑水利用的水质评价：

矿坑地下水作生活用水、工业用水、农田灌溉用水及渔业用水时，应根据国家颁发的各种用水的水质标准进行评价，提供矿坑水可直接利用和稍加处理后即可利用的有关地下水的化学成分等资料。

已经利用的矿坑水，应建立水质监测站，对矿坑水水质不断进行监测，一旦发现水质恶化趋势，应采取相应措施，保护供水系统正常供水。饮用水及有关用水标准见表8-18、表8-19、表8-20、表8-21。

表8-18　生活饮用水水质标准（GB 5749—85）

编　号	项　目	标　准
	感官性指标：	
1	色	色度不超过15度，并不呈其他异色
2	浑浊度	不超过3度，特殊情况不超过5度

续表 8-18

编号	项目	标准
3	臭和味	不得有异臭和味
4	肉眼可见物	不得含有
	化学指标：	
5	pH值	6.5～8.5
6	总硬度(以 $CaCO_3$ 计)	不得超过450mg/L
7	铁	不得超过0.3mg/L
8	锰	不得超过0.1mg/L
9	铜	不得超过1.0mg/L
10	锌	不得超过1.0mg/L
11	挥发酚类	不得超过0.002mg/L
12	阴离子合成洗涤剂	不得超过0.3mg/L
	毒理学指标：	
13	氟化物	不得超过1.0mg/L,适用浓度0.5～1.0mg/L
14	氰化物	不得超过0.05mg/L
15	砷	不得超过0.04mg/L
16	硒	不得超过0.01mg/L
17	汞	不得超过0.001mg/L
18	镉	不得超过0.01mg/L
19	铬(六价)	不得超过0.05mg/L
20	铅	不得超过0.1mg/L
	细菌学指标：	
21	细菌总数	1mL水中不得超过100个
22	大肠菌群	1L水中不得超过3个
23	游离性余氯	在接触30min或应不低于0.3mg/L,集中式给水,除出厂水应符合上述要求外,管网末端不低于0.05mg/L

表 8-19 某些企业产品生产用水对水质的要求

项目	制糖用水	制淀粉用水	造酒用水	纺织用水	印染工业用水	制革工业用水	造纸用水	备注
浑浊度/mg·L	0	0		5	5	10	2～5	
色度/度	10～20	10～20		10～20	5～10		5	
总硬度/德国度	<20	<20	2～6	4～6	0.5～4	10～20	12～16	硬水妨碍染色使皮革柔性坏
耗氧量/$mg·T^{-1}$	<10	<10	<10		8～10	8～10	10	
氯/$mg·L^{-1}$	50	60	30～60		50	30～40		使皮革具吸水性糖不宜结晶

续表 8-19

项　目	制糖用水	制淀粉用水	造酒用水	纺织用水	印染工业用水	制革工业用水	造纸用水	备　注
硫酐/$mg \cdot L^{-1}$	50	60			50	60～80		$CaSO_4$，$NaSO_4$ 妨碍染色，制糖
亚硝酸/$mg \cdot L^{-1}$	0	0	5～25		0	0		N_2O_3 存在可使糖大量减产
硝酐/$mg \cdot L^{-1}$	痕迹	0	0.3		痕迹	痕迹		
氨/$mg \cdot L^{-1}$	0	0	0.1		痕迹	0		
铁/$mg \cdot L^{-1}$	痕迹	0.5	0.1	0.2	0.1	0.1	0.1	使染色物纸张起斑点，淀粉糖着色
锰/$mg \cdot L^{-1}$	痕迹	0.05	痕迹	0.3	0.1	0.1	0.05	
碳酸/$mg \cdot L^{-1}$		100						
硫 化 氢						1.0		
氧化钙/$mg \cdot L^{-1}$		120						使淀粉灰分增多 Ca 和 Mg 过多使纤维物变硬变脆
氧化镁/$mg \cdot L^{-1}$		20						
氧化硅/$mg \cdot L^{-1}$							20	
固形物/$mg \cdot L^{-1}$	200～300	400～600				300～600	300	
pH 值		6.5～7.5		7～8.5	7～8.5		7～7.5	

表 8-20 有关用水标准

用水名称	项　目	指　标
井下采矿用水	大肠杆菌	1L 水中不超过 3 个
	pH 值	6.5～9.5
	固体悬浮物	不超过 50mg/L
	总硬度	不超过 20 德国度
压缩空气站冷却用水	pH 值	不少于 6.5，呈中性
	浑浊度/$mg \cdot L^{-1}$	100～150
	暂时硬度	一般不大于 12 度，当进水温度低，可适当增高
	含油量/$mg \cdot L^{-1}$	5
	有机物含量/$m \cdot h \cdot L^{-1}$	25
	进出水温差/℃	不超过 10～25
	排出水温/℃	不超过 40
	水压/MPa	0.147～0.294
蒸汽锅炉用水	非碳酸盐硬度	每升 0.45 物质的量(0.9 毫克当量)
	总硬度	每升 2.25 物质的量(4.5 毫克当量)或 12.62 德国度
	蒸发残渣/$mg \cdot L^{-1}$	500
	悬浮物/$mg \cdot L^{-1}$	600
	含氯量/$mg \cdot L^{-1}$	100
浮选用水	可溶性盐类、铁、铜、锌离子	越少越好
	硬度	不大于 17 德国度
	溶解氧	越多越好

表 8-21 农田灌溉用水水质标准($mg \cdot L^{-1}$)(GB 5084—92)

编　号	项　目	标　准
1	水温/℃	水温不超过35
2	pH值	5.8~8.5
3	含盐量	非盐碱土农田不超过1000
4	氯化物(Cl计)	非盐碱土农田不超过2500
5	硫化物(按S计)	不超过1
6	汞及其化合物(按Hg计)	不超过0.001
7	镉及其化合物(按Cd计)	不超过0.005
8	砷及其化合物(按As计)	不超过0.05
9	6价铬化合物(按Cr^{6+}计)	不超过0.1
10	铅及其化合物(按Pb计)	不超过0.1
11	铜及其化合物(按Cu计)	不超过1.0
12	锌及其化合物(按Zn计)	不超过2
13	硒及其化合物(按Se计)	不超过0.01
14	氟化物(按F计)	不超过3
15	氰化物(按游离氰根计)	不超过0.5
16	石油类	不超过10
17	挥发性酚	不超过1
18	苯	不超过2.5
19	三氯乙醛	不超过0.5
20	丙烯醛	不超过0.5

8.9.2.2 矿坑水利用的水量评价

(1) 可供利用矿坑水量的预测与评价：可供利用矿坑水量预测与评价的基础资料是矿床地质或水文地质勘探报告。为保证矿山持续均衡供水，必须选用两种以上计算方法或计算公式计算出矿坑最小涌水量。它是矿床开采时矿坑地下水最小稳定流量。

(2) 生产时期矿山对可供水量的实测工作：在矿山进入生产时期，应建立矿坑涌水量动态观测系统，实测矿坑涌水量，并分析研究矿坑涌水量与降雨、开采面积和开采深度变化的关系，确定不同时期的可供利用的水量。

矿坑水利用的经济评价：

(1) 可直接利用的矿坑水，应计算评价矿山企业的经济效益与社会效益。

(2) 必须净化处理后才能利用的矿坑水，应通过技术经济论证予以评价。

(3) 大水矿床的排供结合，必须详细论证其经济合理性。

8.9.3 矿坑水排放要求

矿坑水排放要求：

(1) 矿坑水作为工业废水排放时，应严格执行环境保护法有关规定，应符合国家GB 8537《污水综合排放标准》，达到排放标准后方能排放。

(2) 对高悬浮物(＞400mg/L)、高矿化(＞3000mg/L),放射性矿坑污水,必须经水质净化处理,符合卫生排放标准后,才允许排放,并不得以稀释法代替必要的处理。

(3) 对矿床开采可能产生酸性水的矿山,应尽量选用有利于控制酸性水形成的开拓方式和采矿方法。对已经产生酸性水的矿山,应研究酸性水产生的规律,并采用酸性水与非酸性水分别排放的办法排放,或者采用以中和法为主的酸性水处理措施,使其达到排放标准。在井下经常疏通水沟,选用耐酸排水设备减少危害。

8.10　矿山闭坑水文地质工作

8.10.1　矿山闭坑水文地质工作的主要任务

矿山闭坑水文地质工作的主要任务:

(1) 全面系统地收集整理矿区勘探、基建、生产各个时期所积累的水文地质原始资料;

(2) 绘制有关图件;

(3) 汇总历年施工防治水工程设计以及各阶段有关技术总结和单项科技成果资料;

(4) 编写闭坑水文地质总结报告。

8.10.2　闭坑水文地质总结报告编写内容提纲

闭坑水文地质总结报告编写内容提纲:

(1) 总论。

(2) 区域水文地质特征。

(3) 矿区、矿床水文地质条件。

(4) 矿山开发时期水文地质工作:

1) 矿区水文地质工作简史,矿床开采后水文地质条件的变化;

2) 矿山防治水的方法,完成的工作量,使用的仪器设备、费用,达到的效果,采用的先进技术等;

3) 历次重大灾害性事故及其预测效果,处理方法及防止突水所采取的安全措施;

4) 钻孔、井泉、地表水体、矿坑主要涌水点的观测方法;

5) 坑道水文地质测绘、原始编录完成的工作量及质量评述;

6) 水质检测、评价及综合利用情况;

7) 综合研究工作取得的科技成果及新技术的应用与推广情况。

(5) 探采水文地质条件对比分析评价:

1) 对矿区水文地质条件和主要水文地质结论,在闭坑报告中应重新评价,予以肯定和否定。对否定部分应提出论据;

2) 对勘探程度及勘探报告中遗留的水文地质问题的解决情况作出评价;

3) 根据矿井实际涌水量验证勘探报告的涌水量计算,分析产生误差的原因。

(6) 经验教训及对今后工作的建议。

(7) 附图纸资料。

8.10.3 闭坑应附的图件

闭坑应附的图件如下：

(1) 矿区及矿床水文地质图。

(2) 主要水文地质剖面图。

(3) 矿井(坑)水文地质图。

(4) 矿区排水疏干系统图。

(5) 防排水工程单体图册。

(6) 主要钻孔水文地质综合成果图表。

(7) 主要观测孔水位变化曲线图。

(8) 矿坑涌水量动态变化曲线图。

(9) 不同时期矿区地下水等水位线图(等水压线图)。

(10) 矿区水化学分区图。

(11) 矿井涌水量与各种因素相关分析曲线图。

(12) 其他有关图件。

8.10.4 闭坑应附的水文地质原始编录资料

闭坑应附的水文地质原始编录资料如下：

(1) 各种水文地质试验原始记录。

(2) 矿井主要用水点坑道水文地质编录及素描。

(3) 矿区塌陷(或采矿塌陷区)观测记录。

(4) 主要观测孔长期动态观测记录。

(5) 矿坑主要涌水点长期动态观测记录。

(6) 矿坑历年排水量记录。

(7) 历年矿区水质分析报告。

(8) 水文地质大事记。

(9) 水文地质照片集。

9　矿山工程地质工作

9.1　概述

9.1.1　适用范围

(1) 本章是规范冶金矿山工程地质工作的基本依据。适用于生产矿山。

(2) 本章对矿产开发中可能遇到和引起的工程地质问题作了相应的规定,主要包括:工程地质调查、测绘、监测、勘探以及岩体稳定性分析评价的基本内容、方法和要求。

9.1.2　矿山工程地质工作的任务与目的

矿山工程地质工作的任务:

矿山工程地质工作的基本任务是查清矿区内在矿床开采过程中工程地质环境与工程地质条件及其变化,为分析和评价已经发生和可能出现的工程地质问题提供信息。

矿山工程地质工作的目的:

在于对工程地质问题作出正确的评价和有效防治,确保矿山正常运营。

9.1.3　矿山工程地质的主要内容

矿山工程地质条件:

与矿山工程有关的地质要素:主要包括矿区地形地貌、地层与地质构造、岩土类型及其工程地质性质、岩体应力状态、水文地质条件、环境地质条件。

矿山工程地质问题:

(1) 区域稳定问题:包括构造活动、地震、沙土液化、地面变形与沉降,区域构造应力场强度、主应力方向。

(2) 矿区岩(土)体稳定问题:露天矿边坡、天然斜坡、地下采场和坑道围岩、重要建筑地基岩(土)体的变形、破坏与失稳。

(3) 与地下水渗流有关的工程地质问题:岩溶发育的矿山所产生的岩溶渗透;尾矿坝渗透破坏。

(4) 矿山环境地质问题:主要有滑坡、泥石流、空区塌落、岩爆、尾矿坝溃决、流沙以及“三废”污染等。

9.2　岩土工程地质性质

9.2.1　一般土的工程地质特征

9.2.1.1　土的分类

(1) 按地质成因可将工程用土分为残积土、坡积土、冲积土、洪积土、淤积土、冰积土、风积土和化学堆积。

(2) 按有机质含量(W_u)分为无机土($W_u<5\%$)、有机质土($5\%\leqslant W_u\leqslant10\%$)、泥炭质土($10\%<W_u\leqslant60\%$)和泥炭($W_u>60\%$)

(3) 按颗粒级配及塑性指数划分为碎石土、砂土、粉土和粘性土。

土的分类执行国家标准《土的分类标准》(GBJ 145—90)的规定。

9.2.1.2 土的综合定名

土的综合定名应符合下列规定:

(1) 土的基本名称应按颗粒级配或塑性指数定名;

(2) 碎石土与砂土定名时应根据颗粒级配由大到小以最先符合者确定;当砂土中小于0.075mm的土的塑性指数>10时,应冠以“含黏性土”定名;

(3) 特殊性土:在基本名称之前冠以标志性土名;

(4) 在出现韵律沉积的同一土层中,相邻层厚比大于1:3时应定名为“互层”,相邻层厚比小于1:3时应定名为“夹层”且厚层名称在前。当厚度比小于1:10且有规律的多次出现时,应定名为“夹薄层”或“夹多层薄层”;

(5) 混合土:在基本名称之前应冠以主要含有的土类名称。

9.2.1.3 对土的描述内容

对土的描述应符合下列规定:

(1) 碎石土应描述颗粒级配、形状、母岩成分、风化程度、充填物的性质与充填程度、密实度及层理特征等。

(2) 砂土应描述颜色、矿物组成、颗粒级配、颗粒形状、黏性土含量、湿度、密实度及层理特征等。

(3) 粉土应描述颜色、颗粒级配、包裹物、湿度、密实度、层理特征等。

(4) 黏性土应描述颜色、包裹物、土层结构、层理特征及状态等。

(5) 特殊性土应描述上述内容及反映其特殊成分、结构与状态的特征;淤泥土应描述其异味;填土应描述其均匀程度。

(6) 互层、夹层等土层应描述各层厚度及层理特征等。

9.2.1.4 一般土的工程地质性质

一般土的工程地质性质及承载力应经室内试验与现场(原位)测试确定,并执行《岩土工程勘察规范》(GB 50021—94)的规定。

9.2.2 特殊土的工程地质特征

9.2.2.1 软土的种类和性质

(1) 软土包括:淤泥、淤泥质土及具有高压缩性饱和黏性土、粉土、泥炭、泥炭质土等。

(2) 软土的特征:天然含水量大于液限;孔隙比大于或等于1;压缩性高,压缩系数大于$0.5MPa^{-1}$;渗透系数小;结构疏松软弱,承载力(强度)低。

(3) 软土的物理力学指标(参考):天然含水量,30%～120%;重力密度(γ),14～19kN/m^3;天然孔隙比(e),0.5～2.3;抗剪强度,内摩擦角(φ)0°～11°、内聚力(c),2～30kPa;压缩系数,0.5～3.5MPa。

(4) 软土的工程地质性质:

1) 触变性,受振动可迅速呈稀释状态。软土地基受振动可产生侧向滑动、沉降及基底面两侧挤出等;

2) 流变性,在剪应力作用下,土体可发生长期缓慢的剪切变形,造成建筑物地基的沉降;影响斜坡(边坡)、坝基的稳定性;铁路路堤,在机车振动下可产生侧向滑移;

3) 高压缩性,压缩系数大,沉降量大;

4) 低强度,不排水抗剪强度一般均在 20kPa 以下,作为地基允许承载能力一般低于 98kPa;

5) 低透水性,不利于地基排水固结;

6) 不均匀性,当土层中夹有软土时,可造成地基不均匀沉降。工程遇到软土时,必须进行处理。

(5) 软土的承载力,可按以下方法确定:

1) 根据原位测试或载荷试验确定;

2) 根据物理力学试验指标或 c、φ 值统计指标经计算确定;

3) 根据软土的现场鉴别采用类比法确定。

9.2.2.2 填土的种类和性质

(1) 根据填土的物质组成和堆填方式可分为素填土、杂填土、冲填土 3 类,经压实的为压实填土。

1) 素填土,由碎石、砂、粉土和粘性土等 1 种或几种材料组成,不含杂质或含极少量杂质;

2) 杂填土,含有大量建筑垃圾、工业废料或生活垃圾等杂质的填土;

3) 冲填土,由水力冲填泥砂形成的填土。

(2) 填土的工程性质:

1) 素填土的工程性质:取决于它的均匀程度和密实度。一般堆积时间超过 10a 的粘性土,超过 5a 的粉土,超过 2a 的砂质土,均可达到一定的密实度和强度,可作为一般建筑物的天然地基,其承载力可根据轻型动力触探或室内压缩试验的结果确定。

2) 杂填土的工程性质:性质不均,厚度与密度变化大;具有湿陷性和高压缩性;变形大,强度低。

3) 冲填土的工程性质:不均匀性,颗粒组成随泥砂的来源而变化,有砂粒、粉粒及粘土粒,由于冲填过程物质组成的变化,造成土层纵横方向上的不均匀性;透水性能弱,排水固结差,一般含水量大于液限,呈软塑或流塑状态。

9.2.2.3 其他特殊土的工程地质特征

其他特殊土的工程地质特征可参照 GB 50021—94《岩土工程勘察规范》的有关规定确定。

9.2.3 岩石的力学性质

岩石的力学性质:

(1) 岩石的主要力学性质指标,可参照表 9-1。

(2) 岩石按抗压强度分类,应符合表 9-2 的规定:

表 9-1 岩石主要力学性质指标

项目		定义	表示式
抗压强度	干抗压/MPa	在干燥状态下，岩石抵抗单轴压缩破坏的能力，数值上等于达到破坏时最大压应力	$R_c=\frac{P}{F}$
	饱和抗压/MPa	在饱和状态下，岩石抵抗压缩破坏的能力	$R_g=\frac{P}{F}$
	软化系数	在饱和水状态下，抗压强度与在干燥状态下的抗压强度的比值	$K_d=\frac{R_w}{R_d}$
	抗冻系数/%	岩石冻融试验后，干抗压强度与试验前干抗压强度的比值	$K_c=\frac{R_d}{R_c}$
抗拉强度/MPa		岩石在瞬时载荷作用下，导致岩石粘性破坏的极限压力	$\sigma_T=-\frac{2P}{\pi\cdot D\cdot l}$
抗剪强度	抗剪断/MPa	岩块在法向压力作用下，岩石剪断时剪破面上的最大剪应力	$\tau_c=\sigma\cdot\tan\alpha+\beta$
	抗剪/MPa	岩石与岩石间沿着某一个面的摩擦力	$\tau=\sigma\tan\varphi+c$
	抗切/MPa	没有法向压应力作用下，岩石剪断时剪破面上的最大剪应力	$\tau_c=C$
变形	弹性模量/MPa	岩石受压变形时，应力与弹性应变的比值	$E=\frac{\sigma}{\varepsilon_e}$
	变形模量/MPa	岩石受压变形时，应力与全应变之比值	$E_0=\frac{\sigma}{\varepsilon_0}$
	泊松比/MPa	岩石在单向荷载作用下，横向应变与纵向应变之比值	$\mu=\frac{\varepsilon_h}{\varepsilon_z}$
	剪切弹性模量/MPa	岩石受剪切作用，剪应力与剪应变之比值	$G=\frac{\tau}{y}$
	刚度系数/MPa 法向 切向		$\lambda_n=-\frac{E}{e}$ $\lambda_s=-\frac{G}{e}$
	弹性抗力系数/MPa	承受内水压力洞室，岩体沿径向产生一个单位长度变形时所需施加的压力	$k_0=\frac{\sigma}{y}$
	单位抗力系数/MPa	半径为 100cm 的隧洞的围岩的抗力系数	$k_e=-\frac{y}{100}\cdot k_0$

表 9-2 岩石的抗压强度分类表

分类	单轴抗压强度/MPa	点荷载强度指数/MPa	分类	单轴抗压强度/MPa	点荷载强度指数/MPa
强度很高	>200	>8	强度较低	25～50	1～2
强度较高	100～200	4～8	强度很低	>25	>1
强度中等	50～100	2～4			

9.3　岩体工程地质性质

9.3.1　岩体结构

9.3.1.1　结构面

(1) 结构面类型。结构面分类应符合下列规定：

1) 按结构面内有无充填物质应将其分为：有软弱物质充填的软弱结构面，无填充物质的硬性结构面；

2) 按结构面的力学性质应将其分为：压性、扭性、张性、压扭性、张扭性；

3) 按结构面成因应将其分为：原生、次生和构造结构面3大类型，其特征，见附表9-1。

(2) 结构面的形态。对结构面的形态特征描述应包括起伏形态与粗糙程度：

1) 起伏形态分为平面状、台阶状、锯齿状、波浪状4种；

2) 粗糙程度分为光滑、平整、隆起、小台阶、很粗糙5种。

(3) 结构面的开裂程度：依据两侧岩块的开裂宽度将其分为紧闭(宽度小于1mm)、微开(宽度1～5mm)、张开(宽度大于5mm)

(4) 结构面分级及其特征：根据结构面的规模将其分为五级。分级及其特征见附表9-2。

(5) 软弱夹层：当结构面成为具有一定厚度的，相对软弱的层状地质体时，可判定为软弱夹层。软弱夹层是结构面的1种特殊类型。按成因可分为原生软弱夹层、次生软弱夹层和构造软弱夹层。

9.3.1.2　结构体

(1) 岩体的力学特性和应力状态与结构体的形态和排列组合密切相关。

(2) 结构体基本形态：可归纳为锥形、楔形、菱形、方形和聚合形5种基本形态，以及由岩体变形破坏及次生演化形成的片状、碎块状和碎屑状等形态。

(3) 结构体分级：对应于各级结构面的组合关系，将结构体分为4级：Ⅰ级结构体-断块体、Ⅱ级结构体-山体、Ⅲ级结构体-块体、Ⅳ级结构体-岩块。

9.3.2　岩体结构类型

岩体结构类型：

(1) 岩体结构类型的划分应依据结构面、结构体的性状及其组合特征。

(2) 岩体结构类型及其工程地质特征，可参照附表9-3、附表9-4。

9.4　矿山工程地质测绘与调查

9.4.1　矿山工程地质测绘的基本任务与目的

9.4.1.1　工程地质测绘的基本任务

(1) 查明工程地质条件的空间分布及其相互联系；

(2) 判定构造复合关系及构造应力场；

(3) 调查岩体结构特征与力学特征；

(4) 调查影响岩体稳定性和岩体移动因素,变形破坏和移动特点,移动规模;

(5) 调查环境地质及其可能造成的影响和灾害。

9.4.1.2 工程地质测绘的目的

(1) 为矿山工程地质勘察及岩体稳定性评价提供依据;

(2) 为矿山地质灾害的防范和治理提供基础资料。

9.4.2 工程地质测绘的基本要求

9.4.2.1 工程地质测绘范围的确定

(1) 测绘范围的确定应符合以下原则和依据:

1) 矿山规划、设计的工程需要;

2) 矿区工程地质条件的复杂程度;

3) 工程地质作用的影响范围;

4) 以满足矿山工程地质问题分析需要所限定的最小范围。

(2) 矿山开发不同阶段,工程地质测绘的范围应有所不同,初始阶段范围稍大,随开采工程的进行范围可缩小。

1) 露天开采矿山,以采场最终边坡角所影响的最大破坏范围,即岩体自然安息角所涉及的地表范围;或以最低开采水平至地表距离的2～3倍为基数向境界外推及的范围。

2) 地下开采矿山,坑道、采空区岩石崩落所影响的可能移动破坏范围及邻近地区。

3) 尾矿库,库区汇水面积至分水岭范围,包括渗流场有关的相邻沟谷。

4) 其他专项调查,可根据需要确定测绘范围。

9.4.2.2 工程地质测绘比例尺的确定

(1) 小比例尺测绘,比例尺1:5000～1:50000。主要用于了解区域性工程地质条件。可采用区域地质图为底图。

(2) 中比例尺测绘,比例尺1:2000～1:5000。一般在初步勘察阶段采用,主要用于查明矿山工程和矿山建筑区的工程地质条件。可采用矿床地形地质图为底图。

(3) 大比例尺调查与测绘,比例尺1:200～1:1000。

1) 露天开采矿山1:500～1:1000,可采用采掘计划图为底图;

2) 地下开采矿山1:200～1:500,可采用中段地质图为底图。

大比例尺工程地质测绘,主要用于详细勘察阶段,或地质条件复杂地段、矿山重要工程地段以及需要解决的特殊工程地质问题的专门性工程地质测绘。

9.4.2.3 工程地质测绘精度

(1) 工程地质测绘精度是指测绘中观察、描绘工程地质条件的详细程度和精确程度,以及工程地质条件在工程地质图上标示的详细程度和精确程度。

(2) 观察、描绘的详细程度以单位面积上的观察点数目、观察线长度表示,应符合下列要求:

1) 测点密度与观测线网度,执行原冶金工业部《工程地质测绘规程》(1997年)的有关规定。

2) 观察点的分布可不均匀,复杂地段应适当加密。关键地点上应布置观察点。

(3) 工程地质图件的详细程度应符合下列要求:

1）工程地质单元的划分与图件比例尺相适应，比例尺越大，单元应越小，单元内的均一性应越高。

2）图上界线误差不得超过0.5mm。

9.4.3 工程地质测绘的程序与方法

9.4.3.1 测绘程序

（1）收集资料：包括区域地质图与构造图、矿床地形地质图与构造图、矿床地质剖面及钻孔资料、矿区水文工程地质资料、坑道地质图、历次岩石移动调查资料等。

（2）分析资料：对矿区工程地质条件作出初步评价。判明工程地质条件各因素的标志，明确区域构造特征与矿区构造的关系，了解已发生的岩石移动原因。确定调查的重点问题与测绘范围。

（3）现场踏勘：确定标准剖面位置；

（4）测绘地质剖面：掌握岩层层序，岩性特征、接触关系以及各类岩土的工程地质特征。确定分层原则、分层单位和标准层，测绘地貌剖面，划分地貌单元，记录各单元的特征。

（5）野外工程地质调查与编录；

（6）资料的综合整理与分析，绘制专用图件；

（7）编写报告。

9.4.3.2 测绘方法

（1）选用同比例尺地形图或地形地质图作底图。

（2）布设观察线：以穿越岩层走向、地貌和物理地质现象为单元，应以最短的路线观察到最多的工程地质现象。

（3）采用穿越法与地质界线追索法定点观察、描述。

（4）观测点布置：不同时代的地层接触线，不整合面，不同岩层、岩性分界线，地貌要素点、工程地质岩组分界点、构造破碎带和软弱夹层界线点，节理裂隙统计点、地下水出露点、采样点、勘探点处均应布置观测点。

（5）观测点定位方法：

1）小比例尺工程地质测绘，可根据地形地物以目测法判定点位。

2）中等比例尺测绘，可采用半仪器法，以罗盘、测绳等测定点位。

3）大比例尺测绘，应采用测绘仪器进行三维测定。

9.4.4 工程地质测绘的内容

9.4.4.1 软弱岩组及围岩风化的调查

（1）划分工程地质岩组，确定岩组分界线。查明软弱岩组性质、产状、分布及其工程地质特征。

（2）查清矿体主要围岩的风化特征，参照附表9-5划分岩体风化带。为工程岩体分级确定岩石坚硬程度、风化程度、风化带的强度。

9.4.4.2 结构面与软弱夹层的调查

（1）调查矿区内各类结构面与软弱夹层的类型及其特征。

（2）调查矿区内各类结构面与软弱夹层的规模、分布、产状、物质组成、结合程度，结构面的特征及组合关系。对结构面加以分级，并参照附表9-6确定结构面的结合程度。

(3) 调查结构面的发育程度，测量每组结构面的平均间距。

(4) 调查结构面的形态，开裂程度及其充填物特征。应查清充填物的物质组成，颗粒大小、硬度、水理性质。

(5) 调查原生软弱夹层，软弱泥化夹层的规模、厚度、产状、物质组成、湿度。

(6) 软硬岩层互层地区，应注意层间错动、层间破碎带、破碎程度、胶结情况、透水性和充水性。

(7) 调查构造结构面的力学特征和力学性质，分析区域构造应力场和断层的形成机制。

(8) 调查近期构造活动以及活动性质、规律、延伸范围和破坏情况。

(9) 区别结构面序次及旁侧构造特征，调查构造形成的世代。

9.4.4.3　节理裂隙等结构面的统计

(1) 节理统计应依据和满足以下要求：

1) 统计地点应分布于不同工程地质岩组或岩性段，不同构造部位；

2) 符合矿山工程要求；

3) 选择有代表性的露头或开挖面；

4) 延伸长度大于1m的分散节理参加统计；已被硅质、铁质、钙质充填胶结的节理可不参加统计；

5) 每一测点的统计面积不应小于2m×5m。

(2) 统计节理组数，测量其产状，延展长度、宽度，不同岩性岩石中的变化、发育程度，节理面形态，开裂宽度，充填物及其性质。

(3) 统计资料整理：

1) 计算裂隙率：

$$K_{\mathrm{j}} = \frac{\Sigma A_{\mathrm{j}}}{F} \times 100\% \qquad (9\text{-}1)$$

式中，K_{j} 为裂隙率，%；A_{j} 为裂隙面积，m^2；F 为统计测量的岩块面积，m^2。

2) 划分裂隙性：

$K_{\mathrm{j}} \leqslant 2\%$为弱裂隙性；$2\% < K_{\mathrm{j}} \leqslant 8\%$为中等裂隙性；$K_{\mathrm{j}} > 8\%$为强裂隙性。

3) 确定裂隙大小：按裂隙宽度并参照结构面开裂宽度标准划分。

4) 编制节理玫瑰花图或极射赤平投影图，确定优势结构面发育方向，划分岩体结构类型。

5) 计算岩体体积裂隙数(J_{v})，计算式如下：

$$J_{\mathrm{v}} = S_1 + S_2 + \cdots + S_n + S_{\mathrm{h}} \qquad (9\text{-}2)$$

式中，J_{v} 为岩体体积裂隙数，条/m^3；S_n 为第 n 组裂隙每米长的条数；S_{h} 为每立方米岩体非成组裂隙条数。

9.4.4.4　地貌与第四纪地质调查

(1) 地貌作为工程分区的基础，应调查其形态特征、成因类型、展布；地貌与第四纪地质、岩性、构造的关系；地貌与地表水、地下水的关系。

(2) 调查矿区内河谷地貌和岩溶地貌发育史。

(3) 大比例尺工程地质测绘重点,应调查可能造成不良地质现象的微型地貌。

(4) 调查第四纪不同成因类型沉积层的工程地质性质。大比例尺测绘,冲积层必须划分出河床相、河漫滩相和牛轭湖相等。

(5) 划分工程地质单元,根据沉积层中土的不同粒度组成划分类型,并依据同一类型土的不同物理力学指标划分单元。

9.4.4.5 矿区水文地质条件的调查

调查工作依据本手册第8章"水文地质工作"的有关规定。

9.4.4.6 自然斜坡与边坡的调查

(1) 调查自然斜坡与人工边坡,实测坡高、坡面形态与岩体结构的关系。

(2) 调查露天边坡变形特征、变形类型、形成条件和影响因素。

1) 调查岩层是否发生弯曲、折裂、岩块错移,平台上有无平行台阶延长方向的张开裂隙产生及裂隙张开程度;

2) 调查坡面岩体内层理、节理的开裂情况,岩体破碎情况,有无潜在滑体;

3) 稳定台阶与不稳定台阶形成的台阶坡面角;

4) 调查主要结构面(软弱夹层)及其类型、产状、分布、充填情况、粗糙程度、力学属性、组合形态以及与临空面的关系;

5) 岩体的出水点、水量及渗透变化。

(3) 边坡稳定地质调查可使用调查记录卡,其内容与格式可参照附表9-7。

(4) 划分工程地质岩组,确定岩体质量级别。

(5) 对已产生滑动的边坡,应调查和测定滑坡体边界、滑动面位置及其他滑动要素。调查滑落范围、滑落模式、滑落时间、滑动量及控制因素。

9.4.4.7 地下开采矿山岩石移动的调查

(1) 调查坑道中片帮、冒顶、顶板下沉,两帮内鼓,底板膨胀的部位、规模、破坏和变形程度。

对有支护和被复的坑道,可通过支护和被复的变形开裂进行调查,调查其受力状态。

(2) 调查由岩体移动所产生的裂隙及其与岩性和原有断裂构造的关系。

(3) 查明软弱层、节理裂隙产状、形态、延展性、力学特征、组合关系。查明裂隙变形发展速度。

(4) 对因地下开采引起的地面塌陷区的调查,应调查塌陷断裂位置、产状、裂口宽度、两壁相对位移距离、裂隙展布特征、塌陷范围、塌陷深度、调查塌陷部位与采空区的关系。

9.4.5 工程地质图的编制

9.4.5.1 工程地质图

工程地质图的一般要求

(1) 矿区工程地质图,应能综合反映矿区工程地质条件并给予综合评价。

(2) 工程地质图的编绘内容、形式、原则、方法可参考国际工程地质协会(IAEG)《工程地质图及其编制指南》。

9.4.5.2 工程地质图类型

(1) 按图的内容可分以下4种:

1）工程地质分析图；

2）综合工程地质图：表示矿区各种工程地质条件并提出工程地质条件总评价，该图不分区；

3）工程地质分区图：按工程地质条件相似程度，将矿区分成若干个工程地质区，标示分区界线与各区代号，不表示工程地质条件。

4）工程地质综合分区图：图上应具有说明工程地质条件的综合资料，且分区并对各区的工程建筑适宜性作出评价，是矿山主要工程地质图。

(2) 按图的用途可分以下两种：

1）通用工程地质图，主要反映工程地质条件，进行一般性评价，多属于规划用的小比例尺图。

2）专用工程地质图，全面反映某1种矿山工程的工程地质条件并作出评价，有针对性地反映矿山某一工程的需要和存在的主要工程地质问题。

9.4.5.3　工程地质图的编制

工程地质图的编制应符合以下原则：

(1) 充分、符合实际、有选择地反映工程地质条件。

(2) 易于为使用人员理解，清晰、易读。

9.4.5.4　工程地质图表示的内容

(1) 地形地貌，图上应划分地貌单元和地貌形态的等级，大比例尺图上应有小型地貌形态及微地貌单元的划分。

(2) 岩土类型单元的划分应表示其工程地质特征、厚度变化。基岩应区分时代、岩相、岩性等，大比例尺图按岩体结构类型划分；疏松土按成因类型和工程地质类型划分。

(3) 地质构造，将地层产状、褶曲和断层分别用产状符号、褶曲轴线、断层线表示，活动断层要特别标示。小比例尺图应划分出构造单元；大比例尺图上小断层与重要的大型裂隙应标明实际位置和延伸长度及典型地点的裂隙率。

(4) 水文地质条件，主要表示地下水位、井泉位置、岩石含水性与富水性、隔水层和透水层的分布、地下水的化学成分及侵蚀性等，可用符号或等值线表示。

(5) 物理地质现象，按其类型、形态、发育强度的等级及其活动性，依主次关系表示，应注意表示地震烈度、特殊岩类。

(6) 工程地质分区，在矿区范围内应按其工程地质条件及其对矿山工程的适宜性，划分不同区段并表示在图上。

9.4.5.5　工程地质图的附件及其编绘

(1) 岩土单元综合柱状图：按工程地质单元分层，按时代次序排列。各单元的物理力学性质指标应在图边列表说明。每一单元体给一代号和岩性符号。

(2) 工程地质剖面图：按工程地质单元分层，并将地下水、地貌单元和工程地质分区界线与代号表示在图上。

(3) 水平切面图（表示某一高程的地质结构的平面图）：地下开采矿山水平切面图应与中段地质平面图一致，露天开采矿山应与平台地质平面图一致，内容应以反映工程地质条件为主。

(4) 立体投影图：主要表示矿山经济合理的防治工程措施，以保证矿山工程在运营期间不致发生灾害性变形破坏。

9.5 矿山工程地质勘探

9.5.1 工程地质勘探的目的与要求

工程地质勘探的目的,是在工程地质测绘的基础上开展的掩盖层下的和深部的工程地质条件的勘察。

9.5.1.1 工程地质勘探的一般要求

(1) 调查矿床开采中发生的工程地质问题,查明其产生的条件和原因。

(2) 查明对矿床开采不利的软弱岩组的性质、产状与分布。

(3) 查明影响采矿工程的结构面的分布、产状、规模及充填、充水情况,确定结构面的级别及主要不良优势结构面。

(4) 查明矿体及围岩的岩体结构、岩体质量,对岩体质量及其稳定性作出评价。

(5) 可溶岩类矿床,应查明岩溶充水、充填情况及表面覆盖层的厚度、岩性、结构特征。

(6) 查明岩体的风化程度、风化带界面及标高、强风化带的物理力学性质,对强蚀变矿区,应圈定蚀变范围。

(7) 测定勘察地段范围内各种岩石(土)的物理力学参数。

(8) 扩大延深勘探矿区,应针对扩大延深可能产生的工程地质问题进行相应的工作。

(9) 在构造活动强烈的高地应力地区,有条件时应专门进行地应力测量,确定最大主应力方向及大小。

9.5.1.2 边坡勘探

(1) 松散岩(土)类边坡:重点应查明岩(土)层的岩性、结构;黏土岩的矿物成分、含量、分布范围、物理力学性质(特别是抗剪切)和水理性质,含水层的水压、透水性和岩石力学强度差异明显的岩层界面位置及特征。

(2) 层状岩类边坡:重点查明软弱夹层的层位、岩性、厚度、产状、分布;黏土矿物成分、含量、物理力学和水理性质;各类结构面的发育程度和组合关系,含水层的水压等。

(3) 块状岩类边坡:重点查明边坡与各类结构面的产状、组合关系、结构面的发育程度、充填物成分、分布及物理力学性质。

9.5.2 勘探工程布置原则及勘探手段

9.5.2.1 勘探工程布置原则

(1) 在地表工程地质测绘和矿床地质勘探、工程地质勘察等工作基础上根据需要确定。

(2) 工程地质勘探应与生产勘探结合进行,工程地质孔应与地质、水文地质孔相结合,一孔多用。

(3) 当槽探、井探以及物探可取得工程地质资料时应布置适量探槽、探井及物探工程。

9.5.2.2 勘探手段的选择

(1) 露天对构造线的揭露与控制可选择槽探,复杂的工程地质现象的调查及原状土样的采集应采用井探,深部勘探及埋设监测仪器设备应采用钻探。

(2) 井下工程地质勘探应利用生产勘探探矿坑道、钻探和采矿工程。

(3) 土层及软岩层勘探可采用冲击钻探、静力触探、动力触探。

(4) 深部断裂构造等的探测可采用物探。

9.5.3 勘探技术要求

9.5.3.1 槽探与井探

(1) 槽探、探井素描的技术要求:可参照生产勘探槽探、井探素描的技术要求进行。

(2) 槽探、探井编录内容:

1) 划分工程岩组,重点描述软弱夹层、风化带、构造破碎带、蚀变带及其规模、分布与产状;

2) 系统采集岩(土)物理力学试验样品。

9.5.3.2 工程地质钻探

(1) 岩心钻探技术要求:

1) 钻探施工质量要求按生产勘探钻探施工质量要求执行;

2) 钻孔孔径以满足采取岩、土物理力学试验样规格为准;

3) 要求全部取心钻进,岩心采取率可根据目的确定;

4) 特殊要求时应采取定向钻进;

5) 应进行物探测井,结合钻探地质剖面,确定岩石风化带深度、构造破碎带、岩溶发育带及层间软弱夹层的分布部位。

(2) 钻孔工程地质编录内容:

1) 统计与描述岩心块度,绘制岩心块度柱状图;

2) 统计节理裂隙;

3) 确定钻孔中流砂层、破碎带、裂隙密集带、风化带和软弱夹层、岩溶发育带、蚀变带的位置和深度;

4) 可按工程地质岩组用点荷载仪测定岩石力学指标。

(3) 岩石质量指标的测定:

1) 按钻进回次测定岩石质量指标(RQD),确定不同岩组 RQD 值的范围和平均值,RQD 值可按下式确定。

$$\mathrm{RQD}(\%)=\frac{L_{\mathrm{p}}}{L_{\mathrm{i}}}\times 100 \tag{9-3}$$

式中,L_{p} 为某岩组大于 10cm 完整岩心长度之和,m;L_{i} 为某岩组钻探总进尺,m。

2) 当小于 10cm 岩心若为钻进过程中机械破坏时,则应上、下对接,对接后长度大于 10cm 时应参与计算;当钻头内径小于 54.1mm 时,RQD 值作适当降低,可根据经验降低 20%~50%。

(4) 根据 RQD 值,参照附表 9-8 确定岩石质量等级。

9.5.3.3 坑道工程地质编录

(1) 应利用探矿坑道和生产坑道进行工程地质编录,探矿坑道应全部进行工程地质编录,工程地质条件简单的可适当减少。

(2) 对坑道揭示的岩层划分岩组,重点描述软弱夹层、风化带、构造破碎带、蚀变带、岩溶发育带的特征、分布、产状、溶蚀现象;

(3) 系统采集岩(矿)石物理力学试验样;

(4) 统计节理裂隙;

(5) 详细描述地下水活动对井巷围岩稳定性的影响及工程地质问题发生的位置。

9.6　矿山工程地质测试与监测

9.6.1　室内岩土物理力学性质测试

试样的采取:

(1) 在矿山工程地质勘察中,应采集有足够数量和代表性的岩(土)试样。

(2) 露天斜坡、建筑物天然地基、天然土层等应采取原状土样;地基等基础回填,可采集扰动土样。

采集原状土样,应使其受到最小程度的扰动,保持原状结构及天然湿度。砂砾石土样应保持原状级配。

(3) 岩(土)试样可在探、采工程中、地面、露头上采集。露天边坡地段应自上而下分组取样,地下开采应在评价地段分别岩(矿)石类型采集。

(4) 取样数量与规格可参照附表 9-9、附表 9-10 确定。

室内岩(土)测试项目的确定:

室内岩(土)测试项目,应根据工程地质评价的要求并参考附表 9-11 确定。

9.6.2　现场岩石点荷载强度试验

9.6.2.1　试验及其要求

(1) 试验适用于各类脆性岩石,包括低强度与风化的岩石。可测得岩石的点荷载强度指数与强度各向异性指数。

(2) 可采用便携式点荷载试验仪于现场进行试验,试件可为岩心、规则或不规则岩块,每组试件件数:岩心 5～10 件,岩块 15～20 件。

(3) 试验前应对试件加以描述,记录其岩性特征、风化程度、胶结性质;试件形状、加荷方向与结构面的关系、含水状态等。

(4) 试验时,须稳定地施加荷载,使之在 10～60s 内破坏。记录破坏荷载。

破坏面贯穿整个试件并通过上、下加荷点为有效试验,否则为无效试验。

9.6.2.2　试验成果

(1) 试验获得的基本指标为点荷载强度 $I_{s(50)}$(MPa)。

$$I_{s(50)} = \frac{p_{(50)}}{D_e^2} \tag{9-4}$$

式中,$p_{(50)}$为加荷点间距离 $D=50$mm 时的破坏荷载,N;D_e 为等价岩心直径,mm;当试件为圆柱体的径向试验时 $D_e=D$;若试件破坏瞬间锥端贯入试件则 $D_e=(DD')^{1/2}$;圆柱体轴向试验及方块体试验 $D_e=(4DW/\pi)^{1/2}$;试件破坏瞬间锥端贯入试件 $D_e=(4D'W/\pi)^{1/2}$。D'为试件破坏时加荷点实际间距,mm;W 为轴向试验的试件宽度,mm。

(2) 试验的尺寸修正:实际测试中试件尺寸与标准不一致(规定加荷点间距标准为 50mm)岩石强度的测试值随试件尺寸的增加而减小,为了消除尺寸效应,对不符合标准的试验所测得的破坏荷载 p 须加修正为 $p_{(50)}$，并按式 9-4 计算标准点的荷载强度 $I_{s(50)}$。

试验的尺寸修正方法，见附图 9-1。

9.6.2.3 试验成果的应用

(1) 岩石的抗拉强度(σ_t)估算：岩石的抗拉强度与点荷载强度具有以下关系，通过下式可计算出岩石的抗拉强度：

$$\sigma_t = kI_s = 0.9\frac{p}{D^2} \tag{9-5}$$

式中，k 为换算系数，近似 0.9，国际岩石力学学会推荐为 0.8，且规定点荷载强度指数为 $I_{s(50)}$。

(2) 岩石的单轴抗压强度(R)估算：

$$R = k'I_{s(50)} \tag{9-6}$$

式中，k'为系数，当沿试样短轴向加荷时，k'可取 18；当沿试样径向加荷时，k'可取 24。国际岩石力学学会建议采用 20～25。

(3) 岩石强度各向异性的确定：

1) 点荷载试验可用于评定岩石强度各向异性。表征岩石各向异性的指数为点荷载强度各向异性指数 $I_{a(50)}$：

$$I_{a(50)} = \frac{I_{s(50)\perp}}{I_{s(50)\parallel}} \tag{9-7}$$

式中，$I_{s(50)\perp}$为垂直于弱面的岩石点荷载强度指数，MPa；$I_{s(50)\parallel}$为平行于弱面的岩石点荷载强度指数，MPa。

2) 各向异性测定的试验要求：

对弱面不明显的试件，试验前应确认强度最高和最低的两个相互垂直的方向，加荷方向应严格与弱面垂直或平行；

岩心试样的轴线应尽可能与弱面垂直；立方体试件的某一对面应尽可能与弱面平行；当岩心试件的轴向与弱面的法线存在大于 0°小于 30°的夹角时，试验中应注意选择加荷方向，在最小强度测试时，两加荷器必须对准同一弱面，最大强度测试时须与弱面垂直。

(4) 岩石强度分类：以点荷载强度指数 $I_{s(50)}$取代原相应单轴抗压强度的界限值，用于岩石强度的分类，见表 9-2。

9.6.3 大剪仪法直剪试验

(1) 大剪仪法直剪试验适用于测定边坡和滑坡岩土体的接触面、滑动面。适用于黏性土、粉土、砂土、碎石土的混合土层和其他粗颗粒土层的抗剪强度测定。

(2) 相同岩性每组试验不得少于 3 个试验点。

(3) 试验方法，可参照《野外大面积剪切试验规程》执行。

9.6.4 声波测试

9.6.4.1 测试目的

通过声波测试，确定岩石（岩体）的物理力学参数；测定岩体中裂隙分布情况、裂隙发育程度及硐室围岩松动圈的范围。达到了解岩体结构特征，岩体所处应力状态，以及进行岩体质量分级、应力分析和稳定性评价。

9.6.4.2　测试方法

(1) 平透法：可用于长距离岩体表面测试，以锤击及换能器发射声波，根据需要和试验确定收发距。

(2) 对穿法：可用于井巷硐室测试，选择巷道之间岩体，对穿距离为 10cm～20m。

(3) 横波法：通过改变锤击方式产生剪切波，在岩体表面接收。

9.6.4.3　资料的分析整理

(1) 根据测试方式的不同计算纵波速度 v_p 与横波速度 v_s(m/s)：

$$v_p = \frac{S}{t_p} \tag{9-8}$$

$$v_s = \frac{S}{t_s} \tag{9-9}$$

式中，S 为收发点间的距离，m；t_p 为纵波传播时间，s；t_s 为横波传播时间，s。

(2) 在测试岩样纵波声速 v_{pR}后，计算出岩体各段完整性系数 k_v

$$k_v = \left(\frac{v_p}{v_{pR}}\right)^2 \tag{9-10}$$

式中，k_v 为岩体完整性系数；v_{pR}为纵波声速，m/s；其他符号同前。

(3) 绘制声速-测线轴线距离(v_p-L)曲线；完整性-测线轴线距离(k_v-L)曲线。

根据 v_p-L 曲线与k_v-L 曲线变化特征，对岩体结构(裂隙发育程度、破碎等)及不同风化程度作出地质解释和综合评价。

9.6.5　矿山岩体初始应力场评估

9.6.5.1　岩体初始应力

(1) 天然状态下存在于岩体内部的应力呈三维应力状态，一般为压应力。

(2) 影响初始应力场的因素主要有埋深、构造运动、地形地貌、地壳剥蚀程度等。

9.6.5.2　初始应力场评估

(1) 大型或特殊工程需要的岩体初始应力值，可进行现场测试，取得其定量数据。

(2) 一般工程或无测试成果时，可按下列方法对初始应力场作出评估。

1) 影响初始应力场的因素不显著时，初始应力场为自重应力场，上覆岩体重是为垂直向主应力，沿深度按直线分布增加。水平向应力不大于

$$\gamma H \cdot \nu/(1-\nu)$$

式中，γ 为岩体重力密度，kN/m^3；H 为工程埋深，m，ν 为岩体泊松比。

2) 当垂直向应力为自重应力，且是主应力之一时，水平向主应力较大的一个可取 0.8～1.2γH 或更大。

3) 地表岩体剥蚀显著地区，水平向应力可按原覆盖厚度计算。

4) 发生岩爆和岩心饼化现象，多数情况下可判定高初始应力的存在。以岩石单轴饱和抗压强度(R_c)与最大主应力(σ_1)的比值，作为评价岩爆和岩心饼化发生的条件。当 R_c/σ_1 =3～6 时，可发生岩爆和岩心饼化，小于 3 时可能发生严重岩爆。

(3) 初始应力方向的确定：

1) 采用地质力学分析法，分析历次构造运动，特别是近期构造运动，确定最新构造体系，依据构造线确定应力场主轴方向。

2) 根据地质构造与岩石强度理论，一般认为自重应力是主应力之一，另一主应力与断裂构造体系正交。

对于正断层，σ_v 为最大主应力(即 $\sigma_1=\gamma H$)，最小主应力 σ_3 与断层带正交；

对于逆断层，σ_v 为最小主应力(即 $\sigma_3=\gamma H$)，σ_1 与断层带正交。

对于平移断层 σ_v 是中间主应力(即 $\sigma_2=\gamma H$)，σ_1 与 σ_3 均为水平方向应力，σ_1 与断层面成 30°～45°的交角。

(4) 高初始应力对岩体稳定的影响：

1) 一定的初始应力值，对不同岩性的岩体的稳定性影响程度不同，以单轴饱和抗压强度(R_c)与最大主应力(σ_1)的比值作为初始应力对工程岩体稳定性影响的指标；

2) 初始应力各向异性的大小，最大主应力方向与工程主要特征尺寸方位(硐室轴线、坝轴线、边坡走向等)的关系不同，对工程岩体稳定性影响不同。只有垂直工程轴线方向的最大初始应力(σ_{max})，对工程岩体稳定性影响最大，且荷载作用明显。

9.6.6 边坡变形监测

9.6.6.1 变形监测的目的与任务

(1) 露天矿随着开采，边坡阶段的不断增加，其岩体不可避免地产生变形破坏。为保证矿山安全生产，应对边坡的稳定情况进行变形监测。

(2) 边坡变形监测的任务是：判断边坡变形发展趋势，为边坡稳定性评价提供资料；对边坡变形失稳作出预测。

9.6.6.2 监测网与监测系统设计原则

(1) 建网之前应进行工程地质测绘，确定边坡的变形类型，判断移动岩体的空间形态及查明地下水动态。

(2) 监测网设计应符合整体性变形控制与局部变形控制、宏观变形监测与微观变形监测结合的原则。

(3) 监测网应由环境系统与测量系统两部分构成，环境系统包括大气降水与地下水监测系统；测量系统可选择大地测量系统、声发射·地声·微震联合系统、红外摄像系统、GPS 系统。

9.6.6.3 大地测量法的地表变形监测

(1) 监测网布设要求：

1) 布网方案应进行计算机模拟试算，优化选择，保证其精度与可靠性。

2) 宜采用三等三角网和三等水准网进行控制。三角网可由矿山原有三角点和观测基点构成。

3) 监测网平面观测基点(控制基点)，应设置在移动区外相对稳定、坚固的地点。

4) 监测网高程基点，应设在移动区外的稳定基岩上，每隔 2～3 个台阶建立 1 组，每组不得少于 3 个观测基点，各组之间应进行联测。

(2) 监测点布设要求：

1）边坡监测点应根据地质和采矿条件布置在具有代表性的部位：关键的地段及不稳定的平台上、运输枢纽等比较重要的地段、高边坡和服务年限较长的地段、边坡岩体结构面发育地段、风化带以及受地表水与地下水影响较大的地段。

2）边坡监测点应组成观测线，观测线的方向应与边坡岩体移动方向大致相同，并设在移动岩体具有代表性的剖面上，或垂直于边坡的走向，等间距布设。

3）应对观测环境进行调查，调查埋标地点的地质条件，监测点的标志必须与边坡岩体牢固结合在一起。每一观测点必须埋设混凝土观测墩，墩顶应设置强制对中底盘。

（3）地表变形监测应满足下列要求：

1）观测基点必须定期进行检验，确定其可能出现的位移；

2）监测点位移量必须代表边坡岩体的位移量；

3）在选择监测点点位时，必须考虑测量方便和监测人员的安全。

4）测量精度要求，即测量误差不掩盖非恢复性变形前后的两个相对变形量之差，并符合表 9-3 的规定。

表 9-3　监测点位移测量精度

边坡类型	监测点位移测量中误差/mm		边坡类型	监测点位移测量中误差/mm	
	水平	垂直		水平	垂直
岩质边坡	±4	±2	风化岩边坡	±10	±5
软质边坡	±6	±3			

5）对于硬岩、软岩和风化岩边坡，监测点的水平（或垂直）位移分别大于 14mm、20mm 和 30mm 时，可认定为滑坡期开始，应进行全面监测。

6）观测周期，应根据边坡变形活跃程度确定。一般情况下，每半年观测 1 次。大爆破前后，雨季和融雪季节应进行下沉警戒观测。边坡滑动后，观测周期必须随移动加速而缩短。

9.6.6.4　激光准直法地表变形监测

（1）激光准直观测要求：

1）必须在观测基点 A 安装激光光源，依次在监测点上安置强制对中的相应焦距的波带板，使其板面垂直于光束方向，激光束依次经波带板衍射后在基点 B 成像；

2）接收端（B 点）应配置光电自动找中仪，以便自动跟踪光斑的中心，读取数显仪上的读数，测得监测点的水平偏移距离。

（2）波带板激光准直应符合下列要求：

1）各监测点应位于其两端的观测基点的连线上，并相对于基点对称布设；

2）观测基点与监测点应位于同一水平视线的高程上。在埋设强制对中底座时，对各监测点的高程必要时应加改正；

3）距激光光源点（观测基点）最近的一个监测点与光源点距离宜大于两个观测基点间距离的 1/10；

4）在系统安装时，应使光线尽可能远离障碍物。并选择旁向温度梯度较小的时间段进行观测，减弱大气湍流与大气折光对观测值的影响；

5）激光束宜采用调制光；接收端宜采用自动找中数显仪；

6）观测基点与监测点应埋置水泥墩，并安置高精度强制对中装置；

7) 应精确测量基点、监测点之间的水平距离，并按波带板焦距计算公式计算各监测点所采用的波带板焦距；

8) 每一监测点的测量必须读取10次读数，以平均值作为该点的观测值。

9) 准直精度：应控制在准直线长度的10^{-6}内；

10) 观测前应对A、B两个观测基点点位进行检测。

(3) 按式9-11计算监测点的位移量δ_i：

$$\delta_i = \frac{l_i}{L} \cdot d_i \tag{9-11}$$

式中，δ_i为第i个监测点的位移量，mm；l_i为第i个监测点至激光光源的距离，m；L为光源点(A)与接收点(B)之间距离，m；d_i为第i点水平偏移距离，mm。

9.6.6.5 GPS地表变形监测

(1) 采用全球定位系统(GPS)对边坡变形进行监测时应提供监测点的连续的和实测的位置、移动速度与时间信息。

(2) 应以相对定位的测量方法(差分法)进行全自动化监测。

(3) 应建立计算机监控系统。

(4) 监测技术要求，可参照国家测绘局《全球定位系统(GPS)测量规范》(CH 2001—92)执行。

9.6.6.6 地表裂缝的观测

(1) 当边坡出现张裂隙时，宜在裂缝两侧的岩体中埋设精密标志，采用游标卡尺、电磁波测距仪或各种型式的地表伸长计测量裂隙的张开宽度。

(2) 边坡接近破坏时，可使用能连续记录并能按规定的位移量或移动速度报警的地表伸长计进行监测。

9.6.6.7 钻孔中的变形(微观)监测

(1) 可安装钻孔变形监测仪监测沉降、倾斜、挠度、地下水位或渗透压力、地下水流向流速等。

1) 采用钻孔挠度计测定钻孔轴向垂直方向形变；

2) 采用多点位移计时钻孔方向要同最大位移方向一致，锚点应布置在岩体不连续面的两侧；

3) 采用渗压计时应将其布置在压力降较大的部位，钻孔应穿过主滑面(带)；

4) 采用的声发射仪应能自动完成监测、数据处理。可采用声发射·地声·微震联合系统，监测岩体内部的破坏(裂)点轨迹，随时绘制破坏域扩展趋势及其面积。

(2) 对处于移动状态的滑体，如需精确测定滑面位置，可在穿过滑面的钻孔中设置沿深度方向设有传感器的装置，或使用钻孔多点伸长计、钻孔倾斜仪等进行监测。

9.6.6.8 变形监测资料的整理与分析

(1) 变形监测资料的整理应满足下列要求：

1) 应定期整理资料，提供分析和预报。

2) 原始数据的处理：采用自动化联机数据采集监测网时，应根据当地信噪比选择适当的阈值；当采用手工记录方式时，对所读取的数据和记录应进行复核校对，不得随意剔除异常值。

3) 监测基础数据应包括变形量、地下水位、渗透压力等。需计算监测点的高程、下沉值和下沉速度、坐标和纵向、横向位移、位移方向的大小及其速度以及其他变形值。

4) 选择绘制下列相关图表:监测区域地形图、观测线的地质剖面图、观测线的垂直下沉曲线图或位移矢量图、监测点移动(垂直、水平)过程曲线图、变形量历时曲线图、累积变形量历时曲线图,位移等值线图等。同时应附有与边坡变形分析有关的开采资料和相关的气温气压、降雨量分布、地表水位、地下水位、大爆破和地震震动、震级等资料。

(2) 边坡变形监测分析应满足下列要求:

1) 判断各监测点是否发生移动和移动的原因及其特征;

2) 结合边坡工程地质工作,对可能发生滑坡的滑动面位置、形状、大小、倾角和滑动体的大小、形状、滑落方向作出推断;

3) 对边坡移动岩体的滑动地段、滑落的时间以及危害程度作出推断;

(3) 当边坡个别地段发生滑坡时,应进行以下工作。

1) 必须测绘滑坡区的地形图和断面图,表示出滑落前后的位置,滑体的形状、范围、滑落方向。

2) 编写监测工作(阶段)报告,报告滑坡时间、地点及原因;说明地表和边坡变形情况、滑坡对采剥工程、建(构)筑物的危害程度;附有监测分析资料。

9.6.6.9　边坡失稳破坏时间预测

(1) 预报起始时间可定为等速变形向加速变形的过渡点。

(2) 中期预报应侧重于变形趋势,若变形速率小(即曲线平缓),中期预报时间可偏长。观测周期为10～30天;

(3) 短期预报应对边坡失稳时间进行推断。短期预报观测周期为1天。

(4) 临近失稳的边坡,失稳时间的预测应以宏观变形信息为主,依据变形过程线进行分析并作出判断。

(5) 边坡破坏时间的预测,可选择以下方法进行:1)蠕变过程分析法;2)图解法;3)计算机模拟;4)回归分析法;5)梯度-正弦法。

9.6.7　地压监测

9.6.7.1　采场地压

地压活动,无论是回采期还是回采结束后都可发生,造成采场围岩失稳,可导致矿山大规模岩体移动,引起地表开裂、塌陷、建筑物倒塌等地质灾害的发生。

地压监测的任务与目的:

(1) 确定采矿工程、地质条件与地压活动的关系;

(2) 确定1次地压活动在时间和空间分布上的规律;

(3) 确定地压活动所引起的地表塌陷、岩体移动及变形破坏的基本参数。

(4) 提供地压活动及岩体变形破坏的信息,用于安全生产。

9.6.7.2　地压监测方法

(1) 地面塌陷观测。

(2) 井下岩体变形(移动)的监测。

(3) 岩体中应力变化的测量。

9.6.7.3 地面塌陷观测

(1) 地表观测点线布置原则：

1) 观测范围应以控制岩体移动可能造成的地面最大塌陷盆地为准。观测线不少于3条，1条通过盆地中心并平行矿体走向；2条垂直矿体走向，其相间距离以均衡控制塌陷盆地(观测)为宜。

2) 每条观测线两端，在远离塌陷盆地边缘的稳定地段各设一个观测基点并与矿区控制网相连。

3) 监测点间距可参考下表确定。

表9-4 地压监测地表监测点间距

开采深度/m	<50	50~100	100~200	200~300	>300
点间距离/m	5	10	15	20	25

4) 点位必须由测绘仪器标定，力求监测点位于观测线上。

(2) 观测基点与监测点均须埋置混凝土观测桩，非冻结区桩基深不小于0.6m；冻结区应在冻结线以下0.5m。

(3) 监测点观测，宜采用精密水准仪或红外测距仪，并执行《冶金矿山测量规范》的有关规定。

(4) 配合地面观测，可在采场围岩和上部巷道中布设监测点。

(5) 1次观测后须计算监测点高程、相邻点间水平距离；计算各监测点的下沉量与水平位移量。提供各点的垂直变形与水平变形，及下沉速度数据。

(6) 绘制以下图件：监测点下沉曲线，监测点水平位移、倾斜与倾斜变化曲线，观测点偏距。

(7) 应结合采空空间体积、爆破地点、规模等对引起地面塌陷的岩体垂直位移和水平位移规律作出推断。

9.6.7.4 岩体变形观测

(1) 硐室围岩收敛位移的测量：

1) 可采用铟钢丝收敛计、卷尺式伸长计和套管式收敛计。

2) 测量断面可设3条基线：边墙-拱顶；边墙-拱脚；边墙-边墙。

3) 根据测量记录，以位移量(mm)为纵坐标，以观测时间(d)为横坐标，绘制变形曲线。当两侧变形量不一致，且无岩体各向异性和结构面作用时，可判定为应力状态不对称。

(2) 硐室围岩松弛变形的测量：

1) 可采用多点伸长计进行测量。多点杆式伸长计，用ϕ10mm钢管将测点处的位移引到测量头。锚头部分用灌浆固定在钻孔中，其余用硬塑管外套保护。测量时可用百分表或电阻应变片。

2) 以观测位移量(mm)为纵坐标，观测日期为横坐标，绘制位移-时间曲线。

3) 将各观测点的最大位移连线，分析判定变形随时间的变化、位移发展趋势及松弛带宽度。

(3) 岩体裂隙观测：

1) 采用水准仪测量并记录裂隙产生时间、条数、部位及产状。

2) 在裂缝两侧标出监测点,定时用钢尺测量其宽度、水平错距(水平位移)及其上下盘的相对位移。

3) 绘制裂隙发展过程曲线图,判定裂隙张开或变化速度,分析发展趋势,确定岩体移动范围和移动速度。

(4) 顶底板相对位移的观测:

1) 可采用伸缩式位移测杆,将其两端固定在顶、底板上,定期观测测杆的相对位移量,藉以观测围岩相对位移,测定顶板下沉量和下沉速度,分析采场和巷道的稳定程度与地压活动程度。

位移观测还可采用以下仪器进行:多点位移计、高精度大位移测试仪、两点式位移计、电感式位移计等。

2) 在巷道顶板埋置1个1级导线点,用垂球将其投射于底板上,并在底板上平置固定1块镀锌"靶"板,通过靶心绘制十字坐标线,并在线端标示方位角度,令靶心(坐标原点)对中顶板导线点。

当顶板发生移动时,垂球即离开靶心同步移动。定时观测,依据垂球移动轨迹,可判定顶板移动方向及移动速度。

3) 打1钻孔至顶板岩层内并埋置1个微型滑轮,将1根钢丝穿过滑轮,一端与底板观测架相连,另一端系一重锤。定期观测,藉以判定顶板下沉状态。该法可避免由于岩体表面局部松动引起的偏差。

9.6.7.5　*声发射法的地压监测*

(1) 地压活动加剧,岩体遭致破坏的同时出现响声。根据响声频数、音色及音量的变化可判断地压活动的程度。

(2) 采用地音仪进行监听,并自动记录大、中、小3种声响及其次数。也可辅以人听,记录响声次数、声音大小、掉渣次数、块度。

(3) 以频数为纵坐标,以日期为横坐标,绘制响声频数曲线,确定1次强烈地压活动发生时的曲线峰值。

9.6.7.6　*声波法监测*

(1) 声波在岩石(岩体)中的传播速度、振幅等声学参数受岩石物理力学性质及岩体结构特征等的调制而改变,依据声波参数的变化特征,可测定岩体中的裂隙分布状态。通过定期对裂隙的观测,测定岩体中裂隙的发育程度、发展情况,判定岩体所处应力状态,进行应力分析,判断地压活动趋势。

(2) 采场空区宜采用平透法监测,巷道之间宜采用对穿法监测。

9.6.7.7　*岩体中应力变化监测*

(1) 压力盒测定顶板压力:采用压力盒时应将其稳固于底板上,并在顶板上固定1根圆木,其下端垂直抵在压力盒上,作为力的传递介质,使顶板压力通过圆木施加在压力盒上。

可从盒侧压力表读取数值进行观测、记录并绘制顶板压力变化曲线图。

(2) 光应变片的观测:

1) 应将拟测岩体表面磨光再将光应变片粘贴于其上;

2) 采用光弹仪观测光应变片的干涉条纹级数并加以记录;

3) 将光应变片以相同条件粘贴在岩块上进行室内加荷试验,观测其干涉条纹级数及相应的压力值；

4）对现场测试结果进行对比，以获得测试点的岩体应力；

（3）光应力计测定采空场围岩或矿柱中应力变化：

1）在选定的围岩和巷道帮壁观测点处钻一水平孔，孔径应大于50mm，孔深0.4～0.5m。将光应力计送入孔底的混凝土中使其固结；

2）可采用手持式光弹仪进行观测，观测其受力后的应变条纹级数，通过室内光应力计加荷试验对比，可获得实际岩体应力及其随时间的相对变化情况。

3）采用该法可在围岩的应力集中部位，对岩体变形破坏过程进行监测。

（4）电阻应变计的岩体应力测定：

1）采用电阻应变计，以应力解除法可测定岩体水平应力；

2）需在选定的观测地点的岩壁上打一钻孔，孔径可为30mm，孔深0.6～0.8m，将电阻应变计送至拟测深度并用胶将其粘在孔壁上；

3）以电阻应变仪测定3个方向电阻值，须测3次，各取平均值；

4）在30mm孔外钻一孔径90～100mm的套孔，深1.0～1.2m，取出岩心，在室内测定其卸荷后的电阻值，应测两次，取平均值。

5）依据室内率定，换算应力，取得岩体水平应力值。

（5）应定期进行观测和测试，并对其资料加以整理、计算和分析，判断岩体应力变化趋势，对地压活动进行监测。

9.6.8 尾矿坝安全监测

9.6.8.1 尾矿坝安全监测的目的与任务

（1）尾矿坝安全监测是以尾矿坝（库）整体的安全为目的监测，是为防止大坝发生灾难性事故的监测。

（2）使用监测仪器，选取监测项目，建立监测系统，周期地、系统地监测坝体、地基以及所在环境和各种有关结构性的物理量，并对监测资料进行整理、计算、分析，判断和分析坝体所处的稳定条件及坝体长期运行的安全工作状态。

9.6.8.2 安全管理监测内容

（1）坝体运行中各种构筑物的应力状态，抗滑与抗震的稳定性，坝体与基础的状态。

（2）监测项目：a.坝体表面水平位移测量；b.坝体垂直位移测量；c.滑动位移测量；d.浸润线观测；e.渗透流量观测；f.孔隙水压力观测；g.固结观测；h.分层沉降测量；i.土压力测量；j.地震观测；k.库的水位观测；l.滩长、滩高、渗流水质的观测。可根据具体情况选择监测项目。

9.6.8.3 监测系统的设计要求

（1）监测系统应对控制尾矿坝体安全稳定的主要指标进行观测设计；项目和测点的布置应能全面地监测坝体的工作状态。

（2）监测系统应提供准确可靠的信息，必须采用满足长期观测、性能稳定可靠、精确灵敏的仪器；尽可能排除或避免影响监测仪器精度的因素，按正确方法布置和埋设。

（3）监测系统的布设应在了解尾矿坝的工程等级、地质条件、运行状况以及渗漏变形等情况下进行。根据所监测坝体的重要性和规模布设。

(4) 各监测项目应能相互校验，以利于数值计算、故障和状态分析。

(5) 监测断面宜选在靠近坝轴线(纵断面)，坝体最高处，回水管道经过处，排渗孔与浸润线观测孔处，坝体严重变形和渗漏地段，坝肩和结合部位等。

(6) 临时性测点应与永久性测点的布置相互衔接，废弃临时性测点时不应影响对坝体的观测和资料分析。

9.6.8.4　测试系统与控制指标的设计

(1) 测试系统的设计要求：

1) 构成的应用系统应有较大的可靠性；

2) 系统的扩展与配置应典型、通用、规范，可构成各种规模的测试系统，有较高的软硬件利用系数；

3) 必须具有较好的兼容性，使用周期长；

4) 采用计算机组建的测试系统应具有不改变硬件而能适当的改变系统的某些功能；

5) 测试系统具有抗干扰和防护能力，在数据信号的传输和系统的供电中采用避雷、防水和其他抗干扰措施。

(2) 控制项目的要求：

1) 坝体的浸润线埋深大于规程中所要求的深度；

2) 控制坝体和基础坝发生的变形量在安全稳定要求的范围内；

3) 控制库水位的高度，保有一定的干滩长度和汛期蓄洪量。

9.6.8.5　坝体表面变形观测(宏观监测)

(1) 坝体表面变形观测应分水平方向位移和垂直方向位移(沉降)观测。必须对初期坝、坝基和每一级堆积子坝的表面变形进行观测。

(2) 观测点的布设要求：

1) 监测点应布设在各级子坝和坝脚的坝基上，布设在同一平台上的监测点应构成观测线，不同高度的监测点宜构成剖面。剖面所处位置应满足 9.6.8.3 监测系统的设计要求中的第(5)条的有关要求；

2) 控制断面上的点距可加密，非控制断面上点距可放宽；

3) 监测点可同时作为水平位移与垂直位移观测的标点；

4) 变形监测应随筑坝的进展，在新的台阶上增加监测点，构成新的观测线。

(3) 控制网的布设要求：

1) 在尾矿坝外相对稳定地点设立观测基点(控制基点)，观测基点应位于观测线两端，每端不少于 2 个。

2) 在远离大坝和不受库区变形影响的地段，应建立水准基点并与国家大地测量控制网相连。每次变形观测前应对观测基点进行位移检测。

(4) 观测方法要求：

1) 观测点上须埋置具备强制对中底盘的混凝土测量标志，埋深于坝内 1～2m(穿过冻土层)并使之固定。采用精密水准仪或红外测距仪进行观测；

2) 垂直位移观测：应采用精密水准仪(N3)，进行 3 级点位(水准基点、观测基点、垂直位移监测点)两级控制(水准基点、校测观测基点)的几何水准测量；

3) 水平位移观测：应采用红外测距仪，进行三边交会或边角测量。

(5) 变形监测的精度应符合下列规定：监测点位移测量中误差：水平 ±10mm，垂直 ±5mm。

(6) 变形监测的周期，正常情况下可在春秋两季各观测 1 次，暴雨后应加测 1 次。当发现下沉量超过尾矿砂自然固结数值或移动向量指向坝外时，必须随变形速度的增大而缩短观测周期。

(7) 尾矿坝变形监测资料的整理：观测结果应绘制下列图表：*a*. 监测点布设图；*b*. 横断面垂直位移分布图；*c*. 纵断面垂直位移分布图；*d*. 垂直位移过程曲线图；*e*. 水平位移过程曲线图；*f*. 水平位移平面图；*g*. 测量精度统计表。

(8) 在确定各监测点水平位移值和垂直下沉量及其相应速度后，应分析变形与坝高、水位、干滩长度、渗流量等因素的关系。当变形量超过 30mm 时应作出物理解释。

9.6.8.6 激光准直法与 GPS 方法的坝体表面变形监测

参照边坡变形监测中的激光准直法与 GPS 方法的有关要求进行。

9.6.8.7 坝体内部变形观测

(1) 坝体内部变形（微观）观测，可判断坝体内部裂缝、尾砂固结情况。重点观测其变形的分布与速率。

(2) 测点布置要求：

1) 监测仪器应布置在坝外坡或坝内坡有可能产生滑动的坝体内；

2) 测量横向位移应布置在横断面的坝轴附近或坝肩附近；测量纵向位移应布置在纵断面的滑动弧内。

(3) 测量方法要求：

1) 地内变形计-应变测量法：钻孔应钻至推测滑动体深度，沿孔壁垂直放入由多节硬质 PVC 管连接组成的变形测弯管，管周围应填入密实砂子，使管壁与土体同步变形。每节管长可为 1m，直径宜为 48mm，单轴方向粘贴 2 片一组应变片并组成半桥补偿测量电路，测量导线引入开关箱。开关箱应按深度值可依次转换每节管的测点，由应变仪逐点测量，显示并记录应变值。根据量值计算每层滑动的大小和深度位置，测量出整个滑体的位移量。

2) 测斜仪-倾角测量法：采用活动式的应在坝体内埋设有导槽的测斜管，测量时将测头放入管内沿导槽滑动，测定斜度变化，计算水平位移。当土体产生位移时，管子随土体同步位移，同为 1 个位移量。

测头测出的是各个不同分段点上测斜管的倾角变化 ΔX_i，该段测管相应的位移增量可按下式计算：

$$\Delta S_i = L_i \sin\Delta X_i \tag{9-12}$$

式中，ΔS_i 为位移增量，mm；ΔX_i 为倾角变化，弧度；L_i 为单位管长，mm。

9.6.8.8 浸润线水位监测

(1) 监测在渗流作用下尾砂的稳定性，掌握渗流规律，估计渗透破坏的可能性。

(2) 测点布设要求：

1) 浸润线测管宜布置在最大横断面或最有代表性的剖面内，必要时可增设一定的安全控制横向监测断面或纵向断面；

2) 测点埋置测压管须根据断面大小、堆积结构、坝体与坝基接触的轮廓线、地质条件、勘察和设计浸润线位置、模型试验成果等因素确定。

3) 每个断面内测压管不少于3组。

(3) 布设应满足下列要求：

1) 除基础坝外，在堆积坝体两侧坝肩及排水棱体的上游各布设1根测压管；

2) 在同一测点的垂直线上应分层埋设若干个测压管，测量不同夹层的渗透水压力；

3) 有排渗设施的，应在排渗装置的上、下游各埋设1组测压管，检验排渗效果；

4) 在坝体渗漏部位可埋设1～2组测压管。

9.6.8.9 孔隙水压力监测

(1) 监测内容：应监测坝体内超静水压力增长与消散情况，随库水位变化渗流产生孔隙水压力的大小及浸润线位置，坝体内动态孔隙水压力的状态。

(2) 监测目的：

1) 防止过大的渗透压力造成渗漏通道，导致管涌，引发重大事故；

2) 地震可能造成尾砂过大的孔隙水压力，发生局部液化，引起坝体严重沉陷和变形以致溃坝。

(3) 测点布置要求：采用孔隙水压力计，应选择1～2个横断面（包括最大剖面和最有代表性的剖面），每个断面上应水平布置不少于3排测点，其中1排可埋设多个传感器测头，或与浸润线测管布置在同一地点，当孔隙水压力消散后可用其进行渗透观测。

9.6.8.10 监测资料的整理与分析

(1) 资料整理分析的要求：

1) 应对原始数据中的信息和干扰因素加以区分，区分坝体实际状态的信息和观测误差及外部因素随机作用造成的干扰，求其变化过程中的主要因素及其作用程度；

2) 必须将各测点、多次测值进行综合分析，了解测值在空间分布上和时间发展上的联系、变化过程和发展趋势；

3) 应对观测数值作出物理解释，估计未来测值出现的范围及可能的数值；

4) 资料采集应严格执行有关测试规程和方法，应长期、连续、定时采集数据；

5) 识别下列误差并加以修正：测量装置误差（仪器误差、电缆误差、测试系统误差）、环境误差（温度误差、湿度误差、震动、雷电等干扰误差）、方法误差（近似方法误差、操作误差）。

(2) 观测资料分析与评价：

1) 分析规律性：

① 当观测值有规律地趋于减小，应判定坝体趋于稳定安全；

② 当观测值有规律地趋于稳定，应判定坝体趋于稳定安全；

③ 当观测值有规律地趋于增加，递增率趋于收敛，应判定坝体工作状态不久可能会变为①、②两种情况。

④ 当观测值的递增率为定值，或突增、渐增。应判定坝体处于不稳定状态，可能出现危险。

2) 分析原因：根据筑坝特性、沉积特性等特殊性规律，从观测值发展过程或分布关系上发现突变量，分析这种变化是否符合正常变化规律，是否在正常变化范围之内。

3) 预测变化：依据分析的规律，预测未来一定条件下观测值的变化范围或数值，估计其发展趋势、变化速率和可能产生的后果。

4) 安全评价：依据现有数据进行分析，判断是否会出现不利于坝体安全运行的组合条件。

(3) 观测资料的分析内容：

1) 测试成果的分析应对尾矿坝工作状态中可能出现的异常现象作出推断，应对设计所采用的计算方法、指标和假设条件进行检验。

2) 可依据下列资料进行分析：a. 以时间为函数的各项观测资料的关系；b. 库水位和滩长的关系；c. 库水位与浸润线水位关系；d. 变形和库水位关系；e. 渗透量与库水位关系。

(4) 观测资料的分析方法：

1) 物理方法：变形、渗压、应力、浸润线水位等均为物理量的观测，与库水位、雨量、地震等外部因素以及坝体构筑方法、沉积特性、颗粒级配、坝体坝基的几何尺寸、尾矿的物理力学特性等有关。应采用土力学理论、坝工理论和渗透流体力学理论建立它们的关系式并求出一定条件下尾矿坝物理量数值和观测数据之间的联系和对比。

2) 统计方法：监测资料的各种测值，因影响因素的复杂和观测误差的存在，具有某种不确定性，是为随机变量。同时又具有统计规律性，可采用概率论、数理统计、随机过程等数学方法加以处理。

在资料的解释中，可用回归分析、方差分析和时间系列分析，对数据进行平滑、拟合，以获得描述其他变化规律的经验方程，即以归纳法建立统计学处理方法的数学模型。

3) 统计分析与物理分析结合：以物理量之间关系的定性分析为基础，选择统计方法，拟定数学模型，选择因子，进行计算，对得出的数学式和数据作物理解释和分析，获得可靠的结论。

4) 统计分析应借助于计算机完成。

9.7 矿山斜坡稳定性分析

9.7.1 矿山斜坡

矿山斜坡类型：

(1) 矿山斜坡包括天然斜坡和人工边坡。天然斜坡包括自然山坡、谷壁、河岸等；人工边坡包括路堑边坡、基坑边帮、露天矿坑边坡等。

(2) 按构成坡体的物质可分土坡、岩坡和岩土混合斜坡。

(3) 按坡体结构可将斜坡分为四种类型，见附表 9-12。

斜坡稳定性分析的任务：

阐明斜坡是否可能发生灾害性变形破坏，论证其变形破坏的形式、方向、规模、为边坡治理提供依据。

9.7.2 斜坡变形与破坏

9.7.2.1 斜坡变形

(1) 当坡体中未出现贯通性破坏面，仅局部出现一定程度的破裂与错动，且主要为松动和蠕动，整体尚未产生滑动破坏时，可判定为斜坡变形。

(2) 松动变形：当坡体表部出现一系列与坡向近于平行的陡倾斜张性裂隙，被裂隙切割的岩(土)体向临空方向松开、移动时可判定为松动。其松动带发育深度应以坡面线与松动带内侧界线之间的水平距离来确定和度量。

(3) 蠕动变形:

斜坡岩土体由自重应力为主的坡体应力长期作用下,向临空方向缓慢而持续的变形,可判定为斜坡蠕动。蠕动可分表层蠕动与深层蠕动。破碎的岩质斜坡及疏松的土质斜坡易产生表层蠕动。深层蠕动主要发育在斜坡下部或坡体内部,深层蠕动可进一步划分出软弱基座蠕动和坡体蠕动。

9.7.2.2　斜坡破坏

(1) 当斜坡已被与临空面贯通的连续破裂面分割,被分割的坡体以一定的加速度滑移、崩落、脱离母体时,可判定为斜坡破坏。

(2) 斜坡破坏可出现崩塌、散落、坐落、滑塌、倾倒、滑坡等形式。

(3) 滑坡:按形成原因可将滑坡类型划分为工程滑坡与天然滑坡。岩质斜坡的破坏多数是沿斜坡内已有的软弱结构面发生。

(4) 崩塌:斜坡前缘的部分岩体,被陡倾结构面分割并以突然方式脱离母体,翻滚而下,堆积于坡脚形成岩堆。崩塌多发生在60°以上的陡坡前缘。

(5) 滑塌:滑塌是松散岩体或岩土混合体的浅层破坏形式。与风化作用,人工开挖坡角及振动作用有关。

9.7.3　斜坡稳定性分析

9.7.3.1　影响斜坡稳定的因素

(1) 构成斜坡的岩土性质、岩体结构(包括构造结构)等。

(2) 地下水、风化作用,地震、人工挖掘、爆破震动等。

9.7.3.2　斜坡(边坡)稳定性分析方法

可选择下列方法进行分析:1)岩体结构分析法;2)工程岩体分级法;3)图解法;4)图表法;5)工程地质比拟法;6)极限平衡计算法;7)模拟试验法;8)有限单元计算法。

9.7.3.3　岩体结构分析法

(1) 通过岩体结构特征对工程岩体稳定性进行分析,分析工程岩体中结构体间相互关系。通过野外调查和岩石力学试验,按斜坡变形与破坏机制,判定坡体中控制结构面组数确定坡体类型。

(2) 岩体结构分析的步骤:

1) 失稳边界的确定:确定坡体失稳的切割面、滑动面等失稳边界。

2) 确定岩体受力条件:可依据边坡设计资料确定工程作用力;确定天然应力时应指明是重力场为主或构造应力场为主,并考虑地下水的静水压力、扬压力、动水压力和浮托力。确定坡体的受力状况、合力的方向和相对大小。

3) 确定基本力学参数:制定力学试验方案,进行现场和室内测试,取得岩石的基本力学参数、岩体的力学参数及岩体中控制性结构面的力学参数。

4) 判断岩体变形破坏方式:在岩体结构及其受力条件的基础上,结合模拟试验判断岩体变形破坏的可能方式。

5) 建立工程地质力学模型:以工程岩体的结构特征、软弱结构面的组合关系、工程对岩体的作用荷载等建立符合实际的工程地质力学模型。

6）数值分析：依照确定的工程地质力学模型，选择计算方法，采用计算机及相应软件进行计算。主要计算方法有刚体极限平衡法，应力平衡法、有限单元法等。

(3) 稳定性综合评价：

1）根据数值计算结果，当安全系数小于1时，可判定岩体受力处于不稳定状态，应对岩体加以处理。当安全系数大于1时，可初步判定为稳定状态。

2）应根据影响岩体失稳的多种因素对数值计算结果的可靠性进行分析，并结合下列条件加以综合评价：①工程的重要性；②勘察和试验的精度；③工程运营期间工程地质条件的变化，重点为岩体结构的演化及施工过程中岩体强度的衰减。

9.7.3.4 工程岩体分级法

(1) 确定边坡岩体的工程岩体级别：

1）初步定级：可参照《工程岩体质量分级标准》(GB 50218—91)的有关规定确定边坡岩体的基本质量级别。

2）详细定级：在岩体基本质量分级的基础上，应按不同坡高考虑地下水、地表水、初始应力场、结构面间的组合、结构面的产状与边坡面间的关系等修正因素对边坡岩体级别的影响进行修正。

修正系数的确定，可参照《工程岩体质量分级标准》(GB 50218—91) 的有关规定执行。

(2) 当仅有1组结构面起主要作用，且结构面倾向与斜坡面倾向同向时，它对斜坡工程岩体稳定的影响，可参照下表确定。

表 9-5 结构面产状对边坡岩体稳定性的影响

边坡坡角 α 与结构面倾角 β 关系	坡面走向线与结构面走向线夹角/(°)		
	<20	20～45	>45
$\alpha>\beta$	很不利	不利	一般至不利
$\alpha=\beta$	一般至不利	一般	一般至有利
$\alpha<\beta$	一般	一般至有利	有利至很有利

9.7.3.5 图解法

(1) 图解法主要包括：斜坡稳定玫瑰图分析、赤平极射投影分析、节理统计的极点图和等密度图分析、实体比例投影分析、平面投影分析以及赤平极射投影—实体比例投影分析。

(2) 斜坡稳定玫瑰图(斜坡扇形图)分析：

应将岩层产状、断层产状、节理产状、软弱夹层产状等各结构面用不同线条、符号、颜色等表示在图上，依据结构面与斜坡走向线的关系，结构面倾角与斜坡扇形的关系进行分析。

(3) 赤平极射投影分析：

1）以赤平极射投影图表示岩体中的结构面、临空面、切割面以及它们之间的夹角和组合关系，确定岩体的结构特征；

2）应将工程作用力、岩块阻抗力和坡体滑移方向等向量投影到赤平面上。将岩体变形边界条件、受力条件、强度参数纳入1个投影体系中进行斜坡稳定性分析。

(4) 极点图和等密度图分析：

1）将实测的足够数量的节理用赤平极射投影方法作出极点图或等密度图。

2）根据极点图和等密度图中节理分布及疏密情况，结合坡面倾向、走向分析斜坡的稳定性。

(5) 实体比例投影分析：

1) 应用垂直投影原理和方法，以现场实测资料按一定的比例作图，求出结构面的组合交线，组合平面以及结构体的几何形状、尺寸、空间位置和方向，将立体结构化为平面表示。

2) 实体比例投影具有方向性，是将结构体的面和线的实际空间方向(包括走向、倾向、倾角)表示在图上，并对坡体进行稳定性分析。

(6) 赤平极射投影—实体比例投影分析：

1) 将赤平极射投影和实体比例投影相结合，可求出结构体在工程岩体中的具体分布位置，几何形状、尺寸、体积和重量；并确定滑动方向、滑动面及其面积。

2) 可采用空间共点力系的合成和分解，对坡体在自重力和工程力作用下稳定性进行计算分析。

3) 分析示例，可参考附录 9-2。

(7) 平面投影分析：

1) 必须将斜坡中各类不同结构面的走向线按一定高度的截距投影在同一平面上，获得各类结构面的组合特征，用以分析坡体的稳定性。

2) 可采用正、反两种投影方法：正投影是由高平面向低平面投影，投影线落在结构面倾向线的相反方向上；反投影是由低平面向高平面投影，投影线落在结构面倾斜方向上。

9.7.3.6　图表法

(1) 图表法须以计算公式为依据，按一定的条件将计算结果绘成图表。根据用途不同，图表法包括：圆弧图表法、摩擦圆图表法、对数螺旋线形滑面图表法、斜坡极限高度图表法、正应力图表法。

(2) 已有的图表法，仅适用均质土层和单一层状结构的岩石边坡。

(3) 对地震、地下水等在图表上无法表示的影响因素，应在分析中加以考虑。

9.7.3.7　工程地质比拟法

(1) 工程地质比拟法(类比法)，无数量界限，仅可进行定性分析。主要包括：历史分析、因素比拟与斜坡评比等。

(2) 斜坡的历史分析法：应对斜坡发育历史进行全面的地质、地貌调查，并与已有研究资料的斜坡相比较，获得有关斜坡稳定性评价资料，从斜坡的演变历史推测未来的发展趋势。

(3) 类型比拟法：对区内已经发生过坍滑的斜坡进行调查，分析产生坍滑的因素和条件，并加以分类。将拟评价的斜坡主要因素和条件与其比较，对斜坡稳定性进行评价。

(4) 因素比拟法：应在调查研究的基础上，对斜坡的地质条件进行充分分析，根据分析结果与类似的斜坡进行稳定性对比，并推测其发展趋势。被比拟的应是研究程度较高、资料较为完备、工程地质条件类似的斜坡。

(5) 斜坡评比法：对影响斜坡稳定的各种因素进行评分，根据总分数和允许日降雨量必须的标准分数作为斜坡稳定性的比较分析。为使斜坡在允许降雨量下处于稳定状态，必须满足：$K>P$。当 $K\approx P$ 时为临界斜坡；$K<P$ 时为不稳定斜坡。K 由下列分数构成：

$$K=C+N+F+Y \tag{9-13}$$

式中，K 为斜坡总评分数；C 为基本分数；N 为原因分数，根据多种原因评定分数之和；F 为防护分数，根据地面防护设施类型确定的分数；Y 为判断分数，根据当地实际情况，除上述影响因素之外的其他因素，由防护工程负责人评定修正分数；P 为工程设计年限的概率日降雨量的必要标准数。

9.7.3.8 极限平衡计算法

(1) 应按不同边界条件进行力的组合，计算滑动力和抗滑力。滑动力应包括滑动岩土体的重力沿滑动方向的分力、动水压力、浮托力、地震力、爆破震动力；抗滑力应包括滑动面上的黏聚力、抗剪强度、侧向摩擦力等。以滑动力与抗滑力之比作为滑动稳定系数。

(2) 计算时可只考虑滑体重力(有时增加地震力)，其他受力条件(地应力、动应力、渗透压力、温度应力)不显著时可不参加计算。

(3) 按照稳定系数评价，以稳定系数 1 作为临界状态。

9.7.3.9 模拟试验法

(1) 试验目的：对大型的不稳定或失稳的边坡可进行模拟试验，了解边坡变形破坏机理，破坏规模和影响，验证计算成果。

(2) 相似材料模拟试验：

1) 根据斜坡的结构和力学介质特征，利用相似材料制作成按比例缩小的模型，然后施加按比例缩小的力，观测模型的变形破坏过程。

2) 采用定性模拟(原理模拟或机制模拟)时，只需满足主要的相似常数；采用定量模拟时，要求主要物理量应尽可能满足相似常数与相似判据。

3) 露天边坡相似材料模拟必须几何相似、物理相似、初始状态相似及边界条件相似。

(3) 光弹模拟试验：

1) 可采用具有暂时性双折射现象的透明材料，按一定比例制作成边坡模型，然后施加一定的工程作用力，通过光弹仪观测模型中各个部位的干涉图像。

2) 根据干涉条纹图的特征，判断实际边坡岩体中应力分布特征，分析其稳定状况。

(4) 底摩擦模拟实验：将模型安放在 1 条活动的砂布带上，使模型底面与砂布带接触的每一点产生摩擦力。当摩擦系数不变时摩擦力与模型材料重量成正比。可采用不同容重或不同摩擦系数的模型材料获得不同大小的模型自重力，简便模拟露天边坡变形破坏机制和变形的动力特征。

9.7.3.10 有限元计算法

(1) 可采用三角形或四边形单元，将斜坡岩体分割成有限个单元体，假定每个单元体内的应力与外力都只通过单元的节点传递，且各单元之间保持协调的变形；

(2) 建立单元体的位移函数和确定应变状态。把作用在单元集合体上的各种力移到相应节点上，建立整个单元集合体的平衡方程，利用计算机求解方程，求出全部节点的位移，并利用材料力学性质解出每个单元的应力状态。

(3) 建立斜坡岩体结构要素的有限元模型，可选择的模型有：无厚度结构面的有限元模型、有厚度结构面的有限元模型、结构体的有限元模型、流变模型、三维有限元模型等。

(4) 采用有限元法计算分析斜坡的稳定性，应根据岩体结构的不同确立力学模型和分析方法。根据结构性能可分为 5 种典型结构，并分别采用相应的有限元分析：1)断续节理岩体的结构面分析；2)遍布节理岩体的剪切破坏滑动分析；3)层状岩体的弯折破坏分析；4)碎裂结构岩体的弹塑性变形分析；5)块体结构的失稳滑动分析。

9.7.4　斜坡稳定计算

9.7.4.1　土质斜坡稳定计算方法

(1) 极限平衡计算：不同计算条件下的稳定系数(k_c)及其计算式见附表 9-13"土质斜坡稳定系数 k_c 值计算公式表"。

(2) 条分法：

1) 在横剖面上截取 1m 宽土条作为计算的基本断面。必须计算每个单元的土条的滑动力与抗滑力。可不计算两侧摩擦阻力、侧向约束力和不考虑土条间相互挤压作用。

2) 应利用试算法求出最危险的滑弧中心点，并设定滑动土体所有条块的抗滑稳定系数都相同，即

$$k_c = \frac{\sum_{n-1}^{m}[C_n + (W_n + V_{n+1} - V_n - U_n)\tan\phi_n]\dfrac{\sec^2\theta_n}{1 + \dfrac{\tan\theta_n \cdot \tan\phi_n}{K}}}{\sum_{n-1}^{m}[(W_n + V_{n+1} - V_n)\tan\theta_n + P_i]} \tag{9-14}$$

式中，W_n 为土条重力，N；C_n 为黏聚力，MPa；$\tan\phi_n$ 为摩擦系数；U_n 为孔隙压力，kPa；P_i 为水平向初始应力，kPa；V_{n+1}为上侧条块垂直分力(平行侧面)，N；V_n 为下侧条块垂直分力(平行侧面)，N。

(3) 综合 C 值法：

1) 当滑带主要由黏性土组成，土质均一且在孔隙水压作用下时(或滑带土的内摩擦角接近于零时)，可将滑坡恢复到刚滑动的瞬间，设定滑坡正处于极限平衡状态(即 $k_c=1$)，选择适当公式反算出 $k_c=1$ 时滑面黏聚力 C 值，再用 C 值求算当前所处状态的稳定系数k_c。

2) 当滑面呈圆弧形时，可按式 9-15 计算稳定系数 k_c：

$$k_c = \frac{W_2 d_2 + C_z \cdot L \cdot R}{W_1 d_1} \tag{9-15}$$

式中，W_1 为滑体下滑部分的重量，kN/m；d_1 为 W_1 对于通过滑动圆弧中心的铅垂线的力臂，m；W_2 为滑体阻滑部分的重量，kN/m；d_2 为 W_2 对于通过滑动圆弧中心的铅垂线的力臂，m；L 为滑动圆弧长度，m；R 为滑动圆弧半径，m；C_z 为滑动圆弧面上的综合单位黏聚力，kPa。

3) 当滑面为折线形时，可按式 9-16 计算稳定系数 k_c：

$$k_c = \frac{\Sigma T_k + C_z \cdot \Sigma L}{\Sigma T_h} \tag{9-16}$$

式中，ΣT_k 为抗滑段的总抗滑力，MN；ΣT_h 为下滑段的总滑动力，MN。

(4) 综合 ϕ 值法：当滑带以碎屑土为主且在滑动中可排出滑带水时，即 $C\approx 0$，可采用反求综合 $\tan\phi$ 值，并按式 9-17 计算稳定性系数 k_c：

$$k_c = \frac{\Sigma W_k \sin\alpha + \Sigma W \cos\alpha \cdot \tan\phi_{(z)}}{\Sigma W_h \sin\alpha} \tag{9-17}$$

式中，W 为滑体自重力，N；W_k 为滑体抗滑部分重力，N；W_h 为滑体下滑部分重力，N；$\tan\phi_{(z)}$为综合摩擦系数。

9.7.4.2 岩质边坡稳定计算

岩质边坡的稳定性主要受控于岩体结构，可分两种情况进行计算：

(1) 一组结构面岩质边坡稳定系数 k_c 的计算，见附表 9-14。

(2) 两组结构面组合的边坡稳定系数 k_c 的计算，见附表 9-15。两组结构面切割，在坡体上形成楔形体，其滑动方向常与结构面组合交线的倾向一致。可选择下面方法之一，求算组合交线产状。

1) 组合交线方位角(α)与组合交线倾角(β)的计算：

$$\alpha = \tan^{-1}\frac{\cos\alpha_2 + \tan\beta_2 - \cos\alpha_1\beta_1}{\sin\alpha_1 + \tan\beta_1 - \sin\alpha_2\tan\beta_2} \tag{9-18}$$

$$\begin{aligned}\beta &= \tan^{-1}[\cos(\alpha - \alpha_1)\tan\beta_1] \\ &= \tan^{-1}[\cos(\alpha - \alpha_1)\tan\alpha_2]\end{aligned} \tag{9-19}$$

2) 组合交线倾向的方位角(ω)与组合交线倾角(β)的计算：

$$\tan\omega = \frac{\tan\beta_1 - \tan\beta_2 \cdot \cos\theta}{\tan\beta_2 \cdot \sin\theta} \tag{9-20}$$

$$\tan\beta = \tan\beta_1 \cdot \cos\omega \tag{9-21}$$

式中，α_1、α_2 为两结构面倾向方位角，(°)；β_1、β_2 为两结构面倾角，(°)；θ 为两结构面倾向线间夹角，(°)。

3) 求出组合交线倾向和倾角(亦可通过赤平极射投影作图法求出)后可按附表 9-15 中的有关公式求算斜坡稳定性系数(k_c)。

9.8 地下开采岩体稳定性分析

9.8.1 矿山地下工程岩体稳定性问题

9.8.1.1 地下空场形式及其稳定性问题

(1) 根据空场形式可将地下工程岩体稳定性问题分为 3 种：硐室围岩稳定性、采场周边围岩稳定性、开采结束的空架山体稳定性。

(2) 在不同开采阶段，硐室围岩、采场围岩岩体稳定性及变形破坏方式的复杂程度不同，应分别对其稳定性作出分析评价。

(3) 硐室围岩可发生变形位移、塌落、冒顶、片帮。

(4) 采场围岩稳定性可分为回采期和回采结束采空区两个阶段。

(5) 地下开采形成大量的硐室与采空区，构成整个山体空架结构，在地应力和地下水作用下，整个山体可产生变形破坏以及地表开裂、塌陷。

9.8.1.2 地下开采岩体变形破坏方式

(1) 脆性破裂：整体状结构与块状结构岩体，局部可有掉块；在高应力地区，围岩应力集中可产生岩爆。

(2) 块体运动：当块状或层状结构岩体被软弱结构面切割形成数个块体时，可在自重力或围岩应力作用下向临空面移动。块体运动包括数个块体的整体移动和块体塌落、滑动、转动和倾倒。

(3) 弯曲折断破坏:弯折破坏多发生在层状岩体围岩中;顶板受重力作用可产生下沉弯曲,进而张裂、折断、形成塌落体,在侧向水平应力作用下岩层弯曲变形;陡倾斜层状岩体可出现边墙岩体的弯曲、倾倒或鼓出。

(4) 塑性变形和剪切破坏:松散结构岩体或碎裂结构岩体,其中含有较多的软弱结构面,可产生塑性变形和剪切破坏,主要表现为塌方、底鼓、塑性挤入和硐壁围岩收缩。

(5) 松动解脱:碎裂结构岩体,可视为碎块的组合。在张力、单轴压力及振动力作用下可松动溃散,成为碎块散开或脱落。

9.8.2 影响围岩岩体稳定性的主要因素

9.8.2.1 地质因素

(1) 开挖过程使岩体的应力状态受到多次反复扰动;深部开采可能出现较强的残余构造应力;

(2) 结构面的发育程度,即结构面的组数、密度和规模对岩体的完整性的影响;

(3) 结构面的产状,组合形态与空场的关系。

9.8.2.2 地下水因素

(1) 降低岩石强度、加速岩石风化;

(2) 软化软弱结构面,降低软弱夹层强度;

(3) 使膨胀性岩石膨胀,增加围岩压力;

(4) 静、动水压力,可降低岩体质量。

9.8.2.3 工程因素

(1) 空场埋深,几何形状、规模,立体组合关系及间距;

(2) 采矿方法,开采顺序等,可影响围岩应力的大小和性质。

9.8.3 地下开采岩体稳定性分析方法

9.8.3.1 分析方式与方法

(1) 地下开采岩体稳定性分析条件复杂,为简化分析,可将其地下硐室围岩稳定分析与采空区围岩稳定分析分别进行。

(2) 可采用下述方法进行分析:地质分析法,岩体结构分析法,岩体基本质量分级法,质量系数法与质量指标法。

9.8.3.2 地质分析法

(1) 采用地质分析法应进行大比例尺工程地质测绘与调查,以及通过探采工程收集相关的资料,确定影响岩体稳定性的工程地质因素,以工程地质类比法或地质力学分析法进行定性分析评价。

(2) 工程地质类比法:应具有相似的工程地质条件和工程特点。类比分析时,必须查明围岩性质、岩体结构类型、各类结构面的特征及其组合关系、地下水发育程度,确定围岩类别。

(3) 地质力学分析法:应以破裂结构面的力学成因评价结构面的工程地质特征,建立构造体系并以此为基础确定结构面的空间组合、结构体型式；以构造配套恢复区域构造应力场，分析矿山工程区域内的天然应力状态，进行岩体稳定性分析。

9.8.3.3 岩体结构分析法

(1) 应依据岩体结构及其特征、工程力作用方式，利用赤平极射投影、实体比例投影、块体结构坐标投影等进行图解分析，初步判断岩体的稳定性。

(2) 依据岩体结构特征建立地质力学模型，以有限元法或边界元法进行计算，获得工程岩体稳定性的定量指标。将围岩应力和位移值与岩体强度和允许值进行比较，判断岩体稳定性。

9.8.3.4 岩体基本质量分级法

(1) 确定岩石坚硬程度与岩体完整程度的定性特征，以及根据岩石单轴饱和抗压强度(R_c)与岩体完整性指数(k_v)确定的定量指标（岩体基本质量指标），将工程岩体定出质量级别。

(2) 初步定级应符合《工程岩体分级标准》的规定；详细定级，遇有下列影响因素时应对岩体基本质量指标(BQ)加以修正，以修正后的[BQ]值确定岩体的级别。影响因素包括：地下水、软弱结构面、高初始应力。

(3) 依据不同级别的定性特征与定量指标值对硐室围岩或采场围岩岩体的稳定性作出分析和评价。

9.8.3.5 质量系数法与质量指标法

(1) 应采用岩体质量系数与岩体质量指标两种方法进行对比，对井巷围岩岩体质量作出评价。

(2) 岩体质量系数(Z)法：依据下列公式求算岩体质量系数 Z，并参照附表 9-16 的规定确定岩体质量等级。

$$Z = I \cdot f \cdot S \tag{9-22}$$

式中，I 为岩体完整系数（无资料时可用 RQD 值代替）；f 为结构面摩擦系数；S 为岩块坚硬系数($S = R_c/100$)；R_c 为岩块饱和轴向抗压强度，MPa。

(3) 岩体质量指标(M)法：可按下式估算并参照附表 9-17 的规定确定岩体质量级别。

$$M = \frac{R_c}{300} \cdot RQD \tag{9-23}$$

式中，RQD 为岩石质量指标，$RQD(\%) = (L_p/L_i) \times 100$；$L_p$ 为某岩组大于 10cm 完整岩心（包括被机械破碎小于 10cm 可上、下对接，对接后大于 10cm 的岩心）长度之和，m；L_i 为某岩组钻探总进尺，m；

当钻头内径小于 54.1mm 时，RQD 值可适当降低 20%～50%。

9.8.3.6 力学计算分析法

(1) 依据极限平衡理论，计算破裂面上的破坏力与抗力的平衡状态。

(2) 采用有限单元法或边界元法计算岩体中各部分的应力与位移值，比较分析岩体的稳定性。

9.8.3.7 物理模拟试验法

(1) 物理模拟，依据围岩岩体结构，采用相似材料模拟和光弹模拟，分析岩体变形破坏的条件和过程。

(2) 依据岩体力学参数，利用有限单元法和边界元法进行计算机(数学)模拟，通过调整各个力学参数分析岩体失稳条件。

9.8.3.8 图解分析法

图解法有赤平极射投影、实体比例投影，坐标投影作图法和工程图解法，利用投影方法求出不稳定体的几何特征，分析其稳定情况。

9.9 矿山环境地质调查

9.9.1 天然斜坡滑移和崩塌

天然斜坡滑移和崩塌：

(1) 对与矿山有关的天然斜坡，必须进行工程地质调查与稳定性评价。制定防范措施，避免斜坡发生滑移和崩塌危及矿山生产与安全。

(2) 天然斜坡的变形破坏、崩塌和滑移的工程地质调查与稳定性分析可参照有关章节的规定进行。

9.9.2 流砂

流砂的危害如下：

矿山尾矿堆积、矿山开拓及其他工程挖掘中揭露出的饱水砂土，可能产生流动而成为流砂。突然溃决的流砂可造成灾害性破坏。

流砂地质调查的内容：

(1) 埋藏条件、厚度及流砂在水平和垂直方向上分布及变化规律；

(2) 流砂的物质成分、结构和物理性质，砂土的颗粒成分、粒径大小、孔隙度、含水量、塑性上限、膨胀量。

(3) 与流砂有关的地下水赋存条件，排水条件，渗透压力的变化，必要时应采取原状砂土样测定其临界渗透梯度。

(4) 流砂动荷载条件的调查：地震、工程施工所产生的动荷载等可触发流砂的溃决，调查中应对矿山动荷载可能达到的强度作出判断。

9.9.3 泥石流

9.9.3.1 泥石流地质调查的内容

(1) 泥石流形成的地形、地质条件、流体性质，物质组成、流域特征和危害程度。

(2) 矿区内外微地貌条件，汇水面积、沟谷发育情况及其纵横坡度和高度。

(3) 调查形成区水源和松散碎屑岩的风化、分布厚度，松散固体物质的补给条件，并测算水源和固体物质的总量。

(4) 调查流通区沟谷及河床的地形特征，测量河床宽度、纵比降。

(5) 调查堆积区堆积速度，洪积扇的形状特征，沉积层次、厚度、剖面结构特征以及活动情况。

9.9.3.2 泥石流的防范

(1) 可能发生泥石流的矿山，应进行大比例尺工程地质测绘，对泥石流域斜坡、发源地的临界条件和岩土稳定性进行分析,推测泥石流可能发生的期限。

(2) 以不同的成因条件对泥石流进行分类并为制定其防范方案提供资料。不同类型泥石流与防范(治)的关系,可参照附表9-18确定。

9.9.4 岩溶

9.9.4.1 岩溶的危害

(1) 岩溶作用破坏了岩层的完整性,溶洞和暗河中可能含有岩溶水,使工程地质条件复杂化,使工程岩体强度降低,稳定性受到影响;

(2) 岩溶区采矿可产生突水事故而淹没坑道,危及工程和人身安全;防止突水发生而进行疏干排水,可使地下水位下降,引起地表塌陷,造成地表建筑的破坏。

9.9.4.2 岩溶地质调查的内容

(1) 矿区内可溶岩层的时代、岩性特征、矿物成分、结构构造、岩层厚度及空间分布;可溶岩与非可溶岩的交界地段岩溶发育情况。

(2) 矿区地形地貌特征;河谷阶地有否水平分布互相连通的溶洞。

(3) 矿区岩溶地段泉水或暗河水的出露条件、地下水的补给、径流和排泄及其动态变化规律。

(4) 地质构造对矿区岩溶的影响以及第四系覆盖层的岩性、厚度、分布位置及植被对岩溶的影响。

(5) 溶洞的规模大小、形态特征、有无充填物质及胶结情况、空间分布、是否充水;地下岩溶管道分布及连通性,进行岩溶率的统计。

(6) 在矿区岩溶发育地段必要时应进行物探、工程钻探。勘探工程重点应查明褶曲轴部、断层破碎带和断层复合部位。

(7) 进行岩溶率、岩溶分布与岩性、构造、地形相互关系的综合分析,确定岩溶的发育规律。

9.9.5 矿山环境污染的调查

9.9.5.1 矿山环境污染问题

(1) 矿山生产开发活动使无机物质、有机物质或其他污染物质扩散、转移可引起环境污染。

(2) 必须开展对矿山污染源的调查,查明导致矿山环境污染的原因,了解污染物质对环境的影响及危害程度,预测发展趋势,制定综合防治措施。

9.9.5.2 矿山环境污染源的种类

(1) 根据矿山污染源的起因和性质可分为天然污染源和开发污染源。

(2) 矿山开发污染源主要包括:采矿废石污染、选矿尾矿污染、冶炼炉渣污染及工业废水污染。

9.9.5.3 天然污染源的地质调查

(1) 调查内容:

1) 矿床地质条件:包括常规内容;

2) 与元素污染扩散有关的地质条件:包括矿区地形、地貌特征、地质构造发育情况、水文地质条件等；

3) 地质体污染状况：包括地质体内部有害成分及其在矿区不同地段的实测含量、矿区周围地域的自然本底含量；污染途径及范围；污染所造成的影响及危害。

(2) 调查方法：包括现场调查、地质编录、取样化验及资料综合整理等。

9.9.5.4 采矿废石污染的地质调查

(1) 调查内容主要有：

1) 矿床围岩及夹石调查：包括围岩及夹石的构成及其污染物含量；年采(掘)剥比等；

2) 废石堆放场地的调查：包括废石堆放量、占地面积；堆积场的地形、地貌、水文及工程地质条件等；

3) 废石污染状况的调查：包括废石对环境的污染途径；迁移扩散与富集部位及影响范围；废石堆放所占土地、山村、水系情况及其造成的危害；废石污染造成矿山及周围地域水质和土壤环境质量下降情况；

4) 废石污染控制效果的调查：包括合理堆放方式与稳固措施；土地复原及再植情况；废石堆污水和净化措施；废石综合利用所取得的效果等。

(2) 调查方法：通过对废石产生量的统计，废石堆的取样、分析及调查资料的综合整理，绘制废石污染分布图或在矿山污染图件上圈出废石堆放及污染界线。

9.9.5.5 选矿尾矿污染的地质调查

(1) 调查内容主要有：

1) 尾矿排放堆放状况的调查：包括尾矿的排放方式、年排放量及累计排放总量；坝址的布局和占地面积；尾矿坝或堆放场地的地形、地貌、水文地质及工程地质条件；

2) 尾矿污染状况的调查：包括尾矿对环境污染的途径、扩散影响范围；尾矿侵占土地、水系、土地砂化和破坏自然条件情况；尾矿化学污染及其造成的危害；

3) 尾矿污染控制效果的调查：参照废石调查的条款内容。

(2) 调查方法：通过对尾矿产生量的统计、尾矿的取样分析和调查资料的综合整理，绘制尾矿污染分布图，或在矿山环境污染图件上圈出尾矿堆放及污染界线。

9.9.5.6 冶炼炉渣污染的地质调查

(1) 调查内容主要有：

1) 企业生产概况的调查：查明企业规模、冶炼炉等设备类型、产品及产量；

2) 炉渣排放状况的调查：包括炉渣堆放的位置和分布，历年累计堆放量和占地面积；排放方式(堆放或是排入河道)，排放规律、排放强度；

3) 炉渣污染状况的调查：同尾矿内容；

4) 炉渣污染控制效果的调查：同尾矿内容。

(2) 调查方法：可参照尾矿的调查方法。

9.9.5.7 矿山水土污染的地质调查和质量评价

(1) 矿山原始环境的地质调查及质量评价，是在建矿前地质勘探阶段进行的工作。为矿山开采后控制环境污染提供地质依据，并以此来评定矿山原始环境质量、计算环境质量指数及划分污染等级。

(2) 矿山水土污染现状的环境地质调查内容主要有：

1) 水土中主要有害物质及其来源的调查：通过对矿业“三废”中排(流)出的水的取样分

析结果与原始水流成分进行对比,确定造成水土中有害物质污染的主要原因及来源;

2）水土污染程度及所造成的危害的调查:根据水土中有害物质浓度与评价标准进行比较,查明污染的超标程度和污染等级,配合有关部门查明水土污染对人身及农、渔业造成的危害程度。

(3）矿山水土污染现状的环境质量评价标准:以国家颁布的环境质量标准和环境背景值为依据。

(4）矿山水土污染现状的环境质量评价方法,通用方法有两种:

1）将监测结果与环境质量标准比较,确定超标情况,以超标率、检出率作为评价环境质量的依据;

2）根据污染物的实测数据,选择影响最大的几种污染物作为参数,按各种污染物的相对危害程度进行加权组合成单值,以环境质量指数或模式作为评价环境质量的依据。

9.10 矿山特殊工程地质勘察

9.10.1 勘察范围

勘察范围如下:

(1）矿山特殊工程地质勘察规定为是对矿山专用线路地基、工业场地、地下开拓工程、尾矿坝基(库址)的工程地质勘察。

(2）对上述勘察对象的勘察工作作出部分规定。未规定的内容可参照《工程地质勘察规范》(GB 50021—94）的有关规定执行。

9.10.2 线路地基的工程地质勘察

对矿山以下线路的工程地质勘察:大型专用公路、铁路、重型车辆试车道、架空索道、高压输电线路、给排水管道线路和精矿输送管道线路。

勘察阶段:勘察工作应分为选线勘察、初步勘察和详细勘察3个阶段。工程地质条件简单的地带,可简化勘察阶段。

9.10.2.1 铁路、公路、试车道地基勘察

(1）调查沿线地层岩性、地质构造、查明水文地质条件、土的物理力学性质。

(2）确定路基基底稳定程度、路堑边坡坡度和土石工程地质分类应进行1/2000～1/5000工程地质测绘。

(3）复杂地段应进行工程地质勘探。勘探点布置,沿线路中心线,对高路堤、深路堑、斜坡地段等特殊地段,应布置一定数量的横剖面,每一横剖面应有不少于3个勘探点控制。

(4）勘探中应分层进行原位测试和选取各土层有代表性的原状土样作物理性质测试。

9.10.2.2 高压输电线路、架空索道地基勘探

(1）查明每个支架处的工程地质条件,提供为防治不良物理地质现象采取措施所需地质资料。

(2）在支架位置布设勘探点,勘探深度:架空索道4～6m,高压输电线路3～4m。

(3）在线路拐角、端点及地质条件复杂地段,应布置一定数量的横剖面。

(4）勘探中应分层进行原位测试和选取各土层有代表性的原状土样作物理性质测试,

并根据需要进行抗剪强度试验。

9.10.2.3 给排水管道线路、精矿输送管道线路地基勘察

(1) 通过收集资料和测绘调查,查明管道沿线的工程地质条件:

1) 调查沿线地形地貌,划分地貌单元;

2) 调查管道埋设深度内的地层岩土特征与厚度;地质构造及活动断裂的性质与分布;

3) 调查沿线水文地质,井、泉分布及水位,水的腐蚀性化学成分;

4) 调查沿线特殊性岩土、不良地质现象及其发展趋势、对管道的影响。

5) 调查土的最大冻结深度,明渠开挖地段内地层的渗透性及边坡的稳定性;

6) 查明穿、跨越河流断面的地层岩性、结构,松散地层的工程地质特性以及河床的冲刷、淤积、河水水位变化,对岸坡稳定性加以评价。

(2) 大型管道线路地基应进行勘探,在测绘与调查基础上布置勘探点并符合下列规定:

1) 对管道线路工程,沿线每公里1~3个勘探点,其中至少应有1个点同时进行原位测试。地形、地质条件复杂地段可适当增加勘探点。勘探深度应达到管道埋设深度以下1m。勘探点位应布设在管道线路中心线上,最大偏离不宜超过5m。

2) 管道穿越工程的勘探点间距为30~100m,总数不应少于3个。其中同时进行原位测试的点数应占总点数的70%~80%。勘探深度宜达到河床最大冲刷深度以下2~3m。点位偏离中线不大于3m。

3) 在地貌单元交界处、高填深挖地段及跨越公路、铁路、河流、冲沟、陡坡的管道支墩或支架处应布设勘探点,勘探深度为3~6m。

(3) 勘探中应选取各土层有代表性的原状土样进行物理性质测试。

(4) 勘察报告应分段评价线路工程地质条件,提出地基承载力等岩土工程计算参数。

9.10.3 工业场地的工程地质勘察

9.10.3.1 工业场地工程地质勘察内容

(1) 查明场地的地层岩性条件,岩土类别、结构、厚度、空间分布、工程特性以及岩层的风化程度,地层接触关系。

(2) 详细调查场地的地形地貌,形态特征,地貌的成因类型及地貌单元的划分。

(3) 调查场地的地质构造,包括岩层产状,褶曲类型,节理裂隙的性质、产状、频度,断层类型、产状、断距、破碎带宽度及充填情况。

(4) 查明场地的水文地质条件,地下水的类型、补给、径流、排泄条件,水的化学成分及污染情况。

(5) 查明场地不良地质现象的成因类型、分布,对场地稳定性的影响及其发展趋势与危害程度。

9.10.3.2 工业场地工程地质勘察阶段

(1) 一般分为选择场地勘察、初步勘察、详细勘察、施工勘察4个阶段。若场地内工程地质条件简单,可简化勘察阶段。

根据建筑物的性质及勘察阶段确定上述调查内容的详细程度。

(2) 选择场址勘察,取得几个场地的主要工程地质资料,选择满足工业场址方案最好的作为拟选场址,对其稳定性和适宜性作出工程地质评价及方案比较。

(3) 初步勘察,应对场地内工业设施地段的稳定性作出工程地质评价。可根据需要进行工程地质测绘或调查,以及勘探、测试和物探工作。

(4) 详细勘察:应提出详细的工程地质资料和设计所需的相应技术参数;对建筑地基作出工程地质分析评价,为地基基础设计、地基处理、提供工程地质资料。主要应进行下列工作:

1) 取得附有坐标及地形的拟建场地的总平面分布图及建筑物的规模、基础形式、埋置深度及对地基基础设计的特殊要求;

2) 对需进行沉降计算的建筑物,提供地基变形计算参数,预测沉降形式;

3) 提出评价与整治不良地质现象所需的岩土技术参数及整治方案建议;

4) 计算和评价地基的稳定性和承载力;

5) 预测地震效应,判定砂土地震液化,计算液化指数。

(5) 施工勘察:当遇下列情况之一时,应进行施工勘察:

1) 重要的工业设施的复杂地基,应配合设计、施工单位进行施工验槽;

2) 地基处理及深基础施工中需进行有关地基检验与监测工作;

3) 基槽开挖后,地质条件与原勘察资料不符,并可能影响工程质量时,应进行施工勘察;

4) 施工中出现边坡失稳,应进行监测并提出处理建议;

5) 地基中溶洞或土洞较发育,应进一步查明处理;

9.10.3.3 工程地质勘探

(1) 工程勘察等级,可参照 GB 50021—94《岩土工程勘察规范》的有关规定确定。

(2) 勘探线间距,可参照初勘线距:勘察等级一级 50～100m、二级 75～150m、三级 150～300m;

(3) 勘探点间距:勘察等级一级 15～35m、二级 25～45m、三级 40～60m。勘探点宜布置于主要柱列线或建筑物周边线;重大设备基础应单独布置勘探点;地质条件复杂或特殊性岩土地区宜布置适量探井。

(4) 勘探孔深度值(自基础底面起算)应符合下列规定:

1) 按承载力计算的地基,勘探孔深度应能控制地基主要受力层。当基础底面宽度不大于 5m 时,对条形基础应为 15m;对单独桩基应为 5～7.5m;

2) 大型设备基础勘探孔深度不小于基础底面宽度的 2～3 倍;

3) 需要进行变形验算的地基,控制性勘探孔的深度应超过地基沉降计算的深度;

4) 当有大面积地面负载或有软弱下卧层时,应适当加深勘探孔深度。

9.10.3.4 取样与测试

(1) 详细勘察取土试样和进行原位测试的孔(井)数量,宜取勘探孔总数的 1/2～2/3,应按地基土的均匀性和设计要求确定。

(2) 取土试样和原位测试点的竖向间距,在地基主要受力层内宜为 1～2m;对每个场地或安全等级为一级的建筑物,每一主要土层的原状土样不应少于 6 件,同一土层的孔内原位测试数据不应少于 6 组。

(3) 在地基主要持力层内,对厚度＞50cm 的夹层或透镜体应采取土样或进行孔内原位测试。

(4) 当土质不均匀或结构松散难以采取土样时,可采用原位测试。

9.10.4　地下开采主要开拓工程的工程地质勘察

9.10.4.1　地下开采主要开拓工程

竖井、斜井和主平硐等矿山主要开拓工程应避开大的断裂破碎带、岩溶等不利地质条件以及高应力地段,在矿山规划、设计和施工中,对开拓工程部位应进行工程地质勘察。

硐口位置的选择:

(1) 调查硐口处的山坡坡度及其变化,有无斜坡崩塌、滑坡等。

(2) 硐口处宜基岩直接出露,或坡积层较薄,岩石较为新鲜完整,选择岩层倾向与坡向相反的山坡,或岩层倾角小于20°,大于75°的顺向坡。

(3) 硐口应避开冲沟或溪流的源头,避开旁河山嘴和谷地口等受水流冲蚀地段。

硐轴线位置的选择:

主要硐轴线位置应垂直或大角度(大于40°)相交于区域构造线(包括岩层走向,主要节理裂隙走向)。硐轴线和最大主应力方向避免正交,应大致平行。

9.10.4.2　工程地质调查

对拟选的竖井、斜井和主平硐的硐区及其邻近地段进行以下调查:

(1) 查明岩体中主要结构面类型、特征和组合;

(2) 查明断层的位置、产状、类型和力学属性,破碎带宽度及充填、胶结情况。

(3) 查明岩体结构类型,包括岩体完整程度(主要节理的性质、组数、产状、组合关系、密度、贯通性等),节理裂隙充填、胶结情况,以及各级结构面切割的结构体的形态和大小。

9.10.4.3　工程地质勘探

(1) 在地质条件复杂地段,应进行勘探工作,查明影响硐口及硐区内围岩稳定性的工程地质和水文地质因素。

(2) 探明岩层层位、岩性以及在垂直、水平方向的变化。

(3) 探明断层破碎带、软弱结构面、软弱夹层和隐伏溶洞的分布位置、宽度、性质及其富水情况。

(4) 探明松散覆盖层的厚度和岩层的风化深度。

(5) 编绘硐体展示图。

(6) 在基建施工中应加强工程地质编录,一旦发现和遇到不良工程地质问题,及时补充工程控制钻,水平超前钻,以及采用电法、磁法、地震法、声波法和电视测井法探测不良地质现象。

9.10.5　尾矿坝工程地质调查

尾矿堆放场地,大型矿山选厂尾矿的堆放对矿山环境保护十分重要,尾矿堆放场地的选址及尾矿坝的构筑均需进行工程地质调查,并提供相应工程地质资料。

9.10.5.1　尾矿堆放场地的工程地质调查

(1) 初步选址调查,根据矿山地形、地质条件,以及选厂位置选择场地,对拟定场地进行野外踏勘。

(2) 调查尾矿堆放场地的微地貌，包括成因类型，微地貌变化情况(地形坡度，高差变化等)和汇水面积。

(3) 调查堆放场地基岩、地质构造，包括基岩的类型、岩性、分布、透水性；基岩中断裂发育情况，断裂的产状、贯通性、频度、充填物及空间组合关系等。

(4) 调查堆放场地地表覆盖层，包括覆盖层种类、成因、物质组成、颗粒大小，胶结程度、透水性、厚度。

(5) 调查堆放场地的水文及水文地质条件，收集矿山的降雨量、暴雨量、风向和风速等资料，调查地下水类型、流向、潜水面标高，透水层的渗透性，透水层、隔水层的空间分布、地下水的化学成分，以及地下水的补给和排泄。

9.10.5.2 尾矿坝坝基的工程地质调查

(1) 矿山尾矿坝多属重力坝，依靠自身重力维持稳定，各向荷载直接作用在地基上，必须重点调查。

(2) 调查坝基岩石强度，包括岩性、饱和抗压强度以及长期浸水后有无恶化的可能性。

(3) 调查岩体强度，坝基应选择新鲜或微风化的基岩，宜置于单一岩体上，岩体抗压强度和变形模量都无显著的差异，应力分配均匀。

(4) 查明坝基抗滑稳定性，坝基岩体应有足够的抗剪强度，以防坝体滑移。应尽可能避开不利于稳定的滑动面(软弱夹层、倾斜的断层及卸荷裂隙带)。

(5) 调查坝基抗渗性，坝基岩体透水性小，防止坝下产生渗漏，其单位面积吸水量的允许值一般为 0.03~0.05L/s·m^2。对大型尾矿坝高坝体，其允许值为 0.01~0.03L/s·m^2。

(6) 根据需要可进行工程地质勘探。

附录

附录 9-1 点荷载强度试验的尺寸修正方法

点荷载强度试验的尺寸修正方法见附图 9-1。

(1) 按修正曲线进行尺寸修正：

在图上定出试验中实际试件直径 D 和按其计算出的 I_s，当 $D>50$mm 时向左，$D<50$mm 时向右作与其上、下邻近二曲线的平行线，与 $D=50$mm 的竖线相交，交点的纵坐标数值即相应于 $D=50$mm 的 $I_{s(50)}$。

(2) 按等效直径对破坏荷载 P 进行尺寸修正：

以 D^2 为横坐标，P 为纵坐标，绘制双对数坐标图，将一组试验获得的 D、P 值投点于图上，对于同一岩性的试件，D^2 与 P 在双对数坐标系中具有线性关系，从线上可定出

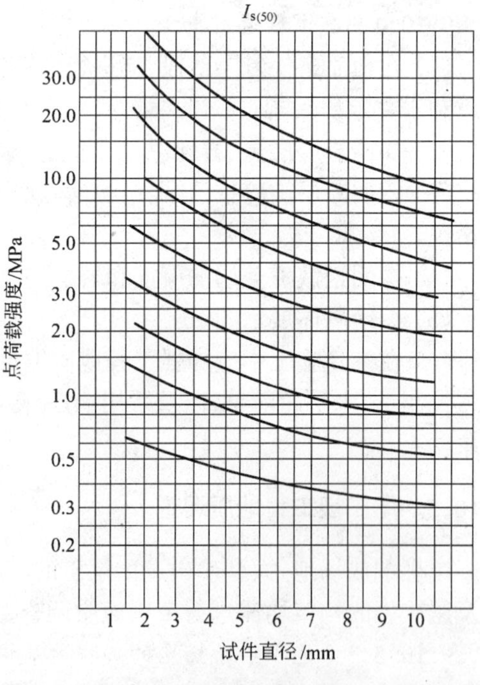

附图 9-1 点荷载强度试验的尺寸修正方法

P_{50}，并按下式计算出 $I_{s(50)}$。

$$I_{s(50)}=\frac{P_{50}}{2500}$$

附录 9-2 赤平极射投影-实体比例投影分析示例

赤平极射投影-实体比例投影分析见附图 9-2。

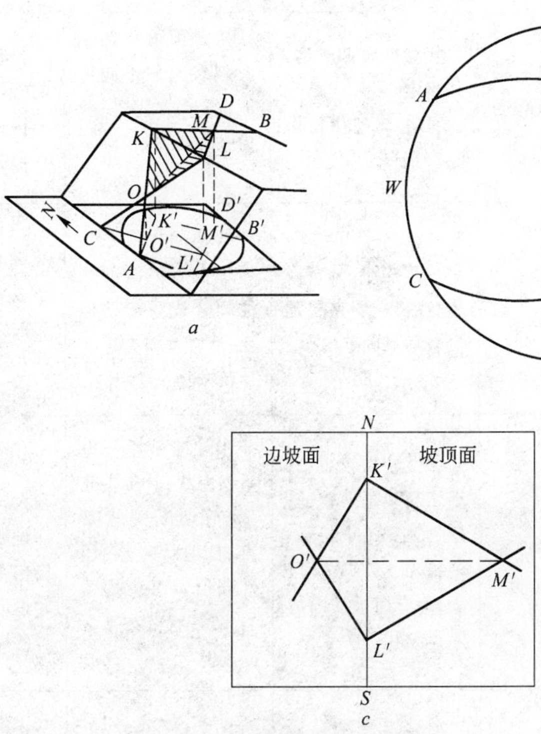

附图 9-2 斜坡赤平极射投影-实体比例投影示意图

采用赤平极射投影-实体比例投影的图解法进行斜坡稳定性分析：参考附图 9-2，其中 a 图为边坡的立体透视图，b 图为边坡面、结构面及其组合交线的赤平极射投影图，c 图为边坡实体比例投影图。

根据垂直投影原理，按 c 图和下列公式求算块体 KMLO 的体积，并以此确定不稳定块体 KMLO 的重量。

$$V=\frac{1}{3}S_{\Delta}K'M'L'\cdot h$$

根据 b 图可确定组合交线 MO 的倾向、倾角大小，不稳定块体滑动方向等。将 b、c 二图结合，计算不稳定块体 KMLO 的下滑力、阻抗力、安全系数等，分析块体 KMLO 的稳定程度。

结构面类型及其特征见附表 9-1。结构面分级见附表 9-2。

附表 9-1　结构面类型及其特征表

成因类型	地质类型	主要特征			工程地质评价
		产　状	分　布	性　质	
沉积结构面	1. 层理层面 2. 软弱夹层 3. 不整合面假整合面 4. 沉积间断面	一般与岩层产状一致为层间结构面	海相岩层中结构面分布稳定; 陆相岩层中常呈交错状,易尖灭	层面、软弱夹层较为平整;不整合面、沉积间断面多由碎屑、泥质物构成,不平整	可造成较大的坝基滑动及滑坡
火成结构面	1. 侵入接触面 2. 岩脉、岩墙接触面 3. 原生节理	岩脉受构造结构面控制;节理受岩体接触面控制	接触面延伸较远,较稳定 原生节理往往短小密集	接触面可具熔合及破裂两种不同特征;原生节理,一般为张裂面,较粗糙不平	一般不造成大规模的岩体破坏;但有时与构造断裂配合,也可形成岩体的滑移
变质结构面	1. 片理 2. 片岩软弱夹层	产状与岩层或构造线方向一致	片理短小,分布极密;片岩软弱夹层延展较远具固定层次	结构面光滑平整片理在岩体深部往往闭合成隐蔽结构面;片岩软弱夹层含片状矿物,显鳞片状	变质较浅的沉积变质岩,如千枚岩等路堑边坡常见塌方;片岩夹层有时对工程及井巷围岩岩体稳定性有影响
构造结构面	1. 节理 2. 断层 3. 层间错动面 4. 羽状裂隙、劈理	产状与构造线呈一定关系,层间错动与岩层一致	张性断裂较短小;剪切断裂延展较远;压性断裂(冲断层、逆掩断层)规模巨大,但有时被横断成不连续状	张性断裂不平整呈锯齿状,具次生充填;剪切断裂较平直,具羽状裂隙;压性断层具多种构造岩,成带状分布常含断层泥	对岩体稳定性影响很大,许多岩体在破坏过程中,都有构造结构面的配合作用;常造成边坡及地下工程的塌方、冒顶
次生结构面	1. 卸荷裂隙 2. 风化裂隙 3. 风化夹层 4. 泥化夹层 5. 次生夹泥层	受地形与原结构面控制	常成不连续状透镜状,延展差,主要发育在地表风化带内	一般为泥质物充填,水理性质很差	在天然和人工边坡上造成危害;有时对坝基、坝肩及浅埋坑道有一定影响

附表 9-2　结构面分级表

分级	规　模	结构面形式	力学效应	力学属性	对岩体稳定性影响
I	延展几公里至几十公里,破碎带宽达数米至数十米	区域断裂带	1. 形成岩体力学作用边界 2. 岩体变形破坏的控制条件 3. 构成独立的力学介质单元	属软弱结构面 构成独立的力学模型—软弱夹层	控制区域稳定 重点研究断裂力学机制,构造应力场方向和断裂带的活动性

续附表 9-2

分级	规　模	结构面形式	力学效应	力学属性	对岩体稳定性影响
Ⅱ	延展数千米，破碎带宽数米至几厘米	矿区主要断裂，层间错动或延伸较稳定的原生软弱层	1. 形成块裂体边界 2. 控制岩体变形和破坏方式 3. 构成次级应力场的边界	属软弱结构面	控制山体稳定 重点研究结构面产状、形态、物理力学性质
Ⅲ	延展几十米至数百米	矿区内次Ⅰ级断裂及不稳定的原生软弱层及层间错动	1. 参与块裂岩体切割 2. 划分Ⅱ级岩体结构类型的重要依据 3. 构成次级应力场的边界	多数属于硬性结构面 少数属于软弱结构面	影响岩体稳定 重点研究可能出现的滑动面及其力学性质
Ⅳ	延展有限	节理裂隙、层理、片理	1. 划分Ⅱ级岩体结构类型的基本依据 2. 是岩体力学性质、结构效应的基础 3. 有的为次级应力场的边界	属硬性结构面	破坏岩体完整，影响岩体的力学性质及局部稳定性，应研究其节理、裂隙发育组数、密度
Ⅴ		微小的节理劈理，不发育的片理	1. 岩体内形成应力集中 2. 岩块力学性质结构效应基础	属硬性结构面	影响岩块的质量，降低岩石强度

岩体结构分类(一)见附表 9-3，岩体结构分类(二)见附表 9-4。

附表 9-3　岩体结构分类(一)(GB 12719—91)

结构类型 代号	结构类型 名称	亚类 代号	亚类 名称	地质背景	完整状态 结构面间距/cm	完整状态 完整性系数	结构面特征	结构体特征 形态	结构体特征 强度/MPa	水文地质特征
Ⅰ	整体块状结构	$Ⅰ_1$	整体结构	岩性单一，构造变形轻微的巨(极)厚层沉积岩、变质岩和火成岩体	>100	>0.75	Ⅳ、Ⅴ级结构面存在，无或偶见Ⅲ级结构面，组数一般不超过3组，而且延展性极差，多呈闭合、粗糙状态，无充填或夹少量碎屑，$\tan\phi \geqslant 0.60$	岩体呈整体状态，或由巨型块状体所组成	>60	地下水作用不明显
		$Ⅰ_2$	块状结构	岩性单一，构造变形轻—中等的厚层沉积岩、变质岩和火成岩体	100～50	0.75～0.35	以Ⅳ、Ⅴ级结构面为主，少见Ⅱ、Ⅲ级结构面，层间有一定的结合力，结构面一般发育有2～3组，以两组高角度剪切节理为发育。面多闭合、粗糙或夹碎屑或附薄膜，一般 $\tan\phi = 0.40～0.60$	长方体、立方体、菱形块体以及占多数的多角形块体	>30 一般均在60以上	裂隙水甚为微弱，沿面可以出现渗水、滴水现象，主要表现为对半坚硬岩石的软化

续附表 9-3

结构类型 代号	结构类型 名称	亚类 代号	亚类 名称	地质背景	完整状态 结构面间距/cm	完整状态 完整性系数	结构面特征	结构体特征 形态	结构体特征 强度/MPa	水文地质特征
Ⅱ	层状结构	$Ⅱ_1$	层状结构	主要指构造变形轻—中等的，中—厚(单层厚度大于 30cm)层的层状岩体	50～30	0.6～0.3	以Ⅲ、Ⅳ级结构面(层面、片理、节理)为主，亦存在Ⅱ级结构面(原生软弱夹层、层间错动)延展性较好，一般有 2～3 组结构面，层面尤为显著，层间结合力较差，结构面的摩擦系数一般为 0.30～0.50	长方体、厚板体、块体和柱状体	>30	由于岩层的组合和变位程度的不同，就有不同的水文地质结构；地下水的贮存情况和水动力条件则不相同。不仅要注意地下水渗透压力所引起的问题，而且地下水的软化、泥化作用亦是明显的
		$Ⅱ_2$	薄层状结构	同$Ⅱ_1$，但层厚小于 30cm，在构造变动作用下表现为相对强烈的褶皱(或褶曲)和层间错动	<30	<0.40	层理、片理发育，Ⅲ级、Ⅱ级结构面，如原生软弱夹层、层间错动和小断层不时出现，结构面多为泥膜、碎屑和泥质物所充填，一般结合力差，$\tan\phi\approx0.30$ 上下	组合板状体或薄板状体	一般 30～10	
Ⅲ	碎裂结构	$Ⅲ_1$	镶嵌结构	一般发育于脆硬岩层中的压碎岩带，节理、劈理组数多，密度大	<50 一般为数厘米	<0.35	以Ⅳ、Ⅴ级结构面(节理、劈理及隐微裂隙)为主，结构面组数多(均多于 3 组)，密度大，但其延展性甚差。结构面粗糙，闭合无充填或夹少量碎屑，$\tan\phi\approx0.40\sim0.60$	形态不一，大小不同，棱角显著，彼此咬合	>60	本身即为统一含水体，虽然导水性能并不显著，但渗水亦有一定的渗透压力
		$Ⅲ_2$	层状碎裂结构	软硬相间的岩石组合，如复理石建造，火山岩建造和变质岩建造中，通常有一系列近于平行的软弱破碎带，它们与完成性较好的岩体相间存在	<100	<0.40	Ⅱ、Ⅲ、Ⅳ级结构面均发育，Ⅱ、Ⅲ级(软弱夹层和各种成因类型的破碎带)尤为突出，在岩体中大致平行分布，起着控制性作用，其摩擦系数一般为 0.20～0.40；相对坚硬完整的、与软弱破碎带相间存在的骨架岩体中，以Ⅳ、Ⅴ级结构面为主，一般 $\tan\phi\approx0.40$	软弱破碎带以碎屑、碎块、岩粉、泥为主，滑架部分岩体为大小不等、形态不同的岩块	骨架岩体中岩块强度在 30 上下或更大些	亦具层状水文地质结构特性，软弱破碎带两侧地下水呈带状渗流、同时对软弱结构面(包括破碎带)的软化、泥化作用甚为明显
		$Ⅲ_3$	碎裂结构	岩性复杂，构造变动剧烈，断裂发育，亦包括风化作用下的弱风化带	<50	<0.30	Ⅱ、Ⅲ、Ⅳ、Ⅴ级结构面均发育，组数不下 4～5 组，彼此交切结构面多被充填；或为泥夹碎屑、或为泥膜、或为矿物薄膜，擦痕镜面多见，结构面光滑度不等，形态不一。有的破碎带中黏土矿物成分甚多。结构面的摩擦系数一般为 0.20～0.40	碎屑和大小不等、形态不同的岩块	岩块中隐微裂隙甚多，不堪一击，小于 30	地下水各方面作用均为显著，不仅有软化、泥化作用，而且由于渗流还可能引起化学管涌和机械管涌现象

续附表 9-3

结构类型 代号	结构类型 名称	亚类 代号	亚类 名称	地质背景	完整状态 结构面间距/cm	完整状态 完整性系数	结构面特征	结构体特征 形态	结构体特征 强度/MPa	水文地质特征
Ⅳ	散体结构			构造变动剧烈，一般为断层破碎带、岩浆岩侵入接触破碎带以及剧烈—强风化带		<0.2	断层破碎带、接触破碎带中一般均具有数条滑动面，带中节理、劈理密集而呈无序状。整个破碎带（包括剧—强烈风化带）呈块夹泥的松散状态或泥包块的松软状态。摩擦系数一般在0.20上下	泥、岩粉、碎屑、碎块、碎片等	岩块的强度在此无实际意义	泥质物多，所以破碎带起隔水作用，使地下水沿破碎带两侧富集；同时，地下水可以促使破碎带物质软化、泥化、崩解、膨胀，还可产生化学管涌和机械管涌

附表 9-4 岩体结构分类（二）（GB 12719—91）

结构类型 代号	结构类型 名称	亚类 代号	亚类 名称	力学界质类型	岩体变形破坏的特征	工程地质评价要点
Ⅰ	整体块状结构	$Ⅰ_1$	整体结构	连续介质	硬脆岩石中的深埋地下工程可能出现岩爆，即脆性破裂，一般是沿裂隙端部产生。在半坚硬岩层中可能产生微弱的塑性变形	埋深或处地震危险区的地下工程的围岩中，初始应力大能产生岩爆
		$Ⅰ_2$	块状结构	连续或不连续介质	压缩变形微量，主要决定于结构面的规模、数量和方位以及结构体的强度。剪切滑移受结构面抗剪强度及岩块刚度、形状、大小所制约，部分岩石抗剪断强度可以发挥作用，滑移面多迁就已有结构面	结构面的分布与特性，尤其Ⅱ、Ⅲ级结构面的存在及其组合的块体的规模、形状和方位，深埋或地震危险区地下开拓时，岩体中隐微裂隙的存在，可导致岩爆
Ⅱ	层状结构	$Ⅱ_1$	层状结构	不连续介质	变形受岩石组合、结构面所控制。压缩变形取决于岩性、岩层变位程度、结构面发育情况，缓倾和陡立岩层在拱顶和边墙可能出现弯曲拗折现象。剪切滑移受软弱结构面及软弱夹层的抗剪强度及其方位所制约	岩石组合，层面特性及其结合力，岩层的产状，要特别注意软弱夹层、层间错动的存在和Ⅱ、Ⅲ级结构面的组合，水文地质结构和水动力条件
		$Ⅱ_2$	薄层状结构		岩体的变形受破坏整体特性所控制，特别是软弱破碎岩层可能出现压缩、挤出底鼓等现象。硐室顶部、边墙易产生拗折现象。剪切滑移受结构面抗剪强度和薄板体的强度所控制	层间结合状态、软弱岩层的褶曲和坚硬岩层的破裂及其变化情况，地下水对软弱破碎岩层的软化和泥化，块体及组合块体的存在及其稳定性

续附表 9-4

结构类型		亚类		力学介质类型	岩体变形破坏的特征	工程地质评价要点
代号	名称	代号	名称			
Ⅲ	碎裂结构	Ⅲ$_1$	镶嵌结构	似连续介质	压缩变形量直接与结构体的大小、形态、强度有关。结构面抗剪强度、结构体彼此镶嵌能力,在岩体变形破坏过程中起决定性作用。崩落坍塌是由表及里逐渐发展的,若及时喷锚即可改善表层的应力状态,防止变形的发展	结构面发育的组数及其特性,地下水的渗透特性以及工程岩体所处的振动、风化条件,Ⅱ、Ⅲ级结构面的存在及其组合关系,这些软弱结构面的特性以及块体、组合块体的稳定性
		Ⅲ$_2$	层状碎裂结构	不连续介质	岩体的变形破坏受软弱破碎带所控制,具备坍塌、滑移的条件,还有压缩变形的可能	控制性软弱破碎带的方位、规模、组成物质的特性及其抗剪强度,相对完整岩体的骨架作用,地下水的赋存条件及其对岩体稳定性所起的作用
		Ⅲ$_3$	破碎结构	不连续介质、似连续介质	整体强度低,坍塌、滑移、压缩变形均可产生。岩体塑性强,变形时间效应明显。岩体的变形破坏受软弱结构面的规模、数量、特性及其组合特征所决定	软弱结构面方位、规模、数量特性及其组合特征,结构面软弱物质的水理性以及地下水的赋存条件和作用,岩体变形的时间效应,组合块体对变形初始阶段的控制作用
Ⅳ	散体结构			似连续介质	岩体中工程地质特性最坏的部位,近松散介质,具显著的塑性特征,变形时间效应明显。基础的压缩沉降、边坡的塑性挤出、坍塌滑移、硐室的坍塌、鼓胀无不产生。其变形、破坏受破碎带的物质组成及其强度所控制	构造岩、风化岩的破碎特征:物质组成、物理-力学性质、水理特性等,注意断层破碎带的多期活动性和新构造应力场

岩石风化程度的划分见附表 9-5。

附表 9-5　岩石风化程度划分表(GB 50218—94)

名　称	风 化 特 征
未风化	岩质新鲜,结构构造未变
微风化	结构构造未变,沿节理面有铁锰质渲染,矿物色泽基本未变,无松散物质
弱风化	结构构造基本未变,矿物色泽稍微变化,裂隙面风化较重,出现风化矿物,张开裂隙中有少量松散物质
强风化	结构构造部分破坏,长石、云母等多风化成次生矿物,色泽明显变化,张开裂隙中有较多的松散物质
全风化	结构构造大部分破坏,矿物成分除石英外,大部分风化成土种,基本不含坚硬块体

结构面结合程度的划分见附表 9-6。

附表 9-6 结构面结合程度划分表(GB 50218—94)

名 称	结 构 面 特 征
结合好	张开度＜1mm,无充填物 张开度 1～3mm,硅质或铁质胶结 张开度＞3mm,结构面粗糙,硅质胶结
结合一般	张开度 1～3mm,钙质或泥质胶结 张开度＞3mm,结构面粗糙,铁质或钙质胶结
结合差	张开度 1～3mm,结构面平直,钙质或泥质胶结 张开度＞3mm,多为泥质、钙质胶结或充填岩屑
结合很差	泥质充填或泥夹岩屑充填,充填物厚度大于起伏差

边坡稳定地质调查记录卡见附表 9-7。

附表 9-7 边坡稳定地质调查记录

矿　　　　年　月　日　天气

<table>
<tr><td>地质点号</td><td></td><td>点 性</td><td></td><td>位 置</td><td></td><td colspan="2">坐 标</td><td colspan="3">X=　Y=　Z=</td></tr>
<tr><td>岩石名称</td><td></td><td>颜 色</td><td></td><td>风化程度</td><td></td><td rowspan="2">边坡概况</td><td>倾向/坡角</td><td></td><td>段 高</td><td></td></tr>
<tr><td>力学性质</td><td></td><td>切割关系</td><td></td><td>硬 度</td><td></td><td>暴露时间</td><td></td><td>稳定程度</td><td></td></tr>
<tr><td rowspan="3">弱面产状</td><td>构造类型</td><td></td><td rowspan="3">弱面连续性</td><td>走向/m</td><td></td><td rowspan="3">弱面粗糙度</td><td>种类</td><td></td><td rowspan="3">弱面充填物</td><td>类型</td></tr>
<tr><td>走 向</td><td></td><td>倾向/m</td><td></td><td>长基</td><td></td><td>厚度</td></tr>
<tr><td>倾向/倾角</td><td></td><td>间距/m</td><td></td><td>短基</td><td></td><td>硬度</td></tr>
<tr><td>岩体结构</td><td colspan="2"></td><td>结构体形态</td><td colspan="2"></td><td colspan="5" rowspan="3">素描图:</td></tr>
<tr><td>水文特征</td><td colspan="5"></td></tr>
<tr><td>路线地质</td><td colspan="5"></td></tr>
</table>

记录:　　　　制图:　　　　№

RQD 值确定的岩石质量等级见附表 9-8。

附表 9-8 RQD 值确定的岩石质量等级表(GB 12719—91)

等级	RQD/%	岩石质量描述	岩体完整性评价	等级	RQD/%	岩石质量描述	岩体完整性评价
Ⅰ	90～100	极好的	岩体完整	Ⅳ	25～50	劣 的	岩体完整性差
Ⅱ	75～90	好 的	岩体较完整	Ⅴ	＜25	极 劣 的	岩体破碎
Ⅲ	50～75	中等的	岩体中等完整				

室内岩石试验取样数量见附表 9-9。

附表 9-9　室内岩石试验取样数量表

试验项目		试样规格/cm	试样数量/块
单位体积重量 吸水率、冻融循环 密度		规格不限，拳头大小 试验后可并作强度试样	3 3、3 2
干抗压强度与饱和抗压强度	平行层理 垂直层理 斜交层理 冻融后	强度较高：5×5×5 强度中等：7×7×7 强度较低：10×10×10 或 15×15×15	3 3 3 3
干抗剪强度与饱和抗剪强度	平行层理 垂直层理 斜交层理	以上试件规格为上机规格，毛料须保证切制上述规格 岩心试件每节长度须大于直径	6 6 6
摩擦系数 （干试件与饱和试件）	平行层理 垂直层理	7×7×5，其他同抗压强度试件要求。岩心试件，若直径为 7，每节长不小于 12	4 4

室内土工试验取样数量见附表 9-10。

附表 9-10　室内土工试验取样数量表

试验项目	试样状态及规格/mm	单位	数量	附注
一、土的物理性质 1. 天然含水量 2. 天然容重 3. 相对密度 4. 塑性指数 5. 收缩限度 6. 粒度分析：比重计法 ：筛分法 7. 相对密度（砂类土）	（ϕ：试样直径；h：高） 扰动　原状 $\phi>100$，$h>170$ 扰动	kg	 1 1 1 1 1 1 0.5～5 2	（粒径单位/mm） 第 6 项粒度分析中的筛分法： 1. 不含粒径>2 的颗粒的土取 0.5kg 2. 含粒径>2 的颗粒不超过 10%的土取 1.0kg 3. 粒径>2 的颗粒超过 10%的土取 5kg
二、土的力学性质 1. 压缩试验 2. 抗剪强度直接剪力 三轴剪力	 原状，$\phi>100$，$h>170$ 原状，$\phi>80$，$h>170$ 原状，$\phi>60$ 或 120 $h>100$ 或 200	筒	 1 2 4	 深孔，可取 $60<\phi<80$ 均质土可取 $\phi>60$，$h>100$；土样含小石块的可取 $\phi>120$，$h>200$
3. 无侧限抗压强度	原状，$\phi>80$；$h>120$	筒	2	重塑土可取扰动土 2kg
4. 砂土天然坡角	扰动	kg	1～3	最大粒径<2 的取 1kg；<5的取 3kg
5. 夯实试验	扰动	kg	8～10	采用单层击实仪，取 10kg 干旱地区应保持天然湿度
6. 孔隙压力消散试验	原状，$\phi>120$，$h>170$	筒	2	重塑土可取扰动土 5kg
7. 静止侧压力系数	同“三轴剪力”	筒	4	同“三轴剪力”
三、土的水理性质 1. 浸透试验	 原状，$\phi>100$，$h>170$	 筒	 1	 深孔，可取 $75<\phi<100$ 重塑土可取扰动土 0.5kg
2. 膨胀试验	原状，$\phi>80$，$h>80$	筒	1	重塑土可取扰动土 0.5kg
3. 湿化试验	原状土边长>7.0cm^3	块	4	重塑土可取扰动土 1.5kg
4. 毛细水上升高度	原状，$\phi>80$，$h>170$	筒	2	重塑土可取扰动土 1.0kg

续附表 9-10

试验项目	试样状态及规格/mm	单位	数 量	附 注
四、土的化学性质				
1. 水容盐	扰动	kg	0.5	
2. 有机质	扰动	kg	0.5	
3. 烧灼失量	扰动	kg	0.5	

室内岩土试验项目见附表 9-11。

附表 9-11 室内岩土试验项目参考表(GB 12719—91)

试验项目 \ 岩、土类别		砂质土	黏性土	多年冻土	软 岩	半坚硬岩石	坚硬岩石
物理性质	颗粒成分	+	+	+	+		
	相对密度	+	+	+	+	+	+
	容重	+	+	+	+	+	+
	密度	+		+			
	天然含水量	+	+		+	+	+
	软化系数				+	+	+
	孔隙比	+	+		+		
	界限含水量		+				
	膨胀性(膨胀量、冻胀量)		+	+	+		
	耐崩解性指数				+	+	
	安息角	+		+			
	吸水率(含水率)			+	+	+	+
力学性质	压缩性	+	+	+	+		
	抗压强度(干、湿)			+	+	+	+
	抗拉强度			+		+	+
	抗剪强度(干、湿)		+	+	+	+	+
	弹性模量(干、湿)				+	+	+
	泊松比					+	
	抗冻性				+	+	

坡体结构分类见附表 9-12。

附表 9-12 坡体结构分类

类 型		基 本 特 征	变形与破坏特征	备 注
I	均质斜坡	无明显结构面或已有结构面不起控制作用,多为土质或半岩质斜坡	以拟圆弧形滑面滑坡为主要特征,疏松堆积物斜坡产生滑塌,面是平面,滑坡前,因表层蠕动可使坡面开裂	

续附表 9-12

类型		基本特征	变形与破坏特征	备注
Ⅱ已有结构面控制的斜坡	Ⅱ$_1$ 层状 斜坡	单一或一组结构面控制的斜坡： 土质斜坡中，如覆盖层与基岩接触面、黏土夹层、古滑动面、地下水活动带等 岩质斜坡中，如层面、软弱夹层、原生节理、断裂、古滑面等	结构面倾向与坡面一致，但倾角较缓以顺层滑坡为主要特征，后缘可与陡立结构面或切层弧面相截，破坏面后缘（切口）可出现裂缝和破碎，滑坡可以是突发的 结构面倾向与坡面一致，但倾角较陡，可因表层蠕动发展导致滑坡 结构面倾向与坡面相反，可因表层蠕动发展导致滑坡，斜坡前缘易崩塌	随结构面走向交角增大稳定性变高，直交时已不起控制作用
	Ⅱ$_2$ 块状 斜坡	两组结构面控制的斜坡，多见于岩质斜坡，常见为构造变动强烈地区各种性质的断裂面、层面、原生节理面构成的锥、楔、棱槽形等多边形岩体，剖面上滑面为直线或多为折线形	破坏形式多为崩滑、崩塌，滑面为折线形时，转折处通常经过张性羽裂、切角滑移、次级剪面形成阶段，逐步发展导致破坏	
Ⅲ	软弱基座斜坡	软弱基座由较厚黏土、淤泥、泥岩页岩、煤炭等构成，也可由断裂破碎带、挤压破碎带和易风化岩层构成	通常由基座蠕动导致上覆坡体逐渐解体，发展形成崩塌、滑坡	
Ⅳ	破碎斜坡	多组密集不同产状结构面切割的斜坡，随切割密度加大，岩体整体强度显著削弱，结构面控制作用已不明显	特点介于均质斜坡（Ⅰ）与结构面控制的斜坡（Ⅱ）之间，随切割密度加大，变形和破坏与均质斜坡相似	

土质斜坡稳定系数计算公式见附表 9-13。

附表 9-13　土质斜坡稳定系数（K_c 值）计算公式表

图式	计算条件	公式	代号说明
	砂砾松散层不计凝聚力	$K_c=\frac{Q\cos\beta\cdot\tan\phi}{Q\sin\beta}=\frac{\tan\phi}{\tan\beta}$	ϕ 为土层内摩擦角； β 为边坡坡角； α 为滑面倾角； L 为滑面长度； R 为抗滑力； γ 为滑体容重；
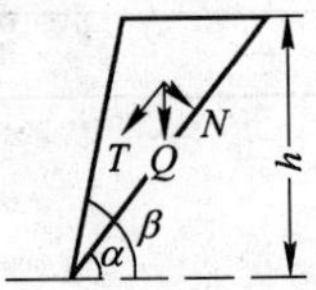	黏性土	$K_c=\frac{\tan\phi}{\tan\alpha}+\frac{2c\cdot\sin\beta}{\gamma\cdot h\cdot\sin(\beta-\alpha)\sin\alpha}$	
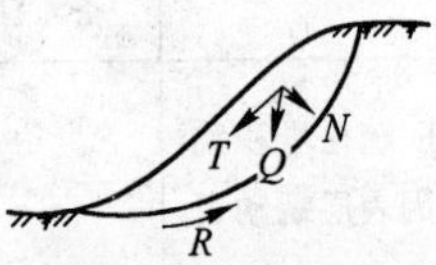	均质土、滑面为圆弧形、坡高＞10m	$K_c=\frac{\Sigma N\cdot\tan\phi+\Sigma c\cdot L+\Sigma R}{\Sigma T}$	

续附表 9-13

图　式	计算条件	公　式	代号说明
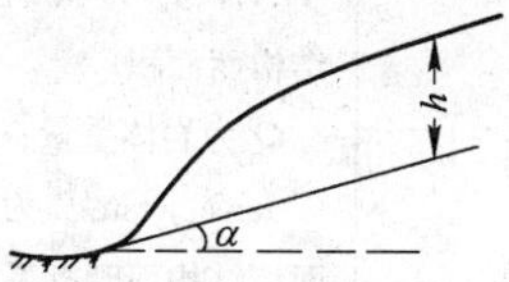	土层中有平缓滑面无地下水	$K_c=\cot\alpha-\tan\phi+\frac{2c}{\gamma\cdot h\cdot\sin\alpha}$	γ_s 为土的饱和容重；h_0 为地下水下滑体厚度；c 为土的凝聚力
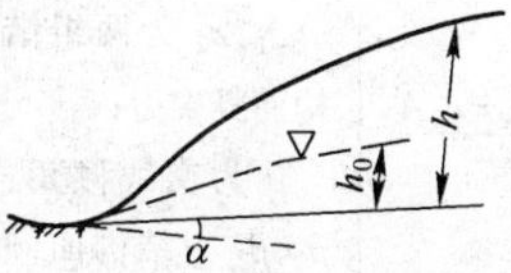	土层中平缓滑面，部分地下水饱和	$K_c=\frac{[\gamma\cdot h+(\gamma_s-\gamma-1)h_0]\cdot\cot\alpha\cdot\tan\phi+\frac{2c}{\sin2\alpha}}{\gamma\cdot h+(\gamma_s-\gamma)h_0}$	
	土层中平缓滑面全部为地下水饱和，考虑动水压力	$K_c=\frac{(\gamma_s-1)\cos\alpha\left[\tan\phi+\frac{c}{(\gamma_s-1)h\cdot\cos^2\alpha}\right]}{\gamma_s\cdot\sin\alpha}$	
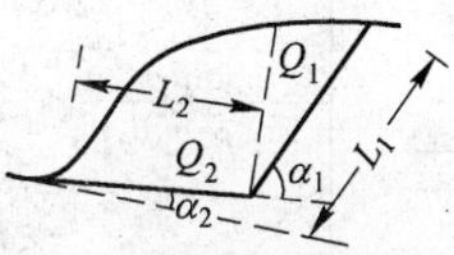	滑面为折线	$K_c=\frac{(Q_1\cdot\tan\phi\cdot\cos\alpha_1+cl_1)+(Q_2\tan\phi\cdot\cos\alpha_2+cl_2)}{Q_1\sin\alpha_1+Q_2\sin\alpha_2}$	
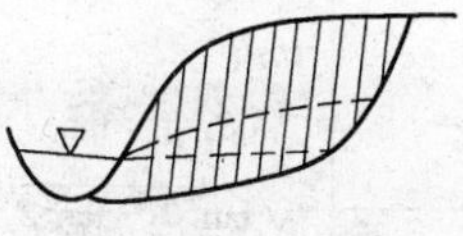	均质土滑弧前缓后陡	$K_c=\frac{\Sigma Q\cdot\cos^2\alpha\cdot\tan\phi+\Sigma cl\cdot\cos\alpha}{\Sigma Q\sin\alpha\cdot\cos\alpha}$	

岩质斜坡稳定系数计算公式见附表 9-14、附表 9-15。

附表 9-14　一组结构面岩质斜坡稳定系数(K_c 值)计算公式表

图　式	计算条件	公　式
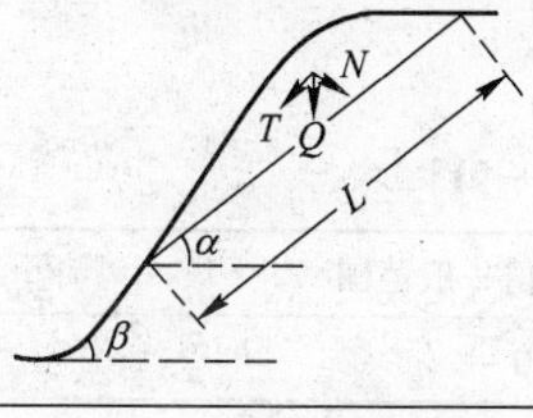	不计凝聚力	$K_c=\frac{N\tan\phi}{T}=\frac{Q\cos\alpha\cdot\tan\phi}{Q\sin\alpha}=\frac{\tan\phi}{\tan\alpha}$
	计算凝聚力	$K_c=\frac{\tan\phi}{\tan\alpha}+\frac{c\cdot L}{Q\sin\alpha}=\frac{\tan\phi}{\tan\alpha}+\frac{4c}{\gamma\cdot h\cdot\sin2\alpha}$
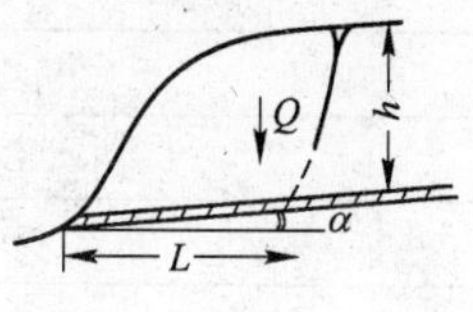	沿软弱面滑动、后缘有裂隙	$K_c=\frac{\tan\phi}{\tan\alpha}+\frac{c_1L+c_2h}{Q\sin\alpha}$
	考虑侧向阻滑力	$K_c=\frac{Q\cos\alpha\cdot\tan\phi+cA+\tau_{ck}(A_1+A_2)}{Q\sin\alpha}$
		$K_c=\frac{Q\cos\alpha\tan\phi_1+Q\sin\beta\cdot\tan\phi_2+\frac{1}{3}c_2A}{Q\cdot\sin\alpha}$

附表 9-15 二组结构面岩质斜坡稳定系数(K_c值)计算公式表

图 式	计算条件	公 式	代号说明
	两组结构面的摩擦系数相同，不考虑滑动面的倾角	$K_c=\dfrac{Q\cos\beta\cdot\tan\phi+c_1A_1+c_2A_2}{Q\sin\beta}$	A_1，A_2 为两组结构面面积； Q 为岩体重量； $\tan\phi_1$，$\tan\phi_2$ 为两组结构面摩擦系数； c_1，c_2 为两组结构面凝聚力； β 为交线倾角； β_1，β_2 为结构面倾角； $N_1=Q\cos\beta\cdot\dfrac{\sin\beta_4}{\sin(\beta_3+\beta_4)}$； $N_2=Q\cos\beta\cdot\dfrac{\sin\beta_3}{\sin(\beta_3+\beta_4)}$； $\beta_3=\tan^{-1}\cdot\sqrt{\tan^2\beta_1-\tan^2\beta}\cdot\cos\beta$ $\beta_4=\tan^{-1}\cdot\sqrt{\tan^2\beta_2-\tan^2\beta}\cdot\cos\beta$
	两组结构面倾斜、摩擦系数和凝聚力不同	$K_c=\dfrac{Q\tan\phi_1\cos\beta_1+Q\tan\phi_2\cos\beta_2+c_1A_1+c_2A_2}{Q\sin\beta}$	
	沿结构面交线下滑，结构面倾角不同，摩擦系数和凝聚力不同	$K_c=\dfrac{N_1\tan\phi_1+N_2\tan\phi_2+c_1A_1+c_2A_2}{Q\sin\beta}$	
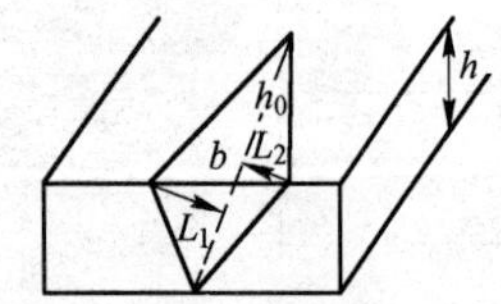	两组结构面构成的直立坡	$K_c=\dfrac{\tan\phi}{\tan\alpha}+\dfrac{3L(c_1L_1+c_2L_2)}{\gamma\cdot b\cdot h\cdot h_0\sin\alpha}$ $H_v=\dfrac{3L(c_1L_1+c_2L_2)}{\gamma\cdot b\cdot h_0\cos\alpha(\tan\alpha-\tan\phi)}$	
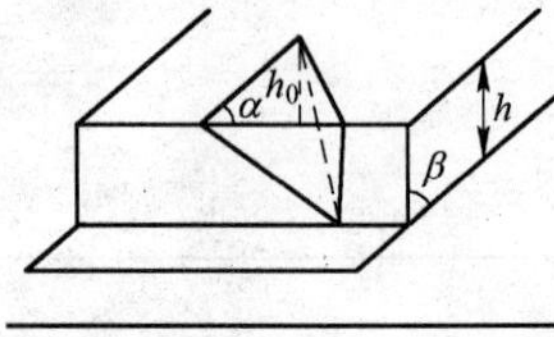	一组直立与另一组倾斜结构面相交	$K_c=\dfrac{\tan\phi}{\tan\alpha}+\dfrac{b(c_1+c_2\sin\alpha\cdot\tan\delta)}{\gamma\cdot h\cdot\sin2\alpha}\cdot\dfrac{\sin\beta\cdot\cos\alpha}{\sin(\beta-\alpha)}$ $H_v=\dfrac{3(c_1+c_2\sin\alpha\cdot\tan\delta)}{\gamma\cos^2\alpha(\tan\alpha-\tan\phi)}\cdot\dfrac{\sin\beta\cdot\cos\alpha}{\sin(\beta-\alpha)}$	

岩体 Z 值范围及其优劣分级见附表 9-16。

附表 9-16 岩体 Z 值范围及其优劣分级表(GB 12719—91)

岩体结构类型	代 号	岩体质量系数 Z 值一般范围			
整体结构	Ⅰ$_1$	2.5~20			
块状结构	Ⅰ$_2$	0.3~10			
层状结构	Ⅱ$_1$	0.2~5			
薄层状结构	Ⅱ$_2$	0.08~3			
镶嵌结构	Ⅲ$_1$	0.2~2.5			
碎裂结构	Ⅲ$_2$、Ⅲ$_3$	0.05~0.1			
散体结构	Ⅳ	0.002~0.1			
岩体质量系数(Z)	<0.1	0.1~0.3	0.3~2.5	2.5~4.5	>4.5
岩体质量等级	极 坏	坏	一 般	好	特 好

指标(*M*)岩体质量分级见附表9-17。

附表9-17 指标(*M*)岩体质量分级表(GB 12719—91)

岩体分类	Ⅰ	Ⅱ	Ⅲ	Ⅳ	Ⅴ
岩体质量指标(*M*)	>3	1.0~3.0	0.12~1.0	0.01~0.12	<0.01
岩体质量	优	良	中等	差	坏

泥石流的分类简表见附表9-18。

附表9-18 泥石流分类简表

分类原则	类型	特点	与防治的关系
地貌特征	山区	峡谷地形,坡陡势猛,破坏性大	回旋余地小,应避让凶猛势头
	准山前区	宽谷地形,沟长流缓势较弱,危害范围大	场地有回旋余地,淤积高,漫流宽
流域形态	沟谷型	沟谷地形,沟长坡缓,规模大	干扰范围大,防治措施要强
	山坡型	坡面地形,沟短坡陡,规模小	干扰范围小,防治应留有余地
流体性质	黏性	层流,浓度大,破坏力强,堆积物粒径无分选性	对建筑物的撞击力大,摧毁性强
	稀性	紊流,散流,浓度小,破坏力较弱,堆积物松散,粒径有分选性	以漫流、淤积、磨蚀等慢性破坏为主
物质组成	泥流	细粒径土组成,偶夹砂砾,颗粒均匀	以淤埋性危害为主,浮托推移能力强
	泥石流	土、砂、石混杂组成,颗粒差异性大	危害形式多,破坏性最大
	水石流	砂、石组成,粒径大,堆积物分选性强	漫流、淤积、磨蚀等慢性破坏作用为主
发育阶段	发展期	山体破碎不稳,日益发展,淤积速度递增,规模小	留足充分余地
	旺盛期	沟坡极不稳定,淤积速度稳定,规模大	按现状防治,预留补充措施
	衰退期	沟坡趋于稳定,以河床侵蚀为主,有冲有淤,由淤转冲	按现状防治
	停歇期	沟坡稳定,植被恢复,冲刷为主,沟槽固定	注意预防复活措施

10 探采对比与闭坑地质工作

10.1 探采对比工作

10.1.1 概述

10.1.1.1 探采对比工作的涵义

探采地质资料验证对比工作是在矿床(矿体)开采一定阶段或开采结束时,选择代表该矿床(矿体)地质特征、勘探控制及研究程度的地段或全部,以矿山开采揭露所获得的真实可靠的地质资料和矿山历年生产技术、经济活动所积累的有关资料为基础,与矿床地质勘探、矿山基建勘探以及生产勘探阶段获得的地质资料进行对比。

10.1.1.2 探采对比工作的目的

(1) 利用探采对比,总结矿床地质勘探工作的经验与教训;

(2) 探索合理的勘探控制程度与研究程度,合理的勘探工作准则与工作模式;

(3) 指导矿床深部、外围或同类型矿床的勘探,指导矿山开采设计、基本建设与矿山生产;

(4) 为上级有关部门制订与修改相关技术政策、规范、规程提供依据。

10.1.1.3 探采对比工作的主要任务

(1) 检验勘探阶段,对矿床勘探控制与研究程度及勘探工作的合理性,对矿山开采设计、生产准备及开采阶段提供的地质资料的准确性与可靠程度;

(2) 检验勘探阶段,对矿体内部结构和矿石质量特征的研究程度;

(3) 检验勘探阶段,对矿床开采技术条件及构造地质条件的研究和控制程度;

(4) 检验勘探阶段,对控矿地质条件和成矿规律的研究程度;

(5) 检验勘探工程质量对矿床勘探控制和研究程度以及地质资料准确程度的影响;

(6) 检验勘探工作的合理性。

10.1.2 探采对比所需的有关资料

10.1.2.1 探采对比资料的收集与整理

(1) 为了保证探采对比的工作质量,必须备有准确、可靠、完整的原始资料。探采对比工作前,必须全面收集地质勘探、矿山设计、基建及生产所积累的矿山地质以及与生产有关的资料。收集的原始资料必须系统和具有代表性、对应性。

(2) 对所收集的图件、资源储量、品位以及各类统计资料应进行检查、筛选和系统整理。

(3) 对所收集的勘探与开采资料应进行修正和统一,绘制与整理探采对比所需的图纸与资料,并应遵循以开采资料为准的原则。

10.1.2.2 探采对比应具备的主要资料

根据拟定的探采对比的内容决定的主要资料有:

(1) 文字部分:

a. 矿床详细地质勘探总结报告;

b. 矿山基建地质勘探总结报告;

c. 矿山历年生产勘探总结报告;

d. 矿山开采设计说明书;

e. 矿山闭坑(闭矿)地质总结报告或采掘单元闭坑(停采)地质总结报告;

f. 不同阶段或不同深度的选矿试验报告;

g. 地压或边坡稳定性研究工作报告;

h. 工程地质勘察总结报告;

i. 矿床水文地质勘察总结报告;

j. 矿山历年积累的地质资料、工业技术指标等。

(2) 图纸部分:

a. 矿区地形地质图;

b. 矿床构造地质图;

c. 矿床探矿工程分布图;

d. 含矿地层柱状对比图与矿层柱状对比图;

e. 水平截面图,平台地质图或中段坑道地质平面图,资源储量计算平面图;

f. 勘探线地质剖面图,勘探线资源储量计算图;

g. 矿体垂直纵投影图,矿体水平投影图;

h. 矿体顶底板等高线图、矿体等厚线图;

i. 矿区(床)水文地质图;

j. 矿石品位分布图(或品位等值线图)等。

(3) 表格部分:

a. 开采阶段(中段)、矿块资源储量计算表;

b. 开采阶段(中段)、矿块地质品位计算表;

c. 开采阶段(中段)、矿块资源储量计算面积计算表;

d. 开采阶段(中段)、矿块矿石共生或伴生的有益有害组分含量计算表,共生或伴生的矿产资源储量计算表;

e. 勘探工程量统计表;

f. 矿产资源储量变动统计表;

g. 开采量统计表、采出品位统计表;

h. 贫化、损失率统计台账、报销的资源储量统计台账;

i. 矿山主要技术经济指标统计表及有关财务统计表;

j. 选厂主要技术经济指标及有关财务统计表;

k. 历年生产准备(3 级、2 级)矿量保有统计台账;

l. 历年矿石体重、松散系数、湿度、孔隙度等矿、岩物理力学性质测定结果表;

m. 历年变动的工业指标资料。

10.1.3 探采对比的基本工作方法

10.1.3.1 探采对比的基本工作步骤

探采对比的基本工作步骤如下：

(1) 选择探采对比的地段；

(2) 选定探采对比的项目；

(3) 拟定探采对比的工作内容；

(4) 收集与整理探采对比所需的基础资料；

(5) 绘制对比图件,计算各项参数；

(6) 进行参数对比与误差分析；

(7) 对勘探效果与成本进行评价；

(8) 编写探采对比总结报告。

10.1.3.2 探采对比地段的选择

选择探采对比地段,应满足以下基本条件：

(1) 可代表该矿床地质特征、矿床勘探类型、勘探控制程度、研究程度、矿石质量特征和水文地质工程地质特征；

(2) 对比地段应是开采一定阶段或开采结束,积累了比较系统、全面的地质资料和矿山技术经济指标资料；

(3) 对比地段应基本经历了地质勘探、开采设计、基建(包括基建勘探)开采(包括生产勘探)几个阶段,各阶段都具备或基本具备相互对应的地质资料、矿床开采及有关验收资料；

(4) 当采用工程间距放稀法,确定对比地段时,应选择加密工程验证地段。

10.1.3.3 探采对比的内容

探采对比的内容应依据矿山开采揭露出来的对矿山建设与开采有较大影响的地质问题来确定,主要内容包括：

(1) 矿体形态(平面、剖面)误差:包括矿体(矿块)面积总体误差、面积重合率、矿体形态歪曲误差、矿体边界模数、矿体狭缩系数、矿体厚度变化系数；

(2) 矿体产状控制程度及矿体的连续性:包括矿体走向长度、倾向延伸、矿体厚度误差、出露标高及尖灭位置,矿体顶底板位移、矿体连续性误差；

(3) 矿产资源储量及矿石质量误差:包括各类型资源储量及矿石品位、可供工业利用的共生矿产及伴生有益组分的资源储量与品位误差；

(4) 各类型资源储量勘探工程间距的验证对比；

(5) 构造地质条件的验证对比,重点应对控矿构造及破坏矿体构造的空间分布、构造性质、特征以及对矿体破坏程度的对比；

(6) 矿床地质特征、矿体赋存规律及其研究程度验证对比；

(7) 矿床开采技术条件、水文地质条件、矿石加工工艺和选冶条件及技术参数的验证对比；

(8) 矿床工业指标合理性的验证对比；

(9) 勘探工程质量及其影响地质资料准确程度的验证对比。

10.1.3.4 探采对比基数的确定与对比参数的选择

(1) 生产矿山进行探采对比,应以矿山开采实际获得的地质资料作为对比基数;

(2) 探采对比参数主要有矿产资源储量、矿石金属量、矿体面积、矿石品位、矿体连续性、矿体厚度、矿体顶底板位移、矿体下盘倾角等,应依据矿山矿床地质条件特征与开采实际情况选择对比参数。

10.1.3.5 探采对比参数误差的计算

探采对比参数误差计算有以下几种:

(1) 矿产资源储量误差:

1) 在对比地段内按不同资源储量类型对块段资源储量、分层资源储量或总资源储量进行对比。对于矿石品级和类型复杂的矿床,还可在准确探明的资源储量区段内按矿石工业类型、自然类型和品级的资源储量进行对比,并按下式计算资源储量误差:

绝对误差:
$$Q_{\delta}=Q_m-Q_{\mathrm{e}} \tag{10-1}$$

相对误差:
$$Q_{\mathrm{r}}=\frac{Q_m-Q_{\mathrm{e}}}{Q_m}\times 100\% \tag{10-2}$$

式中,Q_{δ} 为资源储量绝对误差,t;Q_{r} 为资源储量相对误差,%;Q_m 为开采计算的资源储量,t;Q_{e} 为勘探计算的资源储量,t。

2) 在衡量资源储量是否超过相对允许误差时,应对同一资源储量类型内单个块段资源储量进行对比,并求出合格块段所占的百分比(块段资源储量合格率),其计算式为:

$$N_{\mathrm{r}}=\frac{N_x}{N}\times 100\% \tag{10-3}$$

式中,N_{r} 为块段资源储量合格率;N_x 为资源储量相对误差合格的块段数;N 为参加对比的同一类型资源储量块段总数。

3) 当参加对比的各块段的资源储量多少不同时,块段资源储量合格率,应以合格块段的资源储量占该类型块段总资源储量的百分比表示,可按下式计算:

$$N_{\mathrm{r}}=\frac{Q_{nx}}{Q_n}\times 100\% \tag{10-4}$$

式中,N_{r} 为块段资源储量合格率;Q_{nx} 为合格块段资源储量之和;Q_n 为参加对比的该类型资源储量块段资源储量总和。

(2) 金属量误差:对于伴生有色金属或贵金属的矿床,除对比其矿石资源储量误差外,还要对比金属量的误差,应分别对不同资源储量类型的块段金属量进行误差对比,其计算式如下:

绝对误差:
$$P_{\delta}=P_m-P_{\mathrm{e}} \tag{10-5}$$

相对误差:
$$P_r=\frac{P_m-P_{\mathrm{e}}}{P_m}\times 100\% \tag{10-6}$$

式中,P_{δ} 为金属量的绝对误差,t;P_r 为金属量的相对误差,%;P_m 为开采圈定矿体计算的金属量,t;P_{e} 为勘探圈定矿体计算的金属量,t。

(3) 矿石品位误差:在对比区段内,应分别对不同资源储量类型的块段品位或分层品位

进行对比,有害杂质含量的对比,可参照执行。其计算式如下:

绝对误差:
$$C_\delta = C_m - C_e \tag{10-7}$$

相对误差:
$$C_r = \frac{C_m - C_e}{C_m} \times 100\% \tag{10-8}$$

式中,C_δ 为矿石品位的绝对误差,%;C_r 为矿石品位的相对误差,%;C_m 为开采资料计算的矿石品位,%;C_e 为勘探资料计算的矿石品位,%。

(4) 矿体面积误差,按下式计算:

绝对误差:
$$S_\delta = S_m - S_e \tag{10-9}$$

相对误差:
$$S_r = \frac{S_m - S_e}{S_m} \times 100\% \tag{10-10}$$

式中,S_δ 为矿体面积的绝对误差,m^2;S_r 为矿体面积的相对误差,%;S_m 为开采圈定矿体计算的面积,m^2;S_e 为勘探圈定矿体计算的面积,m^2。

(5) 矿体面积重合率(平面与剖面),是反映矿体空间位置变化特征的参数。用于矿体空间位置有较大位移时的对比,可按下式计算重合率:

$$D_r = \frac{S_0}{S_m} \times 100\% \tag{10-11}$$

式中,D_r 为矿体面积重合率,%;S_0 为开采与勘探圈定的矿体相重合部分计算的面积,m^2;S_m 为开采圈定矿体计算的面积,m^2。

(6) 矿体形态歪曲误差(平面、剖面),是反映矿体形态变化特征的参数,用于矿体形态变化的对比,可按下式计算:

绝对误差:
$$W_\delta = \sum (S_n + S_p) \tag{10-12}$$

相对误差:
$$W_r = \frac{\sum (S_n + S_p)}{S_m} \times 100\% \tag{10-13}$$

式中,W_δ 为矿体形态变化绝对误差;W_r 为矿体形态变化相对误差;S_n 为勘探圈定的矿体面积比开采圈定的矿体边界增加部分的面积之和,m^2($S_n = S_e - S_0$);S_p 为勘探圈定的矿体面积比开采圈定的矿体边界减少部分的面积之和,m^2($S_p = S_m - S_0$);其他符号同前。

(7) 矿体连续性误差,计算式如下:

绝对误差:
$$K_\delta = k_m - k_e \tag{10-14}$$

相对误差:
$$K_r = \frac{k_m - k_e}{k_m} \times 100\% \tag{10-15}$$

式中,K_δ 为矿体连续性绝对误差;K_r 为矿体连续性相对误差,%;k_m 为开采计算的面积含矿系数;k_e 为勘探计算的面积含矿系数。

含矿系数的计算方法参见附录 10-1。

(8) 矿体厚度误差,计算式如下:

绝对误差：
$$M_b = M_m - M_e \tag{10-16}$$

相对误差：
$$M_r = \frac{M_m - M_e}{M_m} \times 100\% \tag{10-17}$$

式中，M_b 为矿体厚度的绝对误差，m；M_r 为矿体厚度的相对误差，%；M_m 为开采圈定矿体的平均厚度，m；M_e 为勘探圈定矿体的平均厚度，m。

(9) 矿体下盘倾角变化：可在剖面图上直接量取，或根据地质勘探和开采揭露的矿体下盘边界，采用下式计算：

$$\beta = \alpha - \arctan \frac{h}{\frac{h}{\tan\alpha} + (m - n)} \tag{10-18}$$

式中，β 为矿体下盘倾角变化的角度，(°)；m 为矿体上阶段水平位移的距离，m；n 为矿体下阶段水平位移的距离，m；h 为上下阶段的垂直距离，m；α 为勘探探求的矿体下盘倾角，(°)。

(10) 矿体边界模数：矿体边界模数是表示矿体弯曲程度的一个技术参数，是矿体在断面上的面积边界线总长与其同面积的圆(或矩形)周长之比。比值愈大，矿体形态越弯曲复杂。

1) 当矿体断面形状接近于圆形时，以矿体在断面上的面积边界线总长与其同面积圆周长之比表示矿体边界模数，并按下式计算：

$$U_k = \frac{L_k}{L_0} = \frac{L_k}{2\pi\sqrt{\frac{S_p}{\pi}}} \tag{10-19}$$

式中，U_k 为矿体边界模数；L_k 为矿体在断面上的面积边界线总长，m；L_0 为与矿体在断面上的同面积圆之周长，m；S_p 为矿体在断面上的面积，m^2。

2) 当矿体断面形状接近于矩形时，以矿体在断面上的面积边界线总长与其同面积拟合矿体形状的矩形周长之比表示矿体边界模数，并按下式计算：

$$U_k = \frac{L_k}{2\left(L + \frac{S_p}{L}\right)} \tag{10-20}$$

式中，U_k 为矿体边界模数；L_k 为矿体在断面上的面积边界线总长，m；S_p 为矿体在断面上的面积，m^2；L 为矿体在断面上的延深长度，m。

(11) 矿体顶(底)板位移，分为水平位移和垂直位移两种。其测量方法如下：

1) 在对比的平面图(剖面图)上，以开采揭露的顶(底)板界线为准，沿矿体走向(矿体垂深)每 20～25m 测量 1 次勘探圈定的矿体顶(底)板界线的水平位移(垂直位移)距离，并统计其最大、最小和平均位移值。向顶板方向位移为正，向底板方向位移为负。

2) 以开采和勘探的矿体顶板(底板)线间构成的位移面积，除以开采矿体顶板(底板)直线长度，求得平均位移距离，并测量其最大与最小位移值。

10.1.3.6　探采对比参数误差标准的确定

(1) 确定探采对比参数误差标准的原则：

1) 符合国家颁发的有关地质勘探、矿山地质、矿山开采设计、矿山基建、矿山开采的规范、规程、条例等的规定；

2) 技术上可行，经济上合理；

3) 满足矿山开采设计、建设和开采对地质资料的准确程度和可靠程度的要求。

(2) 探采对比参数的误差标准：误差标准参照表 10-1 规定执行。表中有关规定的说明可参见附录 10-2。

表 10-1 主要对比参数误差允许范围

主要对比参数	误差种类	误差允许范围			备注
		准确探明	探明	控制	
资源储量误差/%	相对误差	±5	±10	±20	总体
	块段合格率	≥85	≥75	≥60	
矿体面积误差/%	相对误差	≤10~15	≤20~30	≤40~45	总体
矿体面积重合率/%		≥90	≥80	≥70	
矿体形态歪曲误差/%	相对误差	≤30	≤30~60	≤60~80	
矿石品位误差/%	绝对误差	±1	±2	±3	铁、锰矿石
	相对误差	±3	±3~7	±7~10	铁、锰矿石
矿体厚度误差/%	相对误差	±(10~20)	±(20~30)	±(30~40)	
矿体底板位移/m	绝对误差	±(2~5)	±(5~8)	±(8~15)	
矿体顶板位移/m	绝对误差	±(5~7)	±(7~10)	±(10~20)	
矿体边界模数		简单<1.2	中等1.2~1.5	复杂>1.5	
矿体下盘倾角变化	绝对误差	<5°	<10°	<15°	不得出现反向
矿体厚度变化系数		形状稳定的 5~50	形状不稳定的 50~100	形状很不稳定的 100~150	

10.1.3.7 探采对比的误差分析

(1) 按拟定的对比项目确定的参数，分别列出计算结果对比表。

(2) 根据对比表计算得出的误差值，按规定的误差标准，进行对照，分析产生误差的原因。

(3) 应针对矿床地质特征，在勘探与开采实际对比项目中，选择误差影响开采较大的项目，进行详细的分析。

(4) 进行分析评价，指出经验教训。

10.1.3.8 探采对比项目误差分析要求

(1) 资源储量控制程度分析：

1) 每个对比对象(矿带、矿体)主要对比参数的单项误差，按误差标准加以衡量，分析该单项误差是否达到该资源储量类型所要求的控制程度；

2) 应对各项误差进行综合分析。当多数参数的单项误差均符合要求，但有 1~2 项对矿山开采有重大影响的主要参数误差超标时，地质可靠程度应降低一级。

(2) 矿体形状、产状及其空间位置变化的分析：

1) 矿体边界、形态、走向、倾向、厚度及空间位置的变化和控制程度，包括矿体两端、顶部埋深、矿体尖灭位置、矿体倾向，特别是底板倾向、倾角的变化及控制程度；

2）矿体位移(水平、垂直)对开采境界的影响；

3）对控矿构造的控制程度，包括控制矿体边界的断层及褶皱轴位置的控制程度；

4）矿体被断层破坏程度以及对矿区断层分组的认识和研究；

5）勘探工程质量及其造成制图技术误差，对矿体产状、形状和空间位置的影响。

(3) 矿体内部结构和矿石质量特征变化分析：

1）对比地段矿石物质组成、结构构造、矿石嵌布粒度及变化情况；

2）矿石自然类型及工业品级划分的合理性及控制程度，矿石质量及伴生的有益有害组分含量的变化及控制程度；

3）矿石中夹石(夹层)的形态规模、空间展布特征以及有益有害组分含量。

(4) 矿床开采技术条件控制与研究程度的分析：

1）矿石及围岩的物理力学性质：安息角、矿石硬度、体重、湿度、松散系数、可塑性、耐磨性等的变化；

2）与构造有关的矿、岩挤压破碎地段，矿、岩风化程度及其地段，围岩蚀变程度及区段，各种软弱夹层的岩性、厚度的控制与研究程度；

3）含水层的性质及赋存状况，含水层的厚度、矿区补给、径流、排泄条件，各开采水平的涌水量，老窿的分布及蓄水情况，溶洞赋存状况及特征，地下水对矿岩层稳定性的影响程度等。

(5) 矿床控矿地质条件和成矿规律研究的分析。主要指对矿床地质特征、矿体空间分布规律的认识与研究、构造对成矿的控制与破坏作用的认识与研究的程度。

(6) 矿床勘探合理性的分析：

1）矿床勘探类型的划分，勘探方法、勘探工程间距与勘探手段选择的合理性；

2）勘探确定的工业指标、采样与技术加工方法的合理性；

3）储量计算方法及准确探明基础储量占有比例与空间分布的合理性。

10.1.4 探采对比总结报告的编写

10.1.4.1 探采对比总结报告的主要内容

(1) 前言。概略说明探采对比的目的与任务，工作的依据与指导思想。组织领导与措施，参加单位与人员数量等。

(2) 矿床地质概况：

1）地层和岩石、地质构造、矿体规模、产状、厚度与形态变化；

2）矿石与围岩特征、矿石类型、物质组分、结构构造、品位变化；

3）探明的各类型资源储量。

(3) 矿区勘探简史：

1）详细勘探阶段以前投入的工作量，获得的成果；详细勘探投入的工作量，采用的勘探方法、手段、工程间距以及获得的成果；

2）基建勘探阶段完成的工作量，采用的勘探方法、手段，工程间距以及获得的成果；

3）生产勘探完成的工作量，采用的勘探方法、手段、工程间距以及获得的成果。

(4) 矿区开采简史：

1）矿山设计；

2）矿山基建；

3）矿山开采，应说明采用的开采方式、开拓系统、采矿方法以及采出的矿石量；报销的资源储量包括开采量、损失量（含正常损失、非正常损失、采下损失与未采下损失量）；开采贫化率与贫化量；采剥比或千吨采掘比；开采地段的地质品位与采出品位；开采成本、税利等完成情况。

（5）探采对比地段的选择及其依据：

1）对比地段选择的依据：按10.1.3.2规定的基本条件要求评述，并明确选定的地段。

2）对比地段地质概况：

① 矿体厚度及规模，已探明的各类型资源储量及其占全矿区资源储量的比例，品位及其变化；

② 矿体的形态及产状、矿体的连续性；

③ 控制矿体形态及规模的构造与特征；

④ 矿石类型、结构构造及物质组成。

（6）探采对比工作：

1）资料准备，包括收集与制作的图纸、文字资料与统计资料；

2）探采对比参数的选择及其依据，计算方法；

3）探采对比参数误差标准的确定及其依据；

4）探采对比误差对比分析的主要内容与依据资料；

5）完成整理与复制的探采对比资料；

6）探采对比的工作方法：主要叙述在图件绘制、资料整理、参数计算、汇总与对比分析中，计算机、自动绘图仪等方法、手段的应用；数理统计、数学地质、矿产经济理论在探采对比工作中的应用。

（7）探采对比的误差分析：应按10.1.3.7与10.1.3.8探采对比误差分析与探采对比项目误差分析要求中所提出的要求，逐项进行分析，同时分别找出产生误差的原因。

（8）矿床勘探程度与研究程度的综合评价，肯定经验与教训。

（9）参加探采对比的单位、人员及分工，编写报告的人员及分工，以及完成的时间等。

（10）附图与资料目录。

10.1.4.2 探采对比总结报告附图与资料

探采对比总结报告附图与资料如下：

（1）探采对比总结报告的附图与资料应依据矿床地质特征、勘探工作程度和开采所揭露的地质问题加以确定。

（2）探采对比总结报告应附有下列图件（图中应表示对比内容）：

a. 矿区交通位置图；

b. 矿区区域地质构造图；

c. 矿区地形地质图；

d. 矿床构造地质图（必须分别表示勘探与开采查明的构造）；

e. 矿区探矿工程分布图（必须表示地质勘探阶段、基建勘探阶段、生产勘探阶段的各类全部勘探工程）；

f. 含矿地层柱状对比图及矿层柱状对比图；

g. 矿区水文地质图；

h. 水平截面对比图；

i. 勘探线地质剖面对比图；

j. 资源储量计算对比图(平面或剖面)；

k. 矿体(层)垂直纵投影对比图；

l. 矿体(层)水平投影对比图；

m. 矿体(层)顶、底板等高线对比图；

n. 矿层等厚线对比图(缓倾斜层状矿床)；

o. 矿石品位分布图等；

p. 其他对比图。

(3) 附列对比表：

a. 开采实际与地质勘探资源储量误差对比分析表(包括矿块的误差对比及矿块合格率)；

b. 面积误差、面积重合率、形态歪曲误差对比分析表；

c. 矿石品位误差对比分析表；

d. 矿体顶板(底板)位移,矿体厚度误差、矿体厚度变化系数对比分析表；

e. 矿体边界模数、矿体形态复杂程度类型表；

f. 矿体规模分类表；

g. 矿床的勘探类型分类、地质勘探工程间距、生产勘探工程间距与推荐的工程间距。

10.2 闭坑地质工作

10.2.1 概述

10.2.1.1 闭坑地质工作的涵义

闭坑地质工作是指对矿区或采掘单元(包括采场、阶段、中段、采区或坑口)的停采或开采结束时应进行的地质工作。

10.2.1.2 闭坑地质工作的目的

(1) 依照国家矿产资源法、矿产资源监督管理办法等法规的规定,履行矿山企业地质测量机构对矿产资源的监督管理职责。

(2) 通过对矿区或采掘单元的停采或开采结束,所进行的检查与鉴定和地质资料的系统整理,对矿产资源的开采、利用和损失、贫化进行监督。

(3) 通过闭坑地质工作,重点查清停采或关闭的矿区或采掘单元的勘探探明资源储量、生产勘探增减资源储量、开采量、损失量、残存资源储量的数量、品位及其部位。

10.2.1.3 闭坑地质工作的任务

(1) 配合矿山有关部门查清矿区或采掘单元的停采或关闭原因与条件。

(2) 与有关部门一起系统整理停采或关闭的矿区或采掘单元的全部生产、开采资料与地质资料。

(3) 依据矿山开采获得的地质资料,进行探采对比工作。

(4) 编写矿区或采区(坑口)闭坑(停采)地质总结报告。参与编写矿区或采区(坑口)闭坑报告工作。

(5) 配合矿山有关部门履行矿区或采区(坑口)的停采或闭坑的申报审批手续。

10.2.2 矿区及采掘单元停采与闭坑的原因

10.2.2.1 停采的原因

生产矿山发生下列情况之一时,将出现采场、阶段(中段)、采区(坑口)以至整个矿山的暂时停采:

(1) 因故需对矿山采掘顺序进行较大的调整;

(2) 因市场需求下降或当前经济技术条件不合理,需对矿山产量作较大的调整;

(3) 因安全上的原因,需要采取特殊的技术措施。

10.2.2.2 闭坑的原因

当出现下列情况之一时,将进行采场、阶段(中段)、采区(坑口)以至整个矿山的关闭:

(1) 按照开采设计,全部资源储量已回采结束;

(2) 因受火灾、水灾、大面积岩石移动等重大事故,引起采掘工程及有关设施的破坏报废,且已无法修复或修复时经济上极不合理;

(3) 经开采实践证明,由于矿床地质条件的变化,已不具备开采价值;

(4) 因经济价值与使用价值发生重大变化,不能继续开采;

(5) 因对周围环境产生严重污染,不宜继续开采。

10.2.3 矿区及采掘单元停采与闭坑的条件

矿区及采掘单元停采与闭坑的条件:

(1) 具备了10.2.2所列停采或闭坑的原因之一者;

(2) 按矿区及采掘单元停采与闭坑的审批程序的规定,办理了停采或闭坑的申报、审查与审批手续;因技术、经济、安全等原因不能回采而损失的矿产资源储量,已经国家和省(市、自治区)矿产资源管理部门批准核销;矿区及采掘单元停采与闭坑的审批程序见本章附录10-4规定。矿区或采掘单元的停采或闭坑总结报告的编制已经完成,并已经国家或省(市、自治区)政府有关主管部门的批准。矿区或采掘单元的停采或闭坑总结报告的编写和内容见本章附录10-3的规定。

(3) 地质测量工作已结束,应收集的地、测、采的资料已完成,并已按本章10.2.4的规定,停采地质报告或闭坑地质总结报告已编制完成,并已经矿山企业上级主管部门审查、国家或省(市、自治区)矿产资源管理部门评审、认定。

10.2.4 矿区及采掘单元停采与闭坑的地质工作

10.2.4.1 采场与阶段(中段)停采中的地质工作

(1) 对采场与阶段(中段)停采前的采掘进度线进行实地测绘。

(2) 整理或填绘采场与阶段(中段)地质平、剖面图。

(3) 计算停采采场或阶段(中段)结存的资源储量、保有的生产准备矿量及地质品位资料。

(4) 整理停采采场或阶段(中段)的原始地质测量资料。

(5) 资料归档存查。

10.2.4.2　采区(坑口)或矿山停采的地质工作

(1) 测绘采区(坑口)或全矿区采掘状况、工业设施图。

(2) 整理或修绘采区(坑口)或全矿区的开采阶段(中段)地质平、剖面图等。

(3) 计算结存的资源储量与生产准备矿量及地质品位资料。

(4) 系统地整理矿区的综合地质、测绘图纸及其他有关的文字图表资料。

(5) 编写停采地质报告,停采地质报告的主要内容:

1) 采区(坑口)或矿区的矿床地质概况;

2) 停采时的采掘状况及地质条件;

3) 历年的开采量、结存的资源储量与生产准备矿量及其品位;

4) 已建立的地质测量资料及相应图纸;

5) 开采技术条件;

6) 停采原因及矿床远景评价。

(6) 原图与资料归档存查。

(7) 停采地质报告报送省(市、自治区)、市矿产资源管理部门评审。

10.2.4.3　井下采场关闭的地质工作

(1) 采场正常回采结束,经矿山地质等有关技术管理部门检查确认达到开采边界,即可关闭。地质部门应完成下列工作:

1) 核算采场原始资源储量;

2) 统计开采量与损失量,损失率与贫化率;

3) 整理地质资料;

4) 资料归档存查。

(2) 因事故,经技术鉴定确认无法恢复生产,经矿长批准可关闭,地测部门应完成下列工作:

1) 测绘实际的采掘进度线;

2) 计算残存的资源储量与品位;

3) 统计开采量、采下损失与未采下损失量、损失率和贫化率;

4) 整理采场地测资料;

5) 履行资源储量报销手续;

6) 资料归档存查。

10.2.4.4　开采阶段(中段)关闭的地质工作

(1) 开采阶段(中段)正常回采结束,地测部门应进行以下工作:

1) 对积累的地质测量资料进行系统核对和整理;

2) 统计阶段(中段)的实际开采量与损失量、损失率与贫化率;

3) 阶段(中段)设计资源储量与实际开采量的对比,设计品位与开采品位的对比;

4) 开采前后的地质条件的对比;

5) 资料归档存查。

(2) 如因事故关闭时,地质部门还应加做以下工作:

1) 计算残存的资源储量与生产准备矿量及其品位;

2) 履行资源储量报销手续。

10.2.4.5 采区(坑口)或矿山关闭的地质工作

(1) 应全面系统地整理采区(坑口)或矿山的地质测量图纸资料,全面计算与统计全矿床(矿体)探明的资源储量,设计开采量、实际开采量、损失量,损失率、贫化率,设计境界内残存的资源储量,境界外的资源储量等;

(2) 进行探采对比工作,编制探采对比总结报告;

(3) 编制矿山闭坑(闭矿)地质总结报告书。

10.2.4.6 闭坑(闭矿)地质总结报告编写要求

(1) 闭坑地质总结报告的内容应全面详实,具有针对性、实用性和科学性,原始数据准确无误,研究分析简明扼要,结论依据可靠,并力求图表化、数据化。

(2) 闭坑地质报告编写责任人,应是矿山企业地测机构的地质技术负责人,并由责任人组织编写。

(3) 闭坑地质报告编写完成后,经上级主管部门初审,按照国家有关矿产资源储量评审认定的规定送审。评审认定后的报告,按照国家有关的规定汇交。

(4) 闭坑地质报告经评审认定后,应将评审认定文件作为附件附于报告中。

10.2.4.7 闭坑地质总结报告编写提纲

(1) 第一章 概况:

1) 矿区交通位置、范围及自然地理概况。

2) 矿床地质勘查及其成果简述:历次地质勘探、基建勘探、生产勘探及其时间、勘查单位、主要工作量、勘探工程间距、勘探程度、资源储量计算方法,获得的资源储量类型与数量、矿石品位与品级以及矿床的地质评价、勘查地质报告评审认定意见(包括勘查地质报告审批文号、批准的资源储量)。

3) 矿山开采概况:矿山设计时间、设计单位、基建时间、基建单位、基建投资、投产时间、设计生产规模及服务年限、实际生产能力与服务年限、历年采出矿、岩石总量、产值及盈利情况。

4) 闭坑原因与条件。

(2) 第二章 矿床地质简述:

1) 简述矿床所处区域构造位置及范围。

2) 简述矿床地质特征:包括地层、岩石、岩浆活动、褶皱及断裂构造、含矿岩系等。

3) 简述矿体赋存特征:包括矿体分布、空间位置、规模、产状、形态、厚度及其变化情况。矿石特征、矿床围岩蚀变及其与矿化的关系、矿床分带特征、成矿控制因素及成矿过程、成因等。

4) 简述矿石质量特征:矿石结构构造、矿物成分、化学成分、有益有害组分、矿石类型、品位分布、矿石品级等。

5) 简述矿床开采技术条件:矿床水文地质、工程地质及环境地质条件与特征及其对矿山生产的作用和影响。

6) 简述矿石选冶技术加工条件。

7) 矿山生产过程中累计探明、变类资源储量及其品位变化。

(3) 第三章 矿山开采与资源利用：

1) 矿山的开采方式、开拓系统、采矿方法、产品方案及生产能力、选矿流程、历年采掘(剥)工程量、历年采出量、选矿回收率。

2) 设计利用的资源储量与实际利用的资源储量。损失矿量、损失率、贫化率。批准非正常损失矿量的机构、批准理由。

3) 剩余资源储量的数量、部位及其原因。

4) 工业指标实际运用情况。

5) 共生、伴生矿产资源的综合开采、利用及矿石加工工艺。

(4) 第四章 矿山地质工作：

1) 矿山地质测量工作及其质量，包括生产勘探手段及工程量、生产勘探工程间距及其控制程度、地质编录、矿产取样、化验、地质综合研究、矿区控制网的建立、矿区地形的测绘、重大测量工程、测量图件的制作、生产测量等工作的工作量及其质量。

2) 通过矿山地质工作对矿区地质的新认识、新发现，影响矿山开采的主要地质问题。

(5) 第五章 环境地质，简述地质灾害控制与环境保护：

1) 地下水疏干范围，水位及其恢复程度；

2) 采区(或矿区)地质环境变化，包括矿山开采期间的采空区矿层顶板冒裂带高度、围岩失稳、硐室塌方、地面开裂、沉降、山体滑坡、坍塌、泥石流等变形破坏范围及程度、边坡崩落范围、有毒与易燃、易爆气体排放、放射性污染、水土污染等地质灾害的调查与控制、治理情况；

3) 水体污染及其自净情况；

4) 废弃物堆放与处理，包括废石、尾矿、暂不能利用的矿石堆存与排放场、土地复垦与植被恢复等环境保护工作完成情况。

(6) 第六章 探采对比：

1) 简述探采对比工作情况，包括选择探采对比地段的范围与依据、探采对比基数的确定、参数的选择与计算，以及误差标准的确定等。

2) 探采对比误差分析：应针对矿山实际拟定的对比项目中影响较大的问题予以说明，并将评价结论、经验教训交待清楚。

(7) 第七章 结束语：

1) 对矿床的综合地质评价；

2) 简要评述矿山生产的经济、社会、资源效益；

3) 矿山闭坑矿产资源储量的核销结论，包括对探明资源储量、设计圈定资源储量、采出矿量、损失矿量、残留资源储量等做出最终结论；

4) 对矿山闭坑理由和闭坑依据作出说明；

5) 对剩余矿产资源储量的处理建议，对废矿坑利用建议，对环境地质灾害治理建议，闭坑后土地复垦与植被恢复等环保工作的规划。

(8) 附图：

a. 矿山交通位置图；

b. 矿区地形地质图；

c. 矿区总平面布置图；

d. 开采前与开采结束后的矿床地形地质图；

e. 主要阶段(中段)平面地质图；

f. 开采前与开采结束后的主要勘探线地质剖面图；

g. 资源储量开采状况图(平面、剖面、投影图)、品位分布图；

h. 探采对比图；

i. 勘探工程分布图；

j. 矿区环境地质图；

k. 矿床水文地质图；

l. 其他图件。

(9) 附表：

a. 矿产资源储量变动总表；

b. 历年采出矿量、损失矿量、损失率、贫化率与选矿金属回收率统计表；

c. 历年采掘(剥)工程量完成表；

d. 历年矿山排水量表；

e. 历年矿山主要水害、工程及环境地质危害的统计表；

f. 历年地质勘探、基建勘探、生产勘探与生产地质工程量(采样、化验)一览表。

(10) 附件：

a. 采矿许可证(复印件)；

b. 上级主管部门对报告的审核意见；

c. 国家矿产资源储量主管部门对报告的评审认定文件。

附录

附录 10-1 含矿系数的计算方法

以 1 个矿化带为 1 个计算单元,其计算方法有 3 种：

(1) 线含矿系数及其计算公式如下：

$$K_L = \frac{l}{L} \tag{附 10-1}$$

式中,K_L 为线含矿系数；l 为所有勘探工程穿过工业矿体长度,m；L 为所有勘探工程穿过矿化带长度,m。

(2) 面积含矿系数及其计算式如下：

$$k_{\delta} = \frac{S}{S_0} \tag{附 10-2}$$

式中,k_{δ} 为面积含矿系数；S 为含矿带中所有工业矿体面积,m^2；S_0 为含矿层(带)内包括矿体、夹层、无矿包体在内的矿化总面积,m^2。

(3) 体积含矿系数的计算公式如下：

$$k_V = \frac{V_1}{V} \tag{附 10-3}$$

式中，k_V 为体积含矿系数；V_1 为含矿带中所有工业矿体体积，m^3；V 为含矿带体积，m^3。

附录 10-2 对主要对比参数误差允许范围表中有关规定的说明

(1) 由于矿床地质条件复杂程度、开采方式和方法不同，在国家矿产资源储量管理部门尚未统一规定探采对比参数的误差标准的情况下，依据国内一些典型矿山的探采对比经验，并考虑到目前我国已将控制资源储量在矿山设计中大量使用的实际，对主要对比参数允许误差范围，暂规定见表 10-1。

(2) 表 10-1 中所列误差允许范围适用于以开采实际获得的地质资料为基础与矿床地质勘探资料进行对比的结果，当以生产勘探资料与地质勘探对比时，允许误差的要求更严格些。其中：准确探明的误差小于 5%，探明的误差小于 10%，控制的误差小于 15%～20%。

(3) 表 10-1 中所列的各项对比参数的相对误差标准，主要是指不分矿石品级或类型对比时的总体误差允许范围，若分矿石品级或类型分别对比时，相对误差会更大，可用降低一级标准衡量。

(4) 表中所列的品位误差，主要是按铁矿石中的 TFe、锰矿石中的 Mn 等黑色金属提出的绝对误差标准，至于伴生元素以及有害杂质等，由于含量较低，可参考矿石出厂验收标准或选厂提出的入选品位的日波动值来确定。

(5) 考虑到许多矿床的探采资料对比中，矿体面积误差、面积重合率及形态歪曲误差，比资源储量误差大的实际，所以对其相对误差允许范围也规定的稍大一些。

附录 10-3 矿区及采掘单元停采与闭坑报告的编写和内容

(1) 闭坑报告编写的要求：

1) 闭坑报告的内容应详实，全面。原始数据准确无误，总结分析简明扼要，结论依据可靠；

2) 闭坑报告编写责任人应是矿山企业生产技术总负责人，并由编写责任人组织矿山有关部门认真编制；

3) 闭坑申请报告与总结报告的审批文件应作为总结报告的附件附在总结报告中。

(2) 闭坑(闭矿)报告的内容：

1) 矿山概况：矿山交通位置、生产规模、矿区勘探简要情况、矿山开采设计、生产发展简史、历年采掘(剥)总量，开发投资等。

2) 矿床地质概述与保有资源储量：

① 矿床地质、地层、岩石、地质构造、矿体的分布与规模、矿石质量情况；

② 保有的资源储量与生产准备矿量，以及其他可以利用的资源储量与其分布情况；

③ 矿床地质勘探与生产勘探结论性评价，以及上级审批意见。

3) 矿床开采与资源回收：

① 矿床开拓系统与开拓现状；

② 采矿方法与开采现状；

③ 生产系统构成方式与主要设施；

④ 运矿方式与主要设施；

⑤ 选矿方法与主要设施；

⑥ 开矿以来，采、选各年主要产品产量与主要经济技术指标完成情况(可列表)；

⑦ 采空区、陷落区现状与处理、地质灾害控制与环境保护，土地的复垦利用；

⑧ 历年矿石开采量、损失量(正常损失与非正常损失)、贫化量与损失率、贫化率以及造成非正常损失的原因；

⑨ 采、选主要工艺及其应用效果的评价。

4) 闭坑有关工作的意见，包括对剩余资源储量的处理建议，对废坑利用建议、对环境及地质灾害治理建议，土地复垦利用规划等。

(3) 闭坑报告的附图：

a. 交通位置图；

b. 矿区地形地质图；

c. 矿区总平面布置图；

d. 坑内外联络图(坑内外对照图)；

e. 有关阶段(中段)地质平、剖面图；

f. 资源储量开采状况图(平面、剖面、投影图)；

g. 开拓、通风与排水系统图；

h. 各采矿方法单体设计结构示意图；

i. 采掘工程测量平、剖面图；

j. 测量控制网、三角网分布图及水准测量路线图；

k. 选矿工艺流程图；

l. 选矿厂总平面布置图；

m. 矿床水文地质图；

n. 矿山闭坑范围及其周边环境地质图；

o. 其他图件。

(4) 停采报告：矿区或采区(坑口)停采报告，可参照闭坑总结报告内容及应附的图表编制。

附录 10-4　矿区及采掘单元停采与闭坑的审批程序

(1) 矿区及采掘单元停采的审批程序如下：

1) 单个采场、阶段(中段)停采，由采矿车间提出申请，经矿山地测、生产、计划、技术、安全等有关部门检查，确认需暂时停止生产时，由矿山总工程师审查、矿长批准；

2) 两个以上采场、阶段(中段)停采，或在不同时期累计已停采 5 个以上采场，再发生采场、阶段(中段)停采时，应报上级主管部门审批；

3) 采区(坑口)停采，由矿山企业向其上级主管机关提出停采申请报告，经主管机关的有关部门共同审定，由主管机关批准；

4) 矿山总体停采，由矿山向其上级主管机关提出停采申请报告，阐明停采理由(应附有必要的图件)，由主管机关组织审查，提出审查意见，并按隶属关系上报省、市政府有关上级管理机关审批(备案)。

(2) 矿区及采掘单元闭坑的审批程序：

1) 单个采场、阶段(中段)正常开采结束，由采矿车间向矿部提出关闭申请报告，由矿山地测等有关主管部门鉴定审查,确认达到开采边界,矿产资源已全部采出时,由矿山总工程师批准。若属严重事故,由采矿车间提出关闭申请报告,阐明关闭理由,由矿山组织地测等有关技术管理部门进行检查与技术鉴定,予以确定。采场关闭可由矿长批准;阶段(中段)关闭需由矿山企业向上级主管机关申请,由主管机关审查批准。残存矿量的报销按国家矿产资源管理部门的规定执行。

2) 采区(坑口)正常开采结束,由矿山企业向上级主管机关提出申请报告,阐明关闭的理由,附必要的图表,由主管机关审查批准,报有关上级政府矿产资源管理主管机关备案。若属严重事故,由主管机关组织鉴定与审查,提出关闭的审查意见,并按隶属关系报有关上级政府矿产资源管理主管机关审批。

3) 矿山正常开采结束总体关闭,矿山企业应在关闭前两年,向上级主管机关提出申请,阐明闭矿的理由(附必要的图表)。由主管机关组织鉴定与审查,提出审查意见,并按隶属关系报有关上级政府矿产资源管理主管机关审批。

4) 闭坑申请报告书得到审查批准后,矿山企业便可开展闭坑(矿)相关工作,组织编写闭坑(矿)总结报告书与闭坑(矿)地质总结报告书。

5) 闭坑(矿)总结报告书由矿山企业主管机关报请国家矿产资源管理部门审查批准,未批准的矿山不得关闭。闭坑(矿)地质总结报告由矿山企业主管机关组织评审后报请省(市、自治区)地质矿产资源管理部门组织审批。

11 矿山地质科学技术研究及计算机应用

11.1 矿山地质科学技术研究

11.1.1 释义

矿山地质科学技术研究，是指在矿山开发阶段，为提高矿山经济效益等相关的矿山生产实际问题而进行的应用地质研究，以及为充实发展地质科学理论而有条件的进行综合地质研究工作。

11.1.2 矿山地质科学技术研究的目的

矿山地质科学技术研究的目的：

(1) 改进矿山地质技术工作方法、手段，提高技术水平和管理水平，更好地为矿山生产服务。

(2) 充分开发利用有限的矿产资源，提高矿山经济效益。

(3) 改善矿山生态环境，防范地质灾害的发生。

(4) 有条件的开展综合地质科学理论研究工作，充实和发展地质科学理论。

11.1.3 矿山地质科学技术研究的一般要求

矿山地质科学技术研究的一般要求：

(1) 研究课题的选择与确定，应经过充分论证，紧密结合采选(冶)生产中的实际问题，以提高矿山经济效益，提高资源回收或增加资源储量。

(2) 课题应以应用科学为主，包括地质技术方法、手段，矿产资源的综合利用以及新技术的推广与应用，以便不断改进地质工作技术方法，提高技术水平和工作质量，更好地为矿山生产服务。

(3) 课题可本着矿山实际条件与可能性选择相应的综合地质科学理论研究课题，充实和发展地质科学理论。

(4) 矿山地质科学技术研究工作应纳入各矿山科学技术研究规划。根据矿山生产发展的需要与可能，每年可选择适量的课题。

(5) 科研课题确立后，应成立相应的科研小组负责完成。科研小组可根据其内容的需要，由矿山自立组成，也可与有关科研单位、大专院校联合组成。

(6) 科研课题在实施前应编制详尽的科研计划与设计。研究工作结束后，应编写专题研究报告，报告须依据充分，观点明确，论述严密，结论确切。

(7) 为保证科研工作的顺利进行，各矿山应根据具体情况配备相应的技术设备和仪器。

11.1.4 矿山地质科学技术研究的主要内容

11.1.4.1 技术工作方法、手段及技术管理方面的研究

(1) 矿产取样的合理性、代表性;

(2) 储量计算方法和公式及其在本矿应用的合理性;

(3) 矿、岩物理力学性质与矿床开采的关系;

(4) 矿床勘探合理的工程间距,各类型资源储量保有程度及其与生产的关系;

(5) 矿石损失,贫化计算有关参数的代表性;合理的损失、贫化指标的确定。

11.1.4.2 矿产资源综合利用方面的研究

(1) 矿石综合回收的地质评价与研究;

(2) 矿山补充资源综合利用的地质研究;

(3) 矿坑水综合利用的地质研究。

11.1.4.3 综合地质科学方面的研究

(1) 矿床物质组成的研究;

(2) 矿床地质构造的研究;

(3) 成矿控制因素及成矿规律的研究;

(4) 矿石选冶(技术加工)性质的研究;

(5) 矿山地质经济研究;

(6) 矿山环境地质调查研究。

11.2 矿山地质技术工作方法、手段及管理的研究

11.2.1 矿产取样的合理性、代表性研究

矿产取样的合理性、代表性研究:

(1) 主要研究在传统的取样方法、手段基础上更新技术手段,寻求简便、快速的方法与手段,且不失对矿床、矿体作出正确、合理的质量、资源储量的评价。开展对 X 荧光分析仪和磁化率仪快速测定矿石品位方面的研究试验,寻求在不同矿床条件下的应用。

(2) 在传统的方法与手段中,研究相关因素的关系,建立一些相关方程式,推动矿产取样工作方法与手段的革新, 减轻繁重的体力劳动和减少检验费用。

11.2.2 资源储量计算方法和公式选择的合理性研究

传统的储量计算方法和相关公式,对反映矿体的复杂形态、控制资源储量精度上均具有适应问题,因此可开展适应矿山实际的资源储量计算方法和相关公式的研究。

11.2.3 矿、岩物理力学性质与矿床开采关系的研究

矿、岩物理力学性质与露天采矿关系的研究:

主要研究矿、岩物理力学性质与提高露天凿岩爆破、铲装运输效率的关系; 与阶段边坡角、最终边坡角的选择以及边坡稳定性评价等参数选取的关系。

矿、岩物理力学性质与坑下采矿关系的研究:

主要研究矿、岩物理力学性质与坑下开采相关因素之间的关系:井巷采场稳定、合理的支护方式、井巷安全矿柱、隔水安全矿柱预留尺寸等。

11.2.4 矿床勘探与储备矿量保有的研究

11.2.4.1 矿床合理的勘探工程间距的研究

(1) 随着市场经济的建立与发展,投资的主体将逐步转向矿山企业,因此,研究并经济合理的选择勘探工程间距,是为矿山企业降低投入,增加产出,提高经济效益的一项十分重要的工作。

(2) 生产矿山合理勘探工程间距的研究,应采用计算机对比优化的方法来进行。其研究成果可对类似矿床的勘探提供借鉴。

11.2.4.2 各级储备矿量保有程度及其与生产关系的研究

(1) 各级储备矿量保有,主要是为矿山持续稳定生产服务的。在市场经济条件下,各级储备矿量保有程度,应保持投入和产出的统一性。

(2) 生产准备矿量的保有程度,与生产关系密切。生产准备矿量储备过多,表明资金投入较大、较早,储备不足则表明资金投入较少、较晚,两者均不利于矿山生产保持持续稳定和资金合理使用的原则。因此,矿山应根据各自矿床的地质、工程地质条件,按照采掘强度,设备状况,采掘效率,矿、岩稳定性,市场需求状况等因素进行综合研究,合理的制定各级储备矿量的保有程度,包括探明的资源储量和生产准备矿量的保有期。应以矿量的保有程度能保证矿山开采持续稳定的进行为准,不应过分追求较高的保有期。

11.2.5 矿石损失贫化的研究

矿石损失贫化计算参数的研究:

矿石损失贫化计算有关参数可直接影响计算结果的客观正确性。应研究损失贫化计算中各种参数选取的代表性与正确性。

矿石损失贫化指标的研究:

矿石损失贫化指标,是矿山的综合经济指标,反映矿山的开采技术水平、管理水平及经营效果。合理的指标值,应是企业追求的理想指标,不应提出过高的指标要求。矿山应在生产实践中进行研究,寻求不同采矿方法的不同指标的合理值。

11.3 矿产资源综合利用方面的研究

11.3.1 矿石综合回收地质评价与研究

共生或伴生组分的研究:

(1) 查明共生或伴生组分的种类和含量。通过对矿体、矿石类型进行光谱分析、化学全分析及系统的综合分析,确定每个矿体、每种矿石类型中共生或伴生组分的种类及其含量。

(2) 查明共生或伴生组分赋存状态。由于矿石中伴生组分赋存状态的不同,所采用的回收利用方法也不相同,因此,应研究查明伴生组分的赋存状态。研究以单矿物形式存在的矿物颗粒大小、嵌布特征;研究呈分散状态存在的形式:类质同象、包裹体、胶体等。

(3) 查明共生或伴生组分的分布情况。在一个矿床的不同地段,不同矿石类型和不同矿物中共生或伴生组分含量往往差别较大，分布不均匀。因此，应通过分析和研究查明其分布情况。总结其分布规律，具体应研究查明：

1) 矿床(石)中共生或伴生组分含量与主要有用组分含量之间的关系及其在空间上的分布特点；

2) 共生或伴生组分在不同矿石类型中的分布情况；

3) 共生或伴生组分在不同矿物中分布情况；

4) 共生或伴生组分在选矿精矿和尾矿中的分布和含量。

矿石结构构造的研究：

研究矿石的结构和构造特征、矿物的粒度以及含量百分比等，以便确定选矿中的磨矿粒度等加工工艺中要考虑的矿石选矿加工性能。

共生和伴生组分可利用性研究：

研究共生和伴生组分综合回收利用的可能性，包括含量的高低，应采用的选冶方法及技术经济可行性。

11.3.2　矿山补充资源综合利用的地质研究

矿山补充资源，是指矿山主要生产对象之外的未经充分开发或虽已开发但被遗弃，尚具重新开发利用的自然资源，包括边际经济的次边际经济的矿石、超贫矿、残矿、尾矿、废石、矿坑水等。所涉及范围，将随着生产发展，技术经济水平提高而有新的扩大。

11.3.2.1　矿山边际经济的和次边际经济矿石的利用研究

(1) 矿石性质的研究，主要研究他们的矿物组成及其变化特征，研究其品位变化规律以及矿石的结构、构造等。获取有关矿石性质方面的全面资料，评价矿石是否具备较好的选矿性能。

(2) 通过选矿试验(实验室试验、半工业试验和工业试验)，对不同品位段矿石获取具体的试验指标值，确定其选矿性能。

(3) 对暂不能利用的矿石与超贫矿利用的技术经济研究，应该在开采境界之内、不增加采矿费用、选矿生产尚有潜力的条件下进行。当需要扩建新建设施时，应进行技术、经济可行性研究。

(4) 研究并考虑对资源的需求程度。

(5) 环境保护及社会效益方面的研究，堆放暂不能利用矿石、超贫矿石需占用大量土地，并对环境造成污染。因此，其利用情况应充分考虑其因素，研究企业效益和社会效益等综合效益的利弊。

11.3.2.2　废石及尾矿综合利用的研究

(1) 废石综合利用的地质研究，应结合本矿山的特点，矿山生产条件进行具体的地质调查研究，确定有无利用价值与可能。其主要内容有：

1) 矿床(体)地质调查研究：重点研究开采地段有用组分含量、分布、开采利用情况以及采下矿石损失情况等。

2) 选矿方面的调查研究：主要是选矿回收情况以及尾矿中有用组分及其含量的情况。

3) 废石现场堆放情况的调查研究：主要是废石的种类、数量及其利用的前景等，包括有用组分可再回收利用的地段、质量与数量；可作为建筑碎石、铁路道渣、玻陶原料等的地段、质量与数量;可作为颜料、耐磨材料或宝石、彩石等观赏、工艺矿物的地段、质量与数量的调查研究。

(2) 矿山选矿尾矿的综合利用研究:

1) 入选矿石的类型、矿物成分、品位及矿石结构、构造特点及相应的选矿工艺流程的特点和选别效果等。

2) 各类尾矿的矿物组成及其相互间的关系,尾矿的品位及其变化规律。可能有利用价值的组分的赋存状态。

3) 尾矿中矿物的粒度、含泥量及次生变化,黏性大小和固结程度以及选别的难易程度。

4) 尾矿堆放的形式和特点及其粒级与品位之间的分布规律。

5) 对尾矿应进行体重和湿度的测定,对可能利用的地段,应作图并进行堆放量的计算。

6) 尾矿的再利用应进行可行性论证,包括尾矿坝(库)地质条件,工程本身情况以及投入产出的技术经济分析。

11.3.3 矿坑水综合利用的地质研究

矿坑水综合利用的地质研究:

(1) 矿坑水水质复杂,其水质与矿床的矿物成分、含量、矿床埋藏条件,涌水量以及开采条件和采矿方法等多种因素有关,应研究它们之间的关系。

(2) 通过对矿坑水水化学成分的特点以及与矿、岩之间相互关系和变化规律等的研究,提供综合使用矿坑水及进行水处理的依据。

1) 当矿坑水水质符合标准时,应按生活用水、农业用水、工业用水的顺序原则综合利用。

2) 当矿坑水中金属、非金属离子含量达到一定数量时,可采用水处理方法进行回收利用。应研究中和法、离子交换法或还原法以及其他的有效方法回收重金属的可行性。

(3) 对矿坑水还应注意地下热水、矿泉水存在及利用的调查研究工作。

11.4 综合地质科学方面的研究

11.4.1 矿床物质组成研究

矿床物质组成研究的内容:

矿床物质组成研究是矿床地质评价、矿床经济评价的基本前提。其研究的主要内容是:矿床的矿石与岩石(包括围岩)的化学组成与矿物组成及其空间分布、变化规律。

查明矿区微量元素及同位素含量和分布规律,研究矿区地球化学背景及其与成岩、成矿作用间的关系。

11.4.1.1 *矿石物质组成的研究*

(1) 对现行生产利用的矿石,通过系统取样分析及测定,研究矿石的化学成分,有用组分富集及变化规律。研究矿石中共生、伴生组分及其赋存状态,富集程度和分布规律,评定其可回收利用条件和经济价值。

(2) 对矿石矿物及脉石矿物进行显微镜下鉴定、电子探针和单矿物样品测定,确定矿物结晶形态、光学性质、含量、标型特征,研究矿物形成环境,确定矿物成因。进一步研究成矿规律,指导矿床深部与边部及矿区外围找矿工作。

11.4.1.2 岩石(包括围岩)物质组成的研究:

(1) 矿床围岩研究的目的在于为矿床成矿条件、成矿规律的深入研究提供依据。为矿山安全生产、找矿、技术经济管理的需要提供资料。

(2) 可根据实际需要开展以下方面的矿山研究: 矿床(矿体)形成与围岩的关系;蚀变岩的特征及与矿体的关系;围岩性质与损失贫化;标志层与找矿;岩体与安全生产的关系等。

11.4.2 矿床构造的研究

11.4.2.1 矿床构造研究的目的

(1) 矿床构造研究是矿山综合地质科学研究的基础之一。研究构造对成矿的控制作用,可以指导矿床勘查;错失矿体的构造研究,有助于矿体的寻找及指导采掘施工方向;

(2) 矿床构造(小型构造)的研究,有助于解决矿区水文地质、工程地质和环境地质等有关问题。

11.4.2.2 矿床构造研究方法及原则

(1) 随着矿山采掘工程的进展,对采掘工程所揭露的各种地质构造进行地质调查与素描编录, 并编制构造图或构造统计图。

(2) 对构造进行综合分析研究,确定构造活动的阶段与期次,活动的时空分布及继承性规律;确定构造在空间上的组合关系、分级与类型、应力场分布,掌握矿区构造分布特征与活动规律。

(3) 研究矿区构造与成矿的相互关系,研究矿区的成矿构造控制因素及成矿后构造对矿床、矿体破坏的特征与规律。

(4) 构造研究应采取点和面相结合,各级构造相结合,构造的时空相结合(即构造与成矿在时间上的相互关系),构造与生产工作相结合,以及构造与其他成矿控制因素、其他地质科学相结合。

11.4.3 成矿控制因素及成矿规律的研究

11.4.3.1 成矿控制因素的研究

(1) 成矿控制因素是成矿规律、成矿预测研究的基础,是矿山开展找矿工作的根据。矿山可结合开采对矿床不断揭露的有利条件,逐步开展此项研究工作,以便获得对矿床新认识及找矿上的新突破。

(2) 成矿控制因素研究包括:岩浆因素、构造因素、岩性因素、地层因素、岩相—古地理因素、变质作用因素、风化作用及地貌因素、地球化学因素等。

(3) 不同类型矿床,成矿控制因素不同。因此,矿山在对成矿控制因素研究时,应结合本矿床的实际, 有区别的选择课题。

11.4.3.2 成矿规律的研究

(1) 应将矿床产出的地质条件同周围的地质、地球化学背景和构造环境联系起来进行研究,研究矿床时空分布及形成规律。

(2) 研究矿山应根据其矿床的特点,进行成矿物质来源,成矿时间、空间分布规律,成矿的环境与过程,矿床成因、成矿系列和成矿模式的选题研究工作。

(3) 矿山自行选题研究应与指导生产找矿及成矿预测等生产实际需要为主来进行。

11.4.4 矿石选冶(技术加工)性质研究

矿石选冶(技术加工)性质研究是为矿山选择技术上可行,经济上合理的选冶工艺流程提供科学依据的研究工作。是用于解决矿物处理工艺和材料加工工艺过程中存在的矿物学课题。

矿石选冶(技术加工)性质研究的主要内容:

(1) 矿石工业类型划分的研究:主要确定选冶性质,是否需选和采用何种选矿方法。

(2) 矿石工艺类型划分的研究:在划分及圈定的工业类型基础上,进一步按矿石和脉石的含量、矿石矿物粒度,结构构造和可选性质划分工艺类型。并应考虑采矿的分采可能性和选矿试验以及选矿厂生产实践条件。

(3) 矿石可选性研究的主要内容:

1) 研究矿石中工业矿物和脉石矿物的种类、含量、粒度、硬度、相对密度、磁性、电性、可选性等工艺矿物学特性及其在各种选矿过程中的行为;

2) 研究矿石结构构造与矿石可选性的关系;

3) 研究矿石抗压强度、矿物硬度等物理力学性质与矿石可磨性的关系;

4) 研究矿石矿物组成及嵌布粒度和空间分布;

5) 研究矿石在磨矿过程中的单体解离特征;

6) 研究矿石的风化、含泥性对选矿的影响;

7) 研究精矿、尾矿、中矿等选矿产品的工艺矿物学特性与提高选矿指标的关系;

8) 编制矿石可选性预测图。

11.4.5 矿山地质经济研究

矿山地质经济研究:

(1) 市场经济的确立,把矿山地质工作推到矿业开发中具有特殊地位和作用上来,矿山地质工作已由原来单一的地质评价转轨为地质经济评价,因此,矿山企业在为提高经济效益时应加强对地质经济的研究工作。

(2) 在地质经济研究中应遵循下列原则:多目标决策原则;动态性原则和及时性原则。

(3) 主要研究课题如下:

1) 矿床地质经济全面评价,包括随着矿山开发的进展,以致在当地、全国和国际上不断发展变化的背景下的阶段性评价。

2) 矿山经营参数(工业指标)的优化研究:包括矿石品位指标的制定与修订、生产勘探工程间距、矿块回采损失率、贫化率和出矿截止品位的最佳指标、矿体最小可采厚度、夹石剔除厚度、剥(掘)采比等。优化的步骤与方法可参考第5章的有关规定。

3) 矿产资源综合利用的经济评价研究:包括共生、伴生有益组分的利用,矿山补充资源综合利用研究,“三废”的综合利用研究等。

4) 地质经济评价、研究有关计算机软件的研制与开发。

11.4.6 矿山环境地质调查研究

矿山环境地质调查研究：

(1) 矿山开发排放的废石、废水、尾矿及冶炼炉渣等，可对环境造成污染。开展矿山污染源的地质调查是矿山环境地质评价的重要组成部分，也是矿山环保工作的基础，矿山地质部门应进行矿山污染源的地质调查、评价及研究，配合有关部门进行“三废”的治理及综合开发利用工作。

(2) 矿山开发污染源的调查内容、方法及评价见第9章的有关规定。

(3) 研究的主要课题：

1) 岩石与岩体的物理力学性质、构造作用与风化作用对岩体稳定性影响的研究；

2) 矿山开发可能引起的滑坡、塌陷、泥石流、地面沉降和流沙等的研究；

3) 矿山工业“三废”中的毒性物质在环境介质中迁移、转化、富集的机理及对环境的污染、生态平衡、人体的危害的研究；

4) 防治污染的措施与控制污染途径的研究；

5) 综合开发利用的研究。

11.5 计算机在矿山地质工作中的应用

11.5.1 矿山地质工作中应用计算机的意义

矿山地质工作中应用计算机的意义如下：

(1) 应用计算机可大幅度提高工作效率以及提高其工作成果的精度。

(2) 可为采矿工作的计算机化提供必要的基础。

(3) 应用计算机已成为矿山地质工作现代化的标志之一。

11.5.2 矿山地质工作中应用计算机技术的领域

矿山地质工作中应用计算机技术的领域：

(1) 建立矿山地质数据库：目前已有大量的现成软件可供应用。

(2) 编制各种报表：包括各种原始资料表格、经过处理的表格，如资源储量报表、三级矿量报表、损失贫化报表等。编制报表可采用带有强大计算功能的通用软件 EXCEL 或 LOTUS 1-2-3 等。

目前有许多电子表格软件可与数据库软件相互沟通应用，起到功能互补的作用。

(3) 绘制各种统计图表：包括不同查明程度的资源储量的对比图、三级矿量储备的对比图、月或历年生产勘探工作量的对比图、品位频率分布图等。这种图表可在已填入数据的上述电子表格上完成。

(4) 数学地质的分析运算：矿山地质工作中的各种数学地质方法，可在多种软件上进行计算，如 MATLAB、MATHCAD、SPSS 等。这些软件虽不是专门为数学地质工作而编制的，但当应用到某种数学地质方法时，可在这些软件的 Help 菜单中寻找适用的功能。

(5) 绘制各种地测图件：目前已出现根据地质控制点可自动连图和绘图的智能化绘图软件。这些软件中应包括有能指导连图的专家系统，但由于不同矿床的连图规律不尽相同，因此，不同矿山应自行开发适合本矿山的连图专家系统。

(6) 矿山经营参数优化见第5章。

11.5.3　矿山地质工作中应争取应用计算机技术的领域

建立矿山内部局域网实现信息共享和沟通：

当矿山已建立了内部的局域网时，矿山地质部门应利用它来进行与其他技术部门(采矿、选矿、调度室等)之间的信息沟通或共享。

利用数据挖掘技术解决某些矿山地质问题：

(1)"数据挖掘"即是从大量的、不完全的、有噪声的、模糊的、随机的实际信息中，提取隐含在其中的不能靠直觉发现的、但又是潜在有用的、甚至是违背直觉的信息和知识。它具有综合处理结构化信息(即可定量的数据)、非结构化信息和半结构化信息的功能、该技术所采用的分析方法、手段，最常用的是关联分析、人工神经网络、决策树、遗传算法、专家系统等；也用到其他各种数理统计、运筹学的各种方法、模糊数学等方法。

这种技术被认为是继网络技术后计算机技术的新亮点。有可能应用"数据挖掘"技术的矿山地质工作领域包括：建立成矿模型，资源储量地质可靠程度标准的划分，矿石质量控制，围岩和矿石稳定性的分类等。

(2) 建立成矿模型以指导矿区深部和外围找矿勘探：通过人工分析建立成矿模型和进行成矿预测，易于遗漏较隐蔽的有用信息。由于"数据挖掘"发现知识的方法可以是数学的，也可以是非数学的；可以是演绎的，也可以是归纳的，可挖掘出一些较隐蔽的信息。因此，它特别适用于成矿模式的建立，它所建立的成矿模型是相当于专家系统的计算机应用软件。

(3) 资源储量地质可靠程度升级分级标准的划分与控制：对于各类型资源储量地质可靠程度(探明的、控制的、推断的、预测的)要求往往模糊不清，除了工程间距控制外，其他的(矿体的形态、地质构造等)控制要求，都是用"准确控制"、"详细控制"、"基本控制"的模糊术语加以确定。因此，利用已积累的大量有关信息，采用数据挖掘技术来划分地质可靠程度，再用其所建立的模型确定各个不同地段的资源储量地质可靠程度，比现有的划分和确定方法要更加合理。

(4) 矿石质量的控制：矿石的质量控制对矿山生产的经济效益和资源回收效益有重大影响。质量控制得好是个非常复杂的过程，应根据积累的大量的人工质量控制成功和失败的信息，采用数据挖掘技术建立起一个综合优化质量控制模型，可使质量控制的效果大幅度提高。目前已出现带有专门用于质量控制的数据挖掘的软件。

(5) 围岩和矿石稳定性的分类、评估和应用：岩体的稳定性涉及许多因素，除了构成岩体的岩石物理力学性质外，还涉及结构面的类型、产状、密度，水对岩石强度的影响，地应力的大小、方向及其与采掘工程方向的相对关系等。利用数据挖掘技术对矿山所积累的大量信息进行分类，并进而对各个地段的岩体进行稳定性评估，对于坑下开采矿山采矿法的选择、巷道的支护和露天矿山边坡的维护等可以起到很大作用。

(6) 数据挖掘技术的原理和方法尽管复杂，但利用已有的软件进行分析却较容易掌握，目前国内外已有许多"数据挖掘"的通用软件可供选用。

11.5.4　矿山地质部门在应用计算机技术中应注意的问题

矿山地质部门在应用计算机技术中应注意的问题：

(1) 应尽可能采用通用软件进行2次开发以编制出适用的应用软件。目前世界上已有大量可供不同用途且功能强大的通用软件。

(2) 应尽可能通过地质专业人员提高计算机技术来从事计算机的应用与管理。

(3) 要制定严格管理计算机的规章制度,防止病毒侵入,或损坏数据库等文件造成巨大损失。

12　地质资料的管理

12.1　概述

12.1.1　地质资料管理的目的

地质资料管理的目的：

(1) 是对矿床勘察、基本建设、矿山采掘直至开采结束闭坑为止所获得的全部地质资料进行全面管理。

(2) 是使地质资料能更好地为矿山建设与生产服务。

12.1.2　地质资料管理的任务

地质资料管理的任务：

(1) 对地质图件、表格、台账、文字资料、计算机地质资料、影像、矿岩心、标本、化验副样等的合理保管，保证其系统与完整。

(2) 对地质资料做到正确使用，延长其使用寿命，充分发挥其作用。

(3) 对地质资料按规定呈报与审批，保证其准确与可靠。

12.2　地质资料的分类

12.2.1　依据资料的性质分类

12.2.1.1　原始资料

(1) 野外记录、素描图；

(2) 采样记录、化学分析成果、物理力学性质测试记录与成果；

(3) 摄影、录像；

(4) 地层、矿物、岩石、矿石标本、光片、薄片、矿岩化学分析副样、岩矿心，物理法测定品位基样的副样。

12.2.1.2　综合资料

(1) 原图类；

(2) 复制图类；

(3) 计算机地质文件资料；

(4) 综合性的文字报告；

(5) 计算成果表、台账；

(6) 报表。

12.2.2 依据资料的保存期限分类

12.2.2.1 永久性保存的资料

(1) 综合性文字报告及其附图：

1) 地质勘查总结报告；

2) 基建地质勘察总结报告；

3) 水文地质勘察总结报告；

4) 工程地质勘察总结报告；

5) 生产勘探总结报告；

6) 矿产资源储量核(重)算报告；

7) 资源储量报销申请书及评审认定文件；

8) 探采对比总结报告；

9) 闭坑地质总结报告；

10) 停采地质报告。

(2) 国家和省、市(自治区)政府有关主管部门、公司等上级单位对应永久保存的资料的批准文件、下达的指示、规定等文件。

(3) 矿山地质部门编绘的综合地质图件、资料：

1) 地质原图；

2) 固体矿产资源/储量报表；

3) 相关的计算机地质文件。

12.2.2.2 长期保存的资料

(1) 综合性文字报告及其附图：

1) 地质技术管理总结报告；

2) 选、冶试验等技术加工样品的取样总结；

3) 矿产资源/储量核(重)算报告的原本(文字、图件、资料)；

4) 探采对比总结报告的原本；

5) 闭坑(停采)地质报告的原本；

6) 停采地段(坑口、采区)的原图及原始资料；

7) 地质科研成果报告。

(2) 国家和省、市(自治区)政府有关主管部门、公司等上级单位对应长期保存的资料的批准文件。

(3) 矿山地质部门综合编绘、使用的资料：

1) 大比例尺地质图件；

2) 各类原始编录、野外记录；

3) 各类台账、报表；

4) 计算机有关上述资料的数据库等地质文件资料；

5) 勘探队移交的及生产勘探主要勘探线上的矿岩心；

6) 记录主要地质问题的照片、录像等；

7) 矿石、岩石的标准标本及特殊标本；

8) 光片、薄片；

9) 物理法测定品位的基样；

10) 矿、岩物理力学性质测定成果。

12.2.2.3　短期保存的资料

(1) 综合性文字报告及其附图：

1) 年度生产勘探设计、总结报告(原本)；

2) 基建地质勘察设计、总结报告(原本)；

3) 水文地质勘察设计、总结报告(原本)；

4) 工程地质勘察设计、总结报告(原本)；

5) 地质科研计划与设计；

6) 年度地质技术管理总结报告。

(2) 国家和省、市(自治区)政府有关主管部门、公司等上级单位关于对短期保存的资料的批准文件。

(3) 地质部门日常编绘、整理、使用的资料：

1) 为采场、阶段、中段的开采，开拓设计所提供的地质图件、资料的原本；

2) 化学分析成果报告单及其限期保存的副样；

3) 生产勘探加密钻孔的矿心(保存至矿块开采结束)；

4) 一般计算资料；

5) 采集的一般矿石、岩石标本。

12.2.3　依据资料的密级分类

地质资料按保密程度划分为绝密、机密、秘密和普通 4 个级别，划分原则以国家保密委员会的规定为准。

12.3　地质资料的保管与使用

12.3.1　地质资料的保管

12.3.1.1　地质资料保管的要求

矿山的地质资料，必须统一分类、编目、登记造册。并做好收集、整理和保管。

12.3.1.2　地质资料保管的规定

(1) 永久性保存的地质勘查报告，为方便使用可在矿地测科(部门)留存 1 份，矿资料室或技术档案室保管 1 份。并按保密规定建立资料目录与借阅制度。

(2) 地测部门保管与使用的图纸和资料，应设专室、专柜、专人负责保管，也应按保密规定建立资料目录和借阅制度。地质图件存放时，不应折叠(蓝图除外)。

(3) 矿岩心，应存放在岩心仓库内。岩心库应坚固，具有防雨及防火设备，必须设专人保管。

(4) 限期保存的化验副样、地质勘探及生产勘探工程的化学分析副样、X 射线荧光分析仪、磁化率仪测定所取基样的副样，由化验加工室负责保存。

(5) 地层、矿物、岩石、矿石的标准标本由矿地测部门保管。所有标本都应附有标签、标准标本目录与登记表。

(6) 照片、录像带和光片、薄片应附说明。由地测部门负责保管。

(7) 计算机地质文件资料(保存于硬盘或软盘),由矿地测部门保存。备1份于矿计算机中心。

12.3.2 地质资料的使用

12.3.2.1 文字图表使用的规定

(1) 永久性保存的地质勘探总结报告及其所附的图纸资料,使用时应保持清洁完整,不准随意涂改,不准在图上做设计、安排计划与计算矿量等。发现有涂改损坏现象或丢失时,应立即追查责任,严肃处理。当矿山只有1份地质勘探总结报告时,可进行复制。并使用复制资料。

(2) 永久性保存的地质原图及计算机绘图软件不得随意外借。原图不能作为日常图件使用。不准在原图上用硬笔描图。

(3) 使用蓝图、透明纸图以及计算机绘制的图件时,防止潮湿、日晒以及随意折叠。

(4) 复制矿山地质资料时,应登记复制份数、类别。对外分发时应登记盖章。

(5) 邮寄保密地质资料时,应按保密规定实行专递。

12.3.2.2 矿岩心缩减的规定

(1) 地质勘探移交的矿岩心和生产勘探主要勘探线钻孔的矿岩心,一律不得缩减。

(2) 生产勘探加密钻孔的矿岩心可行缩减。缩减方案必须经过审批。缩减的矿岩心,每回次需保留0.1m。

(3) 缩减矿岩心前,应详细描述记录或拍照,并经矿山地质技术负责人检查签字,方可缩减。

12.3.2.3 地质资料的鉴定和销毁的规定

(1) 地质资料的鉴定和销毁,必须经矿山保卫、档案、地测等部门共同进行。

(2) 销毁资料必须编制资料清单,并经矿山保卫、档案、地测等部门鉴定签字,交档案室存档。

(3) 销毁资料时,应指派专人监督销毁。监销人必须在销毁资料清单上签字并交档案室存档。

12.3.2.4 资料交接的规定

(1) 地质人员调转或离职时,必须将所有的地质资料移交给有关人员,不得带走。

(2) 各单位在交接地质资料时,应办理交接清单,接收单位应清点核对。由双方经手人和单位负责人签字,并加盖公章。

(3) 矿山地质资料进入技术市场时,应经有关领导同意,并对允许抄录与复印的资料进行核查。

12.4 地质资料的呈报与审批

12.4.1 地质资料的呈报

12.4.1.1 呈报汇交的规定

矿山地质资料向国家有关部门和省(市、自治区)政府有关部门的呈报汇交,按照原地质矿产部《关于加强资料汇交管理工作的通知》和各省(市、自治区)政府关于地质资料汇交管理办法的有关规定执行。

12.4.1.2 呈报时间的规定

矿山各种地质报告和地质资料向其上级主管部门呈报时间规定如下:

(1) 矿产资源/储量报表,于次年元月20日前报出;

(2) 地质工作年度技术总结报告,在下一年度1月底前报出;

(3) 基建地质勘探总结报告,于基建工程竣工后3个月内提出,并上报;

(4) 生产勘探总结报告,应于工程竣工后3个月内提出,并与下年生产勘探设计一起于当年12月末前上报;

(5) 专项水文地质与工程地质勘察总结报告,于工程结束后3个月内提交,并上报;

(6) 地质科研报告,于研究结束后3个月内提交并上报。当有协议(合同)规定时间的,按规定时间提交并上报;

(7) 资源/储量核(重)算报告,每8~10年提交1次。当工业指标改变时,应随时重算。核(重)算报告应在1年内提交,并上报;

(8) 储量报销报告(申请书),地下矿山在中段、露天矿山在5个阶段回采工作结束后半年内提交并上报;

(9) 矿山(或坑口、采区、矿体)闭坑(停采)地质总结报告,于闭坑前2~6个月内提交并上报;

(10) 生产勘探工程月报表、原矿质量月报表、矿石开采损失率、贫化率月报表应在下月5日前报出;

(11) 生产准备矿量变动半年(年)报表及矿石开采损失率贫化率季(年)报表,于下季(年)初10日前报出。

12.4.1.3 呈报的单位与资料份数的规定

各种地质设计总结报告与报表,应呈报的单位及份数,按矿山企业上级主管部门的规定执行。

12.4.1.4 对呈报的地质资料的要求

(1) 矿山上报的一切地质资料,必须经过严密的审查,计算者、审查者分别签字盖章,并经矿山主管领导签署,加盖公章后,方可上报;

(2) 矿山上报地质资料,必须按上级主管部门规定的项目格式填写,必须准确可靠、内容齐全、字迹端正;

(3) 矿山上报地质资料说明书与附图要求:

1) 附图:必须图幅规整、内容齐全、界线清楚、颜色清晰,并应反应最新成果。

2) 说明书:必须文字简练、通俗、说明问题,并加盖单位公章及有关责任人签字盖章。

(4)《固体矿产资源/储量报表》应按国家有关规定填报。

(5) 矿石损失率、贫化率季(年)报表与生产准备矿量变动报表,应按规定内容填写上报外,并附说明。

12.4.2 地质报告和报表的审批

12.4.2.1 《固体矿产资源/储量报表》的审批

送矿山上级主管部门审核后呈报国家、省(市、自治区)矿产资源管理部门。

12.4.2.2 地质报告的审批

(1) 基建地质工作总结、基建地质勘探设计与总结报告、生产勘探设计与总结报告、水文地质勘察设计与总结报告、工程地质勘察设计与总结报告,由矿山上级主管部门组织审批。

(2) 地质科研总结报告,应按科研成果申报程序办理。

(3) 资源储量核(重)算报告、资源储量报销报告,矿山闭坑地质总结报告,由矿山上级主管部门审核后,上报省(市、自治区)政府矿产资源管理部门审批。

(4) 未经审批的各项报告中的图纸、矿产资源储量、矿石质量等地质资料和数据,不得作为指导矿山建设与生产的依据。

附　件

矿山地质图式图例

目　录

1　地质体年代、符号

1.1　地层划分单位及地质年代单位

地层划分单位及术语一览表如下：

附件表 1　地层划分单位及术语一览表

<table>
<tr><th>地层类别
使用范围</th><th>年代地层单位</th><th>岩石地层单位</th><th>生物地层单位</th><th>地质年代单位</th><th>其他类地层</th></tr>
<tr><td>国际性的</td><td>界
系
统</td><td rowspan="3">群
组(岩组)①
段(岩段)
层</td><td rowspan="4">生物带
组合带
时限带
极顶带
间隔带
其他种类
的生物带</td><td>代
纪
世</td><td rowspan="4">矿物的、
沉积环境的、
地震波的、
地磁的</td></tr>
<tr><td>全国性或
大区域性的</td><td>（统）
阶
带</td><td>（世）
期
时</td></tr>
<tr><td>地方性的</td><td></td><td rowspan="2"></td></tr>
<tr><td>地方性的
（辅助性
地层单位）</td><td></td><td>杂　岩
亚群、亚组</td></tr>
</table>

① 中深变质岩地区，在未查清地质年代的情况下，可先建立岩组、岩段的相对层序。其命名可用地方性代表性剖面的地理名称或加有关岩性名称。

1.2　地质体年代符号

1.2.1　年代地层单位

(1) 宇(Eonothem)。

(2) 界的符号：

K_Z	新生界
M_Z	中生界
P_Z	古生界
P_t	元古界
A_r	太古界
$A_n\in$	前寒武
A_nZ	前震旦
M	时代不明的变质岩

(3) 亚界的符号:太古界不易划分,一般不分亚界;近年来亦有上、下亚界之分;元古界近年来我国系用三分。目前世界上出现了四分、五分……等的趋势;古生界我国习惯为两分;中生界、新生界习惯不分亚界。

P_{Z2}	上古生界
P_{Z1}	下古生界
P_{t3}	上元古界
P_{t2}	中元古界
P_{t1}	下元古界
A_{r2}	上太古界
A_{r1}	下太古界

(4) 系的符号:

Q	第四系
R	第三系
K	白垩系
J	侏罗系
T	三叠系
P	二叠系
C	石炭系
D	泥盆系
S	志留系
O	奥陶系
∈	寒武系
Z	震旦系(系指 615-800m.y. 间沉积岩层,下同)

(5) 亚系的符号:一般不分,第三系例外。

N	上第三系
E	下第三系

(6) 统的符号:

Q_4	全新统,也可用 Q_h	
Q_3	上更新统	Q_p 更新统
Q_2	中更新统	
Q_1	下更新统	
N_2	上新统	上第三系
N_1	中新统	
E_3	渐新统	下第三系
E_2	始新统	
E_1	古新统	
K_2	上白垩统或白垩系上统	

K_1	下白垩统或白垩系下统
J_3	上侏罗统或侏罗系上统
J_2	中侏罗统或侏罗系中统
J_1	下侏罗统或侏罗系下统
T_3	上三叠统或三叠系上统
T_2	中三叠统或三叠系中统
T_1	下三叠统或三叠系下统
P_2	上二叠统或二叠系上统
P_1	下二叠统或二叠系下统
C_3	上石炭统或石炭系上统
C_2	中石炭统或石炭系中统
C_1	下石炭统或石炭系下统
D_3	上泥盆统或泥盆系上统
D_2	中泥盆统或泥盆系中统
D_1	下泥盆统或泥盆系下统
S_3	上志留统或志留系上统
S_2	中志留统或志留系中统
S_1	下志留统或志留系下统
O_3	上奥陶统或奥陶系上统
O_2	中奥陶统或奥陶系中统
O_1	下奥陶统或奥陶系下统
$\in_3$	上寒武统或寒武系上统
$\in_2$	中寒武统或寒武系中统
$\in_1$	下寒武统或寒武系下统
Z_2	上震旦统或震旦系上统
Z_1	下震旦统或震旦系下统

(7) 阶的符号：阶的符号是在统的符号后面加阶名汉语拼音头 1 个正体小写字母，如同一统内阶名第一个字母重复时，则年代较老的阶用一个字母，较新的阶在头一个字母之后再加最近的一个正体小写声母。例如：$\mathbf{Z}_{3x}$(上震旦统兴民村阶)、$\mathbf{Z}_{1g}$(下震旦统桥头阶)。

在给汉字注音的时候，为了使拼式简短，Zh、Ch、Sh 可写作 **Z**、**C**、**S**，不能省作 Z、C、S。

1.2.2 岩石地层单位

岩石地层单位：

(1) 群的符号：在相应的界或系或统的符号之后，加群名两个汉语拼音小写斜体字母。第一个为汉语拼音的头一个字母，第二个是拼音最接近的声母，例如：P_{t1}lh(辽河群)、Aran(鞍山群)。

亚群的符号：在群的符号之右上角注以小写正体的 a、b、c 表示。例如：Pt_1lh^a(辽河群下亚群)。

(2) 组的符号：采用在系或统的符号后，加组名汉语拼音头一个小写斜体字母。同一统或系内组名第一个字母有重复时，则年代较新的组在头一个字母之后再加上最接近的一个小写斜体声母。例如：$\in_2 d$(当十组)、$Aran_2y$(樱桃园组)。

亚组的符号：在组名的右下角注以阿拉伯数字 1、2、3 表示。例如：$\in 1m1$(馒头组下亚组)。

(3) 段的符号：在组进一步细分为段时，可在组的符号右上角注以阿拉伯数字。例如：Pt_1lhl^1(辽河群浪子山组第一段)。

1.2.3　跨统、并层及时代不肯定的年代地层单位的表示

跨统、并层及时代不肯定的年代地层单位的表示如下：

(1) J_{2-3}　表示包括侏罗系中统和上统的邻接部分；

(2) P_{1+2}　表示二叠系上统和下统的总和；

(3) $\in_3/O_1$　表示上寒武统或下奥陶统；

(4) $\in_2?$　表示有疑问的寒武系中统。

1.2.4　侵入岩年代单位

以花岗岩为例，同位素地质年龄数值为百万年(m.y.)：

γ_6	新生代花岗岩		
γ_6^3	晚第三纪	喜马拉雅期	晚期(10.0～25.0)
γ_6^2	早第三纪		中期(30.0～36.0)
γ_6^1			早期(41.9～70.0)
γ_5	中生代花岗岩		
γ_5^3	白垩纪	燕山期	晚期(70.0～140)
γ_5^2	侏罗纪		早期(140～195)
γ_5^1	三叠纪	印支期(195～250)	
γ_{3+4}	古生代花岗岩		
γ_4	晚古生代花岗岩		
γ_4^3	二叠纪	华力西期	晚期(250～285)
γ_4^2	石炭纪		中期(285～330)
γ_4^1	泥盆纪		早期(330～400)
γ_3	早古生代花岗岩		
γ_3^3	志留纪	加里东期	晚期(400～440)
γ_3^2	奥陶纪		中期(440～520)
γ_3^1	寒武纪		早期(520～615)
γ_{1+2}	前寒武纪花岗岩		

γ_2　元古代花岗岩

γ_2^3　晚元古代花岗岩：第四期(700±)；第三期(800±)；第二期(1100±)；第一期(1450±)

γ_2^2　中元古代花岗岩(1950±50)

γ_2^1　早元古代花岗岩：第二期(2000～2100)；第一期(2100～2400)

γ_1　太古代花岗岩

γ_1^2　晚太古代花岗岩

γ_1^1　早太古代花岗岩

阶段、次的表示方法(以燕山早期为例)：

γ_5^{2-2b}　第二阶段第二次

γ_5^{2-2a}　第二阶段第一次

γ_5^{2-1b}　第一阶段第二次

γ_5^{2-1a}　第一阶段第一次

难以划分阶段、仅能分次的表示方法：

γ_5^{2b}　燕山早期第二次

γ_5^{2a}　燕山早期第一次

1.2.5　地质体单位符号的结构

地质体单位符号的结构如下：

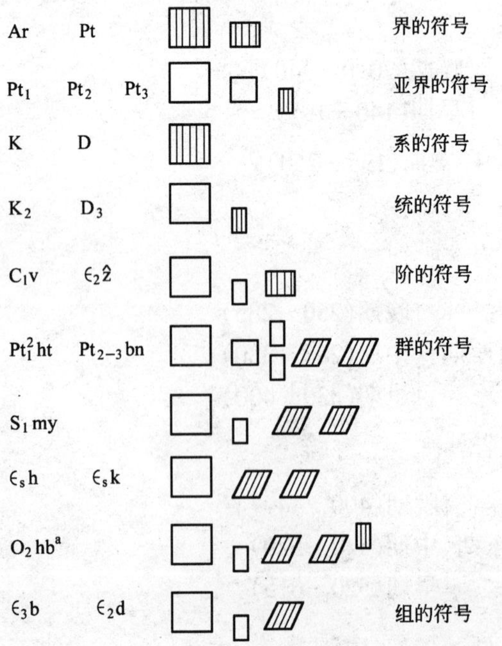

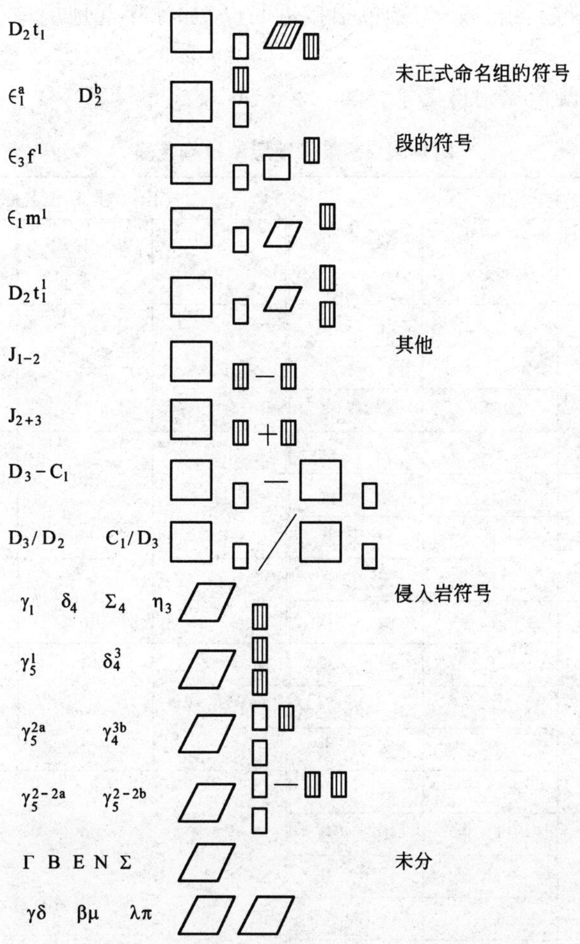

1.3　年代地层及岩浆岩颜色的一般规定

1.3.1　年代地层的颜色

年代地层的颜色说明：

(1) 以年代地层单位(系)为基础，不同色调的颜色表示不同年代的地层。系内(统)组的地层单位颜色是将系的(即下统)颜色由浅至深地分为3个层次，浅色表示相对较新地层，深色表示相对较老地层。例如：

第四系：浅黄

震旦系：橘黄
- 震旦系上统：微橘黄色
- 震旦系中统：浅橘黄色
- 震旦系下统：橘 黄 色

(2) 变质岩年代地层以群为单位，不同色调的颜色表示不同年代地层单位(群)。群内亚群(或组)的颜色，如上所述，由浅至深表示年代地层单位由新到老。

(3) 时代不明的年代地层(例如：∈/O；C—P 等)，或未分层地层，应涂相对老些的年代地层单位的颜色。

(4) 在系或群内分层(组)较多,颜色很接近时,应加注年代地层单位符号或岩石花纹符号。

年代地层单位的颜色见附件表 2。

附件表 2　年代地层单位颜色表

年代地层单位名称			颜色	年代地层单位名称			颜色
名称	符号[系]	符号[统]		名称	符号[系]	符号[统]	
第四系	Q		浅黄	寒武系	$\in$	$\in_3$	微墨绿
第三系	R		黄			$\in_2$	浅墨绿
白垩系	K	K_2	微草绿			$\in_1$	墨绿
		K_1	浅黄绿	震旦系	Z	Z_3	微橘黄
侏罗系	J	J_3	微天蓝			Z_2	浅橘黄
		J_2	浅天蓝			Z_1	橘黄
		J_1	天蓝	辽河群	Pt_1lh	Pt_1lh^b	微棕
三叠系	T	T_3	微褐			Pt_1lh^a	浅棕
		T_2	浅褐	鞍山群	Aran	$Aran^c$	微粉红
		T_1	褐			$Aran^b$	浅粉红
二叠系	P	P_2	微蓝			$Aran^a$	粉红
		P_1	浅蓝				
石炭系	C	C_3	微灰				
		C_2	浅灰	混合岩:浅肉红			
		C_1	灰	混合花岗岩:肉色			
奥陶系	O	O_3	微绿				
		O_2	浅绿				
		O_1	绿				

1.3.2 岩浆岩石的颜色

岩浆岩石的颜色说明:

(1) 岩浆岩按其基性、中性、酸性、碱性 4 大类,分别赋予不同颜色;同类不同岩种的岩石,其颜色只在大类的色调之内变化加以区分。例如:

基性岩类(绿色) { 辉长岩:绿色；煌斑岩:草绿色 }

(2) 岩浆岩的颜色在图件上较比年代地层单位的颜色要浓重、鲜明、突出。

岩浆岩的颜色见附件表 3。

附件表 3　岩浆岩的颜色表

岩石类别	基性	中性	酸性	碱性
颜色	绿	蓝	红	橘黄

2　岩石花纹及岩石名称符号

2.1　岩石花纹设计原则

岩石花纹由各类主要岩石基本花纹和根据岩石命名原则所规定的岩石特征矿物、成分、结构、构造等附加花纹按一定规律组合而成。

2.1.1　各类主要岩石基本花纹设计说明

各类主要岩石基本花纹设计说明：

(1) 未成岩的松散堆积物花纹纵向表示；沉积岩的花纹横向表示；变质岩花纹横向波状表示(大理岩例外)。

(2) 按松散堆积、沉积岩、岩浆岩、火山岩、变质岩等基本岩石类型分别设计各类主要岩石基本花纹。

(3) 可由两个(或两个以上)基本花纹组成的岩石花纹，不设计专用花纹，按 1∶1 的规定组合。如砂砾岩、花岗闪长岩、安山玄武岩等。

(4) 岩浆岩进一步细分时，以组成岩石的主要矿物符号为基础，有规律的组合成岩石花纹。如橄榄岩与纯橄岩；辉长岩与二辉岩等。

(5) 变质岩按板理、片理、片麻理；混合岩根据混合岩化成度规定不同类型的线条表示各类主要岩石基本花纹(动力变质岩、围岩蚀变例外)。如板岩、千枚岩、片岩、片麻岩、混合岩等。

2.1.2　岩石花纹的组合方法

岩石花纹的组合方法：

(1) 以特征结构参加命名的岩石按规定的不同粒级的花纹表示。

(2) 以特殊构造参加命名的岩石构造附加花纹与基本花纹按 1∶1 的比例组合。混合岩依构造附加花纹与矿物附加花纹按 1∶1 组合。

例如：

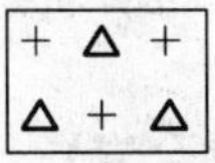

角砾状花岗岩

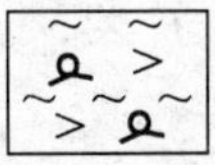

眼球状角闪质混合岩

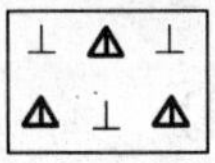

压碎闪长岩

2.2　岩石特征成分、结构、构造花纹

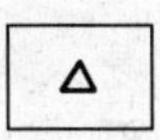

角砾、角砾状

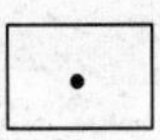

砂、砂质

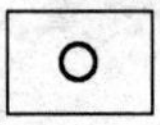	砾、砾状	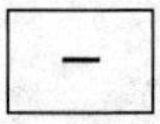	泥质
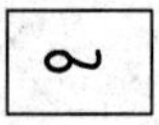	条带状	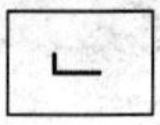	钙质
	竹叶状		白云质
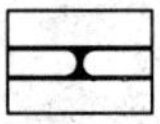	瘤状	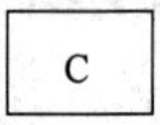	炭质(含炭)
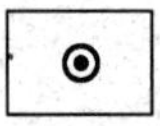	鲕状	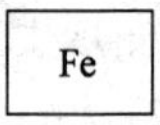	铁质
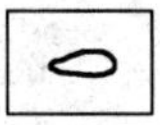	透镜状	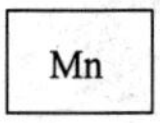	锰质
	豹皮状、花斑状	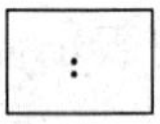	凝灰质、凝灰
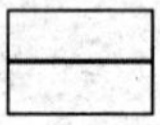	巨厚层(>4)	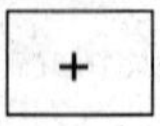	花岗质
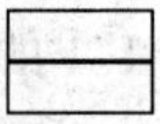	厚层(4)	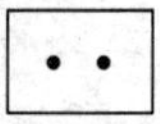	硅质
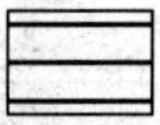	中层(3)	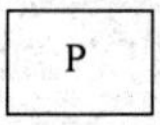	磷质(含磷)
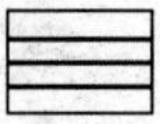	薄层(2)	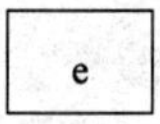	生物碎屑
	叶理(1)		结核
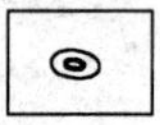	藻类	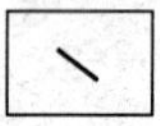	晶屑
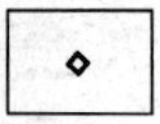	结晶	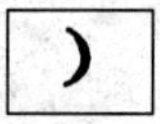	玻屑
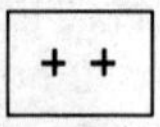	等粒(以花岗岩为例)	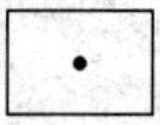	斑点状
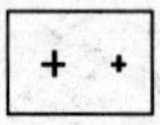	不等粒		变斑(似斑)状(用于混合岩)
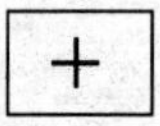	斑状	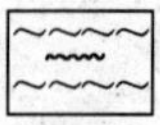	条纹(痕)状(用于混合岩)
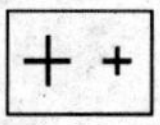	不等粒斑状		眼球状(用于混合岩)
	杏仁状		迷雾状(用于混合岩)
	球状		条带状(用于混合岩)

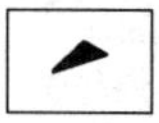
岩屑

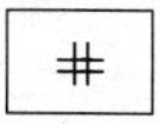
伟晶状(用于混合岩)

2.3　岩石名称符号及花纹

2.3.1　松散堆积(第四纪堆积物)

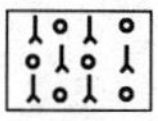
人工堆积〔Q^{s}〕

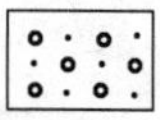
砂砾石洪积〔Q^{pl}〕

残积〔Q^{el}〕

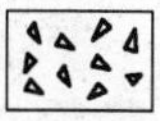
碎砾坡积〔Q^{dl}〕

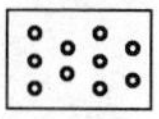
砾石冲积〔Q^{al}〕

冰积

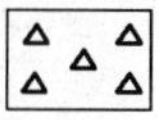
角砾

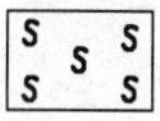

淤泥

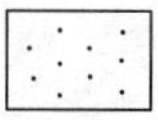
砂

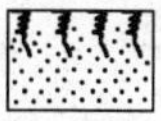
植土

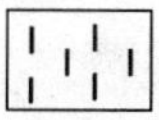
黏土

2.3.2　沉积岩

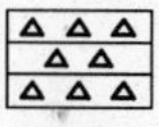
角砾岩〔Br〕

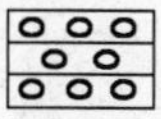
粗砾岩

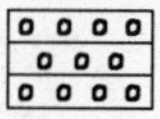
砾岩〔Cg〕

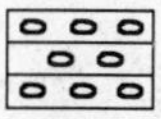
中砾岩

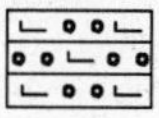
钙质砾岩

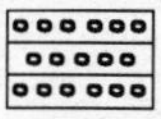
细砾岩

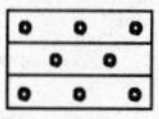
硅质砾岩

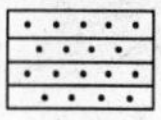
砂岩〔Ss〕

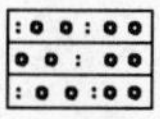
凝灰质砾岩

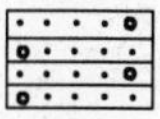
含砾砂岩

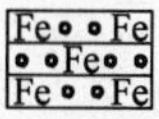

铁质砾岩

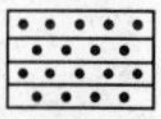
粗砂岩

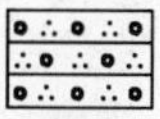
石英砾岩

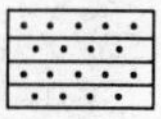
中砂岩

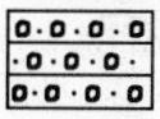
砂砾岩

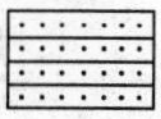
细砂岩

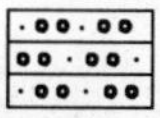
砂质砾岩

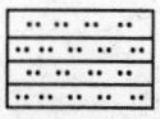
粉砂岩〔St〕

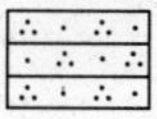
石英砂岩

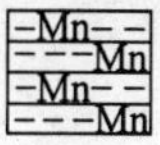

含锰页岩

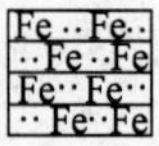	铁质砂岩	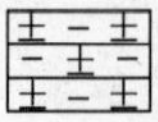	黏土岩〔Cr〕
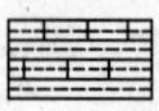	灰质砂岩	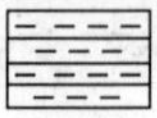	高岭石黏土岩
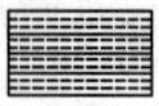	炭质砂岩	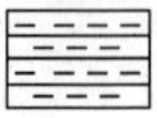	泥岩〔Ms〕
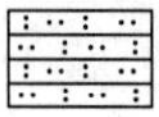	凝灰质砂岩	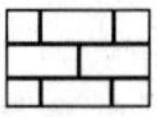	石灰岩〔Ls〕
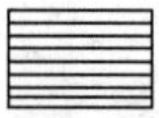	页岩〔Sh〕	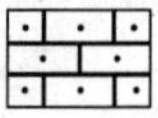	砂质灰岩
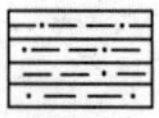	砂质页岩	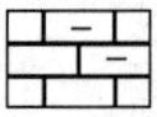	含泥质灰岩
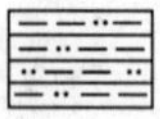	粉砂质页岩	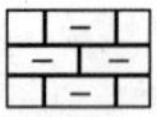	泥质灰岩
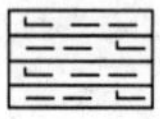	钙质页岩	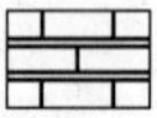	硅质灰岩
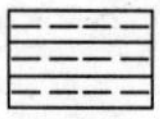	硅质页岩	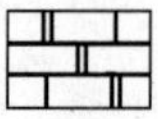	白云质灰岩
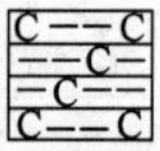	炭质页岩	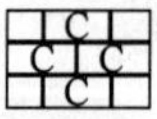	炭质灰岩
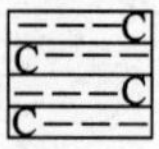	含炭质页岩	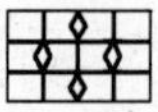	结晶灰岩
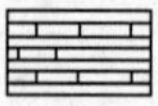	灰质页岩	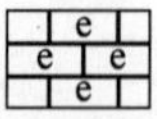	生物碎屑灰岩
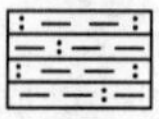	凝灰质页岩	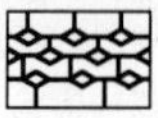	燧石灰岩
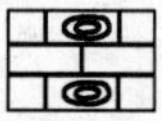	含藻灰岩	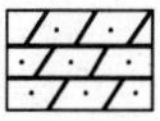	砂质泥灰岩
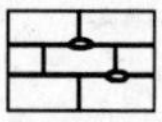	含燧石结核灰岩	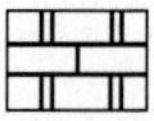	白云岩〔Dol〕
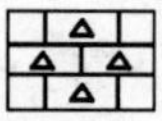	角砾状灰岩	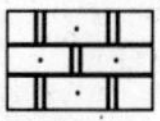	砂质白云岩
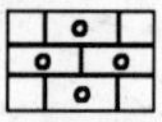	砾状灰岩	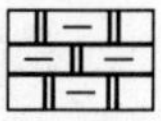	泥质白云岩
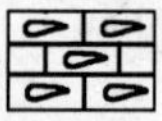	竹叶状灰岩	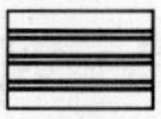	硅质岩〔Si〕
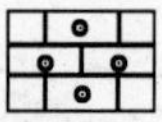	鲕状灰岩	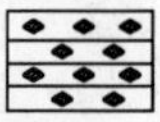	燧石岩
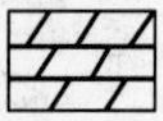	泥灰岩	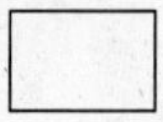	

2.3.3　岩浆岩(包括部分火山碎屑岩)

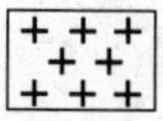	花岗岩〔γ〕	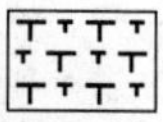	正长斑岩〔ξπ〕
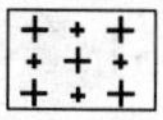	花岗斑岩〔γπ〕	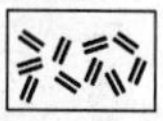	二长岩〔η〕
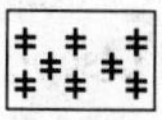	细晶岩〔τ〕		二长斑岩〔ηπ〕
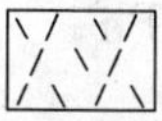	流纹岩〔λ〕	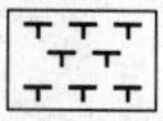	粗面岩〔τ〕
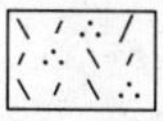	石英斑岩〔λπ〕	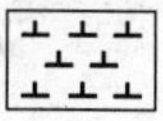	闪长岩〔δ〕
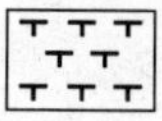	正长岩〔ξ〕	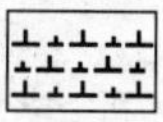	闪长斑岩
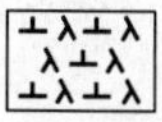	闪长玢岩〔δμ〕	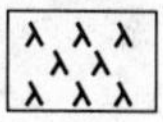	玢岩〔μ〕
	安山岩〔α〕	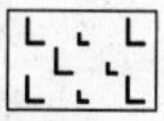	煌斑岩〔χ〕
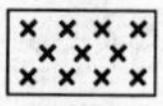	辉长岩〔ν〕	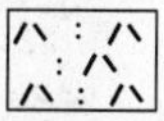	凝灰岩〔T〕
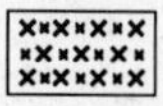	辉绿岩〔βμ〕	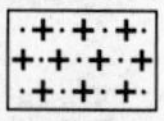	流纹凝灰岩
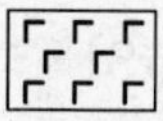	玄武岩〔β〕		流纹集块岩
	橄榄岩〔σ〕	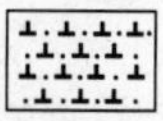	安山凝灰岩
	苦橄岩〔ω〕		安山集块岩
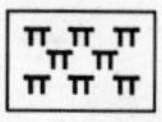	响岩〔υ〕		玄武凝灰岩
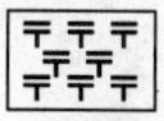	粗安岩〔τα〕		玄武集块岩

2.3.4　变质岩

	板岩〔SI〕	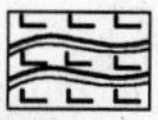	钙质板岩
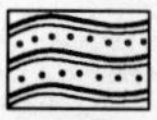	砂质板岩	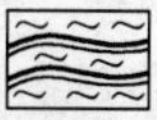	绿泥板岩
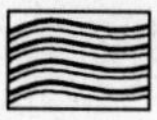	硅质板岩		绢云板岩

炭质板岩

千枚岩〔Ph〕

硅质千枚岩〔Qph〕

绢云母千枚岩〔Sph〕

绿泥千枚岩〔Cph〕

片岩〔Sch〕

绿泥片岩〔CS〕

云母绿泥片岩〔YcS〕

绢云绿泥片岩〔ScS〕

白云绿泥片岩〔McS〕

黑云绿泥片岩〔BcS〕

滑石绿泥片岩〔TcS〕

石榴绿泥片岩〔GcS〕

角闪绿泥片岩〔JcS〕

石英绿泥片岩〔QcS〕

石榴阳起片岩〔GaS〕

磁铁阳起片岩〔MtaS〕

黑云母片岩〔BS〕

石英黑云片岩〔QbS〕

石榴黑云片岩〔GbS〕

凝灰质板岩

石英绢云千枚岩〔Qsph〕

石英绿泥千枚岩〔Qcph〕

石英绢云绿泥千枚岩〔Qscph〕

命名原则:特征矿物+次要矿物+Ph
(英文矿物名称字头)

石英云母绿泥片岩

石英黑云绿泥片岩

斜长石英绿泥片岩

石榴铁镁闪石绿泥片岩〔GcucS〕

含磁铁绿泥片岩〔MtcS〕

铁闪石片岩〔GrS〕

磁铁铁闪石片岩〔MtgrS〕

磁铁石榴镁铁闪石片岩〔MtgcuS〕

石榴透闪片岩〔GhS〕

透闪阳起片岩〔HaS〕

绿帘角闪片岩〔EjS〕

石英片岩〔QzS〕

云母石英片岩〔YqS〕

白云母石英片岩〔MqS〕

绢云母石英片岩〔SqS〕

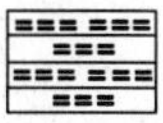	绢云母片岩〔SerS〕	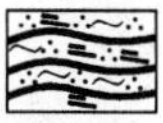	绿泥云母石英片岩〔CyqS〕
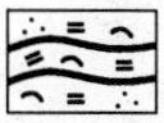	石英滑石绢云母片岩〔QtsS〕		绿泥绢云母石英片岩〔CsqS〕
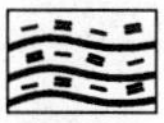	二云母片岩〔ES〕	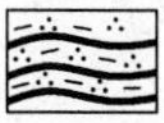	黑云母石英片岩〔BqS〕
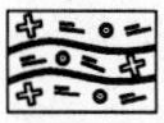	十字石石榴石云母片岩〔FgyS〕	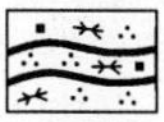	磁铁阳起石英片岩〔MtaqS〕
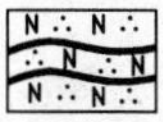	石英钠长片岩〔QnS〕	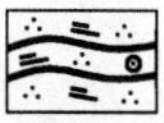	绢云母石榴石英片岩〔SgqS〕
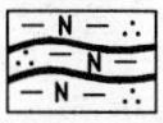	石英黑云母钠长石片岩〔QbnS〕	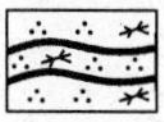	阳起石英片岩〔AqS〕
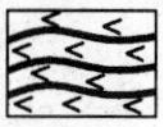	角闪片岩〔AmS〕	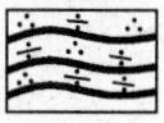	透闪石英片岩〔HqS〕
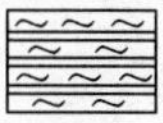	绿泥角闪片岩	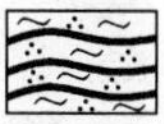	绿泥石英片岩〔CqS〕
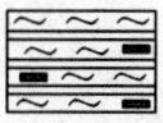	斜长绿泥角闪片岩	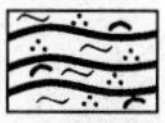	滑石绿泥石英片岩〔TcqS〕
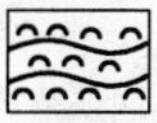	滑石片岩〔TS〕		透闪滑石片岩
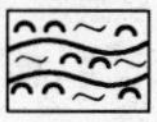	绿泥滑石片岩〔CtS〕		二云母滑石片岩
	石英滑石片岩〔QtS〕		片岩命名原则:※＋＊＋S
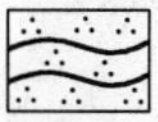	石英岩〔Qz〕	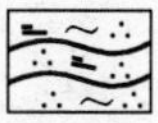	绿泥云母石英岩〔CyQ〕
	绿泥石英岩〔CQ〕		绿泥绢云母石英岩〔CsQ〕
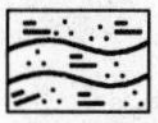	绢云母石英岩〔SQ〕	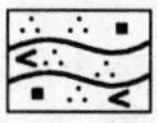	磁铁角闪石英岩〔MtjQ〕
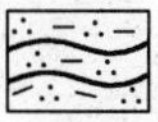	黑云母石英岩〔BQ〕		石英岩命名原则:※＋＊＋Q
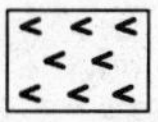	角闪岩〔Am〕	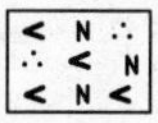	石英斜长角闪岩〔QpAm〕
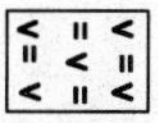	斜长角闪岩〔PAm〕	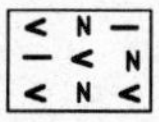	黑云斜长角闪岩〔BpAm〕
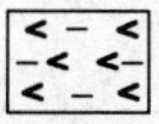	黑云母角闪岩〔BAm〕	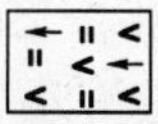	辉石斜长角闪岩〔OpAm〕
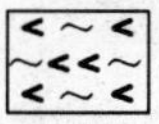	绿泥角闪岩〔CAm〕	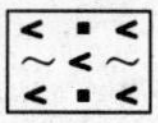	磁铁绿泥角闪岩〔MtcAm〕

石英角闪岩〔QAm〕	角闪岩命名原则:※+＊+Am
变粒岩〔Gr〕	白云母变粒岩〔MGr〕
黑云变粒岩〔BGr〕	二云母变粒岩〔EGr〕
浅粒岩〔Gq〕	白云母片麻岩〔Gnm〕
片麻岩〔Gn〕	花岗片麻岩〔Gnr〕
黑云片麻岩〔Gnb〕	麻粒岩〔Gg〕
角闪片麻岩〔Gnh〕	片麻岩命名:Gn+特征矿物英文字头
混合岩〔Mi〕	绢云母化混合岩〔Mj〕
条带状混合岩〔Mt〕	变(似)斑状混合岩〔Mb〕
片麻状混合岩〔Mp〕	混合花岗岩〔Mr〕
伟晶混合岩〔Mρ〕	混合岩命名原则:在“混合岩”前冠以构造名称,在符号 M 右下角注以该名称的汉语拼音第一个字母(小写)
绿泥岩〔Chl〕	绿泥绢云石榴岩
石榴绿泥岩〔Gl〕	磁铁石榴镁铁闪岩〔Mtgcu〕
云母绿泥岩〔Yl〕	透闪岩〔Ho〕
绢云石榴绿泥岩〔Syl〕	蛇纹岩〔φω〕
磁铁石榴绿泥岩〔Mtgl〕	矽卡岩〔Sh〕
镁铁闪石榴岩〔Cug〕	云英岩〔Gs〕
大理岩〔Mb〕	糜棱岩〔Ml〕
碎裂岩〔Tr〕	千糜岩〔Pm〕

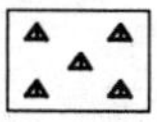 压碎岩〔Sb〕

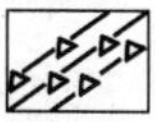 构造角砾岩、碎裂岩带〔Ft〕

2.3.5 蚀变岩(围岩蚀变)

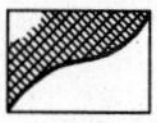 矽卡岩化

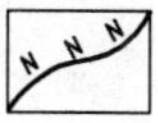 钠长石化

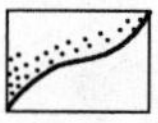 角岩化

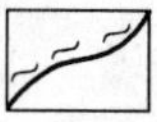 绿泥石化

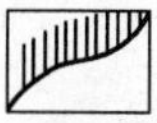 大理岩化

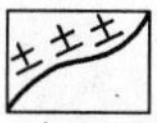 高岭土化

 白云岩化

 重晶石化

 云英岩化

 青磐岩化

 次生石英岩化

 明矾石化

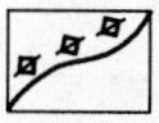 黄铁细晶岩化

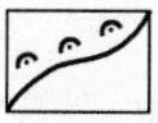 叶蜡石化

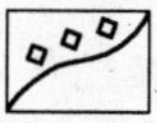 碳酸盐化

 滑石化

 氟石化

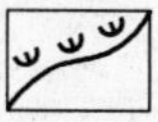 蛇纹石化

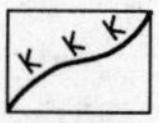 钾长石化

 磁铁矿化

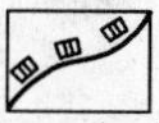 黄铁矿化

 次闪石化

 黄铜矿化

 绿帘石化

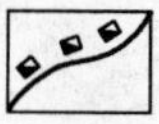 褐铁矿化

 黝帘石化

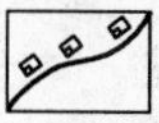 萤石化

 黑云母化

 电气石化

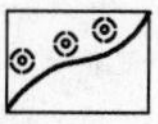 白云母化

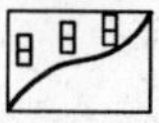 方柱石化

 绢云母化

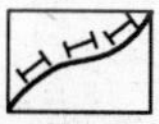 透辉石化

 硅化

 阳起石化

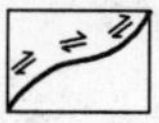 混染岩化

2.3.6 脉岩

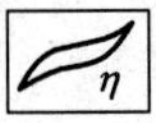

石英脉

酸性岩脉

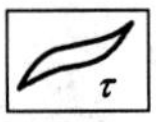

细晶岩脉

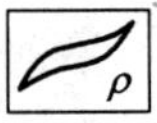

伟晶岩脉

中性岩脉

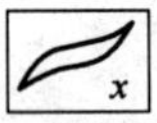

碱性岩脉

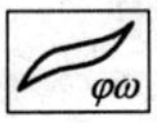

蛇纹岩脉

辉长岩脉

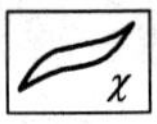

煌斑岩脉

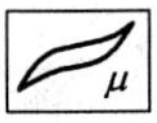

玢岩脉

基性岩脉

超基性岩脉

矿脉(符号采用元素符号)

3 矿石名称符号及花纹、颜色

3.1 铁 矿 石

3.1.1 基本类型

 磁铁石英岩〔Fec〕

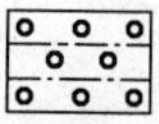 鲕状赤铁矿〔Fer〕

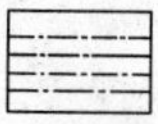 赤铁石英岩〔Feh〕

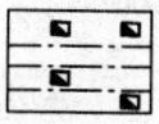 褐铁矿〔Fehe〕

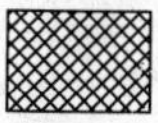 磁铁富矿〔FeR〕

 铬铁矿〔Feg〕

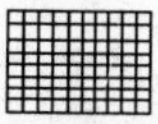 赤铁富矿〔FehR〕

 黄铁矿〔Fehu〕

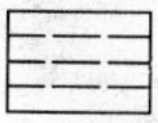 磁铁极贫矿〔Fecpp〕

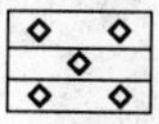 菱铁矿〔Fel〕

 赤铁极贫矿〔Fehpp〕

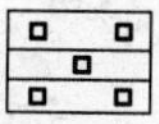 镜铁矿〔Fej〕

3.1.2 特殊类型

对其符号的规定:须在基本类型铁矿石名称符号之后标注次要矿物名称汉语拼音第一个字母(小写)。如有重复,可用第二个字母。

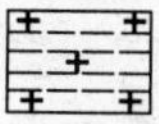 透闪磁铁石英岩〔Fect〕

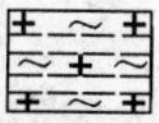 绿泥透闪磁铁石英岩〔Fectl〕

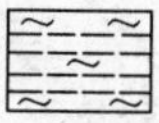 绿泥磁铁石英岩〔Fecl〕

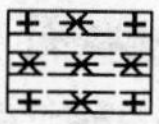 透闪阳起磁铁石英岩〔Fecit〕

 阳起磁铁石英岩〔Feci〕

 滑石透闪磁铁石英岩〔Fecth〕

 镜铁磁铁石英岩〔Fecj〕

 绿泥磁铁富矿〔FeRl〕

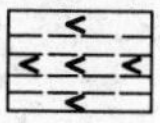 角闪磁铁石英岩〔Fecs〕

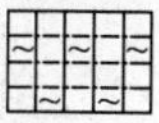 绿泥赤铁富矿〔FehRl〕

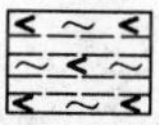 绿泥角闪磁铁石英岩〔Fecsl〕

 假象赤铁磁铁石英岩〔Fech〕

角闪假象赤铁磁铁石英岩〔Fechs〕

绿泥角闪假象赤铁磁铁石英岩〔Fechsl〕

镜铁假象赤铁磁铁石英岩〔Fechj〕

磁铁假象赤铁石英岩〔Fehc〕

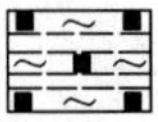
绿泥磁铁假象赤铁石英岩〔Fehcl〕

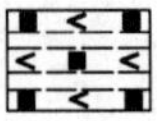
角闪磁铁假象赤铁石英岩〔Fehcs〕

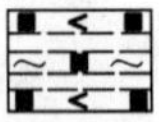
绿泥角闪磁铁假象赤铁石英岩〔Fehcsl〕

透闪假象赤铁石英岩〔Feht〕

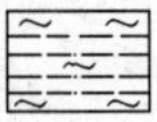
绿泥假象赤铁石英岩〔Fehl〕

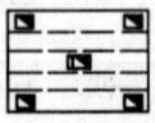
镜铁假象赤铁石英岩〔Fehj〕

3.2 辅 料 矿 石

3.2.1 辅料矿石名称符号的组成原则

在主要成分符号的后面加注结构、构造及次要矿物(或元素)等第一个或前两个汉字读音的第一个拼音字母,即:

主要成分+结构构造+次要矿物(或元素)

例:含菱铁矿黏土,其符号为 Allt;鲕状石灰矿,其符号为 Cac。

锰矿的贫富矿仍采用习惯用法,贫锰矿,其符号为 MnP;富锰矿,其符号为 MnR。

3.2.2 主要矿石及其符号与花纹

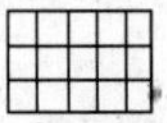
硬(半软)质黏土

软质黏土

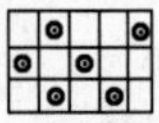
鲕状黏土

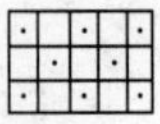
含砂黏土

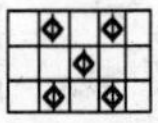
白云质灰石矿

白云石矿

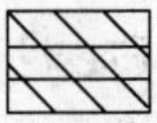
贫锰矿

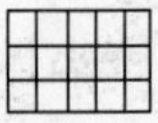
富锰矿

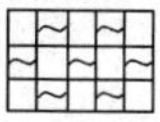	蠕虫状黏土		菱锰矿
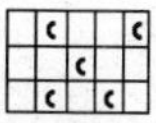	碳质黏土	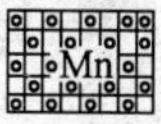	砾锰矿
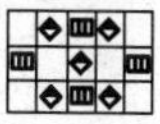	含菱铁矿 黄铁黏土		含锰砾岩
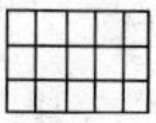	硅石矿	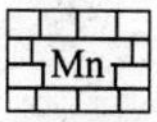	含锰石灰岩
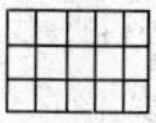	纯质灰石矿		硅质锰矿
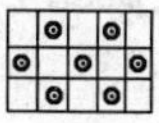	鲕状灰石矿	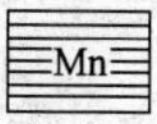	薄层含锰页岩
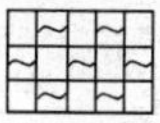	蠕虫状灰石矿	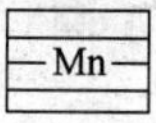	厚层含锰页岩

3.3 矿石颜色

3.3.1 规定原则

(1) 矿石(矿层、矿体)一律采用红色表示。对同一矿种不同类型的矿石(如:磁铁矿与赤铁矿)以花纹或符号加以区别;

(2) 以颜色深浅表示矿石(矿层、矿体)品位(品级)的高低,由浅至深表示品位(品级)由低至高。

3.3.2 矿石(矿层、矿体)颜色

矿石颜色表

黑色金属矿产		非金属矿产			颜色
铁	锰	石灰石	黏土	硅石	
磁铁富矿 赤铁富矿	富锰矿	Ⅰ	Ⅱ	Ⅱ	深红
磁铁矿 赤铁矿	锰矿	Ⅱ	Ⅱ	Ⅱ	中红
磁铁极贫矿 赤铁极贫矿		Ⅲ	Ⅲ	Ⅲ	浅红
		级内	级内	级内	微红
		级外	级外	级外	

注:表中颜色为非定量的相对标准,以图上能够区分开来为准,但本单位图件必须统一。

4 各种地质符号

4.1 一般地质符号

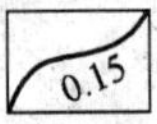

实测整合岩层界线

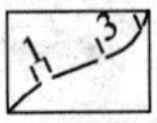
推测整合岩层界线

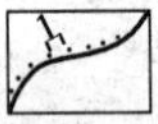
沉积岩层的实测不整合界线（点打在新地层一方，下同）

沉积岩层的推测不整合界线

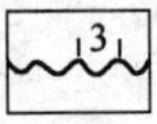
构造不整合（用于剖面图、柱状图）

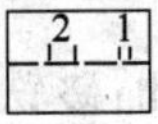

平行不整合（用于剖面图、柱状图）

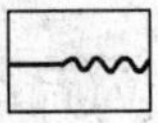
部分地段整合、部分地段不整合（用于剖面图、柱状图）

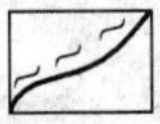
混合侵入接触（符号红色、线条黑色）

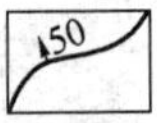

侵入岩与围岩接触面产状（箭头指倾向，数字表示倾角）

岩层产状（走向、倾向、倾角）

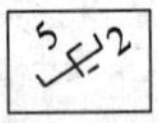
岩层水平产状

岩层垂直产状（箭头方向表示较新层位）

倒转岩层产状（箭头指示倒转后的倾向）

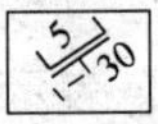

片理倾向及倾角

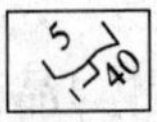

片麻理倾向及倾角

4.2 岩体构造符号

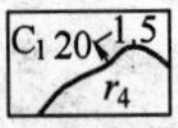

侵入接触界线及接触面产状

节理玫瑰花图

水平流线构造（0°～10°）

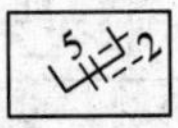
水平裂隙（0°～10°）

倾斜裂隙（10°～80°）

直立裂隙（80°～90°）

水平流层构造（0°～10°）

倾斜流层构造（10°～80°）

直立流层构造（80°～90°）

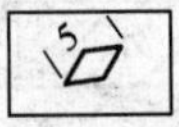
原生水平片麻理

4.3 褶皱构造符号

背斜轴线

起伏状背斜（细腰代表鞍部）

	向斜轴线	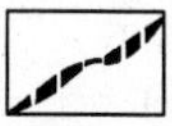	起伏状向斜(细腰代表峰部)
	复式背斜		倾伏背斜
	复式向斜		扬起向斜
	箱状背斜		隐伏背斜
	箱状向斜		隐伏向斜
	梳状背斜		倒转背斜(箭头指向轴面倾斜方向)
	梳状向斜		倒转向斜(箭头指向轴面倾斜方向)
	线状背斜		背形构造
	线状向斜		向形构造
	短轴背斜		穹窿
	短轴向斜		盆地

4.4 断裂构造符号

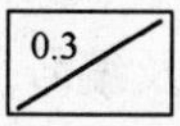	实测性质不明断层	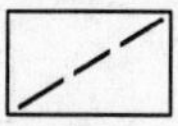	推测性质不明断层
	实测正断层(箭头指示断层面倾向,下同)		实测产状直立断层(箭头指向上升一盘)
	推测正断层(箭头指示断层面可能的倾向,下同)		区域性大断层
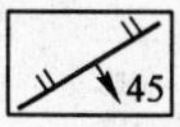	实测逆断层	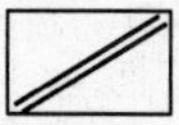	实测主要复活断层
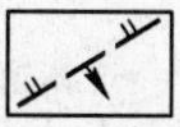	推测逆断层	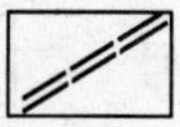	推测主要复活断层
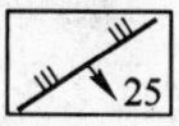	实测逆掩断层		隐伏或物探推测断层
	推测逆掩断层	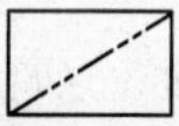	航片、卫片解译断层
	实测冲断层		环形断裂

	实测平推断层(箭头指示相对位移方向,下同)	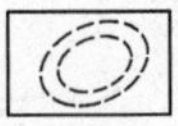	环形内部构造
	推测平推断层	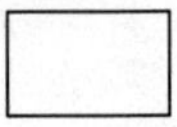	

4.5 变质相带符号

4.5.1 接触变质相带(绿色)		4.5.2 区域变质相带(紫色)	
	高级变质相带	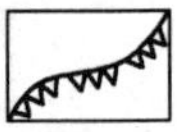	高级变质相带
	中级变质相带	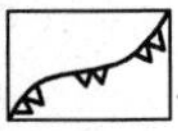	中级变质相带
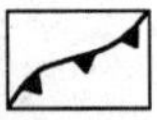	低级变质相带	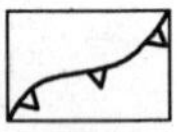	低级变质相带

4.6 混合岩化带符号

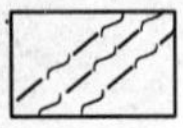	局部混合岩化带(红)	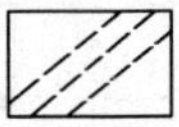	千糜岩、糜棱岩带(红)
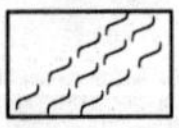	各种混合岩化带(红)	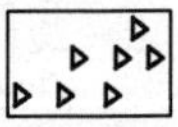	构造角砾岩、碎裂岩带(红)

4.7 其他符号

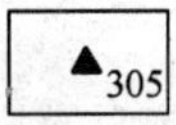	标本采集地点及编号		电探样采集地点及编号
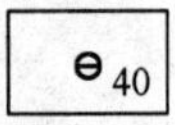	薄片采集地点及编号	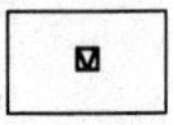	工程地质样采集地点及编号
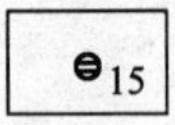	光片采集地点及编号	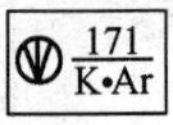	同位素地质年龄数值/同位素测定方法
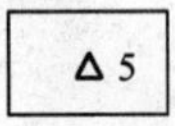	人工重砂采集地点及编号	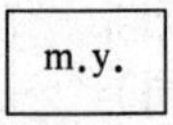	百万年
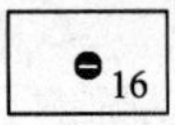	岩石化学全分析样采集地点及编号		化石采集地点
	化学样采集地点及编号		火山口、火山锥(红)
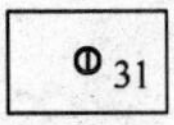	光谱样采集地点及编号	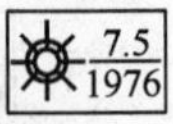	震中及强度 震级/发震时间
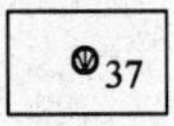	同位素地质年龄样采集地点及编号	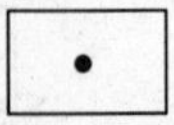	物化探测点
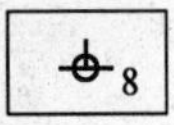	同位素组成研究样采集地点及编号		废矿硐

图例	说明	图例	说明
T10	体重样采集地点及编号		开采矿硐
56	水化学样采集地点及编号		露天采场
3	物性测定样采集地点及编号	ZK10 $\frac{50}{100}$	竣工钻孔孔号$\frac{倾角}{孔深}$(剖面)
	废矿堆	IC-5	设计槽探及编号(平面)
	废石堆	IC-5	完工槽探及编号(平面)
5 1.2	泉(蓝) (左为编号,右为涌水量)	TC96	设计槽探及编号(剖面)
	上升泉(蓝)	TC102	完工槽探及编号(剖面)
	下降泉(蓝)	QJ-3	设计浅井及编号
6 $\frac{8.1}{4.5}$	温泉　编号$\frac{涌水量(L/s)}{温度(℃)}$	QJ-3	完工浅井及编号
7 $\frac{2}{8}$	井　编号$\frac{埋深(m)}{井深(m)}$	YJ-7	完工小圆井及编号
①	平面矿脉(体)编号	PX-1	完工的平巷及编号
③	剖面矿脉(体)编号	K7	坑口位置及编号
II	勘探线位置及编号	1.0	坑道位置及编号(平面)
ZK-8	设计钻孔及编号(平面)	K2	坑道位置及编号(剖面)
ZK-8	竣工钻孔及编号(平面)		坑内平孔
	设计钻孔及编号(剖面)		废坑口
	老窿或矿产点		穿脉(断面)
	未支护坑道		沿脉(设计断面)
	支护坑道		沿脉(断面)
	设计坑道		竖井

图例	名称	图例	名称
	设计平窿		入风井
	完成平窿		出风井
	斜井		通风井
	设计暗斜井或下山		人行井
	完成暗斜井或下山		提升井
	设计上山		放矿井
	完成上山		设计天井
	风墙巷道切面(剖面)		向上天井
	风门巷道切面(剖面)		向下天井
	穿脉(设计断面)		上下通天井
	采空区(斜线)及矿柱(纵剖面)		准确探明的储量范围
	采空区(横剖面)		探明的资源储量范围
	平窿采空区(剖面)		控制的资源储量范围
o1o2o3	露天台阶、边坡面(圆圈示爆破孔及编号)		推断的资源储量范围
	沿脉采空区(平面)		预测的资源储量范围
	崩落区界线		准确探明的储量界线
	露天开采境界线		探明的资源储量界线
	极贫矿矿体(矿层)		控制的资源储量界线
122-2	储量类别及编号		推断的资源储量界线
$111\frac{10}{350}$	储量类别$\frac{面积号}{面积/m^2}$		预测的资源储量界线

5　探矿工程、其他常用术语名称代号

5.1　探矿工程代号

（以汉语拼音字的字头组合而成）

TC	探槽	CD	穿脉平硐
PX	平巷	LD	老硐（窿）
QJ	浅井（包括小圆井）	ZK	钻孔
XJ	斜井	QZ	浅钻
SJ	竖井	CHK	冲击钻孔
TJ	天井	SHK	水文钻孔
AJ	暗井	CZ	采样钻
PD	平硐	CK	采坑
YD	沿脉平硐	SM	石门

5.2　其他常用术语代号

（国际通用符号）

C	元素含量值	σ	标准离差
a	几何平均值	s	方差
$\bar{C}$	算术平均值	η	相对误差
Mo	众数值	$\bar{\eta}$	平均相对误差
Me	中位数	$\bar{X}L$	系统误差

ε	均方差	ppm	百万分之一含量单位

5.3 测试样品代号

(以汉语拼音字的字头组合而成)

B	标本	Z	自然重砂样
GB	构造标本	SZ	水系重砂样
DB	定向标本	S	水样
YB	岩心标本	SH	水化学分析样
HB	化石标本	NY	内验分析样
b	薄片	WY	外验分析样
DF	单矿物分析样	WX	物性测定样
DT	大体重样	XF	相分析样
XT	小体重样	ZH	组合矿物分析样
T	体重样	YZ	岩组分析样
G	光片	YQ	岩石化学全分析样
GP	光谱全分析样	XK	X光分析样
H	化学全分析样	TW	同位素地质年龄测定样
KX	孔隙度测定样	TZ	同位素组成年龄测定样

5.4 矿石品级代号

T	特级品	Ⅲ	3级品
Ⅰ	1级品	N	级内品

Ⅱ	2级品	W	级外品

5.5 特 殊 图 例

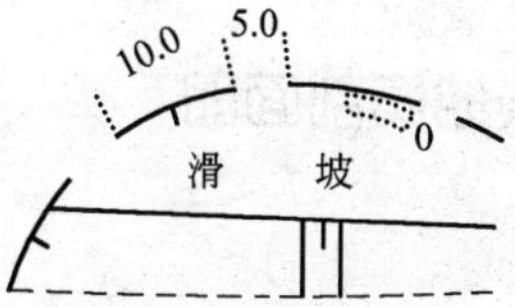

滑坡区应用红色丁字形线条绘出范围。丁字符号的竖指向滑坡体

露天滑坡在断面上的表示

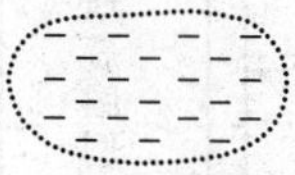

积　水　区

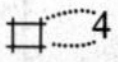

井口至水面深度/m
观测时间，井深/m　　水　井

储　量　注　销　区

边框用黑色虚线，斜线画45°，内注批准文号、储量

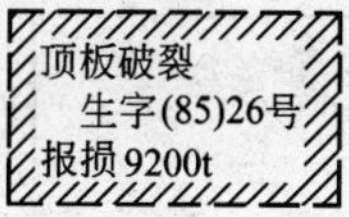

报　损　区

同上

6 主要图件格式

6.1 地质平面图、地质剖面图

6.1.1 矿区地质图格式

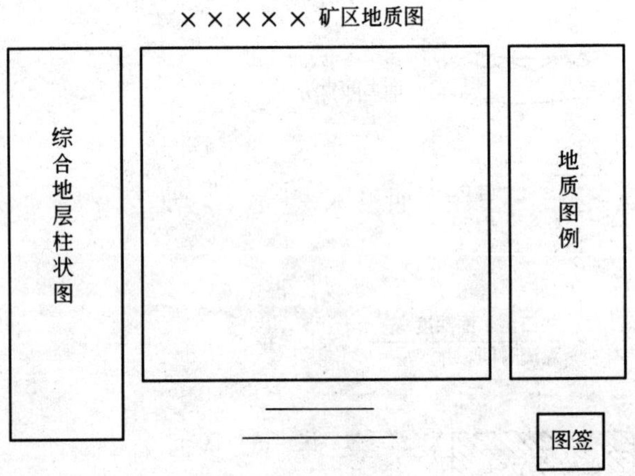

6.1.2 其他地质平面图格式

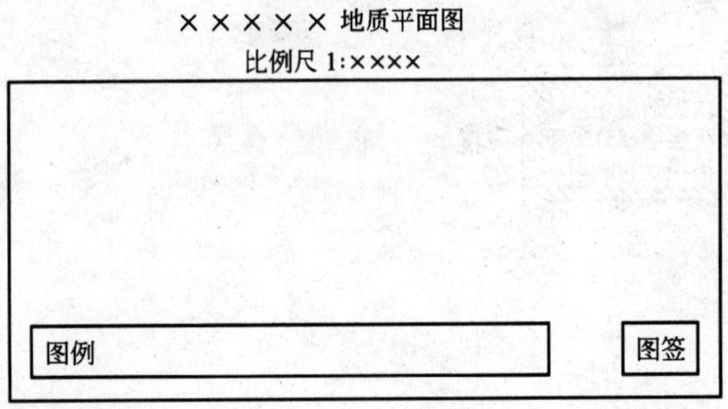

6.1.3 勘探线地质剖面图格式

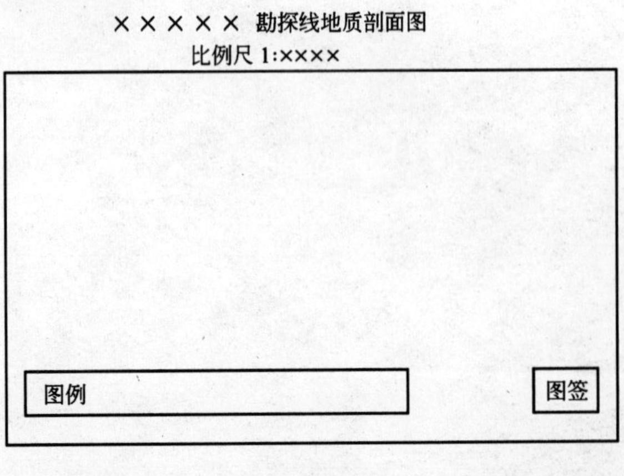

6.2 地质平面图的整饰

6.2.1 图名、图廓

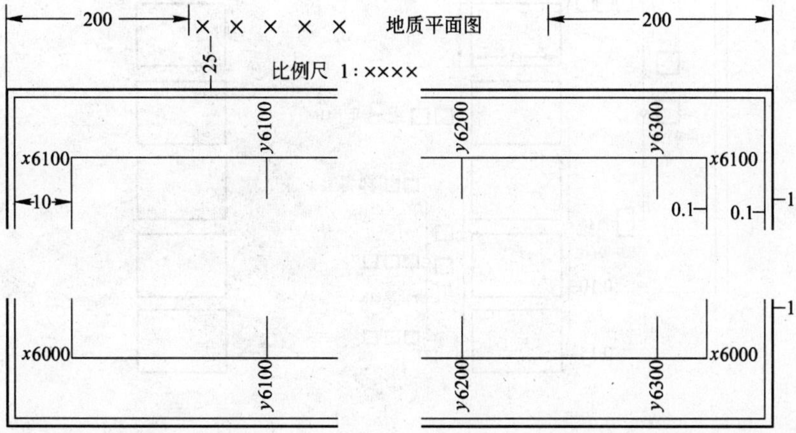

6.2.2 比例尺

(1) 图廓下方的比例尺：

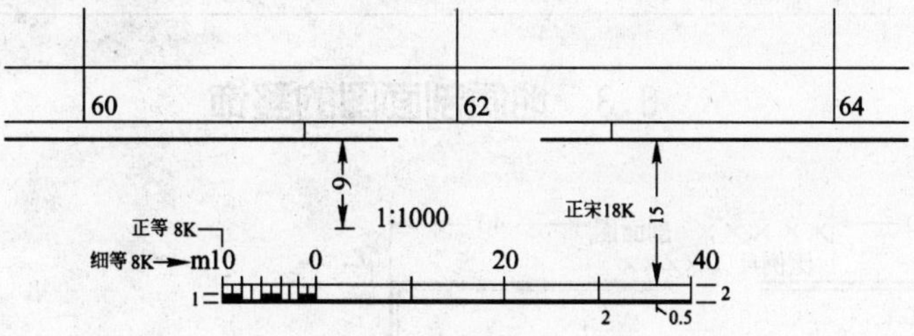

(2) 图廓上方的比例尺：

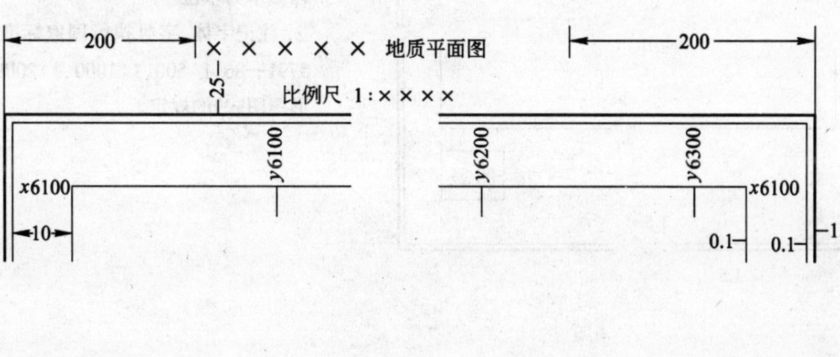

6.2.3 图例

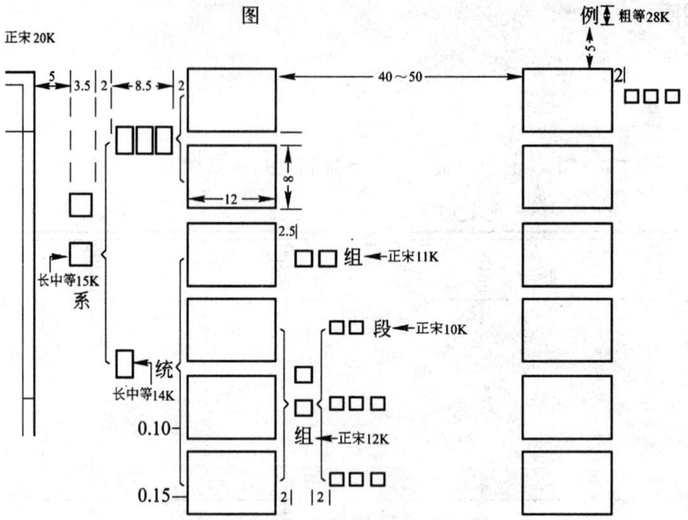

6.2.4 图签

× × × 矿 × × × × × 地质平面图			
编 制		比 例 尺	
制 图		图 号	
审 核		资 料 来 源	
总 工 程 师		日 期	

6.3 地质剖面图的整饰

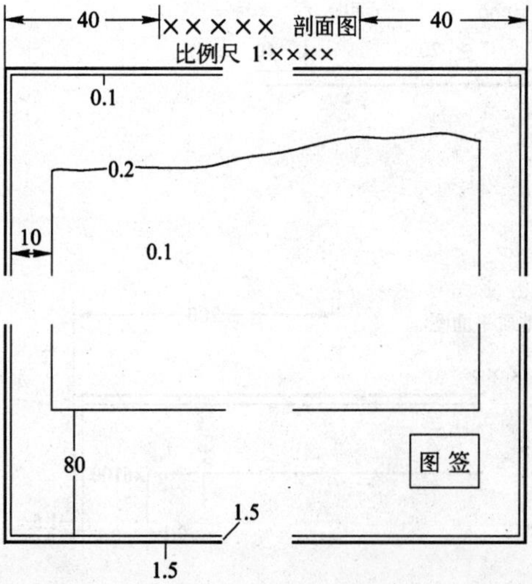

注：1. 图中标注的线划规格、距离尺寸均以毫米为单位。

2. 注记字体、字号执行国家标准 GB 5791—86《1∶500、1∶1000、1∶2000 地形图图式》的规定。

6.4　原始地质编录图图式

6.4.1　钻孔投影图

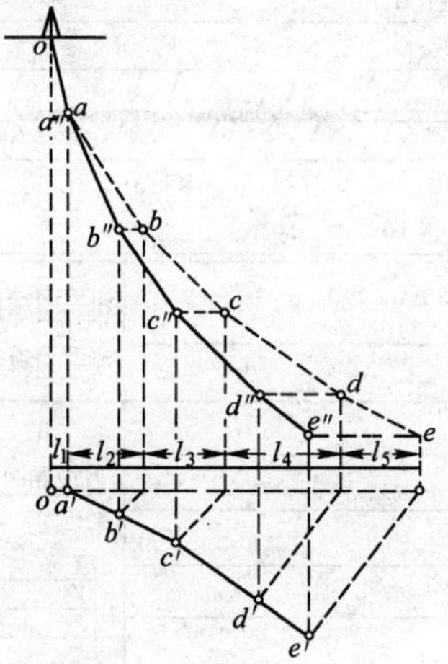

a、b、c、d、e—钻孔倾角转换点；l_1、l_2、l_3、l_4、l_5—钻孔转换点水平投影线段长；o、a'、b'、c'、d'、e'—转换点方位偏斜方面投影点；o、a''、b''、c''、d''、e''—方位偏斜沿剖面法线投影线与过转换点的水平线交点

6.4.2　钻孔柱状图

×××钻孔柱状图

开孔日期　　　　勘探线号　　　　孔口坐标　$X=$　　　　钻孔倾角
终孔日期　　　　　　　　　　　　　　　　$Y=$
终孔深度　　　　孔　　号　　　　　　　　$Z=$　　　　钻孔方位

回次进尺/m			岩心采取		换层深度/m	层位	柱状图 1:200	岩性描述	取样情况				化验结果/%			钻孔结构
自	至	进尺	岩心长/m	采取率/%					编号	自	至	样长/m	TFe	S	P	
							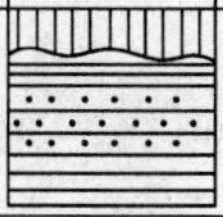									

孔深测量结果　　　　　　　　　　　　钻孔弯曲度测量结果

6.4.3　探槽地质素描图

(1) 斜坡槽探地质素描图：

×××探槽地质素描图
槽头坐标：$X=$ $Y=$ $Z=$
比例尺　1:50

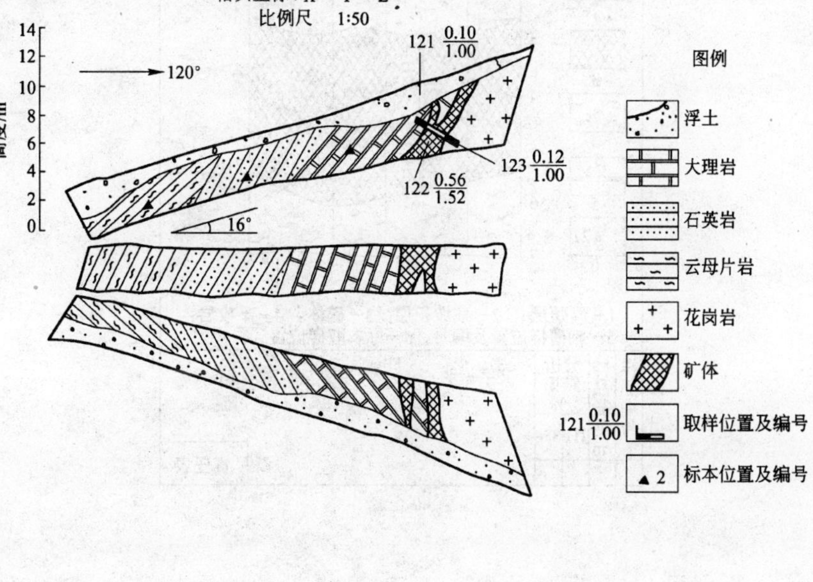

(2) 露天平台槽探地质素描图：

平 台 勘 探 线 探 槽 素 描 图

矿 区 矿体 比例尺 1:100

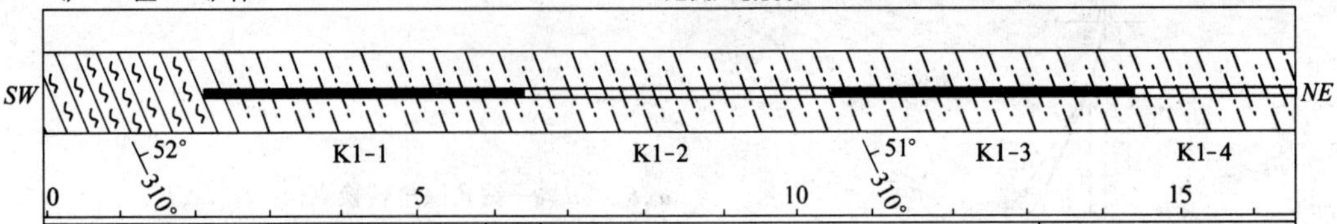

试样号	采样间距/m			化学成分			磁性率	文字描述
	自	至	长度	TFe	FeO	SFe		

图例 绿泥千枚岩 假象赤铁石英岩

方位角: 45°

坐标

点 X Y Z

点 X Y Z

素描者

整理者

检查者

日期 始于 止于 年 月日 月日

6.4.4 探井地质素描图

(1) 方井地质素描图：

××× 探井地质素描图

比例尺 1:100 井口坐标 $X=$ $Y=$ $Z=$

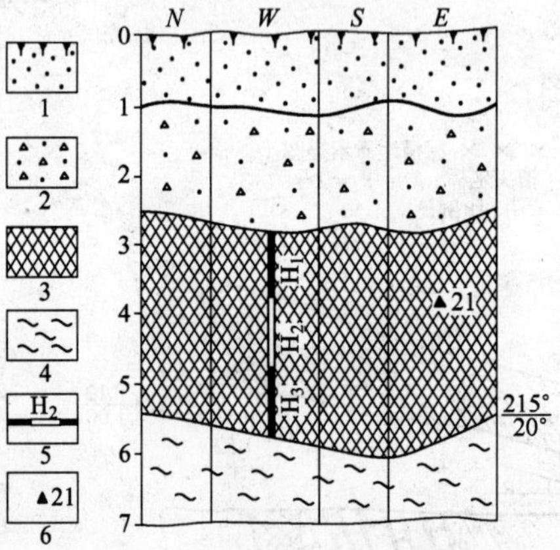

1－腐殖层；2－残坡积层；3－矿体；4－千枚岩；
5－刻槽样位置及编号；6－标本取样位置

样品编号	样品长度/m	分析结果/%		文字说明
		TFe	SFe	
				责任表

(2) 圆井素描图：

××× 圆井素描图

比例尺 1:×××

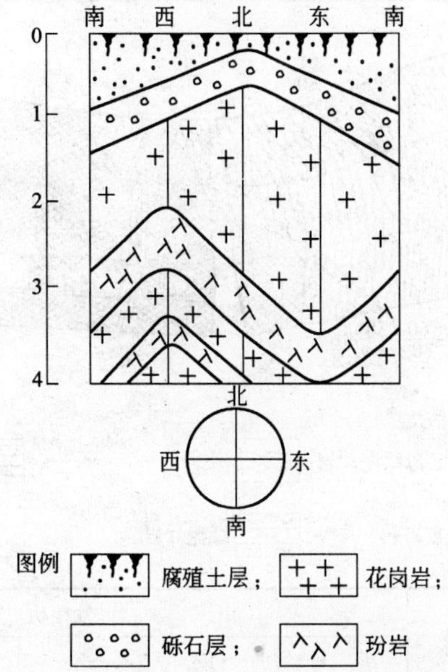

自 m	至 m	描　述	分　析　结　果					
			编　号	TFe	SFe	SiO_2	FeO	

6.4.5　坑道地质素描图

(1) 坑道素描图展开方式：

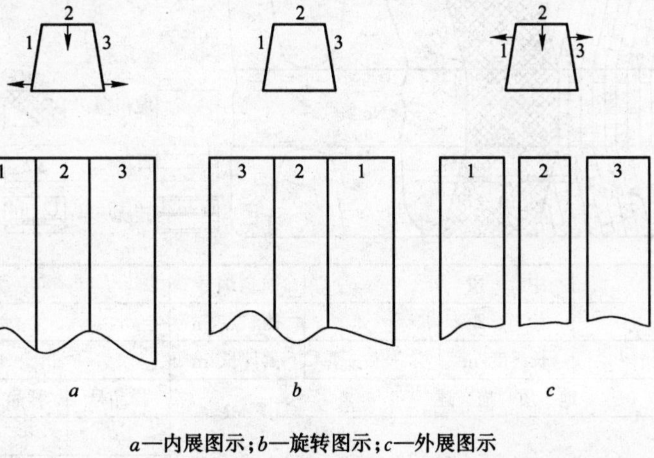

a—内展图示；*b*—旋转图示；*c*—外展图示

(2) 弯曲坑道素描图：

××× 坑道地质素描图

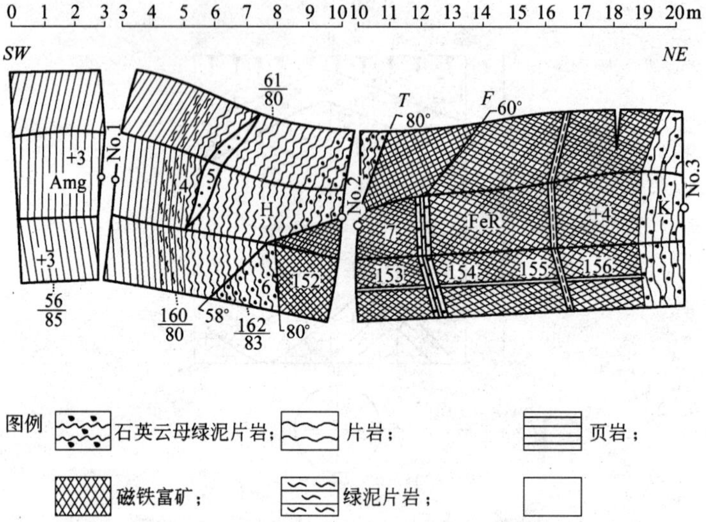

<table>
<tr><td rowspan="2">自 m</td><td rowspan="2">至 m</td><td rowspan="2">描　述</td><td colspan="6">分　析　结　果</td></tr>
<tr><td>编　号</td><td>TFe</td><td>SFe</td><td>SiO_2</td><td>FeO</td><td></td></tr>
<tr><td></td><td></td><td></td><td></td><td></td><td></td><td></td><td></td><td></td></tr>
<tr><td></td><td></td><td></td><td></td><td></td><td></td><td></td><td></td><td></td></tr>
</table>

(3) 穿脉坑道素描图：

××× 坑道素描图:

比例尺 1: ×××

坑口坐标： X=　Y=　Z=

坑道方位角：130°　　坑道倾角：17°

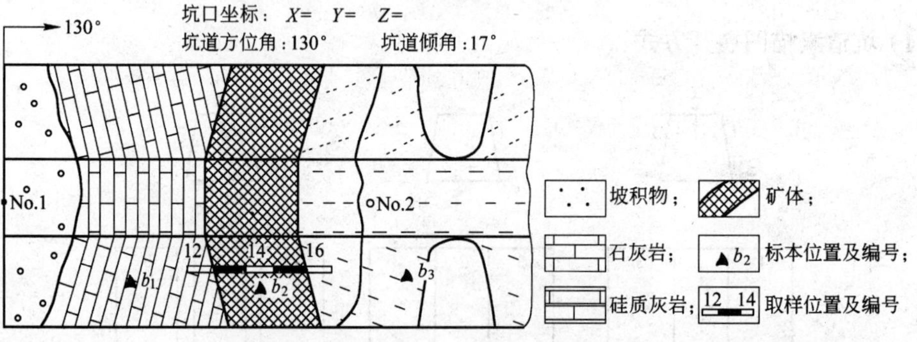

<table>
<tr><td>日　期</td><td></td><td>中　段</td><td></td><td>坑道编号</td><td></td><td>素 描 者</td><td></td></tr>
<tr><td>坑道方位</td><td></td><td>始　距</td><td></td><td>测　点/m</td><td></td><td>终　距</td><td></td></tr>
<tr><td>测　点/m</td><td></td><td>长　度/m</td><td></td><td>累计长/m</td><td></td><td>比 例 尺</td><td></td></tr>
<tr><td colspan="5">地　质　描　述</td><td>样品号</td><td>样品长</td><td colspan="2">分析结果/%</td></tr>
<tr><td colspan="5"></td><td></td><td></td><td></td><td></td></tr>
<tr><td colspan="5"></td><td></td><td></td><td></td><td></td></tr>
</table>

（4）沿脉坑道素描图：

××× 顶板及掌子面坑道素描图

比例尺 1:×××

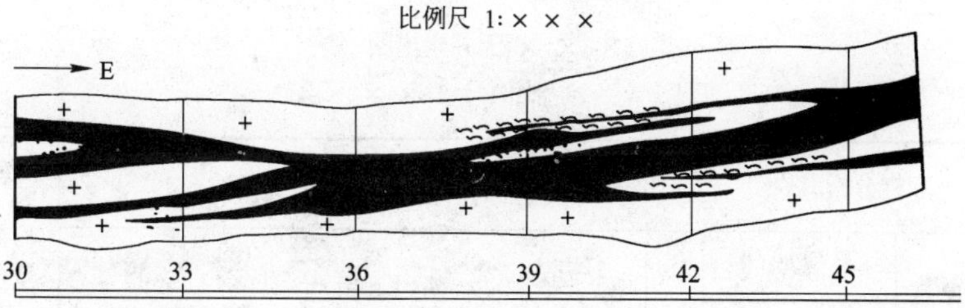

a

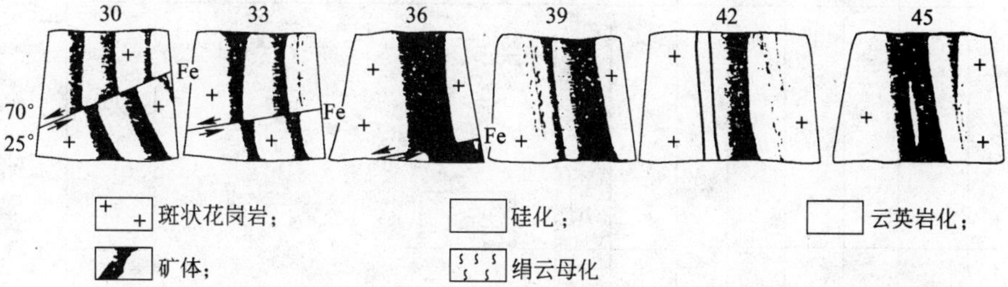

b

日　期		中　段		坑道编号		素描者	
坑道方位		始　距		测　点/m		终　距	
测　点/m		长　度/m		累计长/m		比例尺	

地质描述	样品号	样品长	分析结果/%	

（5）倾斜坑道素描图：

××× 坑道地质素描图

比例尺

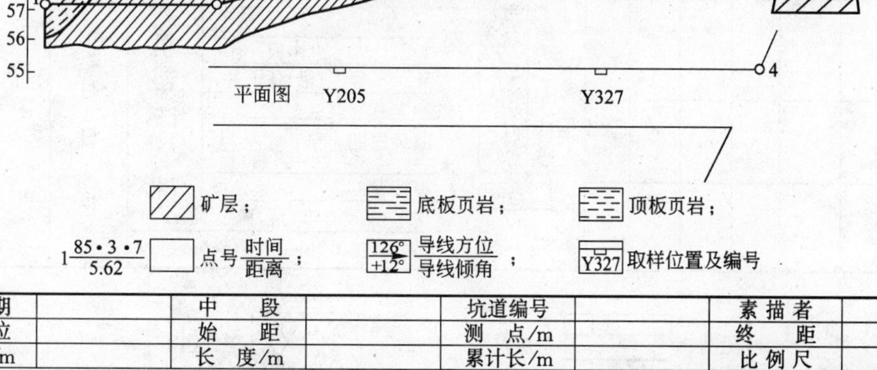

日　期		中　段		坑道编号		素描者	
坑道方位		始　距		测　点/m		终　距	
测　点/m		长　度/m		累计长/m		比例尺	

地质描述	样品号	样品长	分析结果/%	

6.4.6 天井地质素描图

天井地质素描图如下：

× × × 天井素描图

比例尺 1:× × ×

取样分析成果						素描图	编录日期及进尺	描述内容
样品号	厚度/m	品位/%				侧　壁　(左) 掌子面方位(220°～40°)		
		TFe	FeO	SFe				
							年 月 日 m	
							年 月 日 m	
							年 月 日 m	
							年 月 日 m	

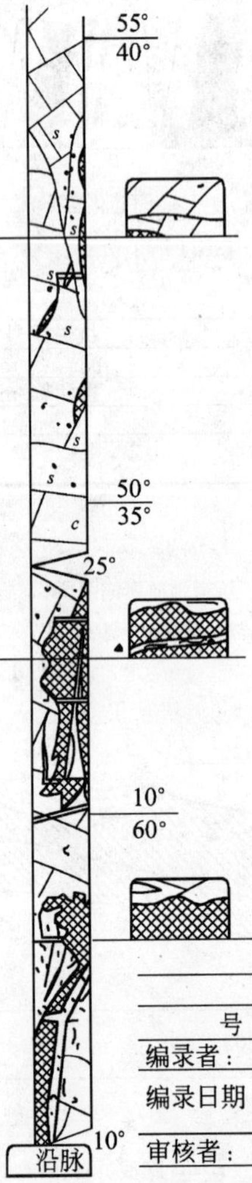

坑	断面图 比例尺
米中段	
号 (沿)脉天井	
编录者：	
编录日期：自 年 月 日 至 年 月 日	
审核者：	
年 月 日	

6.4.7　露天采场掌子面地质素描图

× × × m掌子面素描图

年　月　日 测

比例尺 1: × × ×　　年　月　日 爆 爆区编号：

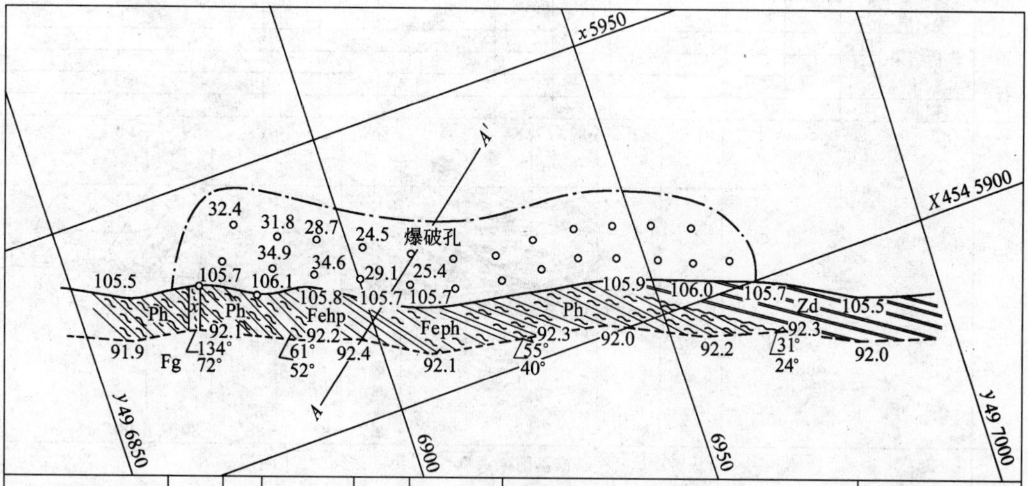

测量者	测绘孔数	矿		体重 /t•m^{-3}	矿		图例 Zd—石英岩； Ph—千枚岩； Fehp—假象赤铁石英岩； Feph—含绿泥石假象赤铁石英岩	文字描述
素描者		岩			岩			
绘图者	测绘面积 /m^2	矿		爆破量 /t	矿			
计算者		岩			岩			
矿石品位	段高 /m	矿		实爆孔数	矿			
		岩			岩			

1:500

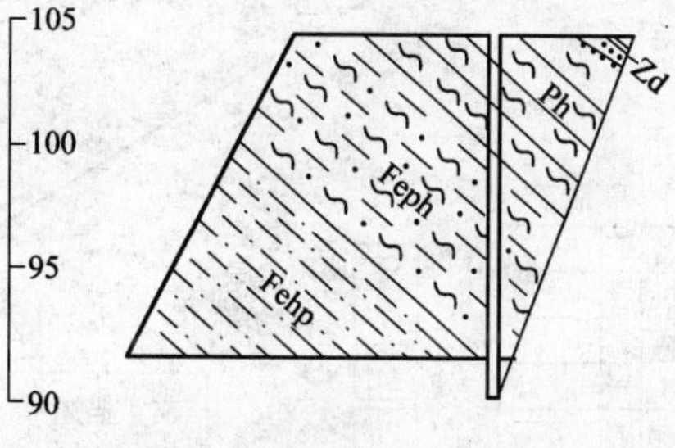

A—*A*′剖面图

6.4.8 回采矿块地质素描图

× × × 矿块地质素描图

比例尺 1: × × ×

矿石	样品号		81-1	82	83	84	85	86	87	88	89	90	本采掘面样品参数平均值
	厚度/m												
	距离/m												
	分析结果/%	TFe											
		FeO											
		SFe											
	体重(D)												

素描图

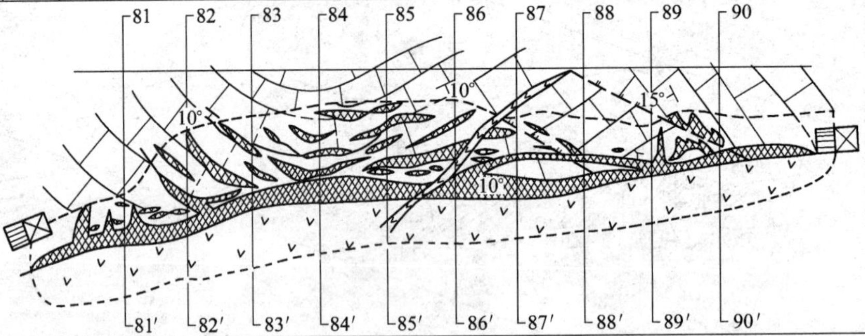

地质描述：图例 石灰岩；磁铁富矿；闪长岩；断层

6.4.9 开拓掌子面地质素描图

开拓掌子面素描图如下：

× × × 开拓掌子面地质素描图

比例尺 1: × × ×

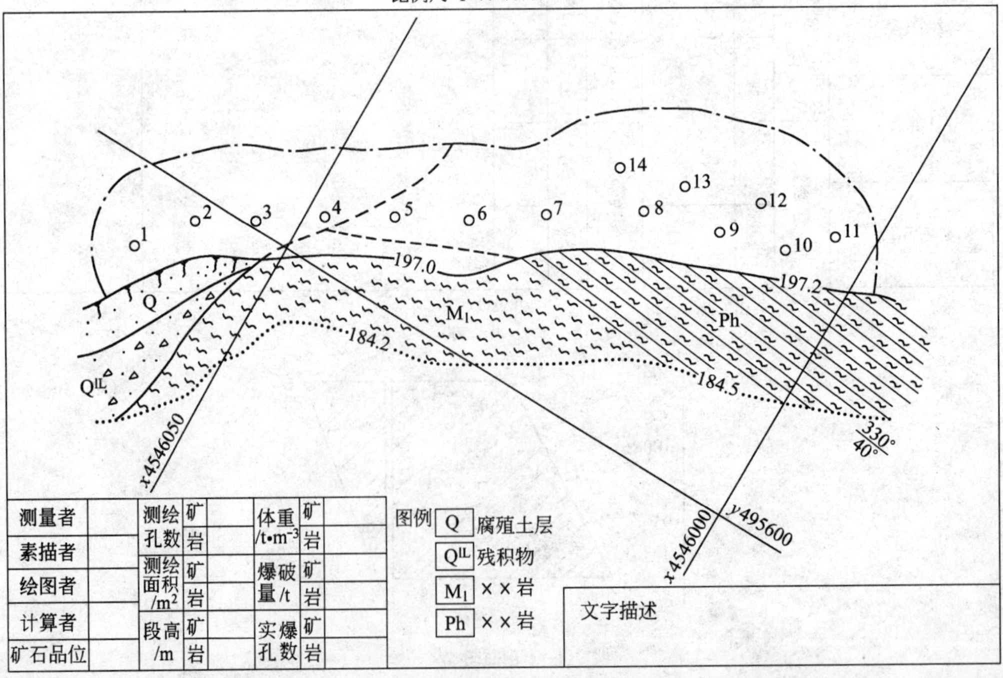

测量者		测绘孔数	矿		体重/t•m^{-3}	矿	
素描者			岩			岩	
绘图者		测绘面积/m^2	矿		爆破量/t	矿	
			岩			岩	
计算者		段高/m	矿		实爆孔数	矿	
矿石品位			岩			岩	

图例 Q 腐殖土层；Q^{IL} 残积物；M_1 ××岩；Ph ××岩

文字描述

6.4.10　掘沟地质素描图

掘沟地质素描图如下：

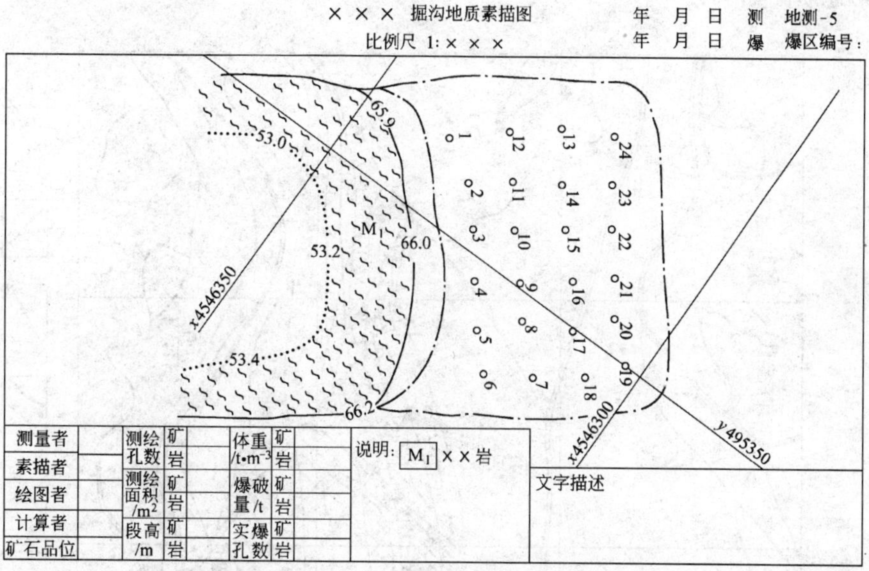

6.5　综合地质编录图图式

6.5.1　综合地层柱状图

综合地层柱状图如下：

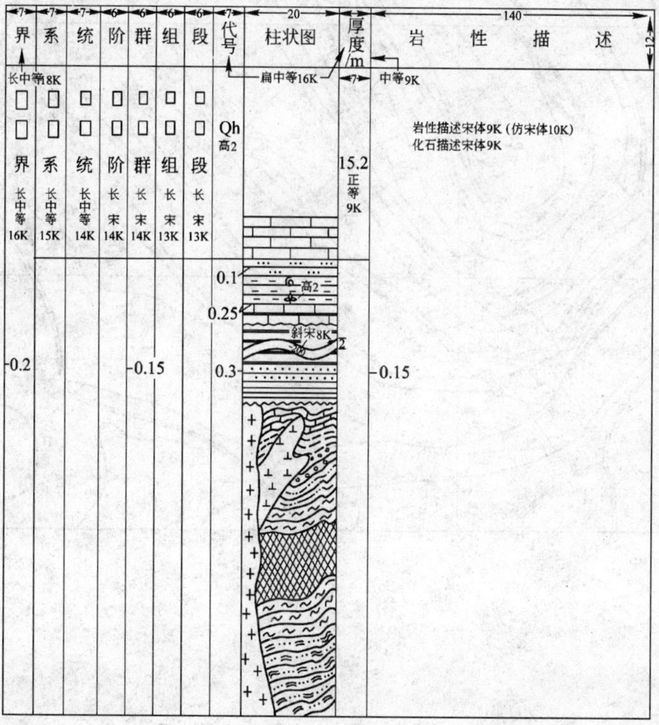

6.5.2　地形地质图

地形地质图如下：

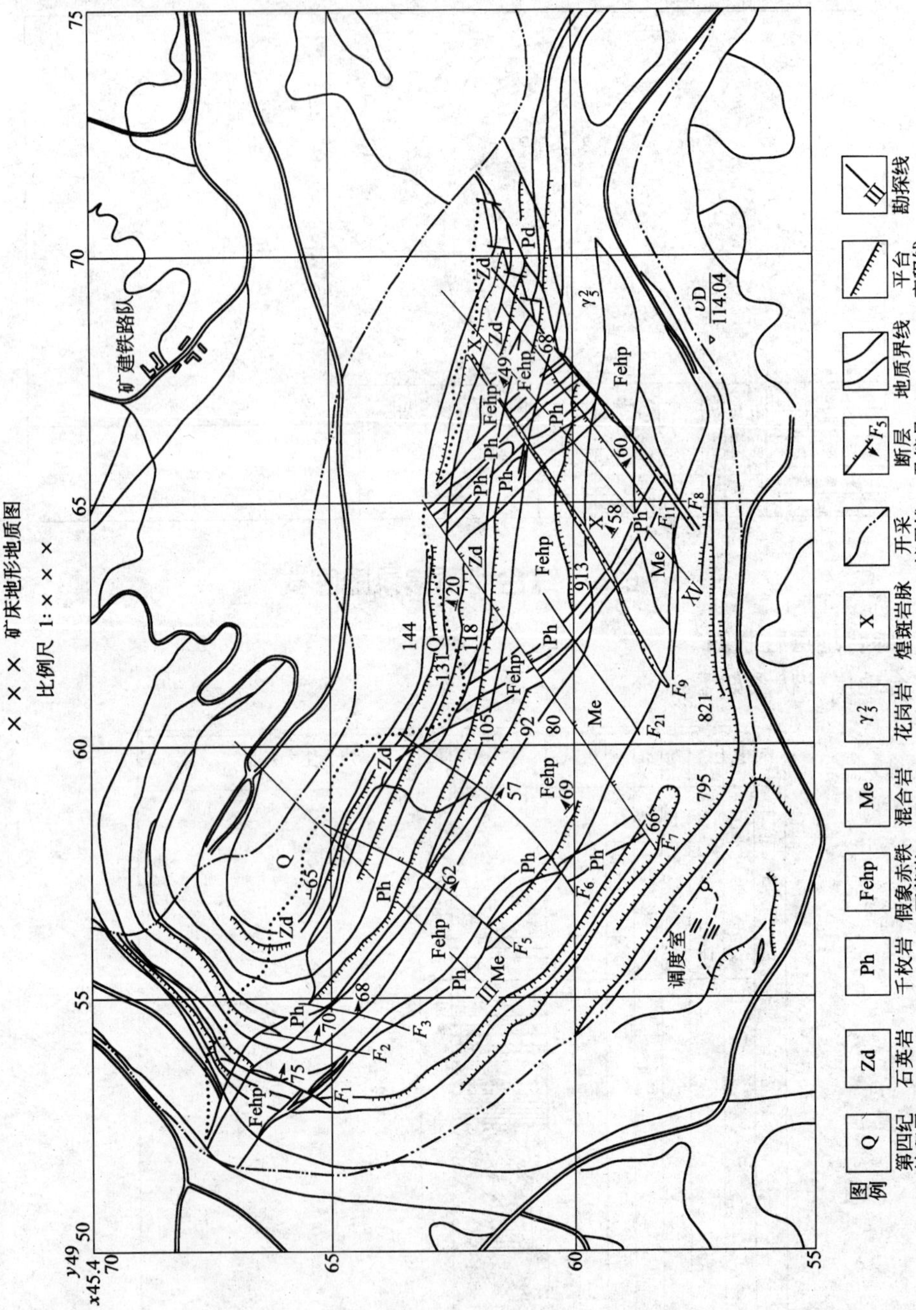

6.5.3　地质横剖面图

地质横剖面图如下：

××××× 地质横剖面图

比例尺 1:×××

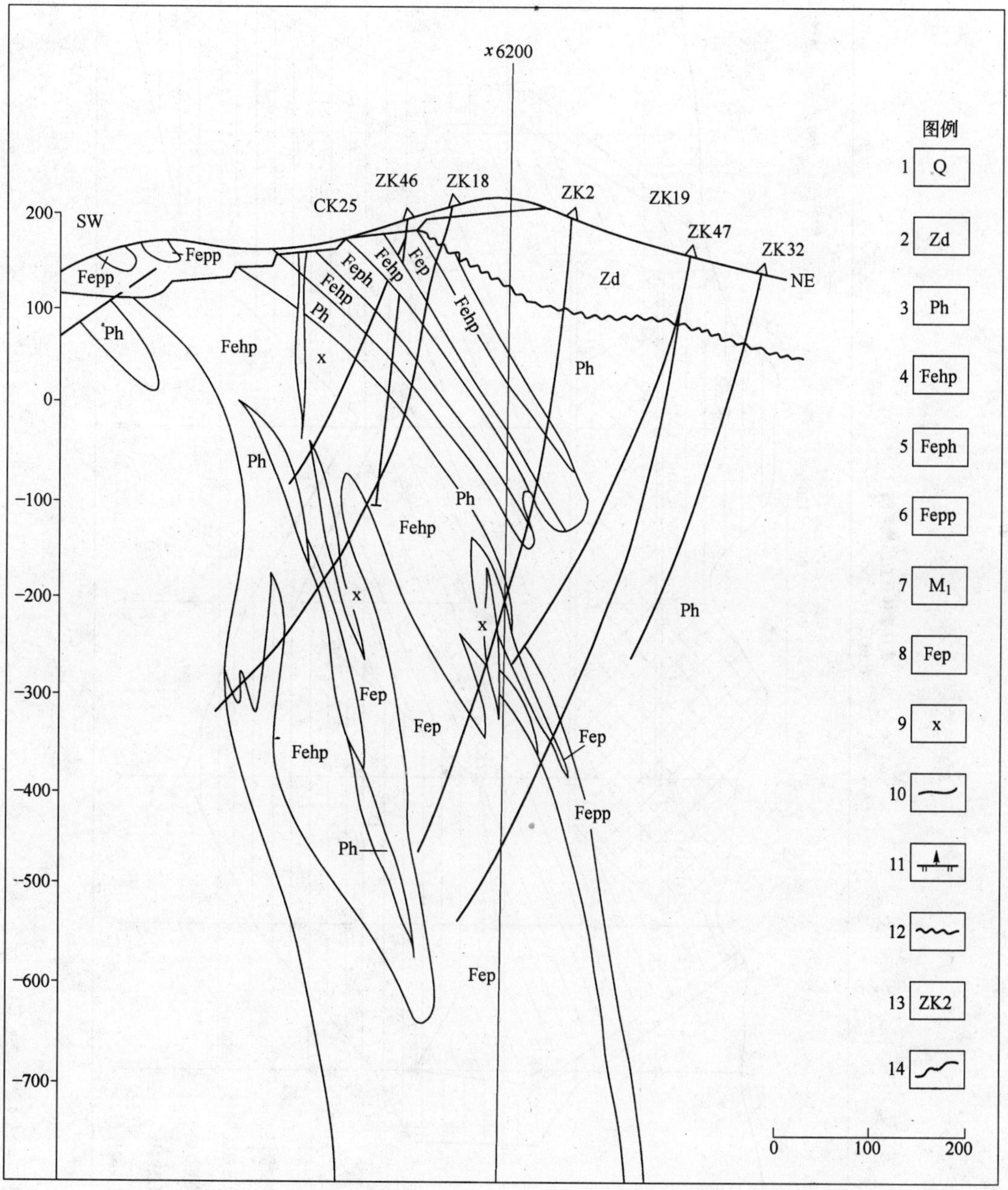

1—第四纪；2—石英岩；3—千枚岩；4—假象赤铁石英岩；5—绿泥假象赤铁石英岩；6—极贫矿；7—混合岩；8—磁铁石英岩；9—煌斑岩；10—地质界线；11—实测断层；12—不整合界线；13—钻孔及编号；14—开采平台

6.5.4 矿体垂直纵投影图

矿体垂直纵投影图如下：

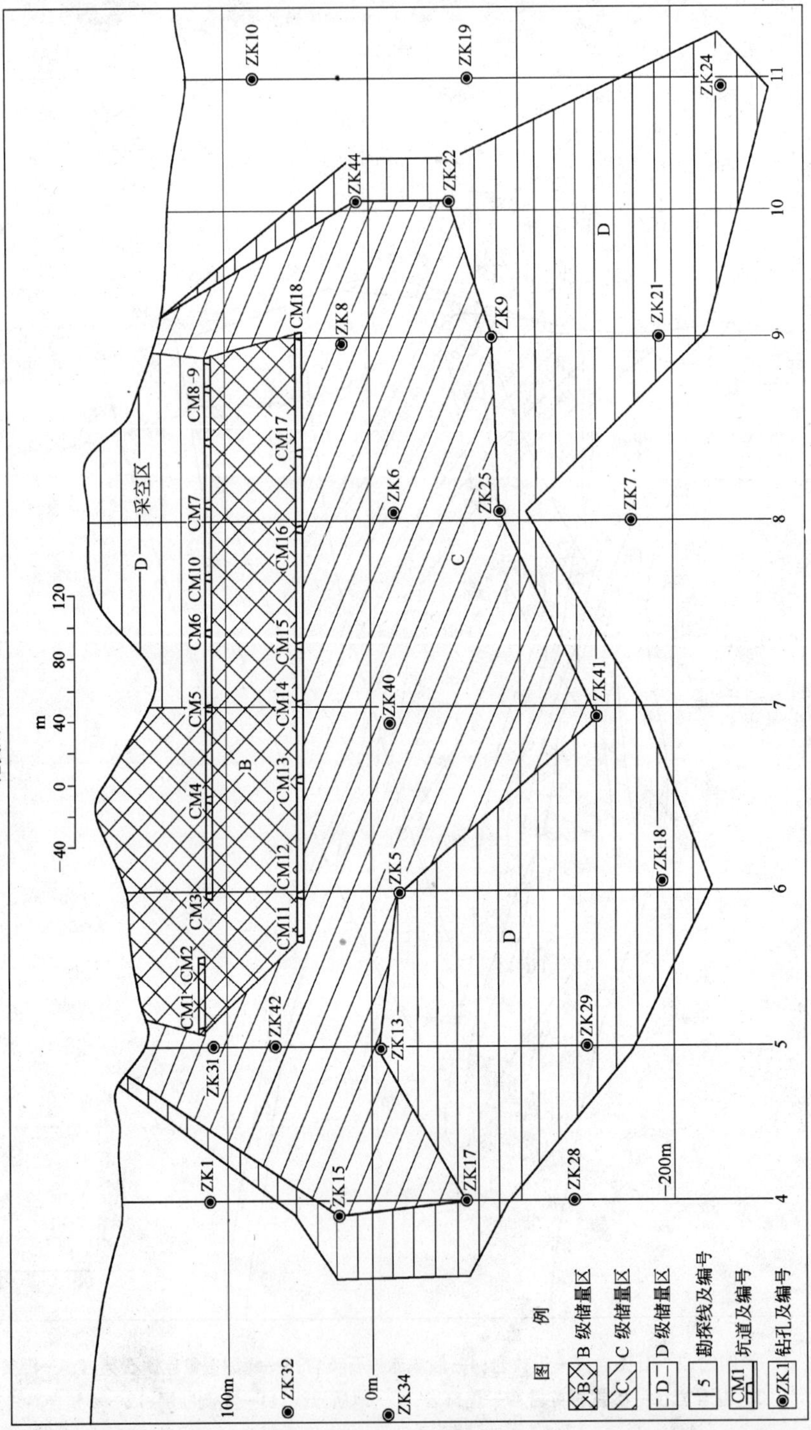

6.5.5 矿体底板等高线图

矿体底板等高线图如下：

××× 矿床矿体底板等高线图

比例尺 1:×××

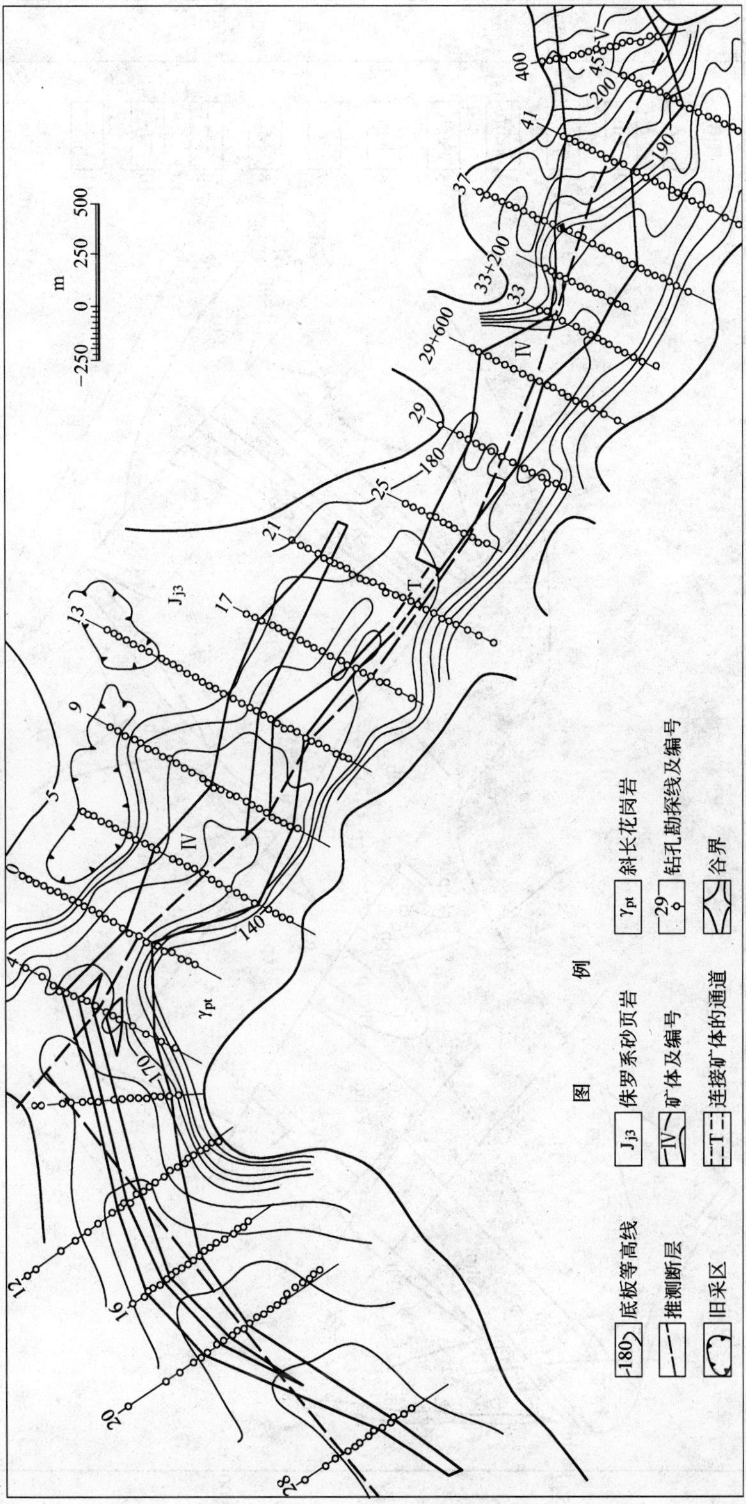

6.5.6 平台地质平面图

平台地质平面图如下：

××× 矿床平台地质平面图
比例尺 1:××××

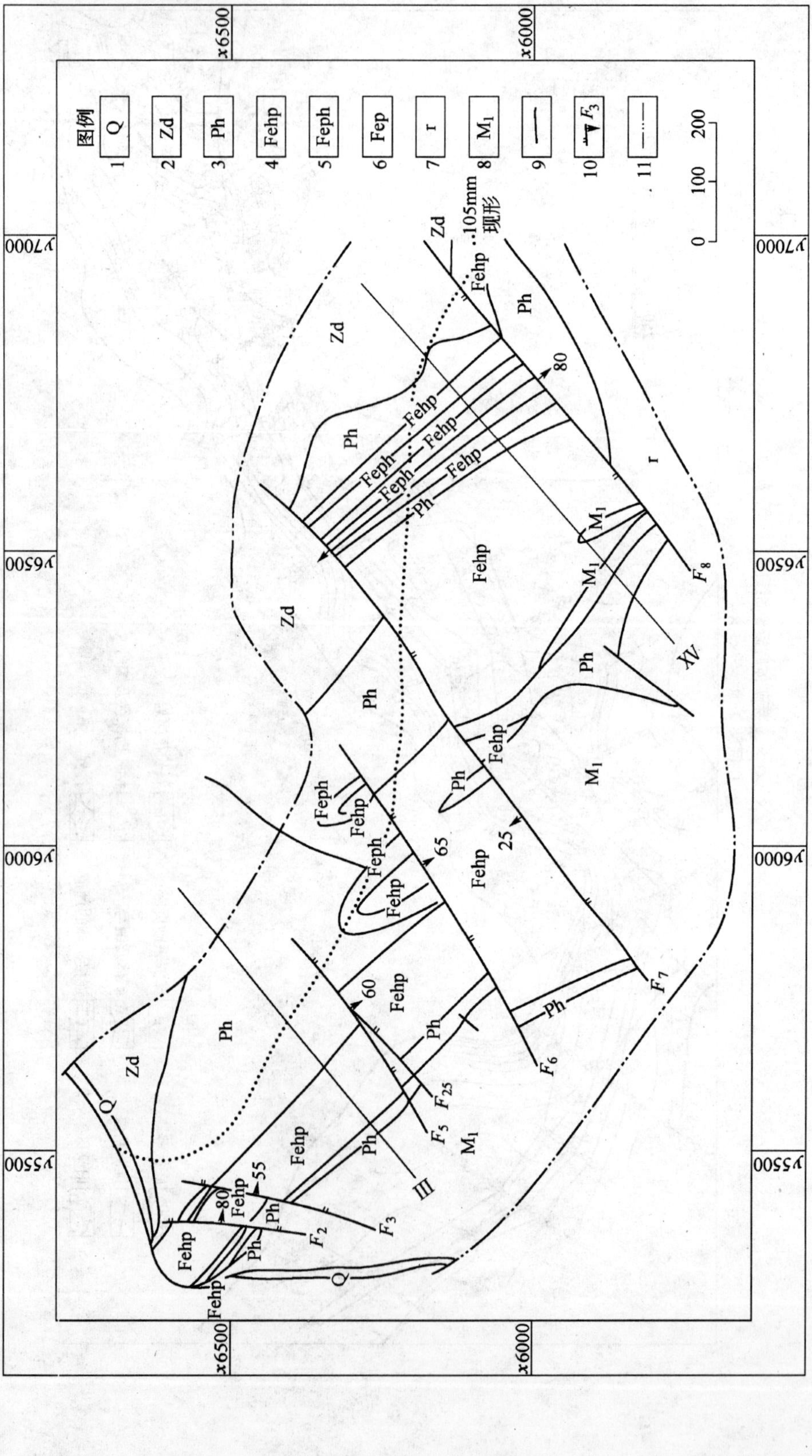

1—第四纪；2—石英岩；3—千枚岩；4—假象赤铁石英岩；5—绿泥假象赤铁石英岩；
6—磁铁石英岩；7—花岗岩；8—混合岩；9—地质界线；10—断层及编号；11—开采境界线

6.5.7　矿石品位分布图

矿石品位分布图如下：

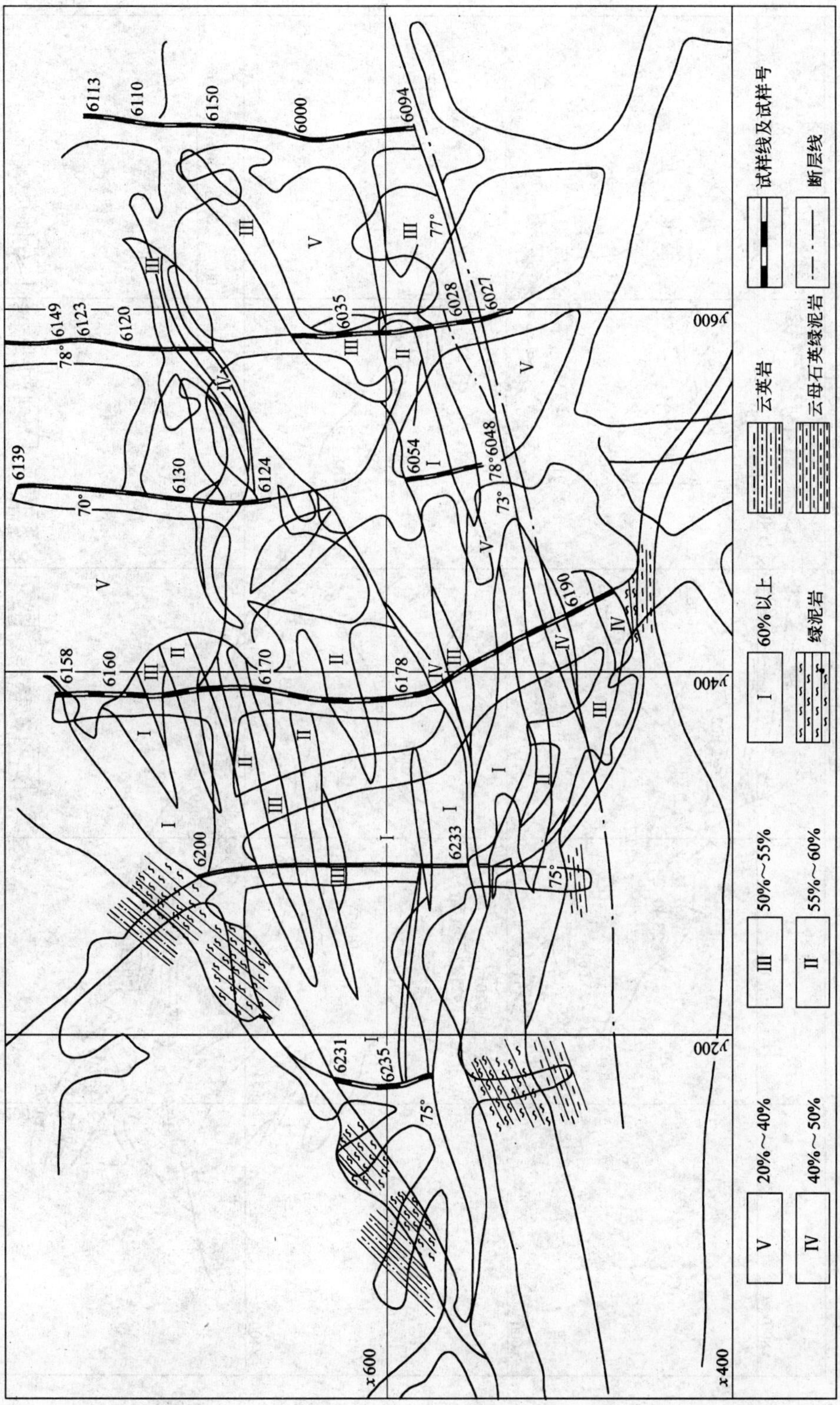

注：I~V用微红颜色依次加深，以示区分品位由低至高。

6.5.8 矿石品位等值线图

矿石品位等值线图如下：

×××矿床矿石品位等值线图
比例尺 1:×××

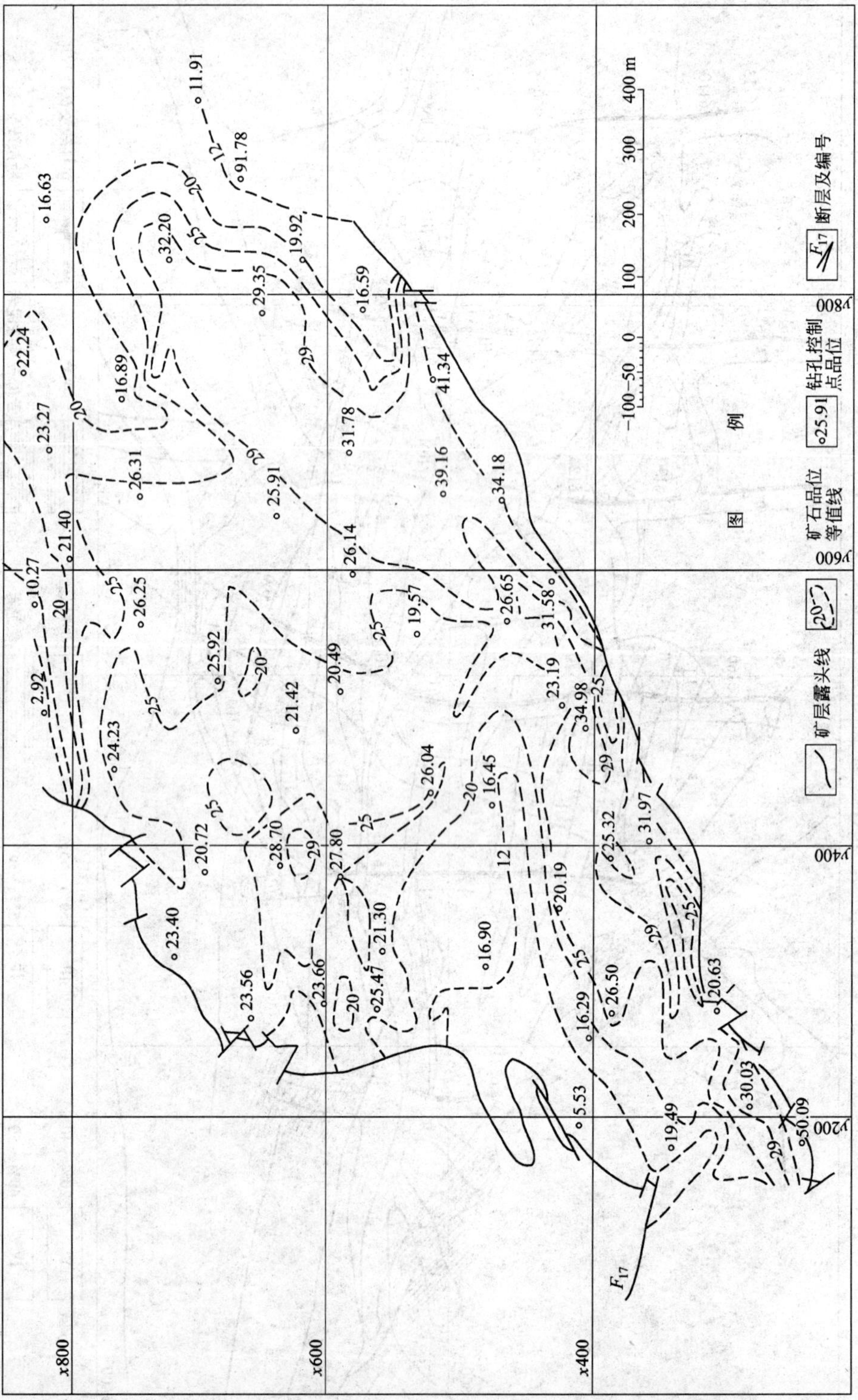

参 考 文 献

1 采矿手册编委会．采矿手册．北京:冶金工业出版社,1990

2 焦玉书主编．金属矿山露天开采．北京:冶金工业出版社,1989

3 李鸿业等．矿山地质学通论．北京:冶金工业出版社,1980

4 矿山地质手册．北京:冶金工业出版社,1995

5 侯景儒等．地质统计学及其在矿产储量计算中心的应用．北京:地质出版社,1982

6 中华人民共和国国家标准 GB 50021—94．岩土工程勘察规范．1995

7 中华人民共和国国家标准 GB 50218—94．工程岩体分级标准．1995

8 中华人民共和国国家标准 GBJ 145—90．土的分类标准．1992

9 中华人民共和国国家标准 GB 12719—91．矿区水文地质工程地质勘探规范．1991

10 原冶金工业部标准 YBJ 18—39．露天矿边坡工程地质勘探规范(试行)1989

11 原冶金工业部．冶金矿山测量规范．1993

12 中华人民共和国国家标准 GB 50026—93．工程测量规范．1993

13 CH 2001—92．全球定位系统 GPS 测量规范．1992

14 冯景华．GPS 卫星定位测量在矿山的应用及其有关问题．鞍钢矿山,1996

15 林宗元．岩土工程试验监测手册．沈阳:辽宁科学技术出版社,1994

16 原冶金工业部．黑色冶金矿山生产地质和测量工作条例,1978

17 原冶金工业部．冶金矿山测量规范和图式．1992

18 原冶金工业部．黑色冶金矿山生产准备矿量管理办法．1988

19 国土资源部储量司．矿产资源储量计算方法汇编．2000

20 国土资源部矿产资源储量评审中心．固体矿产资源/储量分量资料汇编．1999

21 原地质矿产部．区域地质矿产调查工作图式图例．北京:地质出版社,1983

22 采矿设计手册编委会．采矿设计手册．北京:中国建设工业出版社,1989

23 国土资源部．固体矿产勘察(闭坑)地质报告编写规范(征求意见稿).2000

24 国土资源部．固体矿产地质勘察规范总则(征求意见稿).2000

25 国土资源部．铁、锰、铬矿地质勘察规范(征求意见稿).2000

26 吉林省冶金工业局．吉林省冶金矿山地质与测量工作若干规定．1977

27 原地质矿产部．岩心钻探规程．1980

28 原国家地质总局．金属非金属矿产地质普查勘探采样规定及方法．北京:地质出版社,1977

29 中华人民共和国行业标准 DZ 0130.1—0130.13—94．地质矿产实验室测试质量管理规范．西安:西安交通大学出版社,1994

30 原冶金工业部．黑色金属矿山生产地质和测量工作条例．1978

31 原冶金工业部．黑色冶金矿山生产矿量管理办法．1988

冶金工业出版社部分图书推荐

书　　名	定价（元）
矿物资源与西部大开发	38.00
成矿区带地球化学异常评价方法	9.80
胶东招莱地区花岗岩和金矿床	28.00
脉状金矿床深部大比例尺统计预测理论与应用	38.00
散体动力学理论及其应用	42.00
碎矿与磨矿技术	35.00
磁电选矿	35.00
选矿厂设计	36.00
当代胶结充填技术	45.00
地下装载机——结构、设计与使用	55.00
地下铲运机	68.00
工艺矿物学（第2版）	32.00
矿石学基础（第2版）	32.00
矿山生态复垦与露天地下联合开采	20.00
矿浆电解原理	22.00
岩石爆破理论与技术新进展	35.00
矿床无废开采的规划与评价	14.50
矿业经济学	15.00
岩浆提金工艺与实践	20.00
充填采矿技术与应用	55.00
中国矿产资源主要矿种开发利用水平与政策建议	90.00
电吸附地球化学找矿法	29.00
现代金属矿床开采科学技术	260.00
矿山废料胶结充填	45.00
金属及矿产品深加工	68.00
矿山工程设备技术	79.00